全国高等农林院校"十一五"规划教材
全国高等农业院校优秀教材

饲料卫生与安全学

瞿明仁 主编

中国农业出版社

内容提要

本书从提高饲料卫生与安全质量出发,系统介绍了影响饲料卫生与安全的因素及其来源、性质、作用机理和卫生安全措施,饲料卫生安全的标准、法律法规、质量控制体系,饲料产品认证和检测检验方法等内容。

主要内容包括:细菌、霉菌及霉菌毒素、仓储虫害、寄生虫等生物性污染及控制;二噁英污染、有毒元素、农药污染、脂肪酸败、杂质等非生物性污染及控制;蛋白酶抑制因子、非淀粉多糖、单宁、饲料抗原、植酸、胀气因子、抗维生素因子等饲料抗营养因子;杂饼粕、糟渣类、青饲料、动物性饲料、转基因饲料、发酵饲料、矿物质、饲料添加剂等各类饲料的卫生与安全;饲料卫生标准、饲料标签标准与设计、饲料和饲料添加剂管理、动物源性饲料安全卫生管理办法、企业卫生规范等标准与法律法规;GMP、HACCP、ISO 9000等质量控制体系的建立与认证;饲料产品与绿色(无公害)饲料认证、饲料卫生与安全质量评定及饲料卫生与安全质量检测方法等。

本书可作为高等院校动物科学、动物医学、水产养殖等专业的教材,也可供从事畜牧兽医、动物营养、饲料科学、畜产品安全等工作的人员参考。

主　编　瞿明仁

副主编　杨　琳　毛华明

编　者　（以姓氏笔画为序）

　　　　毛华明（云南农业大学）

　　　　田　河（沈阳农业大学）

　　　　齐德生（华中农业大学）

　　　　孙　会（吉林农业大学）

　　　　杨　琳（华南农业大学）

　　　　李文立（青岛农业大学）

　　　　张爱忠（黑龙江八一农垦大学）

　　　　陈　文（河南农业大学）

　　　　欧阳克蕙（江西农业大学）

　　　　高凤仙（湖南农业大学）

　　　　蔡海莹（安徽农业大学）

　　　　瞿明仁（江西农业大学）

审　稿　于炎湖（华中农业大学）

　　　　汪　傲（中国农业科学院北京畜牧兽医研究所）

　　饲料卫生与安全不仅关系到动物健康与生产，而且还关系到畜产品安全、环境保护及人类健康。

　　为了使学生树立饲料卫生与安全意识，掌握饲料卫生与安全知识和技能，促进这方面的教学与科研工作，提高我国饲料卫生与安全工作水平，保障畜禽生产健康发展和畜产品安全，我国许多高等农业院校在动物科学、动物营养与饲料科学、动物医学等专业都开设了饲料卫生与安全方面的课程，但名称不统一，也都没有成形的教材。中国农业出版社在全国高等农业院校进行深入调研的基础上，组织全国 11 所农业高等院校编写了本教材。

　　在教材编写过程中，我们深深地感受到我国饲料卫生与安全工作的进步和所取得的巨大成就。在我国饲料工业创办初期时，大家对饲料卫生与安全认识十分粗浅，没有得到重视，开设饲料卫生与安全方面课程的学校也不多，教材建设也跟不上。记得 1985 年担任饲料卫生的教学工作时，全国根本没有饲料卫生与安全方面的教材，自己编写讲义，又缺乏资料。后来偶然在中国动物营养研究会 1985 年的一期会讯上得知我国准备制定饲料卫生标准，由中国农业科学院汪儆同志主持。于是，经与汪先生联系，他提供了美国、欧共体（现称欧盟）、英国、法国等国家的饲料卫生与安全方面的标准，我根据这些资料，于 1986 年完成了《饲料卫生学》讲义的编写。后来，又有几所农业院校编写了与饲料卫生与安全有关的讲义、教材或参考书。现在，许多学校都开设了这方面的课程，教材建设也有了进展。与此同时，我国饲料卫生与安全其他方面工作取得的巨大进步，饲料卫生与安全的意识深入人心，无论是教学、科研，还是饲料卫生与安全标准、法律法规建设都取得了巨大成就，发展迅速。所以，本教材在内容取舍、章节安排等方面可能不能完全反映我国乃至世界饲料卫生与安全的进展，加之水平限制和时间仓促，疏漏和错误之处在所难免，敬请读者批评指正。

本书的编写分工为：瞿明仁，绪论、第三章第一节、第八章和第九章第一、三节；张爱忠，第一章；杨琳，第二章；高凤仙，第三章第二、三、四、五节；孙会，第四章；李文立，第五章；田河，第六章；齐德生，第七章；毛华明，第九章第二、四节；陈文，第十章第一、二、三、四节；蔡海莹，第十章第五、六、八、九节；欧阳克蕙，第十章第七、十、十一节。

华中农业大学于炎湖教授和中国农业科学院北京畜牧兽医研究所汪儆研究员是我国饲料卫生与安全方面德高望重的老前辈，他们不顾年事已高，工作繁忙，欣然同意承担本教材的审稿工作，提出了许多宝贵意见，使本教材的科学性、实用性及可读性得到了很大提高。江西农业大学动物科学技术学院的潘珂高级实验师、何余湧副研究员，游金明副教授、黎观红副教授，宋小珍讲师，蒋显仁、罗士津、武帅、黄小红等研究生，华南农业大学动物科学学院的董泽敏、崔志英在本教材编写过程中给予了大力支持和帮助。在此，对所有关心支持本教材编写和出版的各位领导、老师和朋友表示衷心感谢！

瞿明仁

2008年5月

前言

绪论 ··· 1
 一、饲料卫生与安全的相关概念 ······································ 1
 二、影响饲料卫生与安全的因素 ······································ 2
 三、饲料不卫生、不安全的危害 ······································ 3
 四、几个具有代表性的惨痛事件 ······································ 3
 五、饲料卫生与安全学的研究对象、方法和主要内容 ················ 4
 六、饲料卫生与安全学的性质、地位和任务 ·························· 5

第一篇 总 论

第一章 饲料生物性污染及控制 ·· 8
第一节 饲料细菌污染及控制 ·· 8
 一、污染饲料的细菌种类 ·· 8
 二、饲料的细菌菌相与数量 ·· 10
 三、饲料细菌污染的危害 ·· 10
 四、饲料细菌污染的控制 ·· 11
第二节 饲料霉菌污染及控制 ·· 12
 一、真菌、霉菌的概念 ·· 13
 二、饲料中常见的霉菌 ·· 13
 三、影响霉菌生长繁殖的因素 ·· 14
 四、饲料的霉变过程 ·· 15
 五、霉变饲料的危害 ·· 16
 六、饲料霉变的控制 ·· 16
第三节 饲料仓储虫害及控制 ·· 18
 一、饲料仓储害虫的种类 ·· 19
 二、仓虫的传播 ·· 19
 三、仓虫的生物学特性 ·· 20

四、仓虫的危害 …… 21
　　五、影响仓库害虫发生的多种生态因子 …… 21
　　六、仓库害虫的控制 …… 23
　第四节　饲料寄生虫的污染及控制 …… 25
　　一、寄生虫污染饲料的危害 …… 25
　　二、常见的污染饲料的寄生虫种类及特性 …… 26
　　三、饲料寄生虫污染的控制 …… 29
　本章小结 …… 30
　思考题 …… 30

第二章　霉菌毒素污染及控制 …… 31
　第一节　霉菌毒素概述 …… 31
　第二节　黄曲霉毒素 …… 33
　　一、黄曲霉毒素简介 …… 33
　　二、黄曲霉毒素的化学结构与理化性质 …… 34
　　三、黄曲霉毒素中毒 …… 35
　　四、控制与安全措施 …… 38
　第三节　镰刀菌毒素 …… 42
　　一、单端孢霉烯族化合物 …… 42
　　二、玉米赤霉烯酮 …… 46
　　三、串珠镰刀菌素 …… 48
　　四、伏马菌素 …… 49
　　五、丁烯酸内酯 …… 51
　第四节　青霉毒素 …… 52
　　一、展青霉毒素 …… 52
　　二、橘青霉素 …… 53
　　三、黄绿青霉素 …… 54
　　四、红色青霉毒素 …… 54
　　五、岛青霉类毒素 …… 55
　　六、青霉震颤素 …… 55
　　七、控制措施 …… 56
　第五节　黑斑病甘薯毒素 …… 56
　第六节　麦角生物碱 …… 59
　　一、麦角菌介绍 …… 59
　　二、麦角生物碱的理化性质 …… 61
　　三、麦角生物碱的代谢转化与中毒 …… 62
　　四、麦角中毒的控制 …… 63
　本章小结 …… 64

思考题 …… 65
第三章　饲料非生物性污染及控制 …… 66
　第一节　二噁英污染及其控制 …… 66
　第二节　饲料有毒元素污染及控制 …… 69
　　一、饲料中有毒元素的污染来源 …… 69
　　二、有毒元素的一般毒作用机理及影响因素 …… 70
　　三、几种有毒元素对动物的危害 …… 71
　　四、预防饲料中有毒元素污染的措施 …… 76
　第三节　饲料农药污染及控制 …… 77
　　一、农药残留、农药残效、农药残毒的概念 …… 77
　　二、农药污染饲料的途径 …… 78
　　三、常用农药在饲料中的残留及毒性 …… 79
　　四、饲料中农药残留的控制 …… 81
　第四节　饲料脂肪酸败及控制 …… 81
　　一、饲料脂肪酸败的原因 …… 82
　　二、饲料氧化酸败机理 …… 82
　　三、饲料油脂酸败对动物健康和饲料品质的影响 …… 83
　　四、防止油脂酸败的措施 …… 84
　第五节　饲料杂质及控制 …… 85
　　一、饲料中杂质的来源 …… 85
　　二、饲料杂质的控制 …… 85
　本章小结 …… 87
　思考题 …… 88
第四章　饲料抗营养因子 …… 89
　第一节　蛋白酶抑制因子 …… 89
　第二节　植物凝集素 …… 92
　第三节　单宁 …… 95
　第四节　非淀粉多糖 …… 96
　第五节　饲料抗原蛋白 …… 99
　第六节　胀气因子 …… 101
　第七节　植酸 …… 103
　第八节　抗维生素因子 …… 104
　第九节　饲料抗营养因子活性的钝化或消除 …… 105
　　一、物理钝化技术 …… 106
　　二、化学钝化技术 …… 107
　　三、生物钝化技术 …… 108
　本章小结 …… 109

思考题 ………………………………………………………………………… 110

第二篇　各类饲料卫生与安全

第五章　杂饼粕、糟渣类饲料卫生与安全 …………………………… 112
第一节　菜子饼粕的卫生与安全 ………………………………… 112
一、菜子饼粕中的有毒有害物质 ……………………………… 112
二、菜子饼粕中毒 ……………………………………………… 115
三、菜子饼粕毒性的控制与安全使用 ………………………… 116
第二节　棉子饼粕的卫生与安全 ………………………………… 120
一、棉子饼粕中的有毒有害物质 ……………………………… 120
二、游离棉酚的毒性 …………………………………………… 123
三、棉子饼粕毒性的控制与安全使用 ………………………… 123
第三节　蓖麻饼粕的卫生与安全 ………………………………… 127
一、蓖麻饼粕中的有毒有害物质 ……………………………… 127
二、蓖麻饼粕中毒 ……………………………………………… 129
三、蓖麻饼粕毒性的控制与安全使用 ………………………… 129
第四节　亚麻饼粕的卫生与安全 ………………………………… 131
一、亚麻饼粕中的有毒有害物质 ……………………………… 131
二、亚麻饼粕中毒 ……………………………………………… 133
三、亚麻饼粕毒性的控制与安全使用 ………………………… 133
第五节　糟渣类饲料的卫生与安全 ……………………………… 135
一、酒糟 ………………………………………………………… 135
二、粉渣 ………………………………………………………… 137
三、其他糟渣类饲料 …………………………………………… 138
本章小结 …………………………………………………………… 139
思考题 ……………………………………………………………… 140

第六章　青饲料卫生与安全 …………………………………………… 141
第一节　硝酸盐、亚硝酸盐 ……………………………………… 141
一、饲料中硝酸盐的含量及影响因素 ………………………… 141
二、饲料中亚硝酸盐的含量及影响因素 ……………………… 142
三、亚硝酸盐毒性与安全问题 ………………………………… 143
四、合理利用与安全措施 ……………………………………… 145
第二节　生氰糖苷 ………………………………………………… 145
一、生氰糖苷的合成与水解 …………………………………… 146
二、含生氰糖苷的饲用植物 …………………………………… 147
三、生氰糖苷毒性与安全问题 ………………………………… 148

四、合理利用与安全措施 …………………………………………… 149
　第三节　感光过敏物质和草酸盐 ………………………………………… 150
　　一、光敏物质 ………………………………………………………… 150
　　二、草酸和草酸盐 …………………………………………………… 151
　第四节　豆科牧草 ………………………………………………………… 153
　　一、苜蓿 ……………………………………………………………… 154
　　二、沙打旺 …………………………………………………………… 155
　　三、银合欢 …………………………………………………………… 156
　　四、草木樨 …………………………………………………………… 157
　　五、羽扇豆 …………………………………………………………… 159
　　六、猪屎豆 …………………………………………………………… 159
　　七、小花棘豆 ………………………………………………………… 160
　　八、无刺含羞草 ……………………………………………………… 161
　　九、相思豆 …………………………………………………………… 161
　第五节　禾本科牧草及其他科作物 ……………………………………… 162
　　一、聚合草 …………………………………………………………… 162
　　二、鹬草 ……………………………………………………………… 163
　　三、石龙芮 …………………………………………………………… 164
　　四、萱草 ……………………………………………………………… 165
　　五、马铃薯 …………………………………………………………… 165
　　六、马尾草 …………………………………………………………… 166
　　七、毒芹 ……………………………………………………………… 167
　本章小结 …………………………………………………………………… 168
　思考题 ……………………………………………………………………… 168
第七章　其他饲料及添加剂的卫生与安全 …………………………… 169
　第一节　动物性饲料卫生与安全 ………………………………………… 169
　　一、骨粉、肉骨粉的卫生安全 ……………………………………… 169
　　二、鱼粉的卫生与安全 ……………………………………………… 172
　　三、羽毛粉的卫生与安全 …………………………………………… 173
　　四、蚕蛹的卫生与安全 ……………………………………………… 173
　　五、鱼类、贝类与甲壳类等动物性饲料的卫生与安全 …………… 173
　　六、血制品的卫生与安全 …………………………………………… 174
　第二节　转基因饲料、发酵饲料的卫生与安全 ………………………… 174
　　一、转基因饲料的卫生与安全 ……………………………………… 175
　　二、发酵饲料的卫生与安全 ………………………………………… 176
　第三节　矿物质的卫生与安全 …………………………………………… 178
　　一、磷酸盐类的卫生与安全 ………………………………………… 178

二、碳酸钙类的卫生与安全 …………………………………… 178
　　三、食盐的卫生与安全 ………………………………………… 179
第四节　饲料添加剂的卫生与安全 ………………………………… 179
　　一、瘦肉精中毒与饲料药物添加剂的卫生与安全 …………… 179
　　二、微量元素添加剂的卫生与安全 …………………………… 185
　　三、维生素添加剂的卫生与安全 ……………………………… 189
　　四、酶制剂及微生物制剂的卫生与安全 ……………………… 189
　　五、其他添加剂的卫生与安全 ………………………………… 190
本章小结 ……………………………………………………………… 191
思考题 ………………………………………………………………… 192

第三篇　饲料卫生与安全监督管理及检验

第八章　饲料企业卫生与质量控制 …………………………… 194
第一节　饲料企业卫生与安全规范 ………………………………… 194
　　一、工厂设计与设施的卫生与安全要求 ……………………… 194
　　二、原料、添加剂采购、储存中的卫生要求 ………………… 195
　　三、生产过程中的卫生要求 …………………………………… 195
　　四、成品包装、储存的卫生要求 ……………………………… 195
　　五、成品及原料输送的卫生要求 ……………………………… 196
　　六、厂内卫生管理 ……………………………………………… 196
　　七、卫生与安全质量检验 ……………………………………… 196
第二节　饲料质量控制体系建立及认证 …………………………… 196
　　一、质量控制体系及其建立 …………………………………… 196
　　二、饲料质量控制体系认证类别 ……………………………… 197
　　三、饲料厂良好生产规范（GMP） …………………………… 198
　　四、危险分析与关键控制点（HACCP） ……………………… 200
　　五、ISO 9000 质量管理体系 …………………………………… 203
第三节　饲料卫生与安全质量评定 ………………………………… 205
　　一、饲料卫生与安全质量评定的概念及类型 ………………… 206
　　二、饲料卫生与安全质量评定的步骤 ………………………… 206
　　三、感官检查 …………………………………………………… 209
　　四、有害因素的快速检验 ……………………………………… 209
　　五、意外污染物的常规理化检查方法 ………………………… 209
　　六、动物毒理试验 ……………………………………………… 210
第四节　饲料产品认证与绿色（无公害）饲料 …………………… 212
　　一、中国饲料产品认证 ………………………………………… 212

二、安全饲料与绿色（无公害）饲料 …………………………………… 214
　本章小结 ……………………………………………………………………… 216
　思考题 ………………………………………………………………………… 217

第九章　饲料卫生与安全的标准及法规 ………………………………………… 218
　第一节　饲料卫生标准 ……………………………………………………… 218
　　一、制定饲料卫生标准的原则 …………………………………………… 218
　　二、制定饲料卫生标准的程序与方法 …………………………………… 219
　　三、饲料卫生标准的内容与指标 ………………………………………… 221
　　四、饲料卫生标准的执行 ………………………………………………… 221
　第二节　饲料和饲料添加剂管理 …………………………………………… 222
　　一、管理范围 ……………………………………………………………… 222
　　二、管理对象 ……………………………………………………………… 222
　　三、管理制度 ……………………………………………………………… 224
　第三节　动物源性饲料安全卫生管理 ……………………………………… 225
　　一、管理对象 ……………………………………………………………… 225
　　二、动物源性饲料产品安全卫生合格证管理制度 ……………………… 226
　　三、动物源性饲料产品的使用对象 ……………………………………… 226
　　四、监督管理 ……………………………………………………………… 226
　第四节　饲料标签的设计与标准 …………………………………………… 227
　　一、饲料标签的重要意义和作用 ………………………………………… 227
　　二、饲料标签设计的基本原则与要求 …………………………………… 228
　　三、饲料标签的主要内容 ………………………………………………… 229
　　四、饲料标签标准的执行 ………………………………………………… 230
　本章小结 ……………………………………………………………………… 231
　思考题 ………………………………………………………………………… 231

第十章　饲料卫生与安全检测方法 ……………………………………………… 232
　第一节　饲料细菌学检测 …………………………………………………… 232
　　一、细菌总数检验 ………………………………………………………… 232
　　二、大肠菌群检验（发酵法） …………………………………………… 234
　　三、沙门菌检验 …………………………………………………………… 237
　　四、志贺菌属检验 ………………………………………………………… 239
　第二节　饲料霉菌检测 ……………………………………………………… 239
　　一、饲料霉菌肉眼观测 …………………………………………………… 240
　　二、霉菌直接镜检计数法 ………………………………………………… 240
　　三、饲料霉菌培养检测 …………………………………………………… 240
　　四、常见产毒霉菌鉴定 …………………………………………………… 241
　第三节　饲料中黄曲霉毒素的检测 ………………………………………… 241

一、酶联免疫吸附法（ELISA，GB/T 17480—1998） …… 242
　　二、薄层色谱法（TLC，GB/T 5009.22—2003） …… 244
第四节　饲料中镰刀菌毒素的检测 …… 249
　　一、玉米赤霉烯酮的检测 …… 249
　　二、脱氧雪腐镰刀菌烯醇的检测 …… 253
第五节　饲料中砷、汞、铅、镉的检测 …… 255
　　一、原子吸收光谱法测定饲料中砷、汞、铅、镉的含量 …… 256
　　二、分光光度法测定饲料中砷、汞、铅、镉的含量 …… 261
第六节　饲料中氟的检测 …… 266
第七节　饲料中六六六、滴滴涕的检测 …… 268
第八节　饲料中异硫氰酸酯和噁唑烷硫酮的检测 …… 272
　　一、紫外光谱法（GB/T 13089—1991） …… 272
　　二、气相色谱法（GB/T 13087—1991） …… 274
第九节　饲料中游离棉酚的检测 …… 275
　　一、分光光度法（苯胺法） …… 275
　　二、定性试验 …… 277
第十节　饲料中氰化物的测定 …… 277
第十一节　饲料中亚硝酸盐的测定 …… 279
　本章小结 …… 281
　思考题 …… 282

附　录 …… 283
　一、饲料卫生标准 …… 283
　二、主要术语中英文对照 …… 286

主要参考文献 …… 294

绪　论

近年来，饲料与畜产品卫生与安全问题已成为全世界关注的焦点，是各国政府头疼的国际性难题。疯牛病给欧洲养牛业带来灭顶之灾，二噁英事件导致比利时政府集体辞职，日本毒牛奶使上万人中毒，所有这些事件给世人敲响了警钟！我国的饲料卫生与安全情况也十分严峻，各种性质的污染物对饲料污染、添加剂特别是药物添加剂的滥用、饲料法律法制的不健全及执法不到位、违禁药品的非法使用等情况，让人们十分担忧，仅 2003 年我国就有数千人发生"瘦肉精"中毒。因此，饲料卫生与安全是养殖业和饲料工业存在的突出而又十分重要的问题。

一、饲料卫生与安全的相关概念

（一）饲料卫生与安全的涵义

饲料卫生与安全是指饲料在转化为畜产品的过程中对动物健康及正常生长、畜产品食用、生态环境的可持续发展不会产生负面影响等特性的概括。

"饲料卫生"（feed hygiene）与"饲料安全"（feed safety）既有关联又有区别。饲料卫生是饲料安全的基础，饲料的卫生质量决定饲料安全状况。但在很多情况下"饲料卫生"与"饲料安全"被视为同义词，都是指饲料中不应该含有对动物的健康与生产性能造成实际危害的有毒、有害物质或因素，并且这类有毒、有害物质或因素不会在畜产品中残留、蓄积和转移而威胁到人体健康，或对人类的生存环境构成威胁。一个不卫生、不安全或存在安全隐患的饲料会导致食品安全问题，危害人类健康。

"饲料卫生"与"饲料安全"的区别在于：饲料卫生主要着重于从学术研究和生产应用两方面来研究影响动物健康、生产性能、畜产品品质、食用安全和环境安全等因素及其种类、性质、作用机理和预防控制措施等。而饲料安全则着重于从管理（包括行业管理和行政管理）角度来确保饲料的安全可靠，是指按其原定用途生产和使用时不会使动物受害的一种担保，同时也是对畜产品食用安全的一种担保。饲料安全包括三方面含义：一是对动物的饲用安全；二是对畜产品的食用安全；三是对环境的安全。

饲料安全有狭义和广义之分，上述讲的饲料安全实际上是狭义的，广义的饲料安全还包括一个地区或国家饲料总量供、求的平衡。

（二）饲料与饲料添加剂

饲料（feed）是能提供动物所需养分，保证动物健康，维持和促进动物生长和生产，合理使用不发生有害作用的可饲物质的总称，一般泛指饲料原料和饲料产品。在《饲料及饲料添加剂管理条例》中，饲料是指经工业化加工、制作的供动物食用的单一饲料、配合饲料、浓缩饲料、精料补充料和添加剂预混合饲料；饲料添加剂（feed additives），是指在饲料加工、制作、使用过程中添加的少量或者微量物质，包括营养性饲料添加剂和一般饲料添加剂。

（三）饲料质量与质量管理

1. 饲料质量　饲料质量是指对饲料一组固有特性满足要求的程度，包括饲料的营养质量、卫生与安全质量、加工质量、包装质量4个方面。饲料的营养质量是指饲料中的能量、蛋白质、脂肪、纤维、灰分、钙、磷、微量元素、维生素等营养成分含量的高低，营养成分的平衡性和满足动物需要的程度；饲料卫生与安全质量（一般也称饲料卫生质量）是指饲料产品中含有毒有害物质的数量高低、对动物健康与生产性能发挥的影响程度；加工质量主要是指饲料含水量、粉碎的粒度、颗粒饲料的粒子大小、混合均匀度、饲料颜色、膨化饲料的膨胀度、淀粉的糊化度等；包装质量是指饲料包装能够适合饲料质量的要求，充分发挥其保护饲料质量、方便储存运输和使用的功能，包括饲料包装材料的质地、大小、美观性、防潮性、用户使用的易辨认性等。

2. 饲料质量管理　饲料质量管理就是以保证和提高饲料产品质量为目标的管理。饲料产品质量是由过程决定的，包括：①设计质量。②工作质量，即产品的研制、生产、销售、售后服务各阶段输入输出的正确性。③工艺质量，即制造的工艺水平等。④标准化覆盖率及达标率。⑤产品质量，即产品的可靠性和不良率。质量管理的目的就是通过组织和流程，确保产品或服务达到顾客期望的目标和有关法规的要求，确保公司以最低的成本实现目标，确保产品的研发、生产和服务的过程合理、合法和正确。

二、影响饲料卫生与安全的因素

影响饲料卫生与安全的因素众多，而且复杂多变。其中，有些是人为因素，有些是非人为因素；有些是偶然因素，有些则是长期累积的结果。有的问题逐步得到解决而新的问题还在不断出现，还存在许多不确定因素或未知因素。大体上可分为以下几类。

1. 饲料自身因素　植物性饲料在生长过程中，本身形成的某些有毒有害成分或其前体物质。这些物质可大体分为饲料毒物和抗营养因子。

2. 自然与环境因素　饲料作物长期生长在自然界中，其成分必然受到自然与环境因素的影响。通过不同方式与土壤、灌溉用水和空气进行物质交换。如局部地区某种元素过多或过少，或因某种植物的特殊吸收功能，往往导致饲料中各种元素的含量差异。地壳表层中各种金属元素分布很不均衡，如我国大部分地区的土壤中无机氟含量偏高，而硒含量缺乏等。由于气候、季节和温湿度的作用，各种微生物在不同种类的饲料中生长繁殖并产生有毒有害物质，如有害细菌、霉菌及其毒素常因引起动物的细菌、霉菌及其毒素中毒，不仅使饲料品质下降，而且导致大批动物产品的质量和数量下降，造成重大经济损失。这些现象一般具有明显的地区性或季节性特征。

3. 人为因素　在饲料生产的各个环节中，由于人为作用造成的饲料卫生与安全问题经常发生。如药物添加剂的滥用和超量使用，不合理的施肥、杀虫、加工、储藏等，均可导致饲料不卫生不安全。新农药和其他化学品的不断合成，其中有的尚未完成安全性试验即投放市场，甚至滥用或不合理地使用都会影响饲料卫生与安全，影响动物健康。随着工业化的迅速发展，工业"三废"（废水、废气和废渣）处理不当而污染环境和饲料。新饲料添加剂没有经过安全性评定，无标准生产，投放市场等。这些人为因素使得饲料卫生与安全问题十分突出。

三、饲料不卫生、不安全的危害

饲料不卫生、不安全，可对动物、人类及环境造成多种危害。概括起来主要包括以下几方面。

1. 影响动物的健康和生产性能的发挥，降低饲粮中某些营养物质的消化吸收和代谢利用率 饲料中如果含有的有毒有害物质超过饲料卫生与安全标准，或使用不当，就会对畜禽健康和生产性能带来影响或危害。如菜子粕中含有异硫氰酸酯、硫氰酸酯、噁唑烷硫酮；棉子粕中含有游离棉酚等有毒物质；高粱子实中含有单宁；豆科子实含有蛋白酶抑制因子和植物凝集素等都会影响动物的健康和生产性能的发挥，降低饲粮中某些营养物质的消化吸收和代谢利用率。

2. 引起动物饲料中毒 当动物采食有毒有害的饲料达到一定量，超过机体本身的解毒能力时，饲料毒物进入机体作用于机体细胞，通过多种方式干扰和破坏机体的生理生化过程，引起动物健康的损害甚至死亡。饲料中毒属于食源性疾病的一类以急性过程为主的疾病。饲料中毒具有暴发性特点，其潜伏期短，发病经过急骤，在较短时间内可能引起大批动物同时发病甚至死亡，会造成重大的经济损失。

3. 影响畜产品品质、人类食用安全或食物中毒 饲料中的有毒有害物质，不仅会引起畜禽生长速度，而且会使畜产品质量下降，还会在畜禽体内蓄积和残留，并通过食物链转到人体内，对人的身体健康造成伤害。如重金属元素、抗生素等药物添加剂会在畜产品中残留，沙门菌、大肠杆菌、朊病毒等微生物通过饲料不但引起畜禽肠道感染，可能发生外毒素中毒，而且污染畜产品，这种污染往往造成严重后果，直接威胁到人类健康。

4. 污染环境 粮农组织最新发表的一份报告认为，畜牧生产加剧了世界最紧迫的环境问题，这些问题包括全球变暖、土地退化、空气和水污染以及生物多样性的丧失。不卫生不安全的饲料对环境和生态安全可能造成的影响如下：饲料中化学性污染物如铅、砷、汞等，以粪便的形式，从动物体内排出，会对土壤、地表水、地下水造成污染；饲料中过量滥用高铜、高锌等添加剂，这些元素的吸收利用率很低，大量排到环境中也会造成土壤、地表水、地下水污染，从而危害人类的生存环境；饲料中营养不平衡或某些营养物含量过高，导致营养物不能被利用而从粪便中排出，环境受到污染。其中粪便中氮和磷的污染是国内存在的较严重问题。

四、几个具有代表性的惨痛事件

国外饲料工业兴起于19世纪末期，我国的饲料工业直到20世纪70年代后期才开始起步，比发达国家晚了100多年。因此，对国外饲料业发展中几个比较有代表性的事件有所了解，会更有助于我们认识饲料卫生与安全的重要性。

(1) 1960年，英格兰南部及东部地区死亡10万只火鸡，组织学检查发现肝实质细胞退行性病变及胆管上皮细胞广泛增生。当时病因不明，称为"火鸡X病"，经研究发现是黄曲霉产生的一种荧光物质造成火鸡的死亡，并将其命名为黄曲霉毒素（aflatoxin）。而后，该病又在美国、巴西和南非等18个国家发生，给当地的畜牧业造成了严重的经济损失。

(2) 20世纪中期，日本水俣湾地区，由于工厂废水中的水银（汞）污染江河，造成数以万计的鱼、贝类、畜禽死亡。人类中毒事件也屡有发生。

(3) 1999年,比利时维克斯特公司将8万kg混有二噁英的动物油脂卖给本国、法国以及荷兰的饲料公司,造成了继英国疯牛病之后又一震惊世界的严重事件。400个鸡场、500个猪场、150个牛场的饲料和畜禽产品受到污染,成千上万吨蛋、禽肉、猪肉、牛肉、奶制品被回收或者销毁,比利时的畜牧业损失惨重,食品工业的直接损失达13亿美元,欧洲农民蒙受数十亿美元的损失。

(4) 疯牛病是一种食源性疾病,主要由于在饲料中添加动物性蛋白作为高蛋白饲料,如动物的内脏和骨骼等引起。自1986年在英国首次发现至今,在全世界已经发现了18万以上的病例,给全世界畜牧业造成了非常严重的影响。尤其是21世纪初席卷欧洲的疯牛病,造成直接经济损失5.2亿美元,间接经济损失更是无法计算。

上述有代表性的惨痛事件,已引起研究者和政府部门的高度重视,我国也正在逐步建立并完善饲料的立法机构和管理条例,并对饲料和添加剂的生产和使用进行严格监督和管理,以防重蹈发达国家的经历。

五、饲料卫生与安全学的研究对象、方法和主要内容

饲料卫生与安全学(feed hygiene and safety)是研究饲料中可能威胁动物健康与生产性能发挥、影响畜产品食用及环境安全的有害因素的种类、性质、含量、毒性与危害及其控制措施,以提高饲料的卫生与安全质量,保护动物饲用安全,提高畜产品品质和生态环境安全性的科学。

(一)研究对象

饲料卫生与安全学的研究对象主要是饲料中可能出现的各种有毒有害因素。这些物质大致可归纳为以下4类。

(1) 各种性质的饲料污染物(feed contaminants)。主要是生物性污染物和化学性污染物。化学性污染物包括各种农用化学品(如农药、化肥等)、工业化学品、有毒金属与非金属(如铅、砷、汞、氟、镉、铬等)和其他有毒化学物质(如二噁英、N-亚硝基化合物、多环芳烃、多氯联苯等)。生物性污染物包括真菌与真菌毒素、细菌与细菌毒素、饲料害虫与寄生虫等。真菌毒素也可划归为化学性污染物。

(2) 饲料中天然的有毒有害成分。它们大多数是在植物体内代谢过程中,由糖类、脂肪和氨基酸等基本有机物质衍生出来的,属于次生代谢产物。例如某些青绿饲料中含有的生氰糖苷、草酸盐和一些生物碱,棉子饼中的棉酚,豆类子实中含有的蛋白酶抑制剂、植物红细胞凝集素等。

(3) 饲料的正常成分或无害成分在某些情况下发生分解或转化而形成的有毒有害物质。例如,当叶菜类饲料调制与储存不当时,可使其中所含的硝酸盐还原而形成亚硝酸盐;马铃薯储存不当而变绿发芽时,可形成大量的茄碱。

(4) 饲料添加剂不符合要求(如含有超标的有毒有害杂质)或使用不当,或滥用药物添加剂及违禁药品,导致污染及对动物或人类及环境造成危害。如抗生素的不合理使用、瘦肉精的非法使用、非饲用色素的添加等。

(二)研究方法

饲料卫生与安全学的研究方法主要有以下几种。

1. **感官检验** 根据人的感觉器官对饲料的各种质量特征的"感觉",如味觉、嗅觉、视觉、

听觉等，用语言、文字、符号或数据进行记录，再运用概率统计原理进行统计分析，从而得出结论，对饲料的色、香、味、形、质地、口感等各项指标做出评价的方法。

感官检验可对饲料的可接受性做出判断。感官检验不仅能直接对饲料的感官性状做出判断，而且可察觉异常现象的有无，并据此提出必要的理化检测和微生物检验项目，便于饲料质量的检测和控制。

2. 理化学检验　利用理化的方法对饲料中可能存在的有毒有害物质进行提取，研究其化学结构，物理、化学性质以及含量水平，包括常规理化检验和快速检验等。

3. 动物毒性试验　使动物摄入怀疑含有有毒有害物质的饲料或其提取物，观察动物可能出现的各种形态的和功能的异常变化。根据试验时间长短或主要观察指标的不同，可分为急性、亚急性、慢性、致突变、致癌、致畸试验等多种方法。饲料卫生与安全学的动物毒性试验方法与饲料毒物学、一般毒理学的试验方法基本相同，但由于饲料中有毒物质的含量相对较低，并可能被动物长期食用，故在毒性试验设计中必须包括较为长期的慢性毒性试验，而且一般采取经口摄入的途径。此外，也可进行一些特殊试验，如利用昆虫、微生物、细胞培养或组织培养的方法。

4. 畜群健康调查　即在已采食含有有毒物质的饲料的畜群中，利用流行病学调查方法，调查畜群的一般健康、发病率、死亡率以及可能与被检有毒物质有关的其他特殊疾病或体征。通过畜群健康调查，可以直接了解含有有毒有害物质的饲料对畜禽的危害，也可将动物毒性试验的结果加以验证。此外，在必要时还应对畜群的生产性能和生长发育情况进行统计分析，以便全面了解饲料毒物所造成的危害与影响。

（三）研究内容

饲料卫生与安全是当前畜产品安全工作中的重要内容，特别是在当前畜产品安全问题日益突出的今天，加强饲料卫生与安全管理迫在眉睫。饲料卫生与安全学在饲料科研、生产与管理的实际工作中占有相当重要的地位。饲料卫生与安全学主要包括如下内容。

(1) 有关饲料卫生与安全的基本问题。主要阐明可能影响饲料卫生与安全质量的各种主要因素的来源、性质、含量水平、危害及其预防控制措施。例如，细菌、霉菌及其毒素，农药，有毒金属，工业三废等各种污染物，不合格饲料添加剂等。

(2) 各类饲料在生产、加工、储运、销售和饲喂过程中存在的有关卫生与安全问题。

(3) 饲料中毒及其控制。主要讨论由于采食有毒饲料所引起的一些急性中毒症状为主的疾病，阐述可能引起中毒的饲料、发病机理、中毒表现和预防措施。

(4) 饲料卫生与安全管理、监督与检验。主要讨论饲料卫生与安全的标准与法规、饲料安全性评定与质量鉴定的方法与步骤、饲料卫生与安全监督标准与质量及检验的方法，以及饲料卫生与安全质量体系的建立与论证等。

六、饲料卫生与安全学的性质、地位和任务

饲料卫生与安全学是研究饲料卫生安全与动物健康、生产力以及畜产品品质与人类食用安全关系的科学，是饲料科学的一个重要组成部分。通过研制符合卫生与安全质量要求的饲料来提高动物机体对疾病和外界有毒有害因素的抵抗能力，降低发病率和死亡率，提高动物的健康和生产水平，改善畜产品品质，保证饲料安全和动物健康以及人类食品安全。

饲料卫生与安全学是由饲料科学发展而来的一门应用科学，特别是在目前保健和环保被十分重视的大背景下，以及土地减少、粮食与饲料资源日益紧张、环境污染突出的情况下，如何提高饲料的卫生与安全质量、开发利用好非常规饲料资源，降低非常规资源中一些对动物健康和生产不利因素的影响是摆在广大饲料科学科技工作者面前一项重要课题和任务。饲料卫生与安全学已经是当前饲料科学发展中最被重视的一个新领域。

饲料卫生与安全学是一门交叉科学，它与动物毒物学、畜禽中毒学、饲料学、饲料添加剂学、家畜环境卫生学、饲料加工学等有着密切联系。学好这些课程对掌握本课程知识具有重要作用。

饲料卫生与安全学是动物营养与饲料科学、动物科学等专业的一门专业基础课程，但和其他专业基础课程不同，其本身还具有专业课的性质，它在动物营养与饲料科学专业即为专业课程。因此，学好本课程，可为今后在动物养殖、饲料工业等领域工作打下坚实基础。

饲料卫生与安全学的主要任务在于：第一，揭示和阐明饲料中可能出现的有毒有害物质或因素的种类、来源、性质、含量水平、对动物机体的毒性及其作用机理；第二，研究与阐明饲料源性疾病和危害的发生规律、中毒机理与表现以及控制措施；第三，阐明饲料卫生与安全质量监督的检验方法、法律法规以及安全饲料的生产体系，以提高饲料卫生与安全质量，确保饲料安全；第四，寻求和改进饲料卫生与安全的研究方法和手段。

随着人们生活水平的提高、保健与环保意识的增强、饲料工业的发展和饲料资源的广泛开发利用，在饲料卫生与安全领域中将会出现越来越多的新问题需要加以研究和解决。

第一篇 总论

第一章 饲料生物性污染及控制
第二章 霉菌毒素污染及控制
第三章 饲料非生物性污染及控制
第四章 饲料抗营养因子

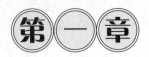

饲料生物性污染及控制

饲料生物性污染（biological pollution）主要指有害生物及其毒素对饲料产生的危害，主要包括微生物（细菌、霉菌）、昆虫和寄生虫的污染等。生物性污染是影响饲料卫生与安全状况的重要因素。在生产、加工、储存、运输、直到动物采食的整个过程中各环节，饲料都有可能受到有害生物及其毒素的污染，危害动物健康。饲料发生生物性污染后，可以从3个方面对养殖业产生不良影响：一是有害生物的有毒代谢产物使动物中毒；二是这些有害生物可以使动物致病；三是有害生物的生活、繁殖等活动造成饲料营养价值或商品价值降低甚至使饲料彻底损毁。可见，有害生物及其毒素对饲料的污染和危害是养殖业不可忽视的问题。

第一节 饲料细菌污染及控制

细菌（bacterium）无处不在，无论在有氧或无氧、高温或低温、还是酸性或碱性环境中，都有细菌存在。饲料的细菌污染以及主要由其引起的腐败变质，是饲料卫生与安全中最常见的有害因素。

一、污染饲料的细菌种类

由于饲料的理化性质及加工处理等因素的限制，自然界中的细菌只有一部分存在于饲料中。在饲料卫生与安全学上，这些在饲料中常见的细菌称为饲料细菌，包括非致病性和致病性等两大类。

（一）非致病性细菌

非致病性细菌（non-pathogenicity bacteria）是引起饲料腐败变质的重要原因，这类细菌是评价饲料卫生与安全质量的重要指标。它们在饲料中生长繁殖时需要消耗饲料中的营养物质，同时产生酶，分解饲料营养成分，从而使饲料营养价值降低。有的细菌还可使饲料出现特异色泽、气味、变黏及产生荧光等，常见的有假单胞菌属、微球菌属和芽孢杆菌等。

1. **假单胞杆菌属（*Pseudomonas*）** 本属细菌种类繁多，达200余种，为革兰氏阴性杆菌，单细胞，偏端单生或偏端丛生鞭毛，无芽孢，大小为 $0.5\sim10\mu m \times 1.5\sim4.0\mu m$。大多数为化能异养菌，利用有机碳化物作为碳源和能源，但少数是化能自养菌，能利用 H_2 或 CO_2 为能源。在普通培养基上生长良好，可利用的基质种类广泛。在培养基上可产生黄色非水溶性色素。本属有些种能在4℃生长，属于嗜冷菌。在自然界分布极为广泛，常见于土壤、废水、淡水、海水、动植物体表及各种含蛋白质饲料中,其中有许多种是植物的病原菌。

2. 微球菌属(*Micrococcus*)　球状,直径为 0.5～2.0μm,单生、成对或形成四联、八叠,或呈不规则聚集。一般不运动,革兰氏染色阳性,但易变成阴性。在普通肉汁陈培养基上生长,可产生黄色、橙色、红色色素。属化能异养菌,严格好氧,能将葡萄糖氧化成醋酸,或彻底氧化为 CO_2 和 H_2O。需氧,需维生素,具有较高的耐盐性和耐热性,最适生长温度为 20～28℃,主要生存于土壤、水体、脊椎动物皮肤、牛奶和其他食品中。陈旧饲料中也较多,有些菌种适于在低温环境中生长,引起冷藏食品或饲料腐败变质。

3. 芽孢杆菌属(*Bacillus*)　革兰氏阳性杆菌,大小为 0.3～2.2μm×1.2～7.0μm,大多数有鞭毛,形成芽孢,在一定条件下有些菌株能形成荚膜,有的能产生色素。芽孢杆菌为腐生菌,广泛分布于水和土壤中,有些种则是动物致病菌。属化能异养菌,利用各种底物,严格好氧或兼性厌氧,代谢为呼吸型或兼性发酵;有些种进行硝酸盐呼吸。本菌不产气,但能分解葡萄糖产酸。粮食上也较多,特别是发热的粮食或陈粮中最多。

(二) 致病性菌

致病性菌(pathogenicity)是引起畜禽细菌性中毒的主要原因,包括沙门菌、肉毒梭菌、志贺菌、致病性大肠杆菌、葡萄球菌、变形杆菌、副溶血性弧菌等。这些细菌不仅能引起畜禽疾病,而且能在畜禽体内产生毒性更大的细菌毒素,如金黄色葡萄球菌可产生溶血素、杀白细胞毒素、肠毒素等,从而引起畜禽患病。

1. 沙门菌(*Salmonella*)　沙门菌呈杆状,多数具有运动性,不产生芽孢,革兰氏染色阴性,需氧或兼性厌氧,最适生长温度为 37℃,但在 18～20℃也能繁殖。沙门菌对热的抵抗力很弱,在 60℃经 20～30 min 即可被杀死。在外界的生活力较强,可生存 1～2 个月,在水中可生存几个月。沙门菌不耐受较高的盐浓度,9%盐浓度以上可被杀死。对电离辐射相当敏感。该菌种类很多,目前至少已发现 2 500 多个血清型。常见的有肠炎杆菌、鼠伤寒杆菌、猪伤寒杆菌、猪霍乱杆菌、鸡白痢杆菌等 10 余种。这些细菌本身就是动物的致病菌,很多动物因感染该菌而发生肠炎。动物的大肠、小肠、胃、脾脏、肝脏、肠系膜淋巴结等内脏含菌量最多。当家畜因采食饲料而大量摄入这些细菌时,除引起相应的肠道疾病外,菌体还在肠道内崩解,释放出内毒素,引起家畜中毒。

2. 大肠杆菌(*Escherichia coli*)　大肠埃希菌简称大肠杆菌,属于革兰氏阴性杆菌,大小为 1.1～1.5μm×2.0～6.0μm(活菌)或 0.4～0.7μm×1.0～3.0μm(干燥和染色),单个或成对,周生鞭毛,运动或不运动,无芽孢,兼性厌氧。在好氧条件下,进行呼吸代谢。在厌氧条件下进行混合酸发酵,产生等量的 H_2 和 CO_2,产气产酸。最适生长温度为 37℃,但在 15～45℃均可生长。最适 pH7.4～7.6,在营养琼脂上生长良好。广泛分布于水、土壤以及动物和人的肠道内。大肠杆菌能产生大肠菌素,还可合成 B 族维生素和维生素 K,对人和动物的机体有益,它产生的大肠杆菌素可抑制某些病原微生物在肠道内繁殖。但当机体抵抗力下降或大肠杆菌侵入肠外组织或器官时,则会变成条件致病菌,即致病性大肠杆菌。大肠杆菌是肠道正常的寄生菌,所以测定大肠菌群数可间接反映饲料和食品样品是否被肠道病原菌污染,因此被用作饲料、饮水及食品的卫生检测指标。

3. 肉毒梭菌(*Clostridium botulinum*)　肉毒梭菌是革兰氏阳性粗短杆菌,有鞭毛、能运动、无荚膜。产生芽孢，芽孢为椭圆形，位于菌体的次级端或中央，芽孢大于菌体的横径，所以产生芽孢的细菌呈梭状。根据肉毒梭菌的生化反应及毒素的血清型不同，可分为 A～G 7 个型，其中 C 型又分为 C_1 和 C_2 2 种。A 和 B 型的抗热性最强，E 型的抗热性最弱。马对 B 和 D 型，牛对 C 和 D 型、绵羊、鸟类对 C 型最敏感。C_1 型主要引起野水禽中毒。猪、猫和犬对各型肉毒梭菌毒素都有较强的抵抗力。其适宜的生长温度为 35℃ 左右，严格厌氧。在中性或弱碱性的基质中生长良好。其繁殖体对热的抵抗力与其他不产生芽孢的细菌相似，易于杀灭。但其芽孢耐热，一般需经煮沸 1～6 h 或 121℃ 高压蒸汽 4～10 min 才能将其杀死。在一般情况下以并列的形式存在于自然界所有的环境中，世界各地的山坡、水域、尘埃、动物的粪便、腐烂的动物尸体、饲料的原料、包装容具都可发现肉毒梭菌芽孢的存在，未开垦的土壤和牧场污染尤为严重。

4. 葡萄球菌（*Staphylococcus*） 腐生葡萄球菌数量最多，一般不致病；表皮葡萄球菌致病较弱；金黄色葡萄球菌多为致病菌，致病力最强，可产生肠毒素、杀白细胞毒素、溶血素等毒素。金黄色葡萄球菌为革兰氏阳性球菌，呈葡萄串状排列，无芽孢，无鞭毛，不能运动，兼性厌氧或需氧，最适生长温度 35～37℃，但在 0～47℃ 都可以生长。对外界的抵抗力强于其他无芽孢菌，60℃、1 h 或 80℃、30 min 才被杀死，但在冷藏环境中不易死亡。耐盐性较强，在含 7.5%～15% NaCl 的培养基中仍能生长。在普通培养基上能产生金黄色色素。广泛存在于空气、土壤、水、家畜的皮肤、牛的乳房中，尤其是大量存在于患乳房炎奶牛的乳房和乳中、患化脓性疾病家畜的化脓灶和脓汁中。当蛋白质、脂肪、糖和水分充足的饲料或鱼肉剩饭等被葡萄球菌污染时，其可迅速繁殖并很快产生外毒素。

二、饲料的细菌菌相与数量

饲料的细菌菌相和数量是表示饲料污染程度的 2 个指标。

所谓饲料的细菌菌相是指共存于饲料中的细菌种类和相对数量的构成。饲料在细菌的作用下，所发生的腐败变质的程度和特征，主要取决于饲料的细菌菌相和优势菌群。由于饲料的菌相不同，饲料在腐败变质过程中，会出现不同的特征，常常出现特异的颜色、气味，呈现出荧光、磷光，有的还可以使饲料变黏等。如黏质沙雷菌、粉红微球菌可产生红色色素；产黑梭菌、变形杆菌、假单胞菌等可产生黑色色素；芽孢杆菌、柠檬酸杆菌、克雷伯菌、微球菌等可引起饲料变黏；磷光发光菌、白色弧菌等可生产磷光；产碱杆菌、黄杆菌、假单胞菌可产生荧光。

所谓饲料的细菌数量是指单位重量饲料的细菌含量，通常以每克或每毫升饲料中含的细菌数量表示，不考虑细菌的种类。通常有 2 种表示方法：

（1）菌落总数：就是指在规定的细菌培养条件下（样品处理、培养基的组成、pH、温度、培养时间），测得的单位重量饲料的菌落数量。实际是测得的活菌数。

（2）细菌总数：将饲料经过适当的处理（溶解、稀释），在显微镜下对细菌细胞进行直接计数而得到的数量。

我国饲料卫生标准采用第 1 种表示方法。

三、饲料细菌污染的危害

细菌对饲料的危害表现在以下 3 个方面。

1. 引起饲料腐败变质　在饲料卫生与安全学上，腐败变质是指在以饲料细菌为主的多种因素作用下，饲料降低或失去其营养价值等一系列变化。当细菌达到一定的数量时，可引起饲料腐败变质。细菌产生的蛋白质分解酶和肽链内切酶，使饲料中的蛋白质分解为氨基酸，随后在适宜条件下，氨基酸进一步分解为各种低分子化合物，如胺类、酮类、不饱和脂肪酸及有机酸等，使饲料腐败、渗出物增加，发黏，产生特殊难闻的恶臭味。细菌可使饲料中的脂肪发生水解和氧化，脂肪酸败不仅使饲料的气味发生很大的变化，其营养价值也大大降低。在饲料细菌产生的各种酶的作用下，碳水化合物分解为低级产物如醇、醛、酮、羧酸和水，从而使饲料酸度升高。维生素和矿物元素因受到破坏而失去平衡。饲料受到细菌污染而发生腐败变质后，就会使饲料产生不良的颜色和气味，饲料适口性降低进而降低动物的采食量，营养价值大幅度降低，并增加了致病菌存在的可能性，引起动物机体的不良反应，有些腐败变质的产物可能直接危害动物机体。

2. 对动物的危害　细菌污染常导致动物发生疾病和中毒。由细菌引起的饲料中毒可分为感染型和毒素型两类。病原细菌污染饲料后大量繁殖，导致摄食该饲料的动物消化道感染而造成中毒，称为感染型饲料中毒。饲料中的细菌在适宜的条件下繁殖并产生毒素，对肠道黏膜、肠壁和肠壁的神经有强烈的刺激作用，造成肠道黏膜肿胀、出血、黏膜脱落。内毒素被动物吸收进入血液后，还可作用于体温调节中枢和血管运动神经，引起体温上升和血管运动神经麻痹，白细胞数量下降，最后可因败血症休克而死亡。这种饲料被动物摄入后引起毒素型饲料中毒。如沙门菌污染饲料，常造成畜禽下痢、死亡和生产性能降低。致病性大肠杆菌主要通过畜禽的消化道感染，在畜禽中可引起多种综合征，包括家禽败血症、慢性呼吸道疾病和输卵管炎，仔猪水肿病，羔羊和犊牛痢疾，马和绵羊流产等。由大肠杆菌引起的肠炎型大肠杆菌病，是危害养猪业的主要传染病之一。由大肠杆菌引起的禽大肠杆菌性败血症、腹膜炎、输卵管炎等疾病，给养禽业造成严重的经济损失。

3. 细菌污染饲料对人类的危害　饲料受细菌污染后，一些病原菌可感染或定植于动物体内，再经食物链传播给人类，引发人类食源性感染。食源性疾病又称食物中毒，据统计，在各种食物中毒中，细菌性食物中毒最多。

与人类食物中毒关系较密切的主要是沙门菌和致病性大肠杆菌。饲料尤其是动物性蛋白质饲料经常受到沙门菌污染。1958 年，以色列暴发的食源性沙门菌感染，与进食鸡肝有关，后调查发现鸡饲用的骨粉污染了同种沙门菌。1968 年，英国一个冷冻鸡肉包装厂暴发了一次大规模维尔肖沙门菌感染，研究证实供应该厂的大多数饲料含有携带维尔肖沙门菌的鸡肉，并从鸡饲料中分离到同种细菌。大肠杆菌也经常危害人类的健康，烹饪欠熟或生的汉堡包（碎牛肉）几乎与所有大肠杆菌 O_{157} 暴发及散发病例的发生有关。

四、饲料细菌污染的控制

由于细菌污染饲料的途径广泛，因此对污染的控制应以预防为主，特别是动物性饲料应从原料选择、生产加工、运输储藏乃至销售、饲喂各个环节加以控制，并正确使用防腐抗氧化剂。

（1）严格检测饲料原料，禁止使用被污染的原料，选择优质原料进行生产和加工。无论用屠宰废弃物生产血粉、肉骨粉，还是利用低质鱼生产鱼粉及液体鱼蛋白饲料都应当坚持一个原则：以无传染病的动物为原料，不用因传染病病死的畜禽或腐烂变质的畜禽、鱼类及其下脚料作原料。病死畜禽的原料虽然经高温处理，但往往因菌量大或有耐热性芽孢杆菌而影响杀菌效果。来自疫源地的植物性饲料应严格检验，禁止使用受污染的饲料。

（2）应保持原料新鲜：动物性饲料原料特别是鱼类很容易滋生繁殖细菌引起腐败。腐败原料不仅营养价值降低和含有蛋白质分解产物如胺类，而且沙门菌菌量也往往随之大幅度增长。为了防止鲜鱼变质，应快速加工成鱼粉或在低温冷冻条件下储存备用。缺乏这些条件时必须用足够的食盐及时腌渍防止腐败。生产血粉也需要用离体不久无污染的鲜血，不宜用过夜的血液。总之，动物性原料须及时加工和合理储存以保证原料的安全利用。

（3）掌握正确的生产加工方法：动物性饲料原料多经高温处理，用高温干燥器或挤压蒸煮机等加热设备凝固蛋白质杀死细菌。要掌握好加热的温度、时间和方法，确保加热效果。用发酵法生产畜禽屠宰废弃物饲料必须掌握正确的发酵方法以保证产品的质量和消灭病原菌。如用乳酸杆菌发酵，应在短时间内将发酵物 pH 降到 4.5 或 4.5 以下，以利于杀菌。

（4）利用畜禽粪便加工饲料需经高温干燥或发酵处理。自然干燥法温度不高，且短时间干燥很容易残留致病菌。如使用正确的发酵方法，经发酵的粪便就可以保证良好的品质且能消灭病原菌。正确的发酵方法要掌握以下几点：① 厌氧发酵：必须保证密封，有条件的用真空泵抽成真空最好。② 发酵物中要保证有足够量的糖类物质。③ 为了促进发酵，必要时需添加发酵活菌制剂，以保证发酵的正常进行。

（5）保证良好的仓储条件：严格控制饲料中的水分含量，饲料的含水量应不超过13%。动物性饲料如发酵血粉应控制含水量在8%以下，且需严格密封。畜禽屠宰废弃物单独加工时很难干燥，可用饼粕、糠麸类植物性饲料作载体，以达到安全的含水量。部分致病菌如沙门菌可通过粉尘扩散。仓库应定期消毒，及时清理各种废料，经常打扫，控制饲料厂的粉尘。仓库必须通风、阴凉、干燥。鼠、鸟可成为肉毒梭菌和沙门菌的携带者，因此要注意灭鼠，控制鸟类接触饲料传播病菌，青贮饲料内不可混入动物尸体，如死鼠、死鸟。防止饲料受到粪便的污染。原料和成品应分开放置，防止交叉污染；高温加工处理后的"熟料"，不得与生料接触，也不得用存放过生料的未经消毒的容器存放"熟料"。生产用水要卫生，避免将洗涤用水当成原料水造成交叉污染。

（6）饲料中添加防腐剂：饲料中可添加防腐剂，消灭和抑制饲料中病菌的生长与繁殖。目前多数饲料厂使用丙酸及其盐类防腐剂，此类防腐剂对于需氧芽孢杆菌和包括沙门菌在内的革兰氏阳性菌的抑菌效果较显著。亦可选用苯甲酸、山梨酸及其盐类。

（7）严格执行国家饲料卫生标准：我国规定饲料中不得检出沙门菌，鱼粉每克产品中细菌总数不得超过 2×10^6 个；当细菌总数达到 $2\times10^6 \sim 5\times10^6$ 个时应限量饲用；当细菌总数达到 5×10^6 个时应禁用。

第二节　饲料霉菌污染及控制

霉菌在自然界种类繁多、数量庞大、分布广泛，与人类关系十分密切，有许多霉菌对人类和动物是有益的，而有些则有害。由于饲料营养丰富、结构疏松、吸湿性强，很适合霉菌的生长繁殖，因此饲料霉菌污染十分普遍，并给畜牧业造成严重损失。1960 年英国发生 10 万只火鸡中毒死亡事件，当时称"火鸡 X 病"，事后发现这种疾病是因为鸡吃了从巴西进口的发霉花生饼引起的，并最终证实是黄曲霉毒素中毒。本节主要介绍霉菌及污染问题。而霉菌毒素的内容较多，加之其在饲料卫生与安全上具有特殊的地位，故将这部分内容另行介绍（详见本书第二章）。

一、真菌、霉菌的概念

1. 真菌（fungi） 真菌是一类营养体为丝状体的有细胞壁、异养、以产生孢子方式繁殖的真核生物。过去植物学家曾经用"没有根、茎、叶和叶绿素的低等植物"这样的定义来描述真菌。真菌与植物的相同之处是固着生长，具有细胞壁，不同之处是真菌无根、茎、叶和叶绿素，没有光合作用的功能。真菌也不同于细菌，真菌有真正的细胞核，是真核生物，而细菌是原核生物。真菌又不同于动物，动物的营养方式是摄食消化，而真菌的营养方式是吸收。

真菌种类很多，包括小型的霉菌和酵母菌，也包括大型的真菌（如蘑菇等）。根据第 8 版《真菌字典》（Ainsworth 等，1995），目前将真菌界分为 5 个门：壶菌门（Chytridiomycota）、接合菌门（Zygomycota）、子囊菌门（Ascomycota，如酵母菌、玉蜀黍赤霉、曲霉菌和青霉菌）、担子菌门（Basidiomycota，如各种蕈类）和半知菌门（Deuteromycota，如禾谷镰孢）。

2. 霉菌（mold） 霉菌并不是一个分类学上的名称，它是菌丝体发达而又不形成较大子实体的一部分真菌的俗称，从分类学角度看，霉菌主要分布在子囊菌门、半知菌门和壶菌门。在饲料卫生与安全学领域，真菌与霉菌，真菌毒素与霉菌毒素往往是通用的。

农作物自田间生长到收获储藏的各个时期都可能感染霉菌。按生态群，霉菌可分为田间霉菌和储藏霉菌两类。田间霉菌主要有镰孢菌属、麦角菌属和链格孢菌属等。其中弯孢霉、芽枝霉及头孢霉等一般对粮食并无损害，若粮食中此种霉占优势则说明新鲜、质好。当然田野霉中也有有害的霉菌，如玉蜀黍赤霉、黑曲霉等。所有的田间霉菌都需要有较高的水分才能生长，这个水分与 90%～100% 的相对湿度相平衡，在种子上相当于 22%～23% 的含水量。田间霉菌的感染最易发生在种粒已经形成、体积增长到最大的时候。

储藏霉菌主要是指储存的饲料或原料，在适宜的温度、湿度等条件下产生的霉菌，以曲霉菌属和青霉菌属为主，在严重变质前较常见。该类霉菌最适生长温度为 25～30℃，相对湿度为 80%～90%。

二、饲料中常见的霉菌

对饲料造成污染的霉菌有 200 多种。污染饲料严重及毒害作用大的霉菌主要包括如下几类：

1. 曲霉菌属（*Aspergillus*） 如黄曲霉（*A. flavus*）、杂色曲霉（*A. versicolor*）、棕曲霉（*A. ochraceus*）、构巢曲霉（*A. nidulans*）、寄生曲霉（*A. parasiticus*）及烟曲霉（*A. fumigatus*）等。

2. 青霉菌属（*Penicillium*） 如扩展青霉（*P. expansum*）、展青霉（*P. patulum*）、橘青霉（*P. citrinum*）、黄绿青霉（*P. citreaviride*）、红色青霉（*P. rubrum*）、岛青霉（*P. isandicum*）及圆弧青霉（*P. cyclopium*）等。

3. 镰刀菌属（*Fusarium*） 如禾谷镰刀菌（*F. graninearum*）、三线镰刀菌（*F. tricinc-*

tum)、拟枝孢镰刀菌（*F. sporotrichioides*）、木贼镰刀菌（*F. equiseti*）、串珠镰刀菌（*F. maniliform*）、雪腐镰刀菌（*F. nivale*）及茄病镰刀菌（*F. solani*）等。

4. 其他菌属 如麦角菌属（*Claviceps*）、鹅膏菌属（*Amanita*）和链格孢菌属（*Alternaria*）、木霉属（*Trichoderma*）及漆斑菌属等。

常用饲料原料（包括能量饲料、植物性蛋白质原料、动物性蛋白质原料）中常见的霉菌种类见表1-1。

表1-1 常见饲料原料及污染霉菌

（引自周永红，饲料原料中霉菌及霉菌毒素对饲料产品适口性的影响，2005）

	饲料原料	霉菌种类
能量饲料	玉米	黄曲霉、镰刀霉、黑曲霉、杂色曲霉、橘青霉、棕曲霉
	小麦	镰刀菌、黄曲霉、棕曲霉、橘青霉、交链孢霉
	稻谷	烟曲霉、橘青霉、杂色曲霉、黄曲霉
	统糠	黄曲霉、镰刀菌、黑曲霉、烟曲霉
	米糠	黄曲霉、黑曲霉、镰刀菌、交链孢霉
	细糠	圆弧青霉、毛霉、黄曲霉、棕曲霉、白曲霉
	麸皮	镰刀菌、圆弧青霉、橘青霉、杂色曲霉、烟曲霉
	麦麸	镰刀菌、白曲霉、烟曲霉、橘青霉
	次粉	黄曲霉、镰刀菌、烟曲霉、杂色曲霉、棕曲霉、白曲霉
	木薯	棕曲霉、烟曲霉、白曲霉、橘青霉、镰刀菌、杂色曲霉
植物性蛋白质饲料	大豆	黄曲霉、镰刀菌、圆弧青霉、烟曲霉、黑曲霉
	膨化大豆	黄曲霉、烟曲霉、橘青霉、圆弧青霉、白曲霉
	豆饼（粕）	镰刀菌、圆弧青霉、橘青霉、交链孢霉、黄曲霉
	菜子饼（粕）	镰刀菌、黄曲霉、橘青霉、白曲霉、烟曲霉、棕曲霉
	棉子饼（粕）	黄曲霉、棕曲霉、烟曲霉、交链孢霉、圆弧青霉
	玉米胚芽粕	橘青霉、烟曲霉、圆弧青霉、毛霉、黄曲霉、棕曲霉
	米糠粕	镰刀菌、圆弧青霉、橘青霉、烟曲霉、黄曲霉、黑曲霉
	亚麻饼（粕）	黄曲霉、圆弧青霉、镰刀菌、白曲霉、烟曲霉、橘青霉
	玉米粕	镰刀菌、烟曲霉、黑曲霉
	玉米蛋白粉	镰刀菌、黑曲霉、黄曲霉、杂色曲霉、橘青霉、烟曲霉
	大米蛋白粉	橘青霉、棕曲霉、烟曲霉
	花生饼粕	镰刀菌、杂色曲霉、烟曲霉、黄曲霉
动物性蛋白质饲料	鱼粉	镰刀菌、烟曲霉、棕曲霉、杂色曲霉、白曲霉
	肉骨粉	镰刀菌、黄曲霉、烟曲霉、橘青霉、棕曲霉
	羽毛粉	烟曲霉、橘青霉、棕曲霉、白曲霉、黄曲霉、镰刀菌

三、影响霉菌生长繁殖的因素

影响霉菌繁殖（饲料霉变）的因素主要是基质的种类与基质中的水分，以及储藏环境中的温度、相对湿度、氧气等。

1. 温度 多数霉菌属于中温型微生物，最适宜生长温度为25～30℃。但有些霉菌即使在很低温度下也能存活，如田间霉菌在阴冷潮湿的环境更容易生长繁殖，而毛霉、根霉等嗜热菌的适宜温度可高到40℃。

2. 饲料中水分含量和环境中的相对湿度 这是影响霉菌繁殖与产毒的关键条件。饲料水分含量在17%~18%时是霉菌繁殖与产毒的最适宜条件。霉菌种类不同，最适水分也不同，如棕曲霉的最适水分含量在16%以上，黄曲霉与多种青霉为17%，其他菌种为20%以上。饲料中水分通常随着储藏环境湿度的高低而增减，环境湿度与饲料水分可逐渐达到平衡。耐干性霉菌如灰丝曲霉、局限青霉、白曲霉能在相对湿度小于80%的条件下生长；中性霉菌如大部分曲霉、青霉和镰刀菌能在80%~90%的相对湿度下生长；湿生性霉菌如毛霉、酵母等在相对湿度大于90%才能生长。在不同的饲料基质中，每种霉菌都有自己严格的低水分界限，低于此限则不能生长（表1-2）。

表1-2 几种霉菌生长所需的水分下限

霉 菌	玉米和小麦（%）	高粱（%）	大豆（%）
局限曲霉	13.5~14.5	14.0~14.5	12.0~12.5
灰绿曲霉	14.0~14.5	14.5~15.0	12.5~13.0
亮白曲霉、棕曲霉	15.0~15.5	16.0~16.5	14.5~15.0
黄曲霉	18.0~18.5	19.0~19.5	17.0~17.5
青霉	16.5~19.0	17.0~19.5	16.0~18.5

饲料水分可分为游离水和结合水。霉菌在饲料中生长繁殖更能利用饲料中游离水分，可用水分活度来衡量。饲料的水分活度（A_w值）是指饲料中水分的蒸汽压与同一温度下纯水的蒸汽压之比。通常，饲料的水分活度越小，表明饲料保持水分的能力越强，而能提供给霉菌生长所需的水分就越少。霉菌生长要求的水分活度较其他微生物如细菌和酵母都低，微生物生长要求的A_w值约在1左右，而霉菌生长要求的最低A_w值为0.70，最适A_w值在0.93~0.98之间。但少数霉菌可以在A_w值为0.65时生长，这类霉菌称为干性霉菌，如灰绿曲霉、赤曲霉等。霉菌产生毒素所需的A_w值一般高于霉菌生长所需的A_w值，但霉菌生长过程中产生的代谢水可使霉菌生长环境的A_w值增加。

3. 氧气　大多数真菌是严格的好气菌，必须有氧气才能生长。而少数如酵母和丝状菌则可借助无氧呼吸获得足够的能量。高浓度的CO_2也可抑制其生长，不同的真菌对CO_2的耐受性差别也很大。空气流通会增加氧气，是影响霉菌繁殖的重要因素之一。

4. 其他因素　基质的酸碱度对霉菌影响很大，当pH较低时，可抑制其生长繁殖。作物由于种植及收获不当很容易污染霉菌，收获后由于运输或储藏措施不妥当也很容易形成霉菌生长及产毒的有利条件；饲料加工过程中各个环节由于工艺处理不当也会造成饲料中水分含量升高，如制粒、冷气、分级筛选等生产环节。成品饲料容易吸收空气中的水分而变潮发霉，包装方式对饲料霉变的影响也较大，特别是包装袋密封性不好，也很容易使饲料产生霉变。

四、饲料的霉变过程

饲料霉变过程可分为3个阶段。

1. 早期阶段　20℃左右是饲料中酶与微生物活动较适宜的温度，当环境和饲料达到这样的温度时，微生物开始活跃繁殖，饲料开始发生轻度的霉味，子粒潮湿发软，流动性与光洁度降低。这一阶段延续时间可长可短，当饲料水分较高，气温也高于20℃时，延续时间就短些，短的只有4~5 d；当饲料水分较低，气温也较低时，延续时间就长些，长者可达几周。此阶段变化较轻，基本不影响饲用，但不可继续发展。

2. 霉变阶段 早期阶段的湿热继续累积，饲料中微生物繁殖的条件就更适宜，饲料温度快速上升，每天以 2~3℃甚至更快的速度上升，前一阶段在饲料品质方面出现的各种现象都明显加剧，饲料表面明显湿润，饲料色泽与光洁度更加恶化，并散发出浓厚的霉味、酒精味等。到霉变阶段的后期，饲料色泽有明显变化，带有白色、黄色、绿色、红色等，这是由于微生物本身的颜色及分泌物或饲料营养成分的分解物所造成的。例如，脂肪分解产生的醛、酮等中间产物可使饲料呈黑色并带有酸臭味和辛辣味。这一阶段一般可持续 3~5 d，饲料重量和品质严重损失，饲料温度可高达 40~45℃。随即中温微生物活动减弱，饲料温度上升稍有减缓，呈短暂的停顿状态。

3. 败坏阶段 在第二阶段短暂的停顿后，又出现继续上升现象，当饲料温度上升到 50℃以上，随着微生物活动的代谢水分和蒸发水分在饲料堆内散失或积聚，发热可逐渐消失或进一步发展。当饲料温度上升到 60~65℃时，随着嗜热菌生长，饲料温度可达 75℃。此后发生的化学反应使饲料结块并全部霉烂。

五、霉变饲料的危害

饲料发生霉变后，其危害表现在两个方面：一是引起饲料变质，降低饲料营养价值和适口性；二是产生一些对畜禽有毒有害的代谢产物，导致畜禽的急、慢性中毒。此外，残留于畜禽肌肉、内脏或乳中的霉菌毒素还可能通过食物链传递给人，造成对人的危害。

1. 引起饲料变质 饲料受霉菌污染后，霉菌将饲料中的蛋白质、淀粉分解，饲料中的营养成分遭到破坏，各种营养物质的平衡失调。饲料霉变后营养物质平均损失 15%，发霉严重的饲料完全失去营养价值，不可饲用。饲料发生霉变后主要引起发热、变色、变味、结块、生化变化以及毒素生成等，这些特性都会影响其适口性和动物的采食。

2. 影响动物健康和畜产品安全 霉变饲料对动物的危害主要是某些霉菌产生的霉菌毒素引起动物发生急性或慢性中毒，有的霉菌毒素还具有致癌、致突变和致畸的作用。霉菌毒素还会在动物组织中残留，人食用畜产品后会影响健康。关于霉菌毒素问题详见第二章。

六、饲料霉变的控制

本部分仅就饲料防霉的方法进行介绍，而霉变饲料去毒将在第二章介绍。饲料霉变的控制，即饲料防霉方法主要有物理防霉法、化学防霉法、微生物防霉法以及综合法等。

（一）物理防霉法

物理防霉法主要包括控制饲料及储存环境的温度、湿度、保证良好通风以及辐射等方法。

1. 严格控制饲料和原料的水分含量 控制水分是最简便易行、有效的控制与防霉的方法，只要将水分控制在安全线以下即可。所以作物收获后应将其迅速干燥，且保证干燥均匀一致。一般要求玉米、高粱、稻谷等的含水量不应超过 14%；大豆及其饼粕、麦类、糠麸类、甘薯干、木薯干等的含水量不应超过 13%；植物饼粕、鱼粉、骨粉及肉骨粉等的含水量不应超过 12%。对于饲料来说，颗粒料的含水量不应超过 12.5%，粉料的含水量不应超过 12%。

2. 改善饲料储存、运输条件 饲料及原料应储存在仓库内并要分类分等储存，仓库要通风良好，保持环境清洁、干燥、阴凉；缩短储藏期，特别是在南方梅雨季节，饲料不宜储存过久，应采取"先进先出"的原则。要及时清理已被污染的原料，不要有霉积料。堆放规范，与窗、壁保持距离，储存时间长的要定期翻动通风。运输饲料时要防雨，保证车厢里无水、不潮湿。卸车时要注意将最上层的饲料及被淋湿或破袋放在最后堆放，以尽早用掉。饲料运送需少量多次，以便畜禽采食新鲜无污染饲料。饲料生产后应尽快用完。

大多数霉菌是需氧的，无氧就不能繁殖，因此在充有氮气、二氧化碳或惰性气体的密闭容器内储存粮食和饲料，使密闭环境缺氧，则霉菌生长受到抑制，孢子不能萌发。国内现常用低温通风储藏法，使饲料保持低温和安全的水分含量。还有实验发现，将脱粒的湿玉米装入内衬塑料袋的麻袋，尽量装满并扎紧袋口，由于玉米自身的呼吸作用消耗了袋中的氧气，就使黄曲霉及其他曲霉的生长都受到了抑制，不失为一种有前途的防霉方法。日本制成了一种能长期防止饲料发霉的包装袋。该袋用聚烯烃树脂制造而成，含有 0.01%～0.05% 的香草醛。由于聚烯烃树脂可以使香草醛慢慢地挥发而渗透进饲料中，不仅能防止饲料发霉，而且能使饲料含有香味，家禽家畜更喜欢吃。

饲料制粒后容易被畜禽消化，同时也易于被霉菌污染，颗粒料比非颗粒料更容易受到霉菌的侵袭。因此，在生产颗粒料时，一定要准确控制好蒸汽质量，注意调制时间，选好冷却设备，控制好冷却时间和冷却温度，掌握好冷却后颗粒料的温度（一般料温高于室温 3～5℃）。饲料储藏库、加工车间必须要保持清洁、干燥，以减少霉菌的污染。饲料加工过程中及加工后，应将所有结块的和霉变的饲料从加工和处理设备中清除掉，以避免其与新鲜饲料接触，确保饲料质量。

3. 选育和培育抗霉菌的饲料作物品种　多种霉菌如某些曲霉菌、青霉菌、赤霉菌、镰刀菌、麦角菌等，它们既能引起作物病害，使之减产，造成经济上的损失，还能引起动物中毒，危害动物机体健康。由于不同饲料作物品种对霉菌的敏感性不同，因此培育抗性品种可使饲料作物受霉菌感染的几率大大降低。这是做好防霉的重要途径。

4. 选择适当的种植或收获技术　花生中的黄曲霉毒素最多，从花生中分离到的黄曲霉有 80%～90% 都能产生毒素，所以在连续种植花生的田地里收获的花生黄曲霉毒素的含量也较高，破碎的花生易被霉菌污染。所以采用轮作等种植技术和适当的收获方法可大大降低霉菌的污染。收获和储藏过程中应尽量避免虫咬、鼠啃，以避免花生等谷物表皮损伤而被霉菌污染。

5. 应用辐射技术　霉菌对射线反应敏感，利用射线照射可控制粮食和饲料中霉菌的发生，同时可提高它们的新鲜度。美国研究人员利用 γ 射线对鸡饲料进行辐照后，将其置于温度为 30℃，相对湿度为 80% 的条件下存放 1 个月，结果霉菌没有繁殖；而未经辐照的鸡饲料，在同样条件存放相同时间后，霉菌大量繁殖，已产生霉变。

(二) 化学防霉法

化学防霉也就是添加防霉剂，是饲料工业最常用的方法，防霉剂必须既有抑制霉菌的作用，又要对人畜无害且价格低廉。目前常用的防霉剂有丙酸及其盐类、山梨酸及其盐类、延胡索酸、富马酸二甲酯、双乙酸钠等。其中全世界饲料工业消耗量最大的是丙酸及其盐类，其次是山梨酸及其盐类。也可以用天然植物（香料）做成防霉剂。海藻类干化后磨成粉也可作为防霉剂。除了使用单一防霉剂外，目前国际上使用防霉剂的发展趋势是采用复合型防霉剂。它们由各种有机酸防霉剂按一定比例配合而成，以拓宽抗菌谱，增强防霉效果。甲酸能抑制微生物细胞呼吸酶活性，阻碍三羧酸循环，使其代谢受到障碍，从而发挥防霉作用，且对动物生长、繁殖无不良影响。山梨酸可与微生物酶系统中的巯基结合而破坏许多酶系统，从而达到抑制微生物的目的，同时在生理上对人和动物无毒无害。实验表明，两者以不同比例组合时，它们之间会产生增效促进与协同增强双重作用，使其抑菌效力更强，同时它们又能消除或降低有机酸的腐蚀性与刺激性，大大提高了防霉效果。

（三）微生物防霉法

微生物防霉主要是利用微生物的生物转化作用降解霉菌毒素的毒性。常用的微生物菌种有乳酸菌、米根霉、灰蓝毛菌、葡萄梨头菌、黑曲霉等。

（四）综合法

抗氧化剂和酶合用作为防霉剂，是近几年来国际上出现的新型高效防霉剂。它的作用原理是以外加酶来取代霉菌体系的酶系，并以抗氧化剂阻碍霉菌正常的氧气吸收，从而阻碍霉菌正常的生理功能以达到防霉效果。通常所用的酶较霉菌体内的酶强1～500倍，当这些外加酶作用于霉菌时，霉菌体内的酶就遭到破坏，发生变性，使霉菌不能从饲料中吸收营养，再加上抗氧化剂的作用，霉菌缺氧，从而生长也就受到抑制。这种防霉剂的优势在于对霉菌不会产生抗性，而且使用安全可靠，对环境无不良影响。

俄罗斯研究人员发现化学消毒和辐照同时使用效果更好。对饲料先进行化学消毒，然后再进行辐照，不仅具有灭菌和防霉的作用，而且能提高饲料中维生素D含量。他们把相当于饲料重量1.2%的氨水，也可用2%的丙酸钙或2%的甲酸加入到粉碎饲料中进行化学处理，并在不搅拌的情况下，用强度为120 kJ/m^{2}的紫外线进行照射，结果使饲料中霉菌的繁殖能力大大降低，长期存放不发霉，同时饲料中维生素D的含量提高到180mg/kg。

（五）严格执行饲料卫生标准

我国饲料卫生标准规定饲料中霉菌的允许量（每克产品，×10^{3}个）为玉米＜40，限量饲用：40～100，禁用：＞100；小麦麸、米糠＜40，限量饲用：40～80，禁用：＞80；豆饼（粕）、棉子饼（粕）、菜子饼（粕）＜50，限量饲用：50～100，禁用：＞100；鱼粉、肉骨粉＜20，限量饲用：20～50，禁用：＞50；鸭配合饲料＜35；猪鸡配合饲料、浓缩饲料＜45；奶、肉牛精料补充料＜45。

第三节　饲料仓储虫害及控制

仓库害虫（store pests）简称"仓虫"，对我们的衣、食、住、用等方面都会造成非常广泛的危害，尤其是对世界各国储粮所造成的损失是相当巨大的。据统计，全世界每年因各种仓虫危害，会损失10%储粮。如果能较有效地防治世界各地粮仓的谷物害虫，则相当于增产25%的谷物。同样，仓虫对于储藏饲料尤其是饲料原料也具有危害性。仓虫不仅直接造成储藏饲料损失，而且它们在生长发育、繁殖和迁移过程中所遗弃的粪便、虫蜕和尸体等，会严重污染粮食和饲料，更为严重的是由于仓虫的活动引起储藏饲料发热，招致微生物的滋生与繁殖，导致或加速霉变或腐败，造成更大的经济损失。

一、饲料仓储害虫的种类

仓虫的种类繁多，体躯很小（一般2～3mm），体色暗，多隐居于缝隙、粉屑或粮食和饲料的组织内部，其繁殖快，适应性强，分布广。仓虫分属于许多不同的目、科。在昆虫纲中，鞘翅目的种类最多，也最重要，其次是鳞翅目。在螨类中，粉螨科的种类最多，也最重要，其次是肉食螨。以上类群涉及到以下4个纲至少18个目（图1-1）。

广义上的仓虫包括昆虫、蛹类和其他小动物（如伪蝎等），有时还包括鸟类和鼠类。

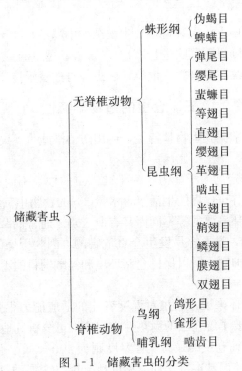

图1-1 储藏害虫的分类

鞘翅目昆虫又称甲虫类。我国仓库甲虫类目前已定名的超过300种，分属于30多个科，占我国已知仓虫总数的80％以上。常见的种类有米象、玉米象、谷象、豆象、大谷盗、谷蠹、长角扁谷盗、锯谷盗、赤拟谷盗、黄粉虫等。

鳞翅目又称蝶蛾类。常见的有麦蛾、谷蛾、印度谷螟等。

啮虫目昆虫又称微小害虫类。常见的有书虱和尘虱等。

仓库中常见的蛛形纲蜱螨目昆虫有粗足粉螨、腐食酪螨等。

二、仓虫的传播

一般仓虫都有自然传播的能力，依靠它的足或翅飞进仓库；有些是通过猫、犬、鼠、雀和其他昆虫带进仓库来的；大部分是随储藏物带进仓库的；还有的是从仓储用具和人类衣服上带进仓内的。根据仓虫的传播途径，仓虫来源大致有以下3个方面。

1. **人为来源** 人为来源又称人为传播。被仓虫感染了的保管器材、储藏物、包装物品、仓储废品、交通工具等，未经杀虫或消毒处理过的用品等，都属于人为地帮助仓虫传播扩散的来源。

2. 田间来源　在南方的诸多温暖地区，有相当一部分仓虫生活在田间。它们在田间与仓库间进行"旅行"，在田间与仓库栖息、危害与繁殖，完成其生活史。所以收获物在入库以前要进行认真检查，一旦发现仓虫就应及时除治或专仓暂存，待杀虫处理后入库储藏。

3. 自然来源

（1）能在田间危害或幼虫以花蜜及腐败果实为食的仓虫，如麦蛾、米象、绿豆象等，由田间或仓外飞入仓里。

（2）幼虫在仓外砖石、腐木、包装材料及尘埃杂物中越冬，翌年春天又返入仓里。

（3）树皮下、落叶底（随风飘荡吹进仓库），鸟、兽、昆虫的巢穴是仓虫栖息与觅食的地方，也是仓虫的来源之一。仓虫黏附在鸟类、鼠类、昆虫等身上蔓延传播。

三、仓虫的生物学特性

了解仓虫的活动规律，掌握其生物学特性，运用防治措施，不失时机地进行防治，才能消除虫源，控制危害。

1. 耐干性　仓虫具备一定的耐干能力。耐干性因虫的种类不同而异，例如地中海粉螟能生活在几乎没有水的食物中，谷斑皮蠹能生活于含水量2%的食物中。害虫的耐干性还因储藏物的种类、性质、温度、水分和环境湿度等不同而又有所区别。通常储藏物的含水量在8%以下，库内的相对湿度在40%以下时，是不容易发生仓虫危害的。因为干燥的生存环境中成虫的繁殖力及幼虫的生长发育都将受到抑制。所以保持仓储环境和储藏饲料的干燥（低水分）是防止仓虫危害的重要措施。

2. 耐热性与耐冷性　总体来说，仓虫对温度变化的适应能力很强。不同种类仓虫对冷、热的耐性或抵抗力差异很大。要了解仓虫的耐热性与耐冷性可分析其地理分布范围。昆虫能忍受的绝对最高温度是48～52℃，而仓虫的最高发育温度则为40～45℃。温度是决定仓虫生命过程的特点、趋向与水平。仓虫的体温基本上受环境温度所支配（变温动物），环境温度的高或低对仓虫都发生直接作用。所以环境温度对仓虫的分布、危害、生长发育、繁殖及其种群数量的消长都产生影响。在有效温区内，温度上升时，代谢加速，表现为发育快，成虫产卵多，全年世代数多，种群密度大；反之，个体发育迟缓，世代减少，种群数量小，甚至趋向消亡。例如，玉米象在东北地区1年只发生2代，而在华南地区可发生7代以上。

3. 耐饥性　是指仓虫在缺乏食料的条件下不会饿死的能力。仓虫的耐饥性很强，如百怪皮蠹能耐饥三四年，谷斑皮蠹的休眠幼虫能忍饥8年之久而不死；潜藏在空仓、装具、用具等缝隙角落里的仓虫可以几年不食不死。锯谷盗、扁谷盗、米象都有这种能力。由于能长期耐饥而不死，所以它们就有可能被带到远方，使其分布变的十分广泛。

4. 繁殖特性

（1）繁殖方式：通常是雌雄成虫经过交配、受精，由雌虫产卵，称为卵生；雌虫的产卵量较大，卵的孵化率较高。但仓虫中还发现有单性生殖（不经交配也能繁殖后代）和伪胎生（幼体在母体中孵化）现象，如白蚁和螨类。

（2）繁殖力：在生态条件适宜的环境里，成虫在全年进行交配、产卵，繁殖后代。据估计，一对杂拟谷盗成虫，在150d中繁衍的虫子虫孙在100万只以上，形成密集的种群。一直到环境不适宜时，它们的数量才会下降。

（3）产卵方式：多数仓虫在隐蔽的场所产卵或具有保护性产卵方式。如米象、玉米象、谷象、谷蠹等仓虫在谷粒或种子的组织内部产卵并用黏液固封卵孔。所以，这些仓虫卵的孵化率很高，自然死亡率很低。

（4）个体发育特性：在生态条件适宜情况下，完全变态昆虫从卵→幼虫→蛹→成虫；不完全变态昆虫从卵→若虫→成虫。一般的周期（完成一个世代）在30d左右，螨类的生活周期较短，约15d。仓虫个体发育快，发育周期短，世代重叠，种群密度大。所以，防治仓虫要治早、治少、治了，主要是消灭第一代仓虫。

5. 仓虫的食性　仓虫种类很多，其食性也因种而不同。食性是以食料的性质来区分的。以植物为食料的为植食性，如米象、绿豆象、锯谷盗等。以动物的组织为食的为肉食性，如皮蠹属种类。动植物兼食的为杂食性，如药材甲。以动植物的腐败物为食的为腐食性。根据食料种类的广或狭，则分为多食性、寡食性、单食性和杂食性。

四、仓虫的危害

仓虫除对动、植物原材料及其加工制品等直接蛀食造成损失以外，还因其代谢物较脏甚至有毒，从而污染仓储饲料；更严重的还会引起饲料发热招致微生物的滋生与发展，导致霉变或腐败。仓虫危害可使饲料丧失使用价值，造成重大经济损失。

1. 直接危害　是指由于被仓虫吃掉而造成的损失。全世界储藏物每年被仓虫危害的损失是非常惊人的，其中被危害的粮食尤为严重。据报道，如果能有效地防治世界各地的储粮害虫，就相当于每年增产25%的粮食。直接危害包括以下4种方式：①蛀食，如玉米象、豆象类、谷蠹及麦蛾的幼虫在饲料颗粒内蛀食。②剥食，如印度谷螟的幼虫先蛀食粮粒胚部，再剥食外皮。③侵食，许多甲虫均自外向内侵食粮粒。④缀食，许多蛾类幼虫均喜吐丝将粮粒连缀，匿伏其中食害。

2. 由仓虫引起的储藏物发热变质　仓库及储藏物感染了仓虫与有害微生物。这些有害生物都是生物热的"生产者"，在取食、爬行（摩擦生热）活动及其生理代谢活动过程都会产生大量的热量和水汽；加之，粮食、饲料原料本身也在进行呼吸活动而生产热量。两种生物热积聚在有限范围的堆垛里，使仓内温度升高，容易使饲料发霉变质。

3. 仓虫是储藏物的污染源　仓虫的排泄物、皮壳、各个发育阶段的虫尸、虫屎等都是污秽物。这些污秽物具有恶臭气味，使粮食或饲料变色、劣变。例如面粉、糕点、糖果等感染了赤拟谷盗等，这些仓虫分泌的臭液，使洁白的面粉变色发臭，不能食用。螨类的危害尤其严重，螨体微小，躯体乳白或透明，人们用肉眼是难以发现它的，只有其在面粉、食糖、糕饼碎屑猖獗危害时才能发现，但此时危害已经非常严重，造成储藏物一系列的劣变（变色、变味、发热、潮湿、霉烂甚至带毒）。

五、影响仓库害虫发生的多种生态因子

影响仓虫生长发育的生态因子是多方面的，一般可概括为4类：营养因子、生物因子、气象

因子、人为因子。其中以人为因子和气象因子中的温度、湿度以及营养因子所产生的影响最大。

（一）营养因子

昆虫的食物是影响昆虫发育快慢和繁殖力大小的主要因子之一。仓储粮食和饲料作为一种功能独特的食物，可以说是仓虫得天独厚的营养条件。一般来讲，仓虫取食它最喜食的食物时，能加速其生长发育，增加繁殖能力。反之，则延长其生长发育，降低繁殖能力。例如，拟谷盗幼虫在取食全麦粉时幼虫期为24～36d，但在取食白面粉时则须延长到85～144d；大谷盗幼虫在取食小麦或玉米粉时幼虫期为69d，但在取食糙米、白米或白面粉时则须延长到180d。

（二）生物因子

某种仓虫的发生有时会被另一种寄生性或肉食性昆虫或螨类等抑制。如寄生于仓虫幼虫体内的寄生蜂，捕食仓虫幼虫的食虫椿象，捕食仓虫幼虫的伪蝎，寄生在仓虫幼虫及蛹体内的虱状恙虫等。上述天敌对仓虫的发生和发展在一定程度上产生某些不利影响，但天敌对仓虫的抑制作用是有限的。

（三）气象因子

1. 温度　昆虫属于变温动物，其体温常随着温度的变化而不断改变。所以温度变化对其生命活动有着极其重要的影响。仓虫生长繁育的有效温度在18～35℃之间，称为有效温度范围，一般仓虫在此温度范围内通常能完成正常发育。在有效的温度范围内仓虫发育最快，繁殖能力最强的温度称为最适温度范围。仓虫繁殖的有效温度范围一般为15～35℃之间。仓虫的种类间特性不同，其最适温度范围也有所变化。例如，谷蛾为32～35℃，印度谷螟为33～34℃，拟谷盗为27～32℃等。所以夏季时仓虫的危害比较严重，而入秋后仓虫的危害又逐渐减轻。此外，温度变化的速度会严重影响仓虫发育快慢，如果温度改变速度很剧烈，特别是降温速度剧烈会严重抑制仓虫的代谢过程，严重时还会使其死亡。

2. 湿度　一般指的湿度是包括食物中所含的水分和空气中的相对湿度。仓虫为了维持体内水分的平衡，保证其正常生命活动的进行，就必须从周围环境中摄取水分。仓虫摄取水分有多种途径，主要是从食物中获取，成虫期通过直接饮水，卵期通过体壁或卵壳吸水以及利用体内的代谢水。仓虫的生长发育对环境湿度有一定的要求，一般来说仓虫适宜的相对湿度高于70%，大多数仓虫对相对湿度的要求为30%～95%。过高或过低都会抑制其生长发育。

3. 粮食（饲料）水分及氧气　仓虫可以在相对干燥的条件下存活，只要粮食（饲料）水分达到8%～9%就可存活。例如，米象可以在水分高于9%的谷物中繁殖；谷蠹在高温条件下可以在含水量8%的小麦中繁殖。仓虫的生长繁殖同样也需要氧气的供应，仓虫的活动能力随着空气中含氧量的减少而受限。如果饲料堆中的氧气大量减少，仓虫就不能生存。当饲料的氧气含量少于2%时，经过2d，可以使成虫致死；氧气含量在3%时，经过5d，可以使长角谷盗、锯谷盗的成虫死亡，还可以使90%的米象和75%的赤拟谷盗成虫死亡。所以在生产上用充氮或充入二氧化碳气体的方法来降低饲料堆内的含氧量，以达到控制仓虫危害的目的。

4. 人为因子　随着人类社会的高速发展和国际上频繁的经济往来，加速了商品储藏、运输以及国际贸易等商品流通进程，这种大流通加速了昆虫在国际间的传播。如果人们不重视在这些经济活动中害虫的检疫和防治，就会促使虫害的发生与蔓延。例如，发源于印度、马来西亚的谷斑皮蠹，随着贸易往来进入美国，1953年该虫在加利福尼亚造成的损失为2.2亿美元，相当于该州当年农产品总收入的10%。再者,从生产领域上讲,饲料的运输工具、仓库本身未及时清理等,都是仓虫繁殖蔓延的良好条件。

六、仓库害虫的控制

"以防为主,防治结合"是有效控制仓储饲料害虫的基本方针。现代仓虫综合防治就是从管理的角度出发,根据仓储生态系的特点,以生态学为基础创造不利于害虫发生发展的环境条件,规范仓库建设,建立饲料进仓前的检查制度,加强仓库的科学化、现代化管理,合理采用害虫防治技术和措施,达到有效治理仓虫的目的。

(一) 加强对外检疫

检疫防治是一项非常重要的防治措施。目前我国许多危害性较大的仓储甲虫都是新中国成立前从国外传入的,如蚕豆象、谷蠹等。日本侵华时将蚕豆象带入我国,使南方数省蚕豆被害率高达60%以上。新中国成立以后,我国对检疫工作逐步开始重视,1951年颁布了《输出输入植物病虫害检疫暂行办法》,1991年颁布了《中华人民共和国进出境动植物检疫法》。近些年,每年从进口的各类动植物货物中截获的仓储害虫高达100多种,有力地保证了国内的农业生产和经济发展。

检疫防治是通过立法手段,以法令或法规的形式来限制有害生物的传播和蔓延。对外检疫又称国际检疫,主要由各地港口的动植物检疫机构负责执行检查与检验。目前对外检疫主要以巴西豆象、菜豆象、鹰嘴豆象、灰豆象、大谷蠹和谷斑皮蠹为主。

(二) 仓储害虫防治措施

仓储害虫具有体躯小(一般都在1~5mm之间)、栖居隐蔽、繁殖力强、种类繁多,分布广泛的特点,因而对饲料安全储藏危害很大。可根据害虫的传播途径和生活习性,采用多途径、多方法对仓储害虫加以防治。

1. 切断传播途径　加强田间防虫,做好仓库、工厂、加工设备、运输设备的杀虫清洗工作,切断害虫传播入仓库的途径。在新饲料入仓前,对仓库和其他用具进行彻底清扫,喷洒"敌敌畏"消毒,将仓内所藏病虫害全部杀死;已生虫的陈粮不要和新饲料同仓存放,以免交叉感染。敌敌畏熏蒸可用于空仓、加工厂及器材消毒,对防治料堆表面害虫也有良好的防治效果。

(1) 喷雾法:① 计算用药量:根据仓库体积,按每立方米用药100~200mg计算用药量。② 80%敌敌畏乳油加水100~200倍,搅拌均匀,用喷雾器喷洒仓房后密闭3d。然后,放气1d,再进仓清扫。器材或铺垫物料消毒,可用80%的敌敌畏乳油加水10~20倍稀释喷洒。

(2) 悬挂法:① 用药量计算:用药量按整个仓房体积计算,每立方米用1g80%敌敌畏乳剂。② 在要挂药条的绳子下面铺一层草帘或席子,以免污染饲料。③ 将浸有敌敌畏的布条或纸条均匀地挂在绳子上,任其挥发。此法可防治料堆表面害虫和蛾类。

注意事项:① 施药时要穿工作服,戴风镜和双层口罩(内夹浸有5%~10%小苏打溶液的纱布)。② 若药液沾染了皮肤,立即用清水冲洗。施药后用肥皂洗手和洗脸。③ 严禁用敌敌畏药剂直接喷洒在粮食或饲料上。

2. 习性防治　根据仓储害虫的生活习性,如趋光性、趋温性、上爬性、钻孔性等,利用其喜好进行诱杀、诱扑、阻止、驱避等。目前行之有效的方法有以下几种。

(1) 压盖防治：针对蛾类害虫（主要是麦蛾）在饲料面上交尾、产卵、羽化的习性，采用适当物料，将饲料面压盖密闭，使成虫无法在饲料面产卵。防治关键：必须赶在第一代蛾类成虫羽化以前压盖密闭完毕，最好是春暖以前，料温在15℃以下时进行。压盖时要求对料面完全密封，并经常检查饲料状况，一般在早、晚气温低时检查。

(2) 移顶处理：即针对蛾类害虫喜好在料面交尾、产卵的特性，将已储存一段时间的稻谷和麦类，在18℃以下的冬令时期，将料堆上部约20cm厚的饲料面层移出仓外，集中处理杀死幼虫。

(3) 习性诱杀：利用玉米象、赤拟谷盗等成虫具有上爬和群体的习性，有意将料面耙成许多30～50cm高的小尖堆，引诱害虫向堆尖群集，定期将堆尖饲料取出过筛集中处理。也可在堆尖上插草把、芝麻秆、玉米芯等，害虫也会爬集到这些诱集物上，定期取出诱集物进行集中处理。此法宜在高温季节害虫比较活跃的时期进行。也可利用害虫的趋香习性，将拌葱炒香的米糠、麸皮和各种油饼以及干南瓜丝、甘薯丝等物料中拌入浓度为0.1%的除虫菊酯或0.5%～1%的敌百虫或敌敌畏的溶液，制成诱杀毒饵并晾干，将毒饵放入玉米芯、高粱穗或草把内，并放在饲料堆面上诱杀，也可装入钻有小孔的竹筒内插入饲料堆内部诱杀。还可在越冬前，在仓库离地面高3cm左右的墙壁四周和仓门上挂双层旧麻袋或草袋，作为越冬场所诱杀印度谷螟、粉斑螟等蛾类幼虫；也可在仓内四周及通道上设置喷有马拉硫磷或敌百虫的旧麻袋或草袋，进行拦截毒杀爬出饲料堆越冬的甲虫。

3. 高温杀虫　对于已感染害虫的高水分粮食或饲料，可以利用烘干机进行烘干处理，既可杀灭害虫，又可以降低水分；另外，在炎热的夏季，可以采用日光曝晒进行杀虫，一般仓储害虫所能忍受高温为35～40℃，在46～48℃条件下，持续较长时间就能将害虫致死，而在50℃以上，绝大多数害虫在短时间内就会死亡。高温杀虫一般要求温度在46℃以上。高温杀虫常采用以下几种方法。

(1) 日光曝晒法：在高温季节，择晴天，先打扫晒场（最好用水泥晒台），将晒场晒热。薄摊勤翻，厚度以3～5cm为好，每隔半小时左右翻动一次。一般出晒4～6h，粮温达到46℃以上，并保持2h，即可保证杀虫效果。而当太阳直射使粮食或饲料温度升到50℃左右，这时几乎所有的害虫都可致死。害虫变化情况如下：40～45℃，害虫失去活动能力；45～48℃，害虫处于昏迷状态；48～52℃，1～2h，害虫死亡。达杀虫目的后，将高温粮适当摊凉，低气温时入仓，但入仓水分应控制在12%以下。

注意事项：为防止害虫避热逃窜，可在场地四周距粮食2m外喷洒敌敌畏等杀虫剂。

(2) 机械加热杀虫：使用硫化斜槽烘干机、滚筒式烘干机、塔式烘干机等加热干燥机械，将粮食或饲料加热33～60min，使粮温加热到50～55℃，然后出机，缓苏1～2h，再通风冷却，即可将全部幼、成虫杀死。若缓苏4～6h，可杀死虫卵。

(3) 沸水烫杀蚕、豌豆象：先将粮食放在箩筐里，连同箩筐一起放入沸水中浸烫，并不断搅拌豆粒，经28～30s后，立即提出箩筐，放到冷水中冷却一下，然后摊开晾干，使水分降至12%以下再储存。

4. 低温杀虫　一般仓储害虫在环境温度降至8～15℃时，即停止活动。当温度为-4～8℃时，一般仓储害虫即处于冷麻痹状态，长时间可致其死亡；-4℃以下，即可使害虫迅速死亡。

例如玉米象各虫态在－3.9～－1.1℃下经过6d即死亡。低温防治可根据当地具体情况，采用以下几种方法。

（1）仓外薄摊冷冻、趁冷密闭储藏：在寒冷季节，一般选择相对湿度在75%以下，气温在－10～－5℃的傍晚，将虫粮连同仓库铺垫器材等一同搬到仓外场地，摊薄5～10cm厚冷冻，并经常翻动。夜间应做好苫盖工作，以防霜降结露而使粮食吸湿受潮。冷冻1～3昼夜，再在傍晚或清晨气温较低时，趁冷搬粮入仓，并进行密封储藏。

（2）通风冷冻杀虫：主要选择气温在－5℃以下的干燥天气，将仓库门窗全部打开，自然通风，有条件的可采用机械通风。在料温接近气温时，关闭门窗或采取压盖密闭储藏。

（3）低温控制害虫：利用冬季低温（应在15℃以下）干燥天气，对虫粮采取仓外摊冷或仓内通风，使料温降低，然后再密闭储藏。从而降低并抑制害虫的发育繁殖。也可采用地下粮仓、机械制冷的低温仓等来进行低温储藏饲料。

5. 气控防治　人为地改变饲料堆中气体成分，降低料堆中氧的含量，增加二氧化碳浓度，造成害虫难以生存的缺氧环境，以达到防治害虫的目的。尤其适用于高温季节某些水分含量较高、容易发霉变质的饲料。常用的方法有自然缺氧储藏（如料仓密闭）和脱氧储藏（利用燃烧或除氧剂或充二氧化碳气体，使料堆迅速降氧）等。

6. 药物防治　即施用化学药剂（杀虫药剂）作用于害虫以达到歼灭的目的。以用于仓储害虫防治的磷化铝为例：可将磷化铝药片单层放于不易燃烧的陶瓷器皿上，将陶瓷器皿放于料堆表面，然后密闭料堆储藏。用药量为每立方米5片（具体使用参照操作说明书）。饲料厂生产车间粉尘较多，尤其在一些设备底座及提升机、刮板机的机头机尾等地方残留多，且不易清扫。在生虫季节，害虫大量繁殖，并可能随物料至成品中，针对生产车间这种情况，以上几种方法都不便实施，一般可采用药物喷射杀虫，即将药剂配成一定浓度的溶液，直接对一些粉尘多、易生虫的地方进行喷射。在实施药物直接喷射杀虫法时，清扫是关键，且贵在坚持，喷药前后必须彻底清扫，尤其是喷药之后的清扫物必须丢弃。

7. 谷物保护剂防治　需储存较长时间的粮食或饲料，可以应用谷物防虫剂进行保护，谷物防虫保护剂是一种化学药剂，适量拌入谷物中，可以防止害虫发生，延长谷物保存期。甲基嘧啶磷是联合国粮农组织推荐使用的优良谷物保护剂，是一种高效、广谱、低毒的仓储杀虫剂，针对磷化氢形成抗药性的长角谷盗、锯谷盗、玉米象等具有特效。其他常见的谷物防虫剂有马拉硫磷及溴硫磷等。

第四节　饲料寄生虫的污染及控制

寄生虫（parasite）及其虫卵可直接污染饲料，也可经含寄生虫的粪便污染水体和土壤等环境，再污染饲料，动物经口食入这些饲料后发生寄生虫病，也可诱发人兽共患的寄生虫病，损害人体和动物的健康。所以饲料寄生虫污染是饲料卫生与安全上一个重要问题。

一、寄生虫污染饲料的危害

动物性和植物性饲料被寄生虫污染后，通过动物采食进入动物体内，在特定的部位发育、繁殖，对动物造成危害。畜禽在遭受寄生虫侵害时，由于各种寄生虫的生物学特性及其寄生部位的不同，因而致病作用和程度也不同，其危害和影响主要有以下几个方面。

1. **机械性损害** 寄生虫侵入畜禽机体之后，在移行过程中和到达特定寄生部位时的机械性刺激，可使宿主的组织、脏器受到不同程度的损害。如创伤、发炎、出血、堵塞、挤压、萎缩、穿孔和破裂等。

2. **掠夺营养物质** 寄生虫在畜禽体内寄生时，常常以经口吞食或由体表吸收的方式，将宿主体内的各种营养物质变为虫体自身的养料；有的则直接吸取宿主的血液、淋巴液作为营养，从而造成宿主的营养不良、消瘦、贫血和抵抗力降低等。

3. **毒素的毒害作用** 寄生虫在生长发育过程中产生的有毒的分泌物和代谢产物，被宿主吸收后，往往会对机体产生毒害作用，特别是对神经系统和血液循环系统的毒害作用。

4. **引入病原性寄生物** 寄生虫在侵害宿主时，可能将某些病原性细菌、病毒、原生动物带入宿主体内，使宿主遭受感染而发病。

寄生虫通过食物链最终进入人体，将会对人体造成与畜禽相同的危害。

二、常见的污染饲料的寄生虫种类及特性

寄生虫的种类很多，其形态和生理特征并不相同。根据它们在动物分类系统中的地位，主要有原虫（属于原生动物门）、蠕虫（属于扁形动物门、线形动物门、棘头动物门或环节动物门）。

（一）畜禽肉及内脏等饲料中常见的寄生虫

畜禽肉和内脏作为动物性饲料，一般是毛皮动物的主要饲料来源。被寄生虫污染的畜禽肉和内脏若未经过适当处理而作为饲料用于生产，就会使动物发病，给畜牧生产带来损失。

1. **猪囊尾蚴（Cysticercus）** 囊尾蚴是绦虫的幼虫，寄生在宿主的横纹肌及结缔组织中，是约黄豆大小的、半透明的、无色椭圆形的囊状物。猪囊尾蚴的成虫（有钩绦虫）寄生于人体的小肠内，以头节上的吸盘和顶突上的小钩吸附在肠壁黏膜上，体节游离在小肠腔内。在寄生过程中，虫体后端的孕卵节片相继从虫体上脱落，随人的粪便排出。当健康的猪吞食了这种含有孕卵节片和虫卵的粪便或被这种粪便所污染的饲料和饮水时，虫卵在猪体的胃和小肠内，经消化液的作用，卵壳破裂，幼虫逸出，钻入肠壁小血管或淋巴管，随血液循环分布到全身各个部分。幼虫在肌纤维间经过3~4个月发育成为猪囊尾蚴后，可在猪体内存活数年或更长时间。当人吃了未熟的带有猪囊尾蚴的猪肉时，幼虫的包囊在胃肠内被消化，头节翻出，固着在肠壁上，经2~3个月，逐渐发育为成虫。成虫在人体内可生存长达25年之久。

2. **旋毛虫（Trichinella）** 旋毛虫会引起旋毛虫病，人和几乎所有的哺乳动物均能感染，对动物健康危害很大。当含有旋毛虫幼虫的肉被食用后，幼虫由囊内逸出进入小肠，迅速生长发育为成虫，并在此交配繁殖，每条雌虫可产1 500条以上幼虫。这些幼虫穿过肠壁，随血液循环被带到寄主全身横纹肌内，生长发育到一定阶段蜷曲呈螺旋形，周围逐渐形成包囊。包囊经6~9个月开始钙化，但幼虫在钙化了的包囊内仍能生活，可保持感染能力达数年之久。食肉动物和人吃了感染的猪肉、马肉和其他肉类，猪吃了污染的饲料后，包囊被消化，幼虫逸出并在小肠内发育为成虫，开始新的生活周期。由此可见，旋毛虫的幼虫和成虫阶段都是在同一个寄主内完成的。被感染的猪经过屠宰、运输、销售、加工等环节，连同屠宰废水、肉及副产品、抛弃的废肉

和肉屑、洗肉泔水、污染的工具等把旋毛虫散播到各个地方去，污染了饲料后，被猪等家畜采食后又会感染家畜。

3. 刚第弓形虫（*Toxoplasma gondii*） 刚第弓形虫引起弓形虫病，又称弓浆虫病。刚第弓形虫是一种原虫，宿主十分广泛，可寄生于人及多种动物中，是重要的人兽共患的寄生虫病。

猫为刚第弓形虫的终宿主，人、猪和其他动物（啮齿动物及家畜等）为中间宿主。猫及猫科动物吃下包囊、滋养体和卵囊均可感染，虫体钻入小肠上皮细胞，经过 2～3 代裂殖，发育为雌雄配子体，并结合为合子，之后形成卵囊排出体外。同样，中间宿主吃下包囊、滋养体及卵囊后均可感染。滋养体对温度较敏感，所以不是主要传染源。包囊对低温的抵抗力强，冰冻状态下可存活 35d，在寄主体内可长期存活，在猪、犬体内可存活达 7～10 个月。卵囊在自然界可较长期生存。一只猫 1d 可排出 1 000 万个卵囊，可持续排出 2 周时间，而且猫的免疫力并不完全，当再感染时，又可重新排出卵囊，所以猫是主要的传染源。

家畜采食了寄生有虫体的动物性饲料后被感染；草食动物因采食被卵囊污染的饲料和饮水及含虫的生肉屑而感染。

4. 肝片吸虫（*Fasciola hepatica*） 肝片吸虫寄生于牛、羊、鹿、骆驼等反刍动物的肝脏、胆管中，在人、马及一些野生动物中也可寄生。引起急性或慢性肝炎和胆管炎，并有全身性中毒现象和营养障碍。

肝片吸虫外观呈叶片状，灰褐色，虫体一般长 20～25mm，宽 5～13mm。成虫寄生在终寄主（人和动物）的肝脏胆管中，中间宿主为椎实螺。椎实螺在我国分布很广，在气候温和、雨量充足地区，春夏季大量繁殖。随同终寄主粪便排出的虫卵可进入螺体内发育为幼虫，称为尾蚴。尾蚴逸出后游进水中，很快脱尾成为囊蚴，附着在水稻、水草等植物的茎叶上。动物或人吃进囊蚴后，囊蚴在小肠中蜕皮，在向肝组织钻孔的同时，继续生长发育为成虫，最后进入胆管内，可生存 2～5 年之久。

当幼虫穿过肝组织时，可引起肝组织损伤和坏死。成虫在寄主胆管里生长，能使胆管堵塞，由于胆汁停滞而引起黄疸，刺激胆管可使胆管发炎，并导致肝硬化等症状。

（二）水产品中常见的寄生虫

水产品主要包括淡水鱼类、海杂鱼及其加工产品鱼粉等，是动物生产中主要的动物性饲料，在饲料生产中具有重要的地位。鱼类在其生长过程、产品加工、储藏和运输等过程中都可能遭受寄生虫的污染，从而影响饲料的卫生与安全质量。以下是常见的污染水产品饲料的寄生虫，能引起人畜共患寄生虫病。

1. 华枝睾吸虫（*Clonorchis sinensis*） 华枝睾吸虫是一种雌雄同体的吸虫，引起华枝睾吸虫病。成虫寄生在人、猪、猫、犬的胆管里。虫卵随寄主粪便排出，被螺蛳吞食后，经过胞蚴、雷蚴和尾蚴阶段，然后从螺蛳逸出，附在淡水鱼和淡水虾体上，并侵入鱼、虾的肌肉、鳞下或鳃部发育为后尾蚴，如果动物（终宿主）或人食用含有囊蚴的鱼肉，则囊蚴进入动物或人消化道，囊壁被溶化，幼虫破囊而出，然后移行到胆管和胆道内发育为成虫。

人畜粪便直接施用于田间作肥料或用人、畜粪便作鱼饵，都会造成虫卵入水，寄生于中间宿主淡水螺、鱼、虾体内，这些中间宿主作为饲料生喂动物，都会造成对动物的感染。

2. 刚棘颚口线虫（*Gnathostoma hispidum*） 刚棘颚口线虫引发猪颚口线虫病。成虫寄生于终宿主猪胃壁，虫卵随粪便排出体外，在 25~30℃ 水中经 9~10d 便发育成幼虫。幼虫在卵内进行第一次蜕皮，孵出带鞘的第二期幼虫。第二期幼虫能在水中活动，被第一中间宿主剑水蚤吃下后经 8~9d 发育，第二次蜕皮成为具有头球的早期第三期幼虫。第二中间宿主淡水鱼或蛙类吃下剑水蚤后，幼虫约经 1 个月发育为晚期第三期幼虫。许多鸟类、哺乳类、鱼类及甲壳类动物吃下第二中间宿主后可作为转续宿主。幼虫在转续宿主体内不发育而形成虫囊。猪因吃下第一、第二中间宿主或转续宿主而被感染。感染后的幼虫进入猪胃，穿过胃壁，少数穿过肠道进入肝脏发育一段时间后，在腹腔、肌肉、结缔组织内移行，然后穿过膈肌再返回胃部寄生发育为成虫。在胃内，虫体的头部深入胃壁，其余部分则游离于胃腔。

刚棘颚口线虫主要是通过感染第二中间宿主鱼类并作为动物性饲料饲喂猪后造成危害。

3. **肾膨结线虫**（*Dioctophyma renale*） 肾膨结线虫寄生于多种哺乳动物和人的肾或腹腔内，引起肾膨结线虫病。该虫终宿主的种类很多，主要有食肉动物，如貂、犬、狼、虎、熊、猫等，此外还有猪、牛、马、人。成虫主要寄生在终寄主的肾脏，虫卵随尿液排出，在 25~30℃ 经 1 个月发育为含第一期幼虫的卵（温度低时需 6~7 个月），第一期幼虫不离开虫卵，处于静止状态，可生存 2~5 年之久。中间宿主为寡毛环节动物，它们因吃下这些含幼虫的卵而感染，在其体内幼虫经 2 次脱皮发育为第三期幼虫。终宿主因吃了带虫的中间宿主而被感染。

作为此虫转续宿主的有多种淡水鱼，如犬鱼、鲈、鲟、赤梢鱼等。此外，蛙、泥鳅、麝鼠也可作为转续宿主。将这些转续宿主作为饲料饲喂动物后会造成危害。

（三）农产品饲料中常见的寄生虫

1. **姜片吸虫**（*Fasciolopsis buski*） 布氏姜片吸虫寄生于猪和人的小肠中，引起姜片吸虫病。终宿主主要是猪和人，中间宿主较多，有十几种，我国有尖口圆扁螺、大圆扁螺、半球多脉扁螺等。虫卵随终寄主的粪便排出后，在水中 26~30℃ 的适宜温度下经 2~4 周孵化为毛蚴。毛蚴遇中间寄主扁螺，即钻入其体内，逐步发育成许多尾蚴。尾蚴自螺体逸出，吸附在水生植物上，如红菱、茭白、大菱、藕、水浮莲、浮萍等表面上形成囊蚴。猪和人生食了带有囊蚴的水生植物后，在小肠液及胆汁的作用下囊蚴脱囊而成为幼虫。幼虫吸附在十二指肠或空肠黏膜上，经 1~3 个月发育为成虫并产卵。一条成虫每天产卵 1 500~25 000 个。

在我国南方，人畜粪便是主要肥料，常直接施用于田间，有的猪场甚至直接开沟将猪粪引入养殖水生饲料的水池作肥料，加之雨水的冲刷，人们在田边、塘边、井边洗刷粪桶、马桶等都造成虫卵入水，污染水体和水生饲料（水生植物或螺体）。

2. **钩虫**（*Ancylostoma*） 钩虫是一种线虫，主要有十二指肠钩虫（*Ancylostoma duodenale*）、美洲钩虫、锡兰钩虫、犬钩虫等。成虫寄生在寄主的小肠，虫卵随粪便排出，在温暖、潮湿、疏松的土壤中且有荫蔽的条件下，在 1~2d 内第一期杆状蚴即可孵出，以后蜕皮发育为第二期杆状蚴，再经 5~6d 第二次蜕皮后发育为丝状蚴，具有感染能力，又称感染期幼虫，体表有鞘，对外界的抵抗力强，在土壤中可生存数周。它具有向湿性，接触动物时可侵入并进入血管或淋巴管，随血流经心至肺，穿破肺微血管进入肺泡，沿支气管上行至会咽部，随吞咽活动经食管进入小肠，经第三次蜕皮，形成口囊，3~4 周后再蜕皮即为成虫。成虫寿命可达 5~7 年，但大部分于 1~2 年内被排出体外。

动物和人感染钩虫的主要途径有两种：一是身体接触含感染幼虫的土壤时，丝状蚴可经皮肤入侵；二是生食蔬菜和青饲料，因为丝状蚴能沿植物茎叶上爬距地面 20～30cm。所以，生食被污染的蔬菜，幼虫可经口腔和食道黏膜侵入体内。

防治此种寄生虫的措施是加强粪便管理，人畜粪便必须经发酵处理，消灭虫体后才能用作肥料。

3. 蛔虫（Ascaris） 蛔虫病是由人的似蚓蛔虫（Ascaris lumbricoides）、猪蛔虫（Ascaris suum）、小兔唇蛔线虫、大弓首线虫、猫弓首线虫等引起的人畜共患蛔虫病。人的似蚓蛔虫和猪蛔虫可以互为寄生，其他几种蛔虫也是人畜共患蛔虫病的病原体。

蛔虫的发育不需要中间寄主，各种蛔虫的生活史基本相同。成虫寄生于寄主的小肠内，虫卵随粪便排出体外，在适宜的环境中单细胞卵发育为多细胞卵，再发育为第一期幼虫，经一定时间的生长和蜕皮，变为第二期幼虫（幼虫仍在卵壳内），再经 3～5 周后才能达到感染性虫卵阶段。感染性虫卵被寄主吞食后，在小肠内孵出第二期幼虫，侵入小肠黏膜及黏膜下层，进入静脉，随血液到达肝、肺，后经支气管、气管、咽返回小肠内寄生，在此过程中，其幼虫逐渐长大为成虫。从虫卵被吞入到发育为成虫，需 2～2.5 个月，成虫在小肠里能生存 1～2 年，甚至有的可达 4 年以上。

蛔虫的感染主要是虫卵污染土壤、饮水、食物、饲料所致，一条雌蛔虫 1d 可产卵 20 万～27 万个，而且对外界环境的抵抗力较强，如干燥、冰冻及化学药品等。虫卵在外界环境可生存 5 年或更长时间。但虫卵不耐热，直接阳光下数日可死亡。

我国农村多以人畜粪便作肥料，一般蔬菜和植物性饲料多染有蛔虫卵，生吃蔬菜或动物采食饲料都有可能将虫卵食入致病。预防的主要措施是粪便管理和饮食卫生。

三、饲料寄生虫污染的控制

饲料寄生虫污染主要是通过饲料检疫、控制寄生虫的传染途径、被感染饲料的处理等综合性措施进行有效控制。

1. **饲料检疫** 对进入饲料厂或养殖场饲料加工车间的饲料，要进行抽样检查，包括饲料外观检查、显微镜检查等，观察是否有寄生虫虫体、残体、幼虫、虫卵。严禁被污染的饲料进厂，避免被寄生虫污染的饲料产品及动物组织作为饲料。

2. **对饲料进行物理、化学和生物学处理** 对动物性饲料进行加热处理，如在高温 76.7℃可灭活肉中的旋毛虫。冷冻处理对肉中的旋毛虫有致死作用，如冷冻温度为 －17.8℃，则旋毛虫 6～10d 后死亡。饲料干燥处理，可使虫卵停止发育，完全干燥下虫卵可迅速死亡。如在室内干燥半小时可使肝片吸虫虫卵破裂死亡，阳光照射 3min，40～50℃数分钟都可使虫卵死亡。家畜粪便经生物热处理以及消灭中间寄主（灭螺）是预防肝片吸虫病的重要措施。

3. **控制传染途径** 患寄生虫病的畜禽和带虫动物，常常通过血液、粪、尿及其他分泌物、排泄物，把某一个发育阶段的寄生虫，如虫卵或幼虫排到外界环境中，然后再经过口、皮肤、体表或生殖器接触、胎盘等感染途径，侵入到新的寄主体内寄生，并不断地循环下去。如果能够有效地切断寄生虫的这些感染途径，就会避免寄生虫的传播、感染。控制方法包括隔离、淘汰被寄生虫感染的动物，避免与健康动物接触。

4. **加强环境和卫生控制** 加强饲料厂、养殖场的卫生，特别是加工工具、生产工具的卫生，预防寄生虫的污染。防止鼠害，严防携带虫卵的动物进入饲料库和加工车间。对畜禽粪便进行无害化处理（发酵、干燥）等均是有效控制寄生虫污染的重要措施。

本 章 小 结

　　饲料生物性污染主要指有害生物及其毒素对饲料造成的危害，主要包括微生物（细菌、霉菌）、昆虫和寄生虫的污染。

　　细菌污染是饲料腐败变质的主要原因。通常用饲料细菌数量来表示饲料清洁状态，利用菌落总数可预测饲料的耐保藏性。饲料细菌包括非致病性和致病性两类。非致病性细菌主要包括假单胞杆菌属、微球菌属、芽孢杆菌属等，致病性细菌主要包括沙门菌、大肠杆菌、肉毒梭菌、葡萄球菌等。

　　霉菌是菌丝体发达而又不形成较大子实体的一部分真菌的俗称，从分类学角度看，霉菌主要分布在子囊菌亚门和半知菌亚门。饲料中常见的霉菌有曲霉菌属、青霉菌属、镰刀菌属、麦角菌属等。霉菌会引起饲料发霉变质，饲料发生霉变后主要引起发热、变色、变味、产生霉菌毒素，使饲料中的蛋白质、淀粉分解，从而降低饲料营养价值；某些霉菌产生的霉菌毒素引起动物发生急性或慢性中毒，有的霉菌毒素还具有致癌、致突变和致畸的作用。饲料霉变过程可分为3个阶段：早期阶段、霉变阶段、败坏阶段。防控霉菌及霉菌毒素危害最关键的便是做好饲料的防霉和去毒两个环节的工作。

　　仓库害虫简称"仓虫"，对世界各国粮食与饲料会造成巨大的损失，仓虫主要包括鞘翅目、鳞翅目昆虫和螨类。仓虫的传播途径大致有3个方面：人为传播、田间来源、自然来源。仓虫具有耐干、耐热、耐冷、耐饥和繁殖力强的特性。影响仓虫生长发育的生态因子是多方面的，一般可概括为4类：营养因子、生物因子、气象因子、人为因子。

　　动物性和植物性饲料被寄生虫污染后，通过动物采食进入动物体内，在特定的部位发育、繁殖，对动物造成危害，包括机械性损害、掠夺营养物质、产生毒素和毒害作用、引入病原性寄生物使宿主遭受感染而发病。寄生虫的种类很多，饲料中的寄生虫主要包括猪囊尾蚴、旋毛虫、刚第弓形虫、肝片吸虫、华枝睾吸虫、刚棘颚口线虫、肾膨结线虫、姜片吸虫、钩虫、蛔虫等。

思 考 题

1. 如何防止微生物污染饲料的发生，对微生物污染的饲料应如何处理？
2. 仓虫污染饲料的途径有哪些？如何防治仓储害虫的危害？
3. 寄生虫对饲料的危害主要包括哪些方面？如何控制寄生虫的污染？

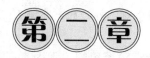

霉菌毒素污染及控制

霉菌毒素实际上是属于饲料生物性污染的范畴。第一章第二节已经介绍了霉菌污染及控制方面的内容。饲料霉变一方面直接使饲料的营养价值降低,另一方面是发霉饲料中存在霉菌毒素,往往造成畜禽霉菌毒素中毒,使动物生产性能降低,并可能残留于畜禽产品中,影响人类的健康。

霉菌毒素对动物和人类健康影响远远超过霉菌本身,许多原因不明的疑难病症和癌症都可能与霉菌毒素有关。由于霉菌毒素在饲料卫生与安全上的特殊地位,加之有关霉菌毒素的内容较多,所以单独列一章进行介绍。

第一节 霉菌毒素概述

霉菌毒素(mycotoxins)是霉菌在生长繁殖过程中产生的有毒的二级代谢产物,此外还包括某些霉菌使饲料的成分转变而形成的有毒物质。

(一)霉菌毒素种类

迄今为止已经分离和鉴定出来的霉菌毒素有 300 多种。根据其产毒霉菌的分类可大致分为以下几类。

1. 曲霉毒素 主要有黄曲霉毒素(aflatoxin,AFT)、赭曲霉毒素(ochratoxin)和杂色曲霉毒素(sterigmatocystin,ST)等。

2. 镰刀菌毒素 主要有单端孢霉烯类化合物、玉米赤霉烯酮(zearalenone)、脱氧雪腐镰孢菌烯醇(deoxynivalenol,DON,又称呕吐毒素)等。

3. 青霉毒素 包括展青霉素(patulin)、橘青霉素(citrinin)、黄绿青霉素(citreoviridin)等。

4. 其他毒素 其他的常见毒素还有鹅膏毒素、麦角毒素和交链孢霉毒素等。

(二)影响霉菌毒素产生的因素

霉菌毒素的产生条件复杂多样,影响霉菌毒素产生的因素主要有温度、湿度、pH、营养因素、饲料加工及储藏过程的管理等,与影响霉菌生长繁殖的因素有些相似,但不完全相同,具体介绍如下。

1. 温度 第一章第二节已经述及,多数霉菌属于中温型微生物,最适生长温度为 25~30℃。但对于产毒霉菌而言,最适的生长温度与产毒温度并不一致,如单端孢霉烯化合物在 7~10℃ 时可产生 T-2 毒素,在 15℃ 以上则产生 HT-2 毒素,温度更高时还可生成二乙酸薦草镰刀菌烯醇。一般来说，在0℃以下或30℃以上，霉菌的产毒能力减弱或消失。但也有例外，如雪腐镰刀菌、拟枝孢镰刀菌等嗜冷菌的适宜产毒温度为0℃。

2. 水分和相对湿度　饲料中水分含量和环境中的相对湿度既是影响霉菌繁殖的关键因素，也是霉菌产毒的关键条件。以谷实类饲料为例，饲料水分含量在17%～18%时是霉菌繁殖与产毒的最适宜条件。只要满足生长的水分活度（A_w值），霉菌也就很容易产生毒素，但是霉菌产生毒素所需的水分活度（A_w值）一般高于霉菌生长繁殖所需的A_w值。

3. 氧气　大多数霉菌生长产毒都需要氧气，氧气是霉菌代谢过程必不可少的条件之一。饲料储藏过程中，环境中的氧气越充足，霉菌就可以利用饲料中的养分如葡萄糖等代谢产生越多的水分满足霉菌自身的生长繁殖和毒素产生的需要。

4. 营养因素　霉菌毒素的产生是一个复杂的过程，需要消耗大量的营养物质。霉菌可以分泌大量的酶分解饲料中的蛋白质、碳水化合物、脂肪等营养物质来满足其生长繁殖和产毒的要求。

(三) 霉菌毒素在动物体内的代谢

霉菌毒素进入动物胃肠道后主要通过简单扩散或主动运输等方式由血液进入组织器官中，并沉积在动物体内。由于动物的肠黏膜、肝脏和肾脏等器官是许多化合物的生物转化场所，有些霉菌毒素可由脂溶性毒素转化为水溶性的化合物而排出动物体。

霉菌毒素在体内的转化主要包括两个反应阶段。第一个阶段主要是通过氧化、还原和水解3个反应给霉菌毒素分子引入一个极性反应基团，增强毒素的水溶性，有利于增强动物体内酶对毒素物质的水解能力；第二个阶段主要是对第一阶段的分解物质进一步反应，失活的毒素与体内一些物质如谷胱甘肽、葡萄糖醛酸和硫酸盐等结合，使代谢产物的极性增强，脂溶性减小，毒性减弱，从而有利于毒素的排出。

霉菌毒素经过生物转化后，主要由3个途径排出动物体外：①被消化道所吸收和代谢的毒素可经过尿液排出，如黄曲霉毒素、玉米赤霉烯酮和赭曲霉毒素A等。②没被消化道吸收的霉菌毒素和代谢后经胆汁排入肠道的毒素代谢产物可经过粪便排出，如T-2毒素、赭曲霉毒素等。③可以经过细胞内过滤、被动扩散，通过乳腺泡的主动转运而由动物乳汁排出，如黄曲霉毒素B_1、赭曲霉毒素和玉米赤霉烯酮及代谢产物都可通过乳汁排出。

(四) 霉菌毒素的危害

霉菌毒素在饲料中的浓度因饲料的营养及外界环境不同而有差异。动物采食含霉菌毒素的饲料会引起慢性或急性中毒，造成动物生长繁殖障碍。同时，霉菌毒素还能残留在动物机体中，造成动物性食品的严重污染，以致影响人类健康。动物霉菌毒素中毒主要表现在以下几个方面。

1. 影响动物的生产性能　由于霉变饲料的适口性降低，营养物质遭到破坏，动物采食量下降，饲料转化率降低，霉菌毒素通过代谢还能干扰动物体内蛋白质、碳水化合物和脂类等营养物质的代谢，损害肝、肾等组织器官，从而使动物的生产性能也受到严重影响。如饲料受到霉菌污染后，产生黄曲霉毒素和镰孢毒素（T-2毒素、呕吐毒素等）等多种毒素，可使肉鸡体重减轻，饲料转化率降低；饲喂被霉菌毒素污染的饲料还会使猪的采食量、日增重、饲料转化率等显著降低；奶牛采食受霉菌污染的饲料后也会出现产奶量降低、生长缓慢等现象。

2. 影响动物的繁殖性能　有些霉菌毒素如玉米赤霉烯酮能使繁殖母猪产生持续发情、假妊娠或不育等中毒症状，还会使公猪精子发育不良，生精细胞周围发生炎症反应等。有些镰刀菌毒素可与雌激素受体结合，导致雌激素亢进，引起动物的生殖功能多方面紊乱，繁殖性能下降。

3. **干扰和抑制动物的免疫系统** 霉菌毒素对动物免疫系统的抑制主要是通过抑制 T 淋巴细胞的应答反应，造成 B 淋巴细胞区的坏死，降低 T 淋巴细胞和 B 淋巴细胞的活性，抑制免疫球蛋白和抗体的产生，降低补体和干扰素的活性，损害巨噬细胞的功能，如赭曲霉毒素 A 对动物免疫系统有较强的抑制作用；霉菌毒素还能刺激下丘脑-肾上腺系统，引起动物免疫抑制。

4. **导致动物癌变死亡** 霉菌毒素可以诱发细胞死亡，导致组织器官发生癌变。如黄曲霉毒素的致癌性很强，主要就是由于黄曲霉毒素能与动物机体内大分子如 DNA、RNA 和蛋白质结合，形成毒素与大分子的加合物，而这种加合物不仅具有明显的细胞毒作用，还能抑制蛋白质、DNA 等的合成，从而导致动物细胞和组织器官突变和癌变。

5. **霉菌毒素在动物体内的残留** 有些霉菌毒素及代谢产物在动物体内代谢转化较慢，可在动物的肝、肾脏等动物组织器官及排泄物中残留，造成动物性产品污染，人类食用后对健康有很大危害。如黄曲霉毒素和赭曲霉毒素不仅能在肝、肾脏等器官中残留，而且还可向动物的肉、蛋和乳汁等动物产品中转移。如奶牛食用黄曲霉毒素污染的饲料 2d 后乳汁中的毒素就可达到峰值。

表 2-1 列出了主要霉菌毒素对动物的危害。

表 2-1 主要的霉菌毒素及其中毒危害

霉菌毒素	主要产毒霉菌	易感动物	中毒症状
黄曲霉毒素	黄曲霉、寄生曲霉	所有动物	肝毒作用，全身性出血，消化机能障碍和神经功能紊乱
杂色曲霉毒素	杂色曲霉、构巢曲霉	反刍动物、小鼠、猴	肝脏和肾脏坏死
赭曲霉毒素	赭曲霉、鲜绿青霉	猪、牛、禽、马	肾病，肝细胞坏死
展青霉素	扩展青霉、展青霉、棒曲霉	牛、鸡、小鼠、兔	奶牛以中枢神经系统症状为主；鸡腹水肿。消化道严重出血
岛青霉素	岛青霉、橘青霉、黄绿青霉	小鼠、大鼠	循环系统和呼吸系统功能障碍
T-2 毒素	三线镰刀菌、拟枝孢镰刀菌	猪、牛、禽	拒食、呕吐及内脏广泛出血
呕吐毒素	雪腐镰刀菌、粉红镰刀菌	猪	拒食、呕吐、肠炎
串珠镰刀菌素	串珠镰刀菌	马属动物、雏鸡、雏鸭	中枢神经机能紊乱和脑白质软化坏死
玉米赤霉烯酮	禾谷镰刀菌、黄色镰刀菌	猪、牛、禽	生殖器官病变、雌性激素综合征
丁烯酸内酯	镰刀菌	牛、羊	四肢末端、耳尖、尾梢蔓延性坏死
甘薯毒素	甘薯长喙壳菌、茄病镰刀菌	牛、羊、猪	急性肺水肿与间质性肺泡气肿
麦角毒素	麦角菌	马、牛、羊、猪、禽	中枢神经兴奋和末梢神经坏死

第二节　黄曲霉毒素

一、黄曲霉毒素简介

黄曲霉毒素是一种毒性很强、在全世界各地都普遍产生的霉菌毒素。严重发生的主要是在热带和亚热带地区，这些地区湿度大，高温、高湿及虫害等很容易造成黄曲霉感染。我国长江沿岸及其以南地区属于高温、高湿地带，因此高温、高湿地区的谷物、饲料、食品等黄曲霉毒素的污染状况严重，北方地区污染相对较轻。产生黄曲霉毒素的最适温度为 25～32℃，相对湿度为 86%～87%。适合曲霉菌生长基质有花生、玉米、高粱、稻、麦、甘薯等。当饲料原料玉米、麦类、稻谷等谷实的水分超过15%时，霉菌可生长繁殖；当水分达到17%～18%时，是霉菌产毒的最佳条件。若不注意通风或风量不足，也会导致黄曲霉菌的生长。各类食品中，花生、玉米和棉子污染严重，其次是大米、高粱，豆类很少污染。一般来说，富含脂肪的食品最易受污染。

能够产生黄曲霉毒素的真菌主要有 4 种，即黄曲霉菌（A. *flavus*）、寄生曲霉菌（A. *parasiticus*）、A. *nomius* 和 A. *pseudotamarii*，它们都属于曲霉类真菌。

二、黄曲霉毒素的化学结构与理化性质

（一）化学结构

黄曲霉毒素是一类以二呋喃环和香豆素（氧杂萘邻酮）作为基本结构的衍生物，前者为其毒性结构，后者可能是与其致癌有关。目前已经分离到的黄曲霉毒素及其衍生物有 20 多种，如 AFB_1、AFB_2、AFG_1、AFG_2、AFM_1、AFM_2、AFB_{2a}、AFG_{2a}、$AFBM_{2a}$、$AFGM_{2a}$、毒醇和 GM 等。根据它们在紫外线照射下发出的荧光颜色分为两大族，即 B 族（蓝紫色荧光）和 G 族（绿色荧光）。其中 AFB_1、AFB_2、AFG_1 和 AFG_2 是 4 种最基本的 AFT，其他均为衍生物（图 2-1）。在黄曲霉毒素中，AFB_1 的数量最多，毒性与致癌性最大，因此在检测饲料总黄曲霉毒素的含量和进行饲料卫生学评价时，一般以 AFB_1 作为主要指标。

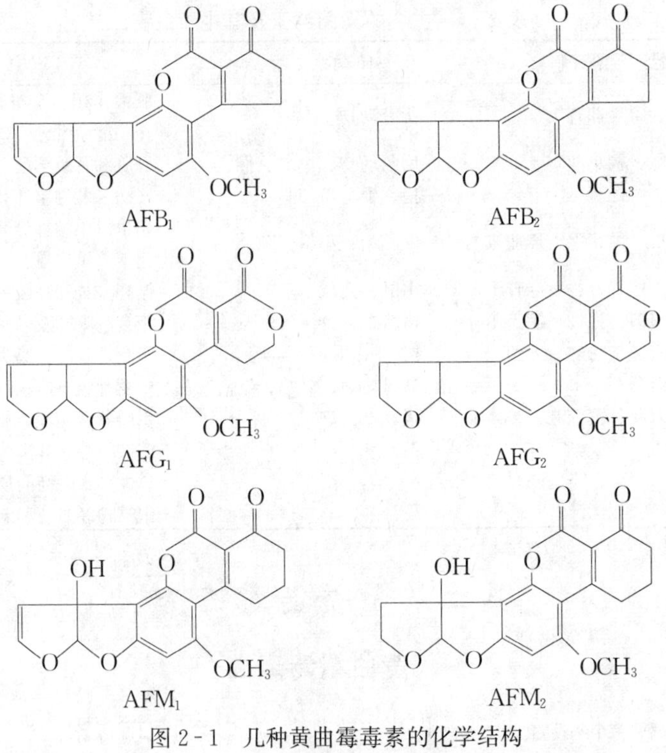

图 2-1 几种黄曲霉毒素的化学结构

（引自于炎湖，1990）

（二）理化性质

黄曲霉毒素无色、无味，是晶体物质。黄曲霉毒素难溶于水（在水中最大溶解度为 10mg/L）；可溶解于氯仿、甲醇、乙醇和二甲基亚砜等多种有机溶剂，但不溶于石油醚、乙醚和己烷。

黄曲霉毒素因含有大环共轭体系，稳定性很好，所以这类毒素能耐高温，一般的蒸煮不易破坏，只有加热到268～300℃时才被裂解。

黄曲霉毒素在中性、弱酸性溶液中很稳定，可被强酸、强碱和氧化剂分解。在强碱性（如石灰水、NaOH）条件下，可使其分子结构中的内酯环破坏，形成香豆素钠盐（图2-2），这种钠盐溶于水，经水洗可解除毒性；但如果是弱碱，在酸性条件下可发生逆转反应，使原有的黄曲霉毒素，如黄曲霉毒素 B_1 和 G_1 转化成 B_{2a} 和 G_{2a}。黄曲霉毒素部分理化性质见表2-2。

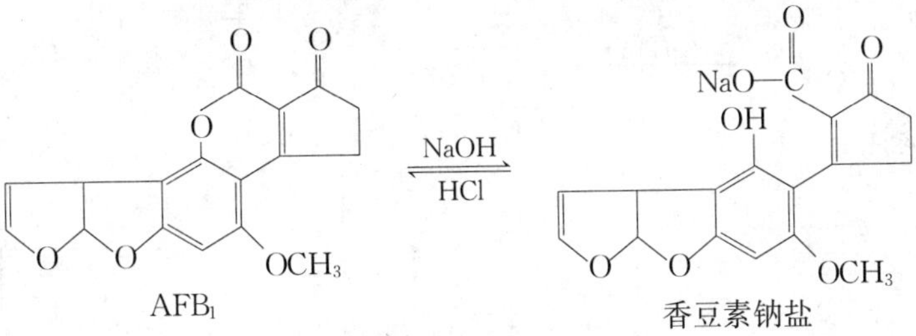

图2-2 香豆素钠盐的反应式

（引自于炎湖，1990）

表2-2 黄曲霉毒素部分物理和化学性质

（改自于炎湖，1990）

黄曲霉毒素	分子式	相对分子质量	熔点（℃）	荧光	紫外最大吸收（nm，甲醇）	
					265	360～362
B_1	$C_{17}H_{12}O_6$	312	268～269	蓝色	12 400	21 800
B_2	$C_{17}H_{14}O_6$	314	286～289	蓝色	12 100	24 000
G_1	$C_{17}H_{12}O_7$	328	244～246	绿色	9 600	17 700
G_2	$C_{17}H_{14}O_7$	330	237～240	绿色	8 200	17 100
M_1	$C_{17}H_{12}O_7$	328	299	蓝紫色	14 150	21 250 (357)
M_2	$C_{17}H_{14}O_7$	330	293	紫色	12 100 (264)	22 900 (357)

三、黄曲霉毒素中毒

（一）体内代谢、排泄

1. 代谢途径 黄曲霉毒素 B_1 经吸收转运到组织在细胞内的代谢主要包括2个反应阶段：第一阶段包括在肝微粒体混合功能氧化酶（需要细胞色素P-450、NADPH和分子氧）催化下进行的氧化反应（包括羟化、脱甲氧基和环氧化反应）（图2-3）和环氧化物水解酶、乙醛还原酶或酮水解酶参与的还原反应；第二阶段是对第一阶段生成的分子进行进一步的反应，使黄曲霉毒素 B_1 的毒性降低，增加其水溶性，以促进它们随尿和乳汁排出。

黄曲霉毒醇是 AFB_1 在肝微粒体酶催化下的还原产物，是在末端环戊烷基形成的二级醇；黄曲霉毒素 H_1 是黄曲霉毒素 Q_1 的还原产物，也是毒醇的羟化衍生物，黄曲霉毒醇转化为 H_1 可认为是一种解毒过程。AFM_1 是 AFB_1 在酶催化下的羟化产物，由于首先在牛、羊奶中发现，因此以 Milk 的首字母取名为 M 族。黄曲霉毒素 Q_1 也是 AFB_1 的羟化产物，其羟基在环戊烷 β 碳原子上，Q_1 是灵长类的主要代谢产物，对动物无毒性。黄曲霉毒素 P_1 是 AFB_1 中 $-OCH_3$ 基在酶作用下脱去甲基而生成的。AFB_1-2,3-环氧化物是 AFB_1 在细胞色素 P-450 的环氧化作用下形成的代谢物，具有强致癌性。该环氧化物在谷胱甘肽过氧化物酶的作用下形成无毒的 2,3-二羟 AFB_1；环氧化物还可在酶的催化下形成无毒的 B_{2a}。

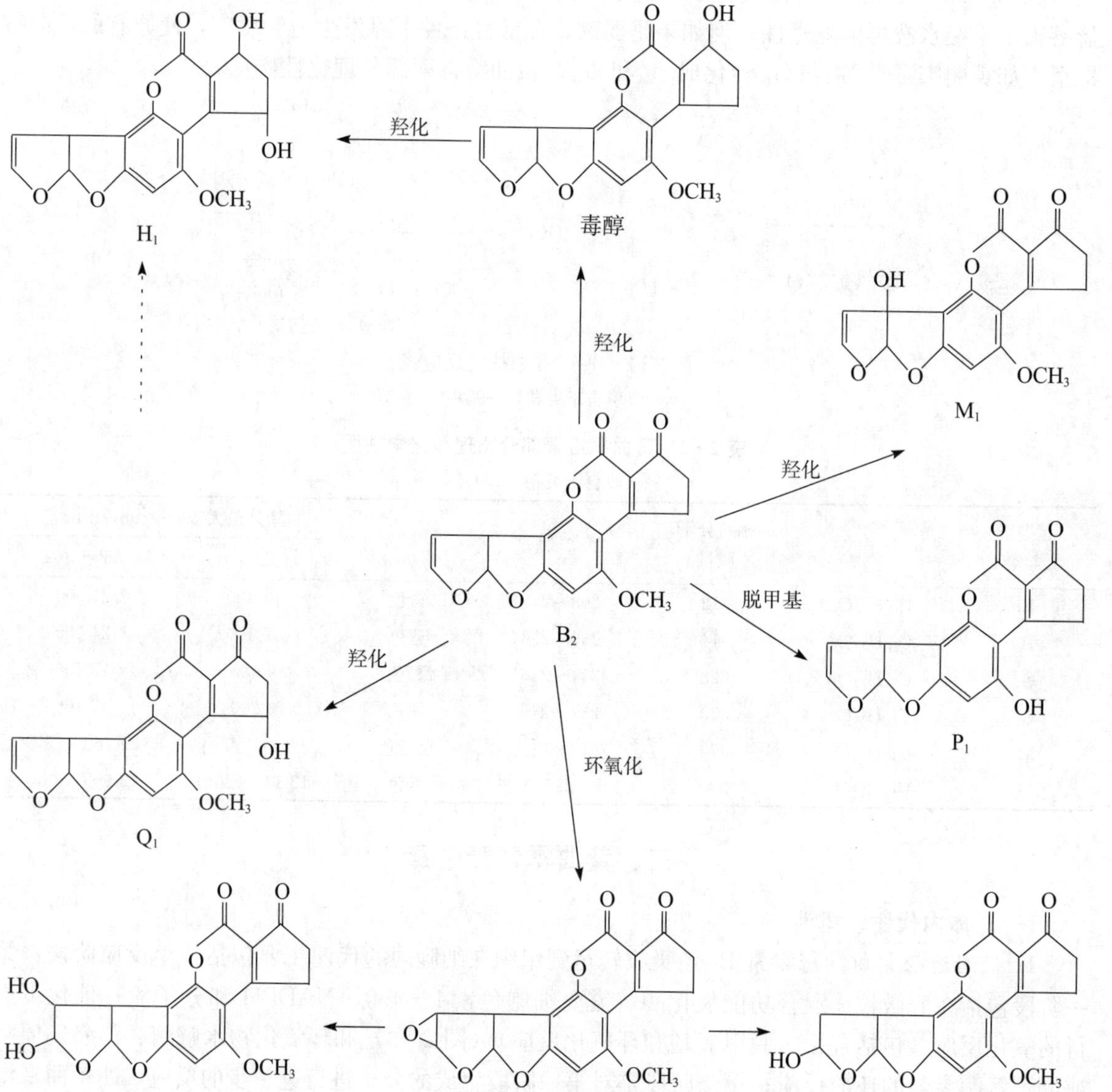

图 2-3　黄曲霉毒素 B_1 的代谢途径
(改自于炎湖，1990)

2. 排泄途径　黄曲霉毒素主要是通过呼吸、尿、粪便和乳汁排出机体的。部分黄曲霉毒素经由消化道消化吸收后，经尿排出；部分未被吸收的黄曲霉毒素或经胆汁再排入肠道的代谢产物经粪便排出；这两种方式作为排出毒素的主要方式。通过乳汁排出黄曲霉毒素是又一途径。毒素不同，排泄的途径亦不同。AFB_1 主要是通过粪尿排出的，而 AFM_1 主要是通过乳汁排出的。研究表明，非连续摄入的黄曲霉毒素在体内蓄积的时间不长，若一次摄入后，大约经1周绝大部分经粪尿、呼吸、乳汁等排出；然而，长期持续摄入黄曲霉毒素，可在体内蓄积，继而发生中毒。

（二）毒性与中毒机制

黄曲霉毒素的毒性很大。不同品种、年龄、性别和营养状况的畜禽对黄曲霉毒素的敏感性有差异。一般地说，幼龄、营养不良的动物敏感性强。动物对毒素的敏感性顺序大致为：雏鸭＞雏火鸡＞雏鸡，仔猪＞犊牛＞肥育猪＞成年牛＞绵羊。在黄曲霉毒素中，已知毒性大小的排列顺序为：$AFB_1 > AFM_1 > AFG_1 > AFB_2 > AFG_2$。其 LD_{50} 见表2-3、表2-4。其中黄曲霉毒素 B_1 的急性毒性最强。

AFT 在肝微粒体酶活化形成具有高致癌活性的环氧化物，一部分与谷胱甘肽转移酶、葡萄糖醛酸基转移酶等结合，然后催化水解而解毒，另一部分则与生物大分子如DNA、RNA以及蛋白质和类脂发生反应，形成 AFT 加合物，从而导致多种生物大分子失去生物功能，最终导致细胞死亡，表现为急性中毒；若 AFT 与核酸结合可引起突变而表现为慢性中毒。具体作用如下：

1. **损害肝脏** 黄曲霉毒素是毒性极强的肝毒素，对所有动物都可引起肝变，主要表现为肝细胞变性、肝小叶中心坏死、胆囊水肿、胆小管增生。黄曲霉毒素还能抑制磷脂及胆固醇的合成，影响脂类从肝脏的运输，使脂肪在肝脏内沉积，引起肝肥大。

2. **抑制动物的免疫系统** 由于黄曲霉毒素会抑制体内 RNA 聚合酶，故会阻止蛋白质合成，即抑制血清白蛋白、α-球蛋白以及 β-球蛋白的合成，导致血清总蛋白含量减少，但 γ-球蛋白含量正常或升高；试验中发现，AFB_1 能够减少抗体的产生，抑制巨噬细胞的噬菌能力和补体的产生，降低 T 淋巴细胞的数量和功能，使胸腺萎缩。若动物免疫力降低，则易受有害微生物的感染。

3. **致癌性、致突变性及致畸性** 黄曲霉毒素是目前发现的、最强的经口致癌物质。黄曲霉毒素能在鳟鱼、雏鸭和各种实验动物身上诱发试验性肝癌，黄曲霉毒素还可在其他部位诱发癌瘤，如诱发胃腺癌、肾癌、直肠癌、乳腺癌、卵巢瘤以及小肠瘤等。

在用微生物进行的致突变试验中，AFB_1 呈现阳性致突变反应；AFM_1、黄曲霉毒醇、AFG_1 也有致突变性。致畸试验表明，妊娠地鼠给予 AFB_1，能使胎鼠死亡及发生畸形。

表2-3 各种动物的黄曲霉毒素 B_1 的 LD_{50}（一次，经口，mg/kg*）

（引自王建华等，2000）

动物	LD_{50}	动物	LD_{50}	动物	LD_{50}
兔	0.35～0.5	火鸡	1.86～2.00	新生大鼠（♂）	0.56
猫	0.55	羊	2.0	新生大鼠（♀）	1.0
猪	0.62	猴	2.2～7.8	断乳大鼠（♂）	5.5
鳟鱼	0.8～6.0	鸡	6.3	断乳大鼠（♀）	7.4
犬	1.0	小鼠	9.0	成年大鼠（♀）	7.2
豚鼠	1.4～2.0	地鼠	10.2	成年大鼠（♂）	17.9

* 本书中剂量单位为 mg/kg 的，除特殊说明的外，kg 均指每千克体重。

表 2-4 雏鸭的黄曲霉毒素的 LD_{50}（一次，口服）

(引自王建华等，2000)

黄曲霉毒素	μg/只	mg/kg	黄曲霉毒素	μg/只	mg/kg
B_1	12.0～28.2	0.24～0.56	B_2	84.4	1.68
G_1	39.2～60.0	0.78～1.28	G_2	172.5	3.45
M_1	16.6	0.32	M_2	62.0	1.24

（三）中毒症状

1. 家禽 家禽中毒的慢性症状为食欲下降、饲料利用率降低、消瘦、贫血、腹泻等；母鸡表现为脂肪综合征，产蛋率和孵化率降低。家禽中雏鸭和幼鸡一般为急性中毒。幼鸡多发生于 2～6 周龄，其急性症状为丧失食欲、步态不稳、颈肌痉挛、角弓反张等；蛋鸭则呈现皮下出血，肝脏肿大；鸽子肝脏肿大、发硬，胆管内有干酪样、呈桑椹状的物质。

2. 猪 猪黄曲霉毒素中毒可分为急性、亚急性和慢性 3 种，大部分属于亚急性。多发于 2～4 月龄，仔猪表现食欲下降，消化机能紊乱，并有异食癖，精神沉郁，生长缓慢，发育停滞，全身性出血。病情若继续发展，则会出现间歇性抽搐、过度兴奋、黄疸、角弓反张，但体温始终正常。若是急性中毒，则出现贫血和出血，心外膜和心内膜有明显的出血斑点。而慢性中毒会造成死胎或畸胎。

3. 牛 牛中毒分慢性和急性 2 种，慢性症状为：犊牛精神沉郁、眼角膜混浊、厌食、消瘦、呈间歇性腹泻和腹水；乳牛产乳量明显下降或停止泌乳；妊娠牛流产、死胎、早产；哺乳犊牛中毒，抗应激能力和免疫力降低。急性症状：食欲废绝、站立不稳；结膜炎症、发黄，脱肛、虚脱，2d 内死亡。病牛死后剖检呈现肝脏硬化、纤维化，肝细胞癌变，胆囊扩张，腹腔积液。

4. 羊 羊慢性中毒症状为采食量下降，繁殖性能降低，皮毛略呈黄色，精神沉郁，种公羊性欲降低。其急性症状为繁殖母羊和种公羊食欲废绝，停止饮水，眼结膜呈黄色，心率加快，呼吸加快，短时间内死亡。死后剖检呈现组织水肿，肝脏、肾脏及肺脏肿大，且均有出血点。

四、控制与安全措施

（一）防止饲料霉变

防霉是从根本上解决霉菌及其毒素污染的有效措施。防霉的主要措施是从霉菌的生长条件着手，控制谷物和饲料水分，预防害虫的侵染，改善饲料储存的温度、相对湿度，缩短储藏期，加速周转，并适当添加化学防霉剂等。还可以培养抗菌的农作物品种，选择适当的种植和收获技术以及射线辐射灭菌等，具体见第一章第二节。

（二）限制黄曲霉毒素在饲料中的允许量

世界各国纷纷对饲料、食品及牛奶中的黄曲霉毒素含量制定了限量指标。表 2-5 为我国饲料、谷物标准中规定 AFB_1 允许量，美国农业部发布 AFT 的允许量见表 2-6。

（三）黄曲霉毒素脱毒

黄曲霉毒素污染严重的饲料应该废弃，但对于轻度污染的饲料仍可通过有效措施进行脱毒处理。脱毒方法主要包括物理脱毒法、化学脱毒法、生物学脱毒法和添加营养素法。

表2-5 我国饲料、谷物标准中规定 AFB_1 允许量

(改自王卫国，2006)

项 目	种 类	指标（$\mu g/kg$）
AFB_1	仔猪、雏鸡、雏鸭等幼畜禽配合及浓缩饲料	$\leqslant 10$
AFB_1	生长育肥猪、种猪、生长鸡和产蛋鸡配合及浓缩饲料	$\leqslant 20$
AFB_1	肉用仔鸭后期、生长鸭和产蛋鸭配合及浓缩饲料	$\leqslant 15$
AFB_1	肉牛精料补充料	$\leqslant 50$
AFB_1	玉米、花生饼（粕）、棉子饼（粕）、紫菜饼（粕）	$\leqslant 50$
AFB_1	豆粕	$\leqslant 30$

表2-6 美国联邦农业部发布的动物饲料中黄曲霉毒素允许量

(改自李洪等，2004)

项 目	种 类	指标（$\mu g/kg$）
AFT	奶	0.5
AFT	一般饲料	20
AFT	肉牛、猪和成年家禽食用的玉米和花生饲料	100
AFT	成年猪食用的玉米和花生饲料	200
AFT	成年牛、猪及家禽食用的棉花子	300

1. 物理脱毒法　主要通过挑选、加热、曝晒、辐射、水洗、吸附等方法减毒或脱毒。

（1）挑选法：即将霉变、破损、虫蛀的饲料挑出，减少饲料中毒素含量。适用于被 AFT 污染的颗粒状饲料的去毒。

（2）加热法：AFT 虽然对热稳定，但在高温下也能部分分解。如将含有 $7\,000\mu g/kg$ AFT 的潮湿花生粉在 120℃、0.103MPa 高温、高压处理 4h，其含量可下降到 $340\mu g/kg$。

（3）曝晒法：此法适用于秸秆饲料的去毒。先将发霉饲料置于阳光下晒干一段时间，然后进行通风抖松，再放到干燥处保存。主要是利用太阳光线的不同波长所具有的特性以除去霉菌芽孢，达到去毒的目的。

（4）辐射法：微波、红外辐射、紫外线以及 γ-射线可有效地破坏 AFT 的化学结构，使强毒性黄曲霉毒素变性，失去毒害作用。如用高压汞灯紫外线大剂量照射发霉的饲料能去除 $97\%\sim 99\%$ 的霉菌毒素，但强射线（紫外线和 γ 射线）也会破坏营养物质的结构。

（5）脱胚水洗法：适用于玉米。AFT 在玉米粒上的分布很不均匀，由于胚芽部脂肪和水分高，适于霉菌生长繁殖，因此表皮胚部存在的 AFT 总量可达 80%以上，水洗法就是利用玉米胚部和胚乳部在水中的比重差异，将玉米碾碎后，加入清水搅拌、轻搓，将浮在水上的胚芽部或表皮除去，从而大大降低含毒量。实验室和现场的应用效果表明，该法平均去毒率可达 81.3%，对含毒量较高的玉米则应碾碎后反复沉淀冲洗。

（6）加工法：针对玉米和稻谷中的 AFT 大部分都集中在其胚部、皮层以及糊粉层的特点，还可采用机械脱皮、脱胚等方法去除毒素。通常在稻谷加工后，原糙米中 60%~80%的 AFT 留存在米糠中。

（7）吸附法：水合铝硅酸钠钙盐（HSCAS）、沸石、膨润土、蒙脱石、活性炭等对霉菌毒素具有强吸附作用，可阻碍动物对毒素的吸收。这些物质性质稳定，且不溶于水。HSCAS 作为动物饲料中的抗结块添加剂，在水相悬浮液中能够强力地结合黄曲霉毒素，可显著减轻黄曲霉毒素

的有害影响。在畜禽饲粮中添加0.5%～1% HSCAS即可消除或减轻AFT对畜禽的不利影响。齐德生等（2004）报道，蒙脱石能对抗AFB_1对动物的急、慢性毒性作用，恢复动物生产性能。在肉鸡日粮中添加0.5%的蒙脱石对动物骨骼强度无不良影响，但使骨骼中锰含量降低，生产中应用时应注意锰的补充。

2. 化学脱毒法　即在粮食及饲料中添加一些能与AFT发生反应的化学药剂，破坏AFT的化学结构，达到降解毒素的效果。一般来说化学去毒法效果较好，但有一定的腐蚀性。

（1）碱处理法：适用于植物油。由于强碱会使AFT形成香豆素钠盐，故可在碱处理后的水洗过程中去除AFT。用1% NaOH水溶液处理含有AFT的花生饼1d，可使毒素由84.9μg/kg降至27.6μg/kg。柳州市卫生防疫站和粮食局的试验结果表明，碱处理去毒法的效果可达75%～98%。1份被污染饲料，用2份1% NaOH溶液浸泡，煮沸1～2h后即可用于饲喂。还可以用石灰乳水、纯碱水或草木灰水浸泡整粒污染AFT的玉米2～3h，然后用清水冲洗至中性，2h后烘干，去毒效果可达60%～90%。

（2）氨熏蒸法：是利用氨与AFB_1结合后发生脱羟作用，致使AFB_1的内酯环结构发生裂解，以达到去毒效果。首先利用塑料薄膜密封被霉菌污染的饲料，然后施充液氨封闭一定时间。一般来说，去毒效果可随密闭时间的增加而增强。对于含毒量在0.2mg/kg以下的饲料，采用0.2%～0.4%的氨剂量；含毒量为0.2～0.5mg/kg的饲料，采用0.5%～0.7%氨剂量；含毒量0.6mg/kg以上的饲料常用0.7%～1.0%的氨剂量，如果密闭时间延长，剂量可相应降低。在欧美国家，氨气熏蒸法应用最为广泛。

（3）氧化法：利用氧化剂（如过氧化氢、氯气、漂白粉等）的氧化特性对黄曲霉毒素迅速分解的原理进行脱毒，是化验室常用的较好方法之一。过氧化氢在碱性条件下去毒效果可达98%～100%；5%的次氯酸钠在几秒钟内便可破坏AFT。用此法处理时会产生大量的热，会破坏饲料的某些营养成分如维生素和赖氨酸，但对于反刍动物的影响较小。

（4）二氧化氯法：二氧化氯的安全性较好，1948年被世界卫生组织定为A1级高效安全消毒剂，之后又被联合国粮农组织定为食品添加剂。张勇等（2001）的实验结果表明，二氧化氯对AFB_1的脱毒作用具有高效、快速的特点，0.5mg AFB_1纯品在0.1mg二氧化氯作用下，瞬间被破坏解毒。霉变产毒玉米用5倍体积、浓度为250μg/mL的二氧化氯浸泡30～60min可去除AFB_1的毒性。用于玉米脱毒的二氧化氯浓度为AFB_1纯品用量的2.5倍，说明玉米中存在的有机物对脱毒效果有一定影响。

3. 生物脱毒方法　主要是利用微生物及酶降解黄曲霉毒素，达到脱毒的目的。与物理和化学方法相比，生物学方法对饲料成分的损失和影响较小。

（1）添加微生物菌体制剂：在自然界中，许多微生物如细菌、酵母菌、霉菌、放线菌和藻类等能去除或降解饲料中的黄曲霉毒素。作用机理是：这些微生物通过吸附、降解或去除黄曲霉毒素，降低动物体对毒素的吸收，从而降低毒素的危害。微生物主要通过非共价方式与黄曲霉毒素结合形成菌体-毒素复合体，当微生物形成复合体后，自身的吸附能力下降，使吸附着黄曲霉毒素的微生物易于排出体外，达到脱毒效果。微生物还可通过代谢作用，使黄曲霉毒素发生降解，失去生物毒性。研究表明，枯草杆菌、乳酸菌和醋酸菌均能降解掉大部分的AFB_1。

（2）添加酶制剂：利用酶的专一亲和性，高效地催化、降解AFT为无毒化合物或者小分子无毒物质。AFT 可经肝脏的微粒体氧化酶作用进行生物学转化，因此饲料中应添加促进酶活性的物质，酶把毒素降解为无毒或低毒的代谢产物，且易从机体中快速排出，从而减少了毒素的影响。Liu 等研究分离出一种可以脱除 AFB_1 毒性的酶，命名为 AFT 脱毒酶，通过该酶的处理，样品中黄曲霉毒素的含量可大大减少。真菌酶-2 的提取液可使 AFB_1 转化，或使其发光基因发生改变，而降低其毒性。吴肖等（2003）利用一种酶将花生粕深度酶水解后，使微溶于水的 AFT 从结合的疏水性氨基酸残基上充分游离，采用过滤法，截留住大部分 AFT；如果达到一定过滤精度时，将 AFT 除去是完全可行的。

（3）添加酶的诱导剂或激活剂：添加诱导剂或激活剂主要是为了增强酶的作用效果，有效抑制黄曲霉毒素的作用。Stresser 和 Bailey 报道，吲哚-3-甲酸和 β-萘黄酮对大鼠肝脏谷胱甘肽转硫酶活性、AFB_1-DNA 化合物和细胞色素 P-450 的水平有一定影响，可抑制 AFB_1 的致癌作用。硒是谷胱甘肽过氧化酶的组成成分，硒的添加可提高酶的活性，更有效促使致癌性的环氧化物转化为无毒的产物。

（4）添加微生物提取物：试验表明，通过酶解的方法从酵母培养物细胞壁中提取的酯化葡甘露聚糖（EGM）是一类新型抗原活性物质，在调整动物肠道微生态区系、对抗有害微生物的过程中发挥重要作用。由于 EGM 表面有许多大小不一小孔，能吸附多种霉菌毒素，吸收速度也较快，而且在不同的 pH 范围内稳定性高，因而是一种在实践中广泛应用的霉菌毒素解毒剂。将 0.1% 的 EGM 添加到 AFT 污染的猪饲料中，结果 AFT 的毒性受到了抑制，猪采食量和体增重都显著提高。Ragu 等认为，可能是 EGM 捕获 AFT 从而阻止了胃肠道对毒素的吸收，达到解毒的效果。另外，甾体羟化真菌对 AFB_1 有明显的脱毒作用，体外试验表明，酵母细胞壁上的多糖、蛋白质和脂类产生的特殊结构能有力结合 AFT。向含有 AFT 的饲料中添加啤酒酵母培养物可明显改善肉鸡增重。经筛选现认为除酵母菌外，其他如乳酸菌、黑曲霉、葡萄梨头菌等进行发酵处理，对去除粮食和饲料中 AFT 均可收到较好效果。

4. 添加营养素法　即在饲料中添加蛋白质或氨基酸，其原理是：霉菌毒素通过消化道被吸收后，通过肝脏门静脉循环进入肝脏，脱毒的过程需要依赖于谷胱甘肽的参与，谷胱甘肽的氧化还原反应可除毒。谷胱甘肽由蛋氨酸和胱氨酸等组成，因此霉菌毒素的脱毒过程也是一个消耗蛋氨酸的过程，从而导致了蛋氨酸的缺乏，引起生长和生产性能的下降。所以当饲料中含有受 AFT 污染的饲料时，应额外添加蛋氨酸。若维生素缺乏，亦会加剧黄曲霉毒素中毒，反之便会减弱或使其失活。所以在配合饲料中需加倍添加维生素，尤其是维生素 A、维生素 D、维生素 E、维生素 K 含量更需提高，以缓解黄曲霉毒素的中毒效应。补加烟酸和烟酸胺，可以加强谷胱甘肽转移酶的活性，增加解毒过程中与 AFB_1 的结合。补充维生素如叶酸具有破坏 AFT 的能力，可以减少 AFT 的毒性。

（四）动物治疗

对发病的畜禽，立即停喂现喂的饲料，并喂以活性炭进行排毒，然后改喂新鲜饲料，同时供给充足水。对于重症的畜禽，先投喂硫酸镁、硫酸钠等盐类泻剂以尽快排毒，同时静脉注射葡萄糖溶液、三磷酸腺苷和维生素 C 制剂；预防继发性感染，选用解毒保肝药物，在饮水中加还原性谷胱甘肽。

第三节 镰刀菌毒素

镰刀菌毒素类是镰刀菌属（fusarium）和个别其他菌属霉菌所产生的有毒代谢产物的总称。镰刀菌的种类很多，产生的毒素种类也很多。影响饲料行业的镰刀菌毒素主要有单端孢霉烯族化合物（trichothecene）、玉米赤霉烯酮（zearalenone）、串珠镰刀菌素（moniliformin）、伏马菌素（fumonisin，FB）、丁烯酸内酯（butenolide）。镰刀菌毒素的特性见表2-7。

表2-7 6种镰刀菌毒素特性

毒素	分子式	熔点（℃）	主要产毒菌	毒性作用机理	中毒病症
T-2毒素	$C_{24}H_{34}O_9$	151～152	拟枝孢镰刀菌、枝孢镰刀菌、梨孢镰刀菌和三线镰刀菌等	阻断蛋白质和DNA合成，干扰脂质代谢，过氧化损伤	鼻腔口腔发炎、溃疡、流涎，皮下、肌肉、浆膜和黏膜广泛出血，器官出血；大骨节病
脱氧雪腐镰刀菌烯醇（DON）	$C_{15}H_{20}O_6$	151～152	禾谷镰刀菌和大刀镰刀菌	抑制蛋白质合成，细胞脂质过氧化，改变中枢神经系统中5-羟色胺和外周5-羟色胺受体的活性	呕吐；对软骨细胞有损伤作用
玉米赤霉烯酮	$C_{18}H_{22}O_5$	161～163	禾谷镰刀菌	类似雌激素活性	母猪阴门红肿，不孕，流产；公猪"雌性化"
串珠镰刀菌素	C_4HO_3R (R=Na 或 K)		串珠镰刀菌	抑制细胞蛋白质和DNA合成，干扰细胞分裂增殖；影响生物膜通透及各种酶的活性	进行性肌无力、呼吸抑制、紫绀、昏迷直至死亡
伏马菌素	—		串珠镰刀菌	以竞争的方式来抑制神经鞘氨醇N-2酰基转移酶	马的脑白质软化病；猪的急性肺水肿综合征
丁烯酸内酯	$C_6H_7O_3$	113～118	三线镰刀菌、梨孢镰刀菌、拟枝孢镰刀菌、雪腐镰刀菌	血液毒，引起动物末梢血液循环障碍	牛烂蹄病

一、单端孢霉烯族化合物

单端孢霉烯族化合物也称单端孢霉烯毒素（trichothecene），是指主要由镰刀菌的某些菌种所产生的生物活性和化学结构相似的有毒代谢产物。目前全世界已发现200多种不同化学结构的单端孢霉烯毒素。目前，在谷物和饲料中发现天然存在的单端孢霉烯族化合物主要有T-2毒素、二乙酸藨草镰刀菌烯醇、雪腐镰刀菌烯醇和脱氧雪腐镰刀菌烯醇，又称为12,13-环氧单端孢霉烯族化合物。单端孢霉烯族化合物的化学性能非常稳定，一般能溶于中等极性的有机溶剂，微溶于水。在实验室条件下长期储存不变，在烹调过程中不易被破坏。根据单端孢霉烯族化合物的化学结构在C-8位置上的变化，将其分为A型和B型两大类。A型是指C-8位置上不含有羰基，包括T-2毒素、二乙酸藨草镰刀菌烯醇、新茄病镰刀菌烯醇。B型是指C-8位置上含有羰基，包括雪腐镰刀菌烯醇、镰刀菌烯酮-X、二乙酰雪腐镰刀菌烯醇、脱氧雪腐镰刀菌烯醇。单端孢烯霉族化合物还有C、D、F、G、H 5类，这5类主要是由黑葡萄状穗霉产生。主要单端孢霉烯族化合物的化学结构和理化性质见表2-8。

表 2-8 主要单端孢霉烯族化合物的化学结构和理化性质

(引自王建华、冯定远，饲料卫生学，2000)

毒素名称	R_1	R_2	R_3	R_4	R_5	分子式	根对分子质量	熔点 (℃)
T-2 毒素	OH	OAc	OAc	H	*	$C_{24}H_{34}O_8$	466.51	151~152
HT-毒素	OH	OH	OH	H	*	—	—	—
二乙酸薦草镰刀菌烯醇	OH	OAc	OAg	H	H	$C_{10}H_{26}O_7$	366.17	162~164
新茄病镰刀菌烯醇	OH	OAc	OAc	H	OH	$C_{18}H_{26}O_8$	382.16	171~172
雪腐镰刀菌烯醇	OH	OH	OH	OH	=O	$C_{15}H_{20}O_7$	312.3	222~223
镰刀菌烯酮-X	OH	OAc	OH	OH	=O	$C_{17}H_{22}O_8$	354	91~92
二乙酰雪腐镰刀菌烯醇	OH	OAc	OAc	OH	=O	$C_{19}H_{24}O_9$	396	135~136

* 其结构为（$C_{16}H_{32}CHCH_2OCHO$）

在谷物和饲料中常见的单端孢霉烯毒素为 T-2 毒素、脱氧雪腐镰刀菌烯醇 2 种毒素。

(一) T-2 毒素

T-2 毒素是由镰刀菌属（*Fusarium*）多种真菌产生的主要毒性成分，如拟枝孢镰刀菌（*Fusarium sporotrichoides*）、枝孢镰刀菌（*Fusarium sporotrichiella*）、梨孢镰刀菌（*Fusarium poae*）和三线镰刀菌等均能产生 T-2 毒素，经常污染农产品、饲料及食品而引起人、畜中毒。T-2 毒素在不同种动物中引起的病理改变是相似的，明显的是影响肠道分裂相细胞及淋巴系统。

1. 理化性质 真菌毒素都具有三环的化学结构，12,13-epoxytrichothec-9-ene 骨架是与毒性有关的结构，其衍生物有 45 种之多，T-2 毒素是其中一种（图 2-4）。T-2 毒素是一种倍半萜烯化合物，学名为 4-β,15 二乙酰氧基-8α-(3-甲基丁酰氧基)-3α-羟基-12,13-环氧单端孢霉-9-烯，其分子式 $C_{24}H_{34}O_9$；相对分子质量 466.213 9；为白色针状结晶；熔点 151~152℃；易溶于极性溶剂，醇溶性（2.58g 溶于 100ml 甲醇）；该毒素性质稳定，一般的加热方法不能破坏其结构，在室温下放置长时间也不能减弱毒性，碱性条件下次氯酸钠可使其毒性丧失。T-2 毒素的分子结构 13 位的环氧结构、9 烯基及一些位置的乙酸基、羟基结构与其毒性有密切关系，而且 13 位的环氧结构是毒性发挥作用的决定性基团。

2. 体内代谢过程和分布 动物摄食了含有 T-2 毒素的饲料，毒素在体内很快被组织及体液分解，经酯酶代谢成 HT-2 和 T-2 四醇，经微粒体酶代谢成 3'-OH-HT-2 和 3'-OH-T-2 等，代谢产物的结构见表 2-9，这些分解产物从胆囊通过胆管经血液进入肠道。在回肠的分布

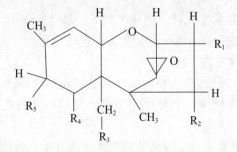

R_1=OH R_2=OAc R_3=OAc R_4=H R_5=OCOCH$_2$CH(CH$_3$)$_2$

图 2-4 T-2 毒素的化学结构

含量很高,其次是十二指肠,最后是胃和大肠。

表 2-9 T-2 毒素及其代谢产物的结构式

(引自 Visconti, 1985)

化 合 物	R_1	R_2	R_3	R_5
T-2	OH	OAc	OAc	$OCOCH_2COH(CH_3)_2$
HT-2	OH	OH	OAc	$OCOCH_2COH(CH_3)_2$
T-2 三醇	OH	OH	OH	$OCOCH_2COH(CH_3)_2$
T-2 四醇	OH	OH	OH	OH
3'-OH-T-2	OH	OAc	OAc	$OCOCH_2COH(CH_3)_2$
3'-OH-HT-2	OH	OH	OAc	$OCOCH_2COH(CH_3)_2$
3-—酰氧基-3'-OH-HT-2	OAc	OH	OAc	$OCOCH_2COH(CH_3)_2$
4-—酰氧基 T-2 四醇	OH	OAc	OH	OH
8-—酰氧基 T-2 四醇	OH	OH	OH	OAc
15-—酰氧基 T-2 四醇	OH	OH	OH	OAc

3. 中毒机制　T-2 毒素主要作用于处于分裂期增殖活跃的细胞,例如肝、骨髓、黏膜上皮和淋巴细胞等,对淋巴细胞损害最为严重,是免疫抑制剂。T-2 毒素能使蛋白质和 DNA 合成受阻,干扰生物体能量和脂质代谢,影响细胞膜的功能及多种酶活性,引起机体过氧化损伤。

4. 中毒症状　动物采食被 T-2 毒素污染的饲料后,精神不振、呕吐、采食量下降或拒绝采食;鼻腔口腔发炎、溃疡、流涎;皮下、肌肉、浆膜和黏膜广泛出血;皮肤出现红斑,不同部位出现疥疮或坏死。母猪怀孕 2~3 个月时常发生流产、弱胎、木乃伊胎或外观正常的死胎,可由消化不良发展成胃肠炎症状,口腔黏膜坏死,还伴有胃、肠、心、肺、肾、膀胱等内脏器官的出血,以及慢性中毒、生长缓慢,形成僵猪、慢性消化不良和再生不全性贫血等。

牛的饲料中加入 50μg/kg 的 T-2 毒素时,在 15d 内没有发现靶器官受影响。只表现出胃肠道充血与水肿,T-2 毒素的腐蚀作用在第一胃中被中和或减弱,然而,用 T-2 处理泌乳期的牛时,T-2 毒素可在一段时期内存留于乳汁中。以 0.32~0.46mg/kg T-2 毒素灌胃,牛的皱胃和第一胃出现溃疡,并有血便等急性反应,出现食欲不振、脱水、不同程度的体重减轻。使用高剂量 T-2 毒素的牛主要病理变化是前凝血时间延长,血液中谷草转氨酶水平升高,白细胞计数与骨髓无明显变化。对牛进行肌肉注射 T-2 毒素,牛的消化道中出现斑状出血。

雏鸡中毒后,增重迟缓,羽毛欠光泽,两腿间增大,膝关节轻度增粗,直立困难,步态蹒跚。进行病理解剖,发现雏鸡的膝关节骺板软骨呈灰白色锥形膨大,向干骺端嵌入;进行组织学观察,发现骺板软骨深层有带状变性、坏死。

T-2 毒素急性中毒对动物小肠的损伤特别大,动物中毒后 1~9h 肠腔内含水量增加,小肠黏膜上皮细胞计数下降,血容量减少,血球比值上升,解剖病理检查,小肠黏膜上皮细胞坏死脱落。

5. 控制措施　控制 T-2 毒素中毒主要从防霉产生和去(减)毒两方面考虑。

(1)防霉措施:饲料和饲草多在田间和储藏期间被产毒霉菌污染,因此在生产过程中除加强田间管理、防止污染外,收割后应充分晒干,不使其受潮、发热。储藏期要勤翻晒、通风,以保持其含水量不超过 10%～13%为宜。

（2）去毒或减少饲料中毒素含量的措施：由于 T-2 毒素结构稳定，一般经加热、蒸煮和烘烤等处理后（包括酿酒、制糖、糟渣等）仍有毒性。为了防止畜禽误食或采食这种饲料而引起中毒，可采取水浸法、去皮减毒、稀释法、免疫学方法等去毒或减毒。

①水浸法：1 份被毒素污染的饲料加 4 份水，搅拌均匀，浸泡 12h，如此进行 2 次后大部分毒素可被洗掉。或先用清水淘洗污染饲料，再用 10%生石灰水浸泡 12h 以上，重复 3 次，水洗滤干，小火炒熟（120℃左右），然后饲喂畜禽比较安全。

②去皮减毒：被污染的谷物饲料，毒素往往仅存在于表层，碾去表皮再加工成饲料就可饲喂家畜。

③稀释法：制成混合饲料，减少单位中毒素含量。

④免疫学方法：现在国内外已经研制出了 T-2 毒素的抗原，这将会使免疫治疗和抗 T-2 毒素疫苗的发展更进一步。

（二）脱氧雪腐镰刀菌烯醇

脱氧雪腐镰刀菌烯醇（deoxynivalenol，DON），又称致呕毒素，属单端孢霉烯族化合物。禾谷镰刀菌（*Fusarium gran inearum*）和大刀镰刀菌（*Fusarium cumorum*）是 DON 的主要产毒菌株。脱氧雪腐镰刀菌烯醇是饲料的主要污染物质，在玉米、全价饲料中的检出率为 100%。

1. 理化性质 脱氧雪腐镰刀菌烯醇是一种无色针状结晶，熔点为 151～152℃，具有较强的热抵抗力，加热 110℃以上才被破坏，121℃高压加热 25min 仅少量破坏，干燥及酸不影响其毒力，但是加碱或高压处理可破坏部分毒素。呕吐毒素是四环的倍半萜，因在 12、13 位置上有环氧基又称 12，13 环氧单端孢霉烯族化合物。按其化学结构功能团的不同又可将该化合物分为 A、B、C、D 4 类型，分子式为 $C_{15}H_{20}O_6$，相对分子质量 296.3（图 2-5）。

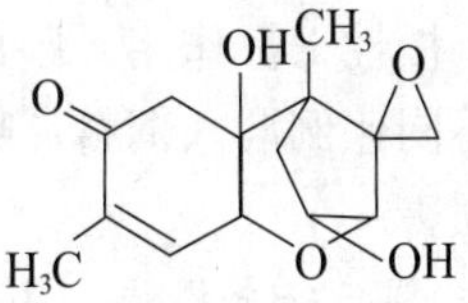

图 2-5 DON 毒素的化学结构

呕吐毒素 A 型化合物易溶于三氯甲烷、丙酮、乙酸乙酯；呕吐毒素 B 型化合物较少溶于这些溶剂，而溶于极性更强的溶剂如甲醇、乙醇和水。

2. DON 的代谢 Coppock 研究 DON 毒素在猪体内的代谢，测得该毒素在猪体内的生物半衰期是 2～4.05h。DON 毒素广泛存在于组织中，静脉注射感染 DON 毒素，该毒素主要是以原形从尿中排出；经口感染，DON 毒素会被快速吸收，但最终能在 24h 内被清除。DON 毒素在胃肠、肝、肾、脑等组织中的含量较其他组织高。DON 毒素在肝脏转化的代谢物为 DON-1（3α，7α，15-三羧基-单端孢霉-9，12 二烯-8 酮），从肾脏排泄。

3. 中毒机制 DON 是一种蛋白质合成抑制剂。该毒素能与肽酰转移酶结合，而肽酰转移酶是蛋白质合成中 60S 核糖体的重要组成部分，因而 DON 会抑制蛋白质的合成。较高浓度的 DON 也是 DNA 和 RNA 合成的抑制剂。DON 能够引起细胞脂质过氧化，从而对细胞膜造成严重的损伤作用。DON 能够造成自由基的产生，引起过氧化反应，对机体造成损伤。另外，DON 还能改变中枢神经系统中 5-羟色胺和外周 5-羟色胺受体的活性，而 5-羟色胺是调节动物采食的重要生物胺类物质，DON 在外周和中枢调节 5-羟色胺的活性可能是导致动物采食量下降或拒食的主要原因。DON 对机体免疫功能具有抑制作用,体外培养胸腺细胞时,加入 DON,发现胸腺细胞出现凋亡现象,同时 DON 会抑制胸腺细胞的增殖。

4. 中毒症状　DON 的急性中毒主要表现为呕吐、站立不稳、反应迟钝、竖毛、食欲下降等。猪对 DON 毒素中毒反应敏感,而呕吐的机理可能是毒素刺激了延髓化学感受器的触发区所造成的。Bergsjo 等报告,用含 DON 毒素 4mg/kg 的燕麦喂幼猪,发现猪的体重、摄食量及食物利用率均下降。

DON 毒素会影响猴的凝血系统,但停用 2 个月,其影响可自然恢复;DON 毒素能使大鼠血清中的 IgA 增高;DON 毒素能迅速通过猪、羊的血脑屏障,并迅速达到浓度高峰,在脑部不同部位引起去甲肾上腺素及 5-羟色胺的增加和多巴胺的减少;用含 DON 毒素 10mg/kg 的饲料喂养大鼠,发现大鼠小肠吸收葡萄糖和四氢叶酸量减少;喂 DON 毒素含量为 10mg/kg 的饲料,7d 后发现血钙、碱性磷酸酶活力下降,小肠对钙吸收减少,血中维生素 D 含量下降;用含有 DON 毒素的饲料喂鸡,母鸡下蛋孵化出的小鸡有卵黄囊异常、泄殖腔闭锁、骨化延迟、心脏发育异常等症状。

DON 对细胞具有毒性作用,主要作用于增生迅速和处于分裂状态的细胞,所引起的损害与辐射线引起的细胞损伤相似。DON 毒素能影响软骨细胞,对鸡胚关节软骨细胞有损伤,还发现在离体培养时 DON 毒素对兔关节软骨细胞有损伤作用,对软骨细胞膜系统和细胞器具有明显的损伤作用。

关于慢性毒性作用,国内曾有人以含 18～20mg/kg DON 毒素的赤霉病小麦,按 0.5%～50% 的不同比例混入饲料,喂养大鼠 18 个月,发现高比例组的动物睾丸、子宫、肝、肾脏受到一定的损害。

5. 控制与安全措施　主要通过控制饲料水分、缩短储藏期、添加防霉剂等措施进行防霉。利用水冲洗谷物 3 次,其中的 DON 毒素含量减少 65%～69%;用 1mol/L 的碳酸钠溶液冲洗谷物,DON 毒素的含量减少 72%～74%;用 0.1mol/L 碳酸钠溶液浸泡谷物 24～72h,DON 毒素的含量可减少 42%～100%。

在饲料中添加抗坏血酸、α-生育酚、硒等抗自由基物质,能有效保护由 DON 造成的自由基的产生,一定程度上阻止细胞凋亡。

二、玉米赤霉烯酮

玉米赤霉烯酮(zearalenone, ZEA)又称 F-2 毒素,是主要由镰刀菌产生的 2,4-二羟基苯甲酸内酯类化合物,化学名称为 6-(10-羟基-6-氧基碳烯基)-β-雷琐酸-μ-内酯。最初是 1962 年由 Stob 等人从污染了镰刀菌的发霉玉米中分离出来的,属于镰刀菌毒素。它的主要产毒菌株是禾谷镰刀菌,此外,粉红镰刀菌、串珠镰刀菌、三线镰刀菌、木贼镰刀菌等也能产生此毒素。

(一) 理化性质

ZEA 化学分子式为 $C_{18}H_{22}O_5$,相对分子质量 318,熔点 161～163℃,紫外线光谱最大吸收为 236nm、274nm 和 316nm。红外线光谱最大吸收为 970nm,不溶于水、二硫化碳、四氯化碳,溶于碱性溶液、乙醚、氯仿、乙腈、二氯甲烷、苯及甲醇、乙醇等,微溶于石油醚。其甲醇溶液在 254nm 短紫外光照射下呈明亮的绿-蓝色荧光。玉米赤霉烯酮的化学结构式如图 2-6 所示,属于二羟基苯甲酸内酯类化合物,没有甾体结构。

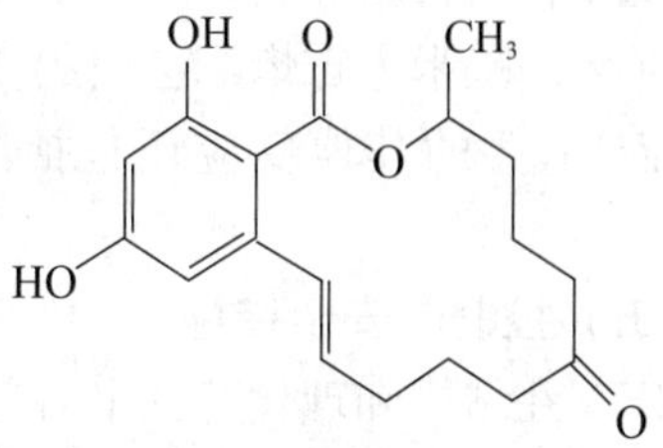

(二) 在体内的代谢、分布、排泄

动物摄食含有玉米赤霉烯酮的饲料后,部分玉米赤霉烯酮在胃肠道持续吸收,经过肝肠循环,使玉米赤霉烯酮的代谢产物在体内的滞留时间过长,增大对动物的毒害作用。经放射性研究测定,发现在子宫、卵巢、肝脏的反射性时间最长,在子宫、卵巢、肝脏的分布最多。少量的玉米赤霉烯酮还能通过血液循环进入乳汁中,最后由乳汁排出。大部分玉米赤霉烯酮在肝脏和肠黏膜中被 3-OH 类固醇脱氢酶还原为玉米赤霉烯醇,因此玉米赤霉烯酮很少在体内积蓄。玉米赤霉烯酮的代谢产物能迅速从粪尿中排除。

图 2-6 玉米赤霉烯酮结构图

(三) 中毒机制

玉米赤霉烯酮具有潜在的雌激素活性作用,强度约为雌激素的 1/10。玉米赤霉烯酮可被还原为 α-玉米赤霉烯醇和 β-玉米赤霉烯醇两种异构体。α-玉米赤霉烯醇的雌性激素活性为玉米赤霉烯酮的 3 倍,β-玉米赤霉烯醇的雌性激素活性小于或等于玉米赤霉烯酮,可促进子宫 DNA、RNA 和蛋白质的合成,使动物发生雌激素亢进症。ZEA 作用的靶器官主要是雌性动物的生殖系统,同时对雄性动物也有一定的影响。ZEA 可竞争性地与子宫、乳腺和肝脏中的雌激素受体位点相结合。在急性中毒的条件下,对神经系统、心脏、肾脏、肝脏、肺脏都会有一定的毒害作用。主要的机理是:由于雌激素升高,会造成神经系统的亢奋,在脏器中造成很多的出血点,使动物死亡。

(四) 中毒症状

种猪对 ZEA 非常敏感,不同阶段的种猪发生玉米赤霉烯酮中毒症状也不同(表 2-10)。

表 2-10 ZEA 对种猪的毒性影响

种猪阶段	发生玉米赤霉烯酮中毒症状
成年母猪	生殖器官异常发育,出现假发情,阴门红肿,卵巢发生机能性障碍,主要表现为卵巢发育不良及卵巢内分泌紊乱。由于其功能发生障碍和内分泌紊乱,会使母猪出现屡配不孕、不排卵、发情不明显和流产等症状,并可造成产仔数减少
怀孕母猪	出现外阴部红肿,乳腺肿大,流产或早产。出现畸形胎、死胎、弱胎或干尸,产出的弱仔生后大部分死亡
哺乳母猪	乳腺肿大,泌乳量减少或无乳
后备母猪	由于 ZEA 具有强大的雌激素特性,可使初情期前的小母猪出现发情症状,且屡配不孕,幼年母猪则出现外阴道炎
青年公猪	ZEA 可使青年公猪出现"雌性化"症状,如乳头肿大、睾丸萎缩、包皮水肿等,同时也可使雄性仔猪出现上述症状
成年公猪	给公猪饲喂含有此类毒素的饲料 32d 后,可使公猪射精量减少,比正常减少 40.8%,且在用后一周内,精子数也减少,大大降低了公猪精液的品质

ZEA 在瘤胃培养物中会很快转变为 α-和 β-玉米赤霉烯醇，ZEA 在瘤胃中 48h 内的转换率就达 30%。玉米赤霉烯酮会引起反刍动物排卵率下降，发情周期延长或长期不发情，受孕率下降，流产。牛的其他反应还包括阴道炎、阴道分泌物、繁殖性能下降和处女母牛乳腺增大等症状。

（五）控制与安全措施

ZEA 在结构和理化特性上有很大差异，目前没有特别安全、有效而廉价的脱毒方法。对受 ZEA 污染的饲料或者饲料原料进行有效的处理，主要还是依靠防霉来控制其危害。

1. 酶的使用　ZEA 的化学名称为 6-（10 羟基-6 氧基碳烯基）β-雷琐酸-内酯。一些酶可使 ZEA 失活，内酯酶可断裂 ZEA 的内酯环，环氧化酶可降解单端孢霉毒素 12、13 环氧组，通过分裂霉毒素的功能性原子组，酶把这些毒素降解成非毒性的代谢物，从而被消化排出，不引起副作用。

2. 补充蛋氨酸　添加高于 NRC 标准 30%～40% 的蛋氨酸，同时提高日粮中维生素 A、维生素 D、维生素 K 添加量及综合营养成分含量，可有效降低 ZEA 毒性效应。

3. 使用某些饲料添加剂　一些天然和合成的化合物可以吸附霉菌毒素，降低其在动物体内的毒性，如水合硅铝酸钙钠（HSCAS）、沸石、酵母细胞壁、酯化葡萄甘露聚糖等。

4. 氨化处理　据报道，在 1.8MPa 氨压、72～82℃ 状态下对霉变饲料（原料）进行处理，可使玉米赤霉烯酮等毒素大幅度降低，但处理后对适口性有一定影响。

三、串珠镰刀菌素

串珠镰刀菌素（moniliformin，MON）是串珠镰刀菌污染玉米、谷物及其食物制品，在其生长代谢过程中产生的真菌毒素。

（一）理化性质

串珠镰刀菌素，在自然界中通常以钠盐或钾盐形式存在，为水溶性物质，水溶液呈黄色，分子式 C_4HO_3R（R=Na 或 K），化学名称为 3-羟基环丁-3-烯-1,2 二酮（3-hydroxycyclobutene-1,2-olione）（图 2-7）。串珠镰刀菌素容易被氧化，容易被 H_2O_2、O_3 和漂白粉分解脱毒，用 O_3 对 MON 毒素经去毒处理后，对产物进行分离纯化，分析得出 MON 毒素双键消失，四元环打开，产物为 2,3 二羟基-2,3 环氧-丁二酸和 2-羰基-3-羟基-丁二酸，MON 毒素结构中 H 对其毒性起关键作用。

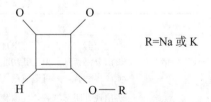

图 2-7　串珠镰刀菌素结构图

（二）中毒机制

MON 毒素对动物有较强的毒性作用，增殖活跃的细胞，如肝、脾、心肌、骨骼肌和软骨细胞等是串珠镰刀菌素的毒性作用对象，MON 抑制细胞蛋白质和 DNA 合成，干扰细胞分裂增殖，此外，对生物膜通透性及各种酶的活性有明显影响，同时引起机体过氧化损伤。MON 可引起心肌病变，主要是 MON 干扰心肌细胞膜上的钾、钠离子平衡，损害心肌细胞膜的通透性，作用于线粒体，选择性抑制丙酮酸脱氢酶的活性，阻断丙酮酸转化为乙酰 CoA，导致 ATP 合成减少，心肌细胞得不到足够的能量供应。

(三) 中毒症状

1. 急性中毒症状　表现为进行性肌无力、呼吸抑制、紫绀、昏迷直至死亡。病理学检查发现，急性中毒后的鸭有腹水，肠系膜水肿，胃、嗉囊、小肠、大肠及皮肤轻度出血，全身静脉充血、发紫，右心房扩大、淤血、心室收缩，肝脏肿大，心包积水、心肌苍白。MON 的急性中毒很强烈（表 2-11）。

表 2-11　串珠镰刀菌素对不同动物的急性毒性

(引自徐艺等，1998)

动物种类	染毒途径	LD_{50} (mg/kg)	动物种类	染毒途径	LD_{50} (mg/kg)
鸡（1日龄）	经口	4.00	小鼠（♀♂）	腹腔	24.0
鸡（7日龄）	经口	5.4	♀	腹腔	20.9
	静脉注射	1.38	♂	腹腔	29.1
鸡胚	肌肉注射	2.8 (μg/kg)	大鼠（♀♂）	经口	47.6
鸭（3日龄）	经口	4.76	（♀）	经口	41.57
（7日龄）	经口	3.68	（♂）	经口	50.0

2. 亚急性及慢性中毒症状　1日龄的雏鸡采食含有 100mg/kg 的串珠镰刀菌素的饲料 21d 后，体重减轻、饮食减少，肝脏、心脏重量增加，心肌右心室肥大，出现大的异常心肌细胞核及心肌细胞横纹状改变。

(四) 控制与安全措施

除防霉外，还可以采取以下方法进行去毒或减毒，以保障饲料安全饲用。

1. 漂白粉去毒　当水中毒素含量为 12.5mg/L 时，能彻底去毒的漂白粉用量是 50mg/L。

2. 在饲料中添加硒　硒在一定程度上能起到预防作用，在雏鸡饲料中以 0.2mg/kg 的比例添加亚硒酸钠，雏鸡血浆 GOT、钾和全血 GSH-Px 基本维持正常，线粒体的损伤不明显，细胞膜的损伤也很轻。

3. O_3 去毒　串珠镰刀菌素被 O_3 氧化后，2个羧基被破坏，四元环被打开，形成的化合物是 2,3-二羧基-丁二酸，双键消失，毒性消除。

四、伏马菌素

1988年，Gelderblom 等首次从串珠镰刀菌培养液中分离出伏马菌素（fumonisin，FB）。随后，Laurent 等又从伏马菌素中分离出伏马菌素 B_1（FB_1）和伏马菌素 B_2（FB_2）。到目前为止，发现的伏马菌素有 FA_1、FA_2、FB_1、FB_2、FB_3、FB_4、FC_1、FC_2、FC_3、FC_4 和 FP_1 共 11 种，其中 FB_1 是主要组分。FB_1 在霉玉米及其制品中检出率最高，毒性也最强。研究表明，伏马菌素可以污染多种粮食及其制品，对人畜健康造成危害。

(一) 理化性质

伏马菌素（fumonisin，FB）是由串珠镰刀菌（*Fusarium maniliform* Sheld）产生的水溶性代谢产物（图 2-8），是一类由不同的多氢醇和丙三羧酸组成的结构类似的双酯化合物，化学结构属于开链烃衍生物。

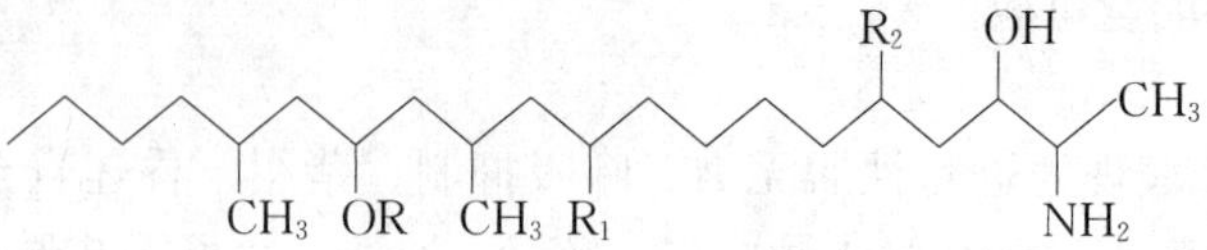

$$R = COCH(COOH)CH_2COOH$$

$FB_1: R_1 = OH \quad R_2 = OH$

$FB_2: R_1 = OH \quad R_2 = H$

$FB_3: R_1 = H \quad R_2 = OH$

$FB_4: R_1 = H \quad R_2 = H$

图 2-8 伏马素分子结构式

(二) 伏马菌素中毒

1. 中毒机制　伏马菌素与神经鞘氨醇和二氢神经鞘氨醇的结构极为相似，主要是通过竞争的方式来抑制神经鞘氨醇 N-2 酰基转移酶，造成神经鞘氨醇生物合成被抑制，导致复合鞘磷脂减少和游离二氢神经鞘氨醇增加，破坏了鞘脂类代谢或影响鞘脂类功能。伏马菌素诱导的鞘脂类代谢的紊乱影响到复合鞘磷脂参与骨架蛋白的结合，参与细胞间的联系和细胞基质的相互作用，参与蛋白的运输、分类和定位，及其他与细胞的正常生长、分化和程序化死亡有关的调控功能，最终导致细胞损伤。

2. 毒性

(1) 急性毒性和亚急性毒性：在相关的动物实验中，伏马菌素均与肝脏损伤、某些酯类的水平改变（特别是鞘酯类改变）相关。美国国家毒理学规划（USNTP）的实验表明，分别用含 234mg/kg、484mg/kg FB_1 的饲料饲喂雄性 Fischer-344/Nctr BR 大鼠，28d 后动物体重分别降低了 10% 和 17%，而雌性大鼠仅在较高剂量组出现体重下降。经口每天给雄性 BDIX 大鼠含 240mg/kg FB_1 的饲料，大鼠 3d 后死亡。大鼠和小鼠 4 周和 90d 饲养实验显示，肝是伏马菌素的靶器官。与雄性大鼠相比，雌鼠在较低剂量下即可显示毒性作用。大鼠的肾脏也是重要的靶器官，与肝脏相比，雄性大鼠在较低剂量的 FB_1 的作用下即显示毒性作用。

(2) 生殖毒性、胚胎毒性：将伏马菌素纯品注入鸡的受精卵后，可引起鸡胚致病或致死作用。给予仓鼠 18mg/kg FB_1，可使胎鼠死亡数增加。

(3) 致癌性：在 USNTP 的肿瘤研究中，用含 FB_1 的饲料饲喂雌、雄性 Fischer-344/Nctr BR 大鼠和雌、雄性 B6C3F1/Nctr BR 小鼠两年，伏马菌素纯度>96%。结果表明长期摄入高水平的伏马菌素（50mg/kg 以上）可诱发雌性小鼠发生肝癌并使其寿命缩短，诱发 Fischer-344/Nctr BR 大鼠发生肾癌但不影响其寿命。用 BDIX 雄性大鼠进行类似实验，摄入含 50mg/kg FB_1 的饲料时，可诱发肝癌。

(4) 对其他哺乳动物的毒性：摄食伏马菌素污染的谷物还可导致其他多种哺乳动物（如马、兔、羊、猪）中毒。其中马是对伏马菌素最敏感的种属，马的脑白质软化病（ELEM）是最常见的与伏马菌素有关的疾病。灌胃伏马菌素纯品或含伏马菌素的培养物也能观察到马的肝和肾组织病理学变化。有研究表明猪的急性肺水肿综合征（PPE）也与伏马菌素有关。用含伏马菌素的串珠镰孢培养物喂猪，可导致猪的肺水肿。除肺和肝以外，猪的其他器官如胰脏、心脏、肾及食管也是伏马菌素的靶器官。长期给黑长尾猴喂饲含伏马菌素的串珠镰孢培养物，可导致动脉粥样硬化和肝损伤。

(三) 伏马菌素控制

FB_1 污染粮食作物的情况比较严重，从意大利、阿根廷、巴西、加拿大、法国和西班牙等地的玉米中分离到数种镰刀菌，从其产毒培养物中均可分离出伏马菌素。伏马菌素对玉米及玉米制品的污染情况比较严重，而且在世界范围内普遍存在。

当前，有两种方法可以减少真菌毒素在食物链中的含量，即预防和去毒。预防是指选育可以抵抗真菌污染的农作物的新品系。另外，可发展农业技术，以控制农作物在生长、收获和储存过程中真菌的污染。例如，农作物轮植、晒干谷物、建造结构简单却有效的种子储存设备都可减少真菌的污染。在氨水存在和较高的温度下，FB_1 可减少 80%。

五、丁烯酸内酯

丁烯酸内酯（butenolide）由三线镰刀菌、梨孢镰刀菌、拟枝孢镰刀菌、雪腐镰刀菌等镰刀菌属霉菌产生。此外，木贼镰刀菌、半裸镰刀菌和砖红镰刀菌、粉红镰刀菌等也能产生此种毒素。

(一) 理化特性

丁烯酸内酯为白色柱状结晶，分子式 $C_6H_7O_3$，是一种不饱和内酯，化学名称为 4-乙酰氨基-4-羟基-2-丁烯酸-γ-内酯（4-acetamido-4-hydroxy-2-butenoicacid-γ-lactone）。化学结构式见图 2-9，相对分子质量 138，熔点 113～118℃。易溶于水、二氯甲烷，不溶于四氯化碳，难溶于三氯甲烷。毒素在碱性溶液中极易水解，其水解产物为顺式甲酰丙烯酸和乙酰胺。该毒素具有收缩末端血管的作用，能导致牛烂蹄病的发生。

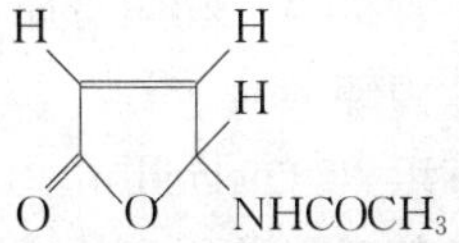

图 2-9 丁烯酸内酯化学结构图

(二) 毒性及机理

1949 年 Cunningham 最先报道在澳大利亚的放牧牛群中自然爆发牛烂蹄病。其病因是由于放牧牛吃了三线镰刀菌污染的牧草——羊茅草（tall fescue，学名苇状羊茅，*Festuca arundinacea* Schreb），故称为苇状羊茅蹄病或羊茅草烂蹄病（fescue foot）。1967 年美国密苏里州也由同样原因发生这种病。我国有些省份的水牛、黄牛因采食霉稻草发生"蹄腿肿烂病"，病牛出现脚肿、烂蹄甚至脱蹄，耳尖及尾梢干性坏死。国内一般称之为耕牛霉稻草中毒，此病与国外苇状羊茅烂蹄病极为相似。后来研究表明，上述牛、羊中毒病就是丁烯酸内酯中毒。

用三线镰刀菌接种分离出丁烯酸内酯，以大剂量（39mg/kg、68mg/kg）每天给 2 头犊牛投服，于 3～4d 后引起犊牛死亡；每天投服少量（22～31mg/kg），出现尾部红斑及水肿。另有人用苇状羊茅干草的酒精分馏物对犊牛进行腹腔注射，则出现跛行，后肢蹄部及尾部充血、出血、水肿等症状。

丁烯酸内酯属血液毒，是导致牛烂蹄病的一种毒素。主要毒害作用是引起动物末梢血液循环障碍。另外，将丁烯酸内酯涂于家兔皮肤可出现明显的毒性反应。丁烯酸内酯为五元环内酯，因此不能排除具有致癌作用的可能。

丁烯酸内酯进入动物机体后，作用于外周血管，使局部血管末端发生痉挛性收缩，以致管壁增厚，官腔狭窄，血流变慢，继而形成血栓，进一步发生脉管炎症变化。由于局部血液循环障碍，引起患部肌肉淤血、水肿、出血、肌肉变性与坏死。如若继发细菌感染，病情会进一步恶化，严重者膝关节以下部分发生腐脱，并引起局部淋巴结的反应性炎症。大鼠丁烯酸内酯急性中毒起效迅速，中毒 4h 时主要表现为脱水及粒细胞的增高，中毒 24h 时主要表现为血浆蛋白质的减少，以肝脏损伤为主要变化。丁烯酸内酯有强烈的脂质过氧化效应。

丁烯酸内酯对心肌细胞有明显毒性作用，使细胞形态发生改变，细胞存活率下降，诱发脂质过氧化作用。

（三）中毒预防

根本措施在于防止稻草发霉变质，严禁饲喂已霉变的稻草，严禁用已霉变的稻草作为垫草。

第四节 青霉毒素

我国南方省份，因其高温、高湿的特殊地理气候条件，谷实类作物在收割、储藏过程中极易污染霉菌而变质。这种因霉变而呈黄色（胚乳呈黄色）的稻米，民间常称"黄变米"，"沤黄米"或"黄粒米"。国外报道的"黄变米"主要菌种是青霉属（黄绿青霉、岛青霉、橘青霉、皱褶青霉和缓生青霉等）和曲霉属。我国的"黄变米"菌种一般以曲霉属为主，青霉菌属（岛青霉、橘青霉等）为辅。

青霉毒素（pecicillin‐toxin）是指由青霉属和曲霉属的某些菌株所产生的有毒产物的总称。对青霉及其毒素的研究，主要是从 1938 年日本学者开展的"黄变米"研究开始的。由于青霉属中的青霉菌种较多，且各种青霉所产生的毒素也不尽相同，所以在此只介绍实际生活中常见且影响较大的青霉及其毒素。其中英文名称、病原菌和中毒危害见表 2-12。

表 2-12 常见青霉毒素

毒素名称	毒素英文名	主要产毒霉菌	中毒危害
展青霉素	patulin	扩展青霉、展青霉、棒形青霉、棒曲霉	中枢神经系统损害
橘青霉素	citrinin	橘青霉、鲜绿青霉	肾病
红色青霉毒素	rubratoxin	红色青霉、产紫青霉	中毒性肝炎，出血性素质
黄绿青霉素	citreoviridin	黄绿青霉	中枢神经系统损害
岛青霉毒素	islanditoxin	岛青霉	肝细胞坏死、肝硬化
黄天精	luteoskyrin	岛青霉	肝细胞坏死、肝硬化
环氯素	cyclochorotin	岛青霉	肝细胞坏死、肝硬化
青霉震颤素	penitrem	圆弧青霉	肌纤维自动性痉缩

一、展青霉毒素

在日本、法国、德国等国家均发生过因采食霉变麦芽根而引起乳牛中毒死亡的事故，我国国内也多有报道，属世界性疾病之一。经研究表明，均为展青霉毒素（patulin）污染饲料所致。展青霉毒素中毒主要发生于家畜，特别是奶牛采食发霉的麦芽根，极易引起中毒，故又称霉麦芽根中毒。

最初由于展青霉素对许多革兰氏阳性和阴性细菌有抑制作用，而将其当作抗生素来研究，但后来发现它对动物具有较强的毒性而放弃，转而研究其毒性及对食品和饲料的污染情况。起初曾被不同的学者在多种青霉和曲霉中分离出来，以致有多种不同的名称，如棒青霉素、棒曲霉素、扩张青霉素和盘尼西丁等，后经研究鉴定属同一种化合物，现统称展青霉素。

展青霉素主要由展青霉产生，但其他许多种霉菌也都可以产生这种毒素，如扩展青霉、圆弧青霉、棒形青霉、岛青霉、木瓜青霉、土曲霉、棒曲霉、雪白丝衣霉等。展青霉素在水果及其制品中尤为常见，并可对大量粮食饲料构成污染，但在饲料中却并不是一种主要的霉菌毒素。

展青霉素是一种内酯类化合物，分子式为 $C_7H_6O_4$，相对分子质量为 154。晶体为无色，熔点为 112℃。展青霉素是一种中性物质，溶于水、乙醇、丙酮、乙酸乙酯和氯仿，微溶于乙醚和苯，不溶于石油醚，对酸稳定，在碱溶液中不稳定，生物活性被破坏。

展青霉素主要为神经毒性，其临床症状以神经系统紊乱为主，主要表现为上行性神经麻痹、脑中枢神经系统水肿伴灶状出血，可造成动物的痉挛、肺出血、心率加快、呼吸困难甚至死亡，具有致畸、致突变及致癌性。

目前尚无特效治疗药物，只能采取对症疗法。根本措施是以预防为主，严格禁止饲喂霉麦芽根饲料。经研究发现，展青霉素可与存在于食品中的含硫化合物反应，因此，可以考虑通过向饲料中添加含硫化合物的方法去除其毒性。

二、橘青霉素

橘青霉素（citrinin）由橘青霉、鲜绿青霉、纠缠青霉、铅色青霉、瘿青霉、扩展青霉、詹森青霉、点青霉、变灰青霉、雪白曲霉、亮白曲霉、土曲霉等多种青霉和曲霉产生，于 1931 年首次被分离纯化。橘青霉素的产生菌在自然界分布广泛，易引起纤维的降解以及玉米、大米等农作物的霉变。它是黄变米致病原因之一。

橘青霉素的分子式是 $C_{13}H_{14}O_5$，相对分子质量为 250。常温下它是一种黄色结晶物质，熔点为 172℃。在长波紫外灯的激发下能发生黄色荧光，其最大紫外吸收在 319nm、253nm 和 222nm 处。在适宜的 pH 条件下，该毒素能溶于水及大多数有机溶剂中，并很容易在冷乙醇溶液中结晶析出。在水溶液中，当 pH 下降到 1.5 时也会沉淀析出。在酸性及碱性溶液中均对热敏感，易分解。

橘青霉属肾脏毒，可引起犬、猪、鼠、鸡、鸭及鸟类等多种动物和人的急慢性肾病。大白鼠和小鼠皮下注射和腹腔内注射的 LD_{50} 分别为 67mg/kg 和 35mg/kg；豚鼠的皮下注射 LD_{50} 为 37mg/kg；兔子腹腔内注射的 LD_{50} 为 19mg/kg。它引起的肾脏损害主要表现为：动物肾脏肿大、肾小管扩张、管状上皮细胞退化和坏死、尿量增加、血氮和尿氮升高；另外，毒理学研究证明：橘青霉素还会抑制肝细胞线粒体氧化磷酸化效率，从而影响肝功能，抑制胆固醇和甘油三酯的合成，进而导致动物胃肠功能紊乱和腹泻。临床以多尿与烦渴为特征。

饲料和粮食污染橘青霉毒素时，往往同时有赭曲霉毒素存在。一般认为，橘青霉毒素与赭曲霉毒素在肾病（通常称为霉菌毒素性肾病）中起协同作用。

目前对本病尚无特效的药物。对病畜可进行对症疗法，轻度中毒有时也可耐过、康复。

自 1931 年橘青霉素被首次纯化以来，薄层层析法（TLC）、荧光光度计法、高压液相色谱法（HPLC）以及气相色谱、质谱联合法被相继用于橘青霉素的分析检测。目前，TLC 和 HPLC 法是最常用的检测方法。TLC 方法因其操作简便而被广泛采用，但其灵敏度和特异性都较差。HPLC 法具有更高的灵敏度，可以精确地对样品中的橘青霉素进行定性和定量分析。但是由于其设备昂贵、操作复杂和对样品的纯度有较高的要求，不适合对大批量的样本进行检测，因而使用受到限制。免疫化学方法是近 10 多年来发展起来的新方法，由于具有较高的灵敏度和特异性，对样品的纯度要求不高，特别适用于大批量样本的检测，近年来被广泛应用于各种真菌毒素的检测。

三、黄绿青霉素

黄绿青霉素（citreoviridin）属青霉菌毒素类，主要由黄绿青霉产生，但其他青霉也可产生该毒素，如棕鲑色青霉、垫状青霉等。黄绿青霉素用甲醇重结晶后变成橙黄色星芒状集合成柱状结晶，可溶于丙酮、氯仿、冰乙酸、甲醇和乙醇，微溶于苯、乙醚、二硫化碳，不溶于己烷、水和石油醚，对热稳定，加热到 270℃才可使之失活，暴露在阳光下也可使之失去毒性。

黄绿青霉素分子式为 $C_{23}H_{30}O_6 \cdot CH_3OH$，相对分子质量 402，熔点为 107～110℃。

黄绿青霉素主要表现为神经毒性，主要抑制脊髓和延脑的功能，而且选择性抑制脊髓运动神经元、联络神经元和延脑运动神经元，毒素侵害部位相当广泛。人工霉米的粗毒素对小白鼠等哺乳动物的 LD_{50} 为 100～1 000mg/kg；精制黄绿青霉素对小白鼠的 LD_{50} 是 29mg/kg（经口）、8.3mg/kg（腹腔注射）、8.2mg/kg（皮下注射）和 2mg/kg（静脉注射）。无论何种途径给毒，皆可在短时间内死亡。中毒病畜体中毒素可广泛地分布于肝、肾、脾、脑等部位，皮下给毒时，3％以毒素原形排出。

急性中毒症状以进行性上行性脊髓麻痹和中枢神经麻痹为特征，先从后肢和尾部开始，然后发展至前肢，发生进行性麻痹、呕吐或昏厥，甚至全身麻痹，逐渐出现呼吸障碍，最后因胸肌、膈肌麻痹及呼吸循环衰竭而死亡；慢性中毒可导致动物肝肿瘤和贫血。

四、红色青霉毒素

红色青霉毒素（rubratoxin）在自然界分布很广，多存在于土壤和寄生在死亡植物体上，从玉米、麦糠、豆类制品、花生及菜花中均分离出过红色青霉，多由可以产生红色或紫色色素的红色青霉和产紫青霉产生。红色青霉毒素可分为 A 和 B 两种，其中红色青霉毒素 B 的化学结构为一种双酐化合物，红色青霉毒素 B 中的一个酐还原成乳醇，即为红色青霉毒素 A。红色青霉素 A 的分子式为 $C_{26}H_{32}O_{11}$，相对分子质量为 520，熔点为 210～214℃；红色青霉素 B 的分子式为 $C_{26}H_{30}O_{11}$，相对分子质量为 518，熔点为 168～170℃。红色青霉毒素 A 和 B 均不溶于水，可部分溶于乙醇和酯类，易溶于丙酮，但不溶于非极性溶剂。值得一提的是红色青霉素 A 要比红色青霉素 B 更易溶于乙醇，而红色青霉素 B 则比红色青霉素 A 更易溶于乙酸乙酯，据此特点，就可在两种毒素混合状态下予以分离。另外，红色青霉素 B 在不同溶剂中可呈现不同形式的结晶，在乙醚中为一种针状结晶；在苯和乙酸乙酯中，为长条六面体；在醋酸戊酯中，则呈片状六面体。

红色青霉毒素主要损害肝、肾，导致全身性出血，表现流涎、食欲减退、黄疸、胃肠充血与出血等。中毒症状为：病牛出血性素质；犬肝脏和胆管损害，肾损害、减食、脱水、腹泻和黄疸，慢性中毒引起肝、脾细胞变性；引起妊娠小鼠死胎、畸胎；大鼠肝、脾出血和细胞变性。

五、岛青霉类毒素

岛青霉是由 Tusndoa 于 1948 年从进口大米中分离出来的，实验证实其可导致大白鼠的肝硬变，故当时称这种黄变米为"肝硬变米"。

岛青霉可产生多种代谢产物，包括黄天精（luteoskyrin）、环氯素（cyclochorotin）、红天精、岛青霉毒素（islanditoxin）、链精、瑰天精、天精、虹天精和皱褶青霉素类等（表 2-13）。其中黄天精属于羟基蒽醌衍生物；岛青霉毒素与含氯素属于含氯肽类，均属肝脏毒素。实际生产中，谷物、大米、小麦及玉米等易感染此类毒素。

表 2-13 常见岛青霉类毒素

毒素名称	熔点（℃）	分子式	相对分子质量
黄天精	287	$C_{30}H_{22}O_{12}$	574.1
皱褶青霉素	290	$C_{30}H_{22}O_{12}$	542.1
岛青霉毒素	250~251	$C_{24}H_{31}O_7N_5C_{15}$	571.1
环氯素	215	$C_{25}H_{36}N_5O_7C_{12}$	571.0
大黄素	256~257	$C_{15}H_{10}O_5$	270.1
红天精	130~133	$C_{26}H_{33}O_6N$	455.2

环氯素是一种含氯多肽类化合物，具有特异氨基酸（二氯脯氨酸）残基，是岛青霉代谢产物中毒性最强的一种化合物。其对小鼠经口、皮下注射和静脉注射的 LD_{50} 分别为 655mg/kg、475mg/kg 和 3.38mg/kg。环氯素是一种作用迅速的肝脏毒，可加速肝糖原的分解代谢却又阻止其合成。中毒症状以循环系统和呼吸系统障碍为主，伴发肝性昏迷。急性中毒时，体温下降，竖毛显著，昏睡而死，肝明显充血、肿大，有时小肠充血。其中，对肝脏的损害主要是引起空泡变性、坏死及出血，并可导致肝纤维化、肝硬化及肝癌。

黄天精的急性毒性对小白鼠的 LD_{50} 为 221mg/kg（经口）、147mg/kg（经腹腔）、40.8mg/kg（皮下注射）和 6.65mg/kg（静脉注射）。其病理学变化为黄染、质脆、质变和肝小叶中心坏死等。在肝脏功能方面，肝糖原含量减少，血清转氨酶活性升高，肝细胞内可发现毒素的蓄积。另外，已证实黄天精对动物也有致癌作用。

皱褶青霉素对雌性成年小鼠的 LD_{50} 为 44mg/kg（皮下注射），对雌小鼠的 LD_{50} 为 83mg/kg（皮下注射）。如黄天精作用一样，皱褶青霉素也能引起肝小叶中心性坏死和脂肪变性，但作用相对迟缓。

岛青霉类毒素可导致动物肝小叶中心坏死，细胞变性，致癌，致突变，肾损害，脾、胸腺、淋巴等细胞崩解。

六、青霉震颤素

青霉震颤素（penitrem）按毒素结构不同可分为 A、B、C、D、E、F 6 种，其中关于青霉震颤素 A 的研究最多。该毒素主要由圆弧青霉、软毛青霉、徘徊青霉等多种青霉菌产生，其中以圆弧青霉最为多见。玉米、青贮饲料等易感染此类毒素。

青霉震颤素属神经毒素，还可引起肾功能损害。动物的急慢性中毒，主要表现为兴奋、持续性纤维震颤、应急性增强、抽搐、共济失调、肌肉强直、严重角弓反张、涉水动作、眼球震颤、流泪、瞳孔放大，部分中毒者可见腹泻、尿频、四肢无力、呼吸困难甚至死亡。发现中毒后，应立即停止饲喂霉败饲料，实行对症疗法，并及时护理，给予富含维生素的青绿饲料和优质干草，供给清洁饮水，保持病畜安静。在去除含毒日粮后，即使表现虚脱的病畜，通常也可在一周内恢复。青霉震颤素 A 对小鼠静脉注射的 LD_{50} 为 1.05mg/kg。

七、控制措施

目前，对青霉毒素类尚无有效的去毒措施，动物中毒后也无特效的药物治疗。因此，控制青霉毒素类的危害，还在于防霉。

对于已经被青霉毒素类污染的饲料及原料，必须在保证安全的前提下加以利用，可以通过稀释方法进行利用。对已受毒素侵害的畜禽，应采取对症疗法，并及时停喂霉变饲料，同时加强饲养管理，以利其治疗和恢复。

第五节 黑斑病甘薯毒素

（一）概述

甘薯黑斑病毒素是甘薯黑斑病菌（属于子囊菌纲、微囊菌目、长喙壳科、长喙壳菌）侵害甘薯块根损伤部位，一定时间后出现暗褐色或黑色斑点，其周围密生灰色霉层和黑色刺毛状物，其病变部分经异常代谢所产生的呋喃萜烯类有毒物质。当家畜吃进黑斑病甘薯后，可发生以急性肺水肿与间质性肺泡气肿为特征的中毒病，称为黑斑病甘薯毒素中毒或霉烂甘薯中毒。

甘薯黑斑病毒素中毒最早（1890 年）发现于美国，继而发生于新西兰、澳大利亚、南美等地。1905 年日本熊本县发生此病，并迅速蔓延至日本各地。在 20 世纪 30~60 年代，该毒素是美国和日本牛肺气肿病的主要病原。1937 年，此病害由日本传入我国东北和华北。1951—1953 年，在河南大面积爆发，死亡耕牛万余头，农业部组织有关部门协作研究，将此病定名为"黑斑病甘薯中毒"。此后的二三十年间，在中国的十几个省市，相继有耕牛、奶牛、猪等中毒的报道。

1952 年，日本最早发现甘薯黑斑病菌侵害甘薯后产生甘薯酮。但在随后的研究中发现，甘薯酮是一种肝毒素，并非本病的病因；而其羟基衍生物甘薯宁、甘薯醇等才是明显作用于肺脏。不难看出，黑斑病菌侵害的甘薯可产生肝毒和肺毒两种因子。

一般认为，甘薯毒素是霉菌或昆虫侵袭甘薯后使甘薯组织在应激因子作用下产生的植物保护素。据报道，甘薯酮及甘薯宁等毒素除由于感染甘薯长喙壳菌、茄病镰刀菌而产生外，甘薯在感染齐整小核菌、爪哇黑腐病菌、被甘薯小象甲咬伤、薯皮擦伤或用化学试剂（如二氯化汞、三氯醋酸、碘乙酸、2,4-二硝基酚、丙二酸等）处理时，均可产生甘薯酮。由此说明，甘薯酮等的产生是由黑斑病致病菌及其他伤害所引起的一种防御反应，是代谢产物，而不是真菌代谢物。

黑斑病甘薯的病原菌常见的有 3 种：甘薯长喙壳菌、茄病镰刀菌和爪哇镰刀菌。这些霉菌寄生在甘薯的虫害部位和表皮裂口处。甘薯受侵害后表皮干枯、凹陷、坚实，有圆形或不规则的黑色斑块。储藏一定时间后，病变部位表面密生菌丝，甘臭，味苦。家畜采食或误食病甘薯后可引起中毒。

甘薯黑斑病菌侵害损伤的甘薯后产生的有毒物质，主要是甘薯酮及其羟基衍生物，如甘薯醇、甘薯宁（或称甘薯二酮）、4-薯醇和1-薯醇，后二者毒性较大。甘薯酮属呋喃萜化合物，熔点为108～110℃，分子式为$C_{15}H_{22}O_3$，相对分子质量为250。甘薯宁熔点为41～42℃，分子式为$C_9H_{10}O_3$，相对分子质量为166。

甘薯酮为肝脏毒，可引起肝脏坏死。甘薯醇为甘薯酮的羟基衍生物，亦称羟基甘薯酮，也是一种肝脏毒。4-薯醇具有肺毒性，经动物试验发现，可致肺水肿及胸腔积液，故有人称此毒素为"致肺水肿因子"。甘薯宁、1-薯醇及1,4-二薯醇的毒性与4-薯酮相同，均为肺毒性。黑斑病甘薯毒素的理化性质与毒性见表2-14。

表2-14 黑斑病甘薯毒素的理化性质与毒性

毒素名称	分 子 式	相对分子质量	对小鼠的LD_{50}（mg/kg）
甘薯酮	$C_{15}H_{22}O_3$	250	230（经腹腔）
甘薯醇	$C_{15}H_{22}O_4$	266	
甘薯宁	$C_9H_{10}O_3$	166	26（经口），25（经腹腔），14（静脉注射）
4-甘薯醇	$C_9H_{12}O_9$	168	38（经口），36（经腹腔），21（静脉注射）
1-甘薯醇	$C_9H_{12}O_3$	168	79（经口），49（经腹腔），34（静脉注射）
1,4-甘薯醇	$C_9H_{14}O_3$	170	104（经口），67（经腹腔），68（静脉注射）
4-羟甘薯醇	$C_{15}H_{22}O_4$	266	
脱氢甘薯酮	$C_{15}H_{20}O_3$	248	

（二）毒理机制

（1）甘薯酮及其衍生物具有很强的刺激性，在消化道吸收过程中，能引起黏膜感受性增高，导致黏膜出血和发炎（出血性胃肠炎）。

（2）毒素进入血液后经门静脉到肝脏，引起严重的肝损伤和肝功能降低；同时，通过血液循环，又可引起心脏黏膜出血和心肌变性、心包积液；特别是对延髓呼吸中枢的刺激，可使迷走神经机能抑制和交感神经机能兴奋，支气管和肺泡壁长期松弛和扩张，气体代谢障碍导致氧饥饿，发生肺泡气肿，最终肺泡壁破裂，吸入的气体窜入肺间质，并由肺基部窜入纵隔，进而又沿纵隔疏松结缔组织侵入颈部和躯干上部皮下，形成皮下气肿。

（3）毒素作用于丘脑纹状体，可使物质代谢中枢调节机能发生紊乱，影响糖、蛋白质和脂肪的中间代谢过程。特别是使胰腺发生急性坏死，胰岛素缺乏，糖原合成受阻；而且由于能量的过分消耗，更促成脂肪的分解，产生大量酮体（即乙酰乙酸、γ-羟丁酸和丙酮），以致发生酮血病（代谢性酸中毒）。

（4）甘薯毒素是否是霉菌产生的霉菌毒素，目前尚无定论，有待进一步研究。

（三）临床症状

1. **症状** 症状轻重视采食霉烂甘薯的数量、毒性大小和个体耐受性等因素而有所不同。通常在采食24h后发病，主要表现为精神不振，食欲、反刍减退；急性中毒时，食欲和反刍停止，全身肌肉震颤，体温多不升高。本病突出症状为呼吸困难，呼吸数可达80～90次/min或更多。病势发展后，呼吸运动加深而次数减少。由于呼吸用力与呼吸音增加，在较远处就可听到"拉风箱音"。初期由于支气管和肺泡充血，可出现锣音，并不时发出咳嗽；继而由于肺泡弹性减弱，导致呼气性呼吸困难。由于肺泡内残余气体相对增加，腹肌强力收缩，而使肺泡壁破裂，气体窜入肺间质，造成间质性肺泡气肿。后期肩胛、背腰部皮下发生气肿，触诊呈捻发音。病牛鼻翼扇动、张口伸舌、头颈伸长，并长时间呈站立姿势来提升呼吸量，处于严重缺氧状态。此时，眼结膜发绀、眼球突出、流泪、瞳孔散大、全身痉挛，最终窒息而死。

在发生极度呼吸困难的同时，病牛鼻孔流出大量混有血液的鼻涕及泡沫状液体；伴发前胃弛缓，间或瘤胃臌气和出血性胃肠炎，粪便干硬、腥臭，尾常夹于胯间，心脏衰弱，脉搏增数，最多可达100次/min以上；颈静脉怒张，四肢末梢冰凉；尿液中含有蛋白质。

本病以牛较为多见，绵羊、山羊次之，猪也偶有发生。发病具有明显的季节性，每年的10月至次年4～5月间发病率高，死亡率也高。

奶牛发病时，其泌乳量多不减少，妊娠母牛往往发生早产或流产。

羊的中毒，主要表现为精神不振，结膜充血或发绀，食欲、反刍减退或废绝，瘤胃蠕动减弱或停止；心脏衰弱，心音增强或减弱，脉搏增数，可达95～150次/min，节律不齐；呼吸困难。重症还排血便，最终因呼吸衰竭窒息而死。

猪发生中毒时，精神沉郁，食欲废绝，口流白沫，呼吸困难，张口伸舌，黏膜发绀，心音增强，脉搏节律不齐，肠蠕动音减弱或消失，腹胀、便秘、粪便干硬变黑，后期则多下痢，排粪带血。多伴发痉挛，运动失调，步态不稳。大约1周后，部分病猪食欲逐渐好转而康复；重症者则出现神经症状，如头顶墙或盲目前冲，最终在卧地或抽搐中死亡。

2. 病理变化　主要病理变化在肺脏。轻型病例出现肺水肿，多数伴发间质性肺气肿，肺间质增宽，肺膜变薄，呈灰白色透明状；严重病例，肺表面胸膜层透明发亮，呈现类似白塑料薄膜浸入水中的外观。胸腔纵隔也发生气肿，呈气球状。在肩背部两侧的皮下组织及肌膜中有绿豆或豌豆大小气泡存在。

有报道认为，甘薯酮的主要靶器官是肝脏，在小鼠、兔、山羊等动物实验中，引起中毒时的主要病理变化是肝实质细胞损害，表现为肝小叶中心性坏死。而甘薯醇类（特别是4-薯醇、1-薯醇）可造成实验动物的肺损伤，与误食霉烂甘薯后自然发病的动物所表现的典型间质性肺病相似。

3. 诊断　根据病史、发病季节和临床症状等，进行综合性分析与诊断，必要时应用霉烂的甘薯或其酒精、乙醚浸出物或提取物，进行复制试验，最后确诊。本病以群发为特征，往往易与牛出血性败血症、牛肺疫混诊，应结合病史、病因分析及体温变化加以确诊。

（四）治疗

目前尚无特效药物治疗。对重病例只能采取对症治疗，如排毒、催吐、洗胃或内服泻剂，以缓解呼吸困难，可用氧化剂如过氧化氢、高锰酸钾、硫代硫酸钠，维生素C和谷胱甘肽等。同时，可酌情应用相应的药物进行治疗，以提高肝脏解毒功能、肾脏排毒机能以及纠正代谢性酸中毒等。

（五）预防

黑斑病甘薯毒素可耐高温，经煮、蒸、烤等加工处理均不能破坏其毒性，因而当用黑斑病甘薯作原料酿酒、制粉时，所得的酒糟、粉渣中毒素依然存在，饲喂家畜仍可发生中毒。因此，预防本病的根本措施是消灭黑斑病病原菌，防止甘薯感染发病，严禁家畜采食霉烂甘薯。

(1) 用杀菌剂浸泡种薯。如用50%~70%甲基托布津1 000倍稀释液浸泡种薯10min，或用乙基托布津500倍稀释液浸泡种薯10min，效果较好。

(2) 在收获甘薯时，应注意不要擦伤种皮，力求薯块完整。

(3) 在储藏和保管甘薯过程中，储藏地窖应保持干燥和密封，温度应控制在11~15℃。

(4) 对已发生霉变的黑斑病甘薯，严禁乱扔乱放，而应集中进行深埋或烧毁处置，以免病原菌传播。

(5) 在盛产甘薯的地区，应加强饲养管理，严格禁止使用霉烂甘薯及其加工副产品饲喂家畜。

(6) 对中毒病畜，应立即停喂霉烂甘薯，并尽快促使其消化道排空；同时，改善其呼吸机能，提高肝脏及肾脏的解毒、排毒机能。用西药对症治疗，或用白矾散配合西药治疗，均获得满意效果。

第六节 麦角生物碱

发现麦角中毒的历史悠久。中古时代的德国和法国谷物产区，人们吃了含有谷物类的面粉后，便会中毒发病，四肢和肌肉抽筋并逐渐溃烂剥落，直至死亡；家畜也会发生中毒，被称为"圣安东尼之火病"，在欧洲横行了几个世纪。

一、麦角菌介绍

(一) 麦角菌的研究

1658年证明了"圣安东尼之火病"流行的原因是由于生长在裸麦和其他谷物上的霉菌产生了麦角毒素而引起的中毒，从此开始了对麦角毒素的研究。1934年从麦角谷物中分离得到了麦角毒素，并确定了麦角毒素的几种衍生物。1964年，从麦角菌的提取液中分离得到一种新的活性物质，称为麦角新碱。此后开始了一系列的类似化合物的研究与合成，并将麦角产生的毒素通称为麦角生物碱。随着研究的深入，已利用麦角生物碱的生理活性结构合成许多医用麦角生物碱，对于更加合理地进行菌种选育，深入探索麦角生物碱的代谢转化、生物合成的调节机制等有重要意义。

(二) 麦角菌

麦角菌（*Claviceps purpurea*）是一种寄生在禾本科植物子房内的真菌体，麦角菌的孢子落入这些植物的雌蕊子房中繁殖发育成菌丝，而后着生子粒部位的麦穗出现角化形成坚硬的紫黑色角状菌核，由于其形状像动物的角故又称麦角。麦角菌属的真菌多达40多种，最常见的有黑麦麦角菌（*C. purpurea*）、雀稗麦角菌（*C. paspali*）、拂子茅麦角菌（*C. microcephala*）和*C. fusiformis*等，其中以黑麦麦角菌为代表。

1. **分类地位** 麦角菌属真菌门子囊菌亚门核菌纲球壳目麦角菌科麦角菌属。

2. **外形特点** 麦角即是麦角菌的菌核，外形呈圆柱状，两端角状，大多稍弯曲，长0.3~4cm，粗1~7mm。表面有纵沟和横裂纹。生长初期柔软，有黏性，成熟后即变硬。外表紫黑色，内部近白色（图2-10、图2-11）。

图 2-10 麦角菌的菌核

菌核　　菌核横切面

图 2-11 麦角菌外形

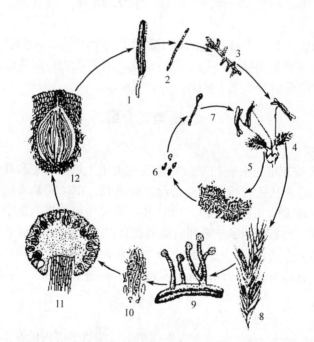

图 2-12 麦角菌的生活史

1. 子囊和子囊孢子　2. 子囊孢子　3. 子囊孢子萌发
4. 受侵害的花　5. 分生孢子梗及分生孢子
6. 分生孢子　7. 分生孢子萌发　8. 麦穗上生出菌核　9. 菌核萌发成子座
10. 雌雄生殖器　11. 子座纵切示子囊壳排列　12. 子囊壳纵切示子囊

3. 生长情况 麦角菌主要寄生在黑麦中。在黑麦开花期，麦角菌的子囊孢子借风力传播到寄主的穗花上，立刻萌发出芽管，由雌蕊的柱头侵入子房。菌丝生长发育成菌丝体并充满整个子房，毁坏子房内部组织后逐渐突破子房壁，生出成对短小的分生孢子梗，其顶端产生大量白色、卵形、透明的分生孢子。同时菌丝体分泌出一种具甜味的黏性物质，引诱苍蝇、蚂蚁等昆虫把分生孢子传至其他健康的花穗上。麦角病随之重复传播。当寄主快成熟时,受害子房不再产生分生孢子,子房内部的菌丝体逐渐收缩成一团,进而变成黑色坚硬的菌丝组织体,即麦角菌核。

到了下个春季,麦角菌核又生出10~20个头部膨大的子实体,这时麦角形成为子座。在子座表层下还有瓶状子囊壳,孔口突出于子座表面,在成熟的子座表面上可看见许多小突起。每个子囊壳中产生多个长圆筒形的子囊,子囊内又生出约8个线状的单细胞子囊孢子。麦角的生活史见图2-12。

4. **生长条件** 麦角菌主要寄生在麦类如黑麦、大麦、小麦、燕麦等,以及处于发育状态作物的子房中。在春、夏季雨水充足,有利于麦角菌的传播和发育以及寄主植物的生长。并且适合寄主生长发育的土壤条件也有利于麦角菌核的生长。特别是潮湿的气候有利于子囊孢子的存活和传播,雨季和气候暖和时更是麦角病容易流行的时期。

二、麦角生物碱的理化性质

麦角毒素（ergotoxine）主要由麦角菌和烟曲霉菌等真菌产生,是这些致病真菌寄生在植物上的生长繁殖过程中分泌的一类二级代谢产物。由于具有与一般生物碱相似的理化性质,因此麦角毒素属于一类生物碱,又称为麦角生物碱（ergot alkaloids）。麦角生物碱中约含40种生物碱成分,所有的生物碱形成一种四核环衍生物。由于麦角生物碱的分子结构差异较大,因此可以分为结构不同的两个组分:酸性组分和碱性组分,两个组分的基础结构都是麦角酸（lysergic acid）。酸性组分为麦角灵生物碱,包括具有羟基、羧基或酰胺的麦角酸环化结构,如麦角新碱（ergonovine）,分子式为$C_{16}H_{16}N_2O_2$;碱性组分则为具有麦角酰胺基团的三肽环化物及异构体。麦角生物碱对热较稳定,水溶性麦角生物碱在紫外线照射下还可发出蓝色荧光。图2-13为麦角生物碱酸性组分和碱性组分的结构式。

麦角酸结构式　　麦角新碱结构式（麦角酰胺）

麦角肽碱结构式

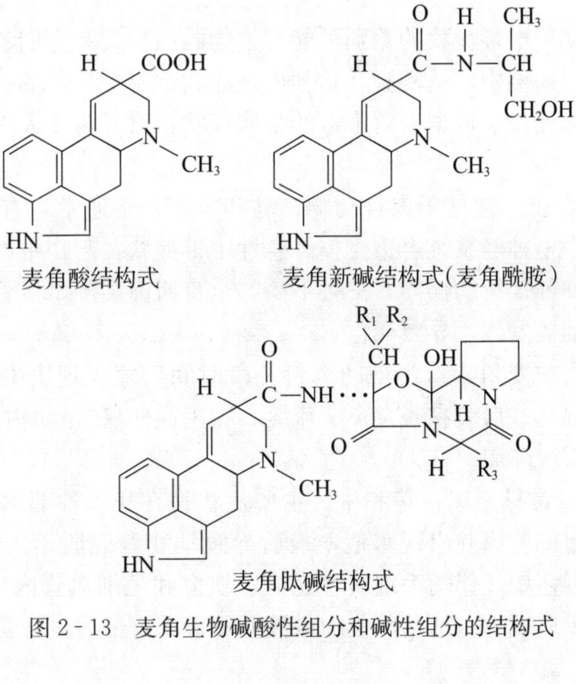

图2-13 麦角生物碱酸性组分和碱性组分的结构式

麦角毒素毒性的强度取决于其成熟程度、保存条件、保存时间及地区性等许多因素。麦角毒素作用物质成分的数量和质量，在同一年份，由于其生长气候条件的不同而变化很大。在不同国家和地区所采集的麦角毒素，其毒性生物碱的含量和质量是很不相同的。麦角菌毒素中生物碱的总含量取决于其寄主植物的种类。而不同的麦角碱，理化性质也不同。药理学上最有效的生物碱是麦角新碱、麦角肽碱、麦角克碱（ergocristine）、麦角隐亭（ergocryptine）和麦角考宁（erogcornine）等，其中麦角隐亭、麦角考宁、麦角克碱又被合称为麦角毒碱，是毒性最强的生物碱。

三、麦角生物碱的代谢转化与中毒

（一）代谢转化

麦角生物碱进入动物消化道后，在消化酶的作用下转化为极性化合物通过扩散进入血液，并运输至各个组织器官中被动物吸收并参与代谢，在通过肝、肾等解毒器官时，生物碱与特定底物结合，其酸性组分直接被动物吸收，由尿液排出；而碱性组分环化结构打开转化为酸性组分结构，失去活性后经代谢由胆汁排入肠道，最后也通过尿液排出体外。

（二）中毒机制

动物食用含有麦角毒素的饲料后，会对胃肠道黏膜产生强烈的刺激作用，影响动物的采食量。麦角毒素被吸收入血液后，一方面兴奋中枢神经系统，引起神经机能紊乱；另一方面通过外周血液循环引起平滑肌强烈收缩，引起子宫和血管平滑肌发生强直性收缩，血压上升，并通过压力感受器反射性地兴奋迷走神经中枢，引起心动过缓，并损害毛细血管内皮细胞，导致血管栓塞和坏死，从而阻断四肢神经末梢的血液循环，导致动物神经末梢纤维坏死；或通过内分泌系统间接作用，影响动物的繁殖性能。

（三）中毒症状

动物种类和地区间麦角中毒症状的差别可能与生物碱的种类和它们各自的含量有关。在大部分实验诱导的麦角中毒的病例中，从实验开始到出现症状都有相当长的一段时间，急性中毒多为神经型，慢性中毒多为坏死型。根据麦角中毒的临床症状，可分为2大类：中枢神经系统兴奋型和末梢组织坏死型。

1. 中枢神经系统兴奋型　常见于肉食动物、马和羊，几乎通常均有痉挛症状，但这种形式牛比较少见。其表现为中枢神经系统严重受损。急性中毒症状：起初中毒动物眩晕，在短时间的兴奋和不安之后，出现抑郁；行动摇摆，失去平衡，全身肌肉震颤，接着是暂时性的麻痹和精神不振，很快掉膘，最后抽搐发作，导致死亡。

有些动物也会在采食被麦角毒素污染的饲料一段时间后才表现出中毒症状。主要是慢性抽搐，并出现胃肠道功能混乱（口腔黏膜发炎、流涎、腹泻或便秘），动物采食量下降，变得消瘦，严重的还出现中枢神经系统障碍。

2. 末梢组织坏死型　常见于鸡、猪和牛。主要症状是在身体各部出现坏死，局部症状会出现淋巴结肿胀，四肢蹄冠部肿胀并出现水疱，最后导致动物蹄壳脱落。这主要是由于动物中毒后，血管平滑肌发生持续痉挛，伴随毛细血管充血、缺血和毛细血管内皮变性，结果导致四肢、尾巴、耳朵部分的血液供应减少，这些部位的血液循环最弱，最后血管受损造成的血栓和血液淤积导致了动物肢端坏死脱落。

3. 各种动物的中毒症状

（1）牛的中毒症状：采食减少，消化功能产生障碍；高度兴奋，头常呈凝视态而好战，常见牛群远走他处；跛行和后肢肿胀，耳尖、尾和足坏死；体温升高；脉搏加快，呼吸急促；产奶减少；严重时全身痉挛，角弓反张而死。

（2）绵羊的中毒症状：体温升高、呼吸困难、恶心、多涎、腹泻、食欲减退、消化道内出血、跛行，并导致四肢、尾巴、耳朵坏死脱落。偶尔出现流产、产奶减少现象。

（3）猪的中毒症状：猪急性中毒时，出现大量流涎、呕吐、腹泻、肌肉震颤，丧失意识，间歇性癫痫发作，而后转为抑郁。母猪中毒后乳房不发育，不分泌乳汁；怀孕母猪流产；乳猪因受毒母猪产奶量下降而死亡率升高；生长猪的采食量和体重增长下降，并发肠道坏死。

（4）家禽的中毒症状：主要是烂冠。

动物麦角中毒后，病理解剖变化特点是动物各个器官发生多发性出血，胃肠道发炎（出血、糜烂）和脑组织病变，特别是大脑、脊髓神经退化，血管壁发生深度玻璃样变性，然后在血管中形成玻璃样血栓，血管有淤积，末梢组织坏死。

四、麦角中毒的控制

（一）麦角中毒的预防

麦角毒素一般不会残留在动物的肉和奶中，因此不会污染人类的动物性食品，但由于人们预防不当，仍会给畜牧业甚至人的健康带来损害。因此，采取适当的预防措施可以有效地防止麦角中毒。

1. 控制饲料原料的品质　严格按照有关的食品和饲料卫生标准中麦角的允许量控制饲料的品质。表 2-15 为欧美各国粮食和配合饲料中麦角的允许量。

表 2-15　欧美部分国家的饲料和粮食中麦角的允许量（%）

品　名	加拿大	美　国	英　国	德　国	前苏联
粮食	0.2	0.3（黑麦和小麦） 0.1（大麦和燕麦）			0.15
饲料原料	0.15	0.2	0.1	0.3（小麦和黑麦）	
配合饲料	0.15	0.2	0.1	0.1（小麦和黑麦）	

2. 尽量不在被麦角污染的牧场放牧　若在含麦角牧草的草场放牧，应在牧草子穗割除以后，还需深翻土地，防止菌核萌发。同时要尽量清除麦田内外野生寄主；牧场可以与非禾本科作物轮作，减少作物被麦角污染的机会。对已被粉碎加工的饲料要定期进行分析化验。

3. 防止储藏、加工和运输过程的污染　保持饲料饲草在通风干燥的良好环境中储藏，缩短饲料的存放时间，防止饲料在加工和运输过程中遭到污染。

（二）麦角的脱毒

若感染麦角菌应立即停止饲喂饲料。由于麦角菌容易识别，在详细检查饲草时，尽量采取过筛法或机械法等清除麦角菌以减少作物的污染。对于被污染的饲料产品，采用阳光照射或紫外线照射尽量减弱麦角毒素毒性；也可用清水或 25% 的盐水浸泡漂洗出含油较多的麦角，以到达去掉麦角的目的。

(三) 麦角中毒的治疗

动物麦角中毒的症状比较具有代表性，因此诊断一般不会发生困难；通常可根据临床资料和饲料分析结果进行诊断。如果中毒发生在牧场上，应对牧场进行检查；干草和谷物上的菌核，用肉眼检查不难发现；对于面粉和磨碎的饲料，可用 HPLC 等方法检测。

如果用已被麦角菌污染的作物喂食动物，要仔细观察动物采食后的表现；不可用含麦角的饲料饲喂繁殖和哺乳期的动物；发现动物麦角中毒，应该立即转移牧场，或停止饲喂原用饲料；对于中毒动物，首先应采用洗胃、灌肠和内服盐类泻剂等方法清除动物胃肠内毒物，阻止毒物被继续吸收。鞣酸和蛋白质等可使麦角碱沉淀在肠道内；硫酸镁可以加速有毒成分的排出，也可皮下注射硫酸镁水溶液，使肌肉松弛；水合氯醛和氯丙嗪，对处于惊厥和震颤状态的动物起镇定作用。

本 章 小 结

霉菌毒素是霉菌生长繁殖过程中产生的有毒二级代谢产物，包括某些霉菌使饲料的成分转变而形成的有毒物质。饲料霉变产生的毒物主要有黄曲霉毒素、镰刀菌毒素、青霉毒素、甘薯黑斑病毒素、麦角生物碱等。

黄曲霉毒素是一类以二呋喃环和香豆素（氧杂萘邻酮）作为基本结构的衍生物，目前已经分离到的黄曲霉毒素及其衍生物有 20 多种，如 AFB_1、AFB_2、AFG_1、AFG_2、AFM_1、AFM_2、AFB_{2a}、AFG_{2a}、$AFBM_2$、$AFGM_2$、毒醇和 GM 等。黄曲霉毒素是毒性极强的肝毒素，抑制动物的免疫反应系统，具有致癌性、致突变性及致畸性。

产生毒素的镰刀菌主要为禾谷镰刀菌、三线镰刀菌、串珠镰刀菌、木贼镰刀菌、拟枝镰刀菌和雪腐镰刀菌等，影响饲料行业的镰刀菌毒素主要有单端孢霉烯族化合物、玉米赤霉烯酮、串珠镰刀菌素、伏马菌素、丁烯酸内酯。单端孢霉烯族化合物是一组主要由镰刀菌的某些菌种所产生的生物活性和化学结构相似的有毒代谢产物，主要有 T-2 毒素、二乙酸藨草镰刀菌烯醇、雪腐镰刀菌烯醇和脱氧雪腐镰刀菌烯醇。玉米赤霉烯酮具有雌激素样作用，其强度约为雌激素的 1/10。它可促进子宫 DNA、RNA 和蛋白质的合成，使动物发生雌激素亢进症。MON 毒素对动物有较强的毒性作用，增殖活跃的细胞，如肝、脾、心肌、骨骼肌和软骨细胞等是串珠镰刀菌素的毒性作用对象，抑制细胞蛋白质和 DNA 合成，干扰细胞分裂增殖，此外对生物膜通透性及各种酶的活性有明显影响，同时引起机体过氧化损伤。伏马菌素与神经鞘氨醇和二氢神经鞘氨醇的结构极为相似，主要是通过竞争的方式来抑制神经鞘氨醇 N-2 酰基转移酶，造成神经鞘氨醇生物合成被抑制，导致复合鞘磷脂减少和游离二氢神经鞘氨醇增加，破坏了鞘脂类代谢或影响鞘脂类功能。丁烯酸内酯属血液毒，是导致牛烂蹄病的一种毒素。主要毒害作用是引起动物末梢血液循环障碍。

青霉毒素是青霉属和曲霉属的某些菌株所产生的有毒产物的总称，主要有展青霉素、橘青霉素、黄绿青霉素、红青霉素、岛青霉素、青霉震颤素。各种青霉素的理化性质、中毒机制都有差异，控制措施也不尽相同。

黑斑病甘薯毒素是甘薯黑斑病菌侵害甘薯块根损伤部位，一定时间后出现暗褐色或黑色斑点，其周围密生灰色霉层和黑色刺毛状物，其病变部分经异常代谢所产生的呋喃萜烯类有毒物质。对动物胃肠道具有很强的刺激性，引起严重的肝损伤和肝功能降低，毒素作用于丘脑纹状体，可使物质代谢中枢调节机能发生紊乱，影响糖、蛋白质和脂肪的中间代谢过程，导致糖代谢中枢紊乱，脂肪和蛋白质的异化占优势，脂肪呈现胶冻样。

麦角生物碱含有酸性组分和碱性组分。动物食用含有麦角毒素的饲料后，会对动物胃肠道黏膜产生强烈的刺激作用，影响采食量。麦角毒素被吸收入血液后，一方面兴奋中枢神经系统，引起神经机能紊乱；另一方面通过外周血液循环引起血管栓塞和坏死，神经末梢纤维坏死，影响动物的繁殖性能。

思 考 题

1. 霉变饲料中有哪些有毒有害物质？
2. 霉变饲料中的有害物质对动物有何危害，如何控制这些有毒有害物质对动物的危害？
3. 各种霉菌毒素对动物的作用机制是什么？

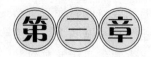

饲料非生物性污染及控制

饲料的非生物性污染是影响饲料卫生与安全的重要因素,特别是对畜产品的安全和环境影响,引起了人们的高度关注。饲料非生物性污染主要包括二噁英、重金属、农药、杂质以及饲料脂肪在酸败过程中产生的有毒有害物质的污染。饲料非生物性污染有时会造成动物和人的急性中毒,有些则是长期的慢性中毒,国内外一些有代表性的饲料卫生与安全惨痛事件如二噁英中毒、汞中毒,都属于饲料的非生物性污染。本章将对饲料主要非生物污染物的来源、污染途径,对动物的作用机制、危害与控制,饲料中脂肪酸败的成因与预防进行阐述。

第一节 二噁英污染及其控制

二噁英是一类化学结构稳定,亲脂性高,又不能生物降解(只有土壤微生物可少量降解),且具有很强滞留性的污染物质,一旦污染,即通过食物链逐级浓缩聚集在动物组织中,最终危害人类。它是被世界卫生组织确认的一种致癌物质,危害性很大。1999年5月27日,比利时公开报道了饲料被二噁英污染,导致畜禽肉类产品及其制品含高浓度二噁英事件,比利时卫生部长、农业部长引咎辞职,一家饲料公司的两名经理因涉嫌食品污染事件被捕,同时,荷兰、德国、法国也先后发生了二噁英污染,国际社会迅速做出反应,先后有60多个国家和地区宣布禁止进口比利时等4国的鸡肉、猪肉、牛肉及其产品,在全球引起了严重的食品危机。

(一)二噁英的化学性质

二噁英(dioxin)包括多氯二苯并二噁英(简称PCDD)和多氯二苯并呋喃(简称PCDF)2类化合物。分别由75种、135种共210种同族体构成,由于它们的化学结构相像,常写成PCDD/Fs,就是人们俗称的二噁英。由于氯原子可任意占据环上8个不同位置,在构成的210种同族体中,只有那些2,3,7,8共平面取代位置上都有氯原子的二噁英有毒(共17个),其中2,3,7,8-四氯二苯并二噁英被公认为是毒性最强的,其毒性远远超过了DDT、六六六、五氯酚钠,是氰化钾的1 000倍以上,其致癌毒性比黄曲霉毒素高10倍,故被称为"毒中之王"。

二噁英无色无味,化学结构稳定,亲脂性高,不能生物降解(只有土壤微生物可少量降解),且具有很强的滞留性,因而,无论在土壤中,还是在空气中它都能强烈地吸附在颗粒上,使得环境中的二噁英通过食物链逐级浓缩聚集在动物组织中,最终危害人类。

(二)二噁英的来源及其危害简史

二噁英不是天然存在的,但有机物的不完全燃烧可产生,其中城市固体废物的焚烧和钢铁冶炼是二噁英的主要来源。在传统的除草剂合成工艺中，人们使用苯酚作原料，先将其氯化生成 2,4,5-三氯苯酚或 2,4-二氯苯酚，然后同氯乙酸作用得到除草剂 2,4-D 或 2,4,5-T，但在碱性条件下氯代酚盐分子间会发生自身偶合而产生二噁英副产品。现在的除草剂有很多种类，有苯氧羧酸类、酰胺类、有机磷类、杂环类等，但除苯氧羧酸类外，都不产生二噁英。二噁英的产生还有其他途径：多氯苯是一种用途很广的有机化工原料，它在高温下燃烧氧化偶合生成二噁英，如作为灭火剂的多氯代二苯醚（现已不用）在高温下同样可产生二噁英；用于制药业、塑料业、油漆等的多氯苯在燃烧达到 500℃ 时也可产生二噁英。意大利 Seveso 三氯酚生产车间放热反应失控爆炸，日本及中国台湾的米糠油事件（多氯联苯污染），造纸厂纸浆漂白过程中漂白废液，焚烧垃圾中的石油产品、含氯塑料（聚氯乙烯）、无氯塑料（聚苯乙烯）、纤维素、木质素、煤炭都能产生二噁英；在农药和氯气生产过程中以副产品或杂质的形式，含铅汽油的使用（有人做过这样的试验，在公路边的土壤中二噁英的含量远远高于远离公路的土壤），用于灭钉螺的五氯酚钠都能产生二噁英；另外，烟草的燃烧也可能产生二噁英，在自然界中森林着火也能够产生很少量的二噁英。

据联合国环境计划署公布的报告显示，15 个主要发达国家中，日本二噁英的排放量为 4 000 g/年，美国 2 744g/年，瑞典最少，为 22g/年。因此，它是工业化发达国家工业合成过程中的副产品。

20 世纪 60 年代，在越南战争中，越南游击队最好的天然隐蔽场所就是茂密的丛林。于是美军于 1962 年 1 月到 1971 年 10 月间，给越南的丛林使用了大量除草剂 2,4-D 和 2,4,5-T。喷洒过 2,4,5-T 后的植物在燃烧后的灰烬里含有二噁英，它是在高温下氧化偶合而产生的。战后，在越南服役的美国士兵中，发现了一种慢性皮肤病，在皮肤上长出一种像粉刺一样的东西。开始以为是游离氯造成的，所以起名叫"氯痤疮"，但进一步研究发现，游离氯并不能导致"氯痤疮"，而是除草剂中的二噁英引起的。

1957 年、1960 年、1969 年，美国曾因使用含 PCDDs 的五氯酚处理生皮后提取的肥油作雏鸡饲料，导致数万只雏鸡因"雏鸡浮脚病"死亡；1968 年日本的"米糠油事件"造成数 10 万只鸡死亡和 5 000 多人中毒；1973 年，美国某马场因撒放含二噁英的乳油防尘剂而导致马匹中毒。1997 年国际癌症研究机构（IARC）将二噁英定为对人类致癌的一级致癌物。1999 年 5 月比利时的养鸡者发现，母鸡产蛋率下降，蛋壳坚硬，小鸡难以破壳而出，肉鸡出现异常表现，因此怀疑饲料中有问题。后经检验证实为饲料中毒（系二噁英污染），饲料中二噁英含量超过标准 200 倍以上。经追踪调查，查明这些二噁英污染均可追溯到比利时的一家脂肪和油脂加工公司（Berkest 油脂公司）。该公司用被二噁英污染的 98t 动物脂肪先后供应了比利时、德国、荷兰、法国的 13 家饲料厂，用以生产家畜家禽饲料 1 060t，转卖给数千个饲养场使用，发生了饲料被二噁英污染事件。1999 年 6 月 7 日欧盟常设兽医委员会宣布，已经证明比利时至少有 1 576 个农场受到二噁英污染，其中养鸡场 440 个，养牛场 390 个，养猪场 746 个。根据 2000 年底美国环保局（USEPA）的调查报告，美国平均每年因二噁英致癌的死亡人数超过百人。

（三）二噁英的污染途径

从比利时、德国、法国和荷兰二噁英事件的情况看，其污染途径主要有以下几条。

1. **动物产品作为饲料污染**　动物产品主要指动物油脂。西方很多国家不愿意吃动物脂肪和内脏等，动物屠宰后将这些东西做成动物性饲料，所以动物产品（动物脂肪）作为饲料是二噁英污染的主要途径。

2. **工业油脂污染** 猪、肉鸡等畜禽，尤其是肉鸡生长速度快，饲养期短，需要的能量水平也高，为满足其能量需要便在饲料里加一些动物油脂，西方国家就利用动物脂肪、下水、肉骨等提炼加工出工业油脂，有时这些油脂和植物油混合生产出工业油脂添加到饲料里去。这些工业油脂中很可能存在二噁英，这是合成过程中产生的，它的残留量也较高。现在我国许多城镇都有专门收集饭店剩饭剩菜的人，并将废油重新炼制成食用油或作饲料用，二噁英污染的可能性极大。

3. **环境污染** 二噁英是一种多氯联苯类化合物，在大工业生产过程中，很多中间环节和阶段都可能产生这类物质或类似的有害物质。这些物质通过工业废水排到外界，主要存留在土壤中。从被污染的土壤上收获的农作物便有残留，再被动物吃后而产生影响，并在动物脂肪里蓄积，再通过食物链危害人，或做成动物饲料再次污染。

（四）危害与预控

二噁英通过以上污染途径都可对人类构成威胁，无论是土壤、水污染，还是畜禽的饲料污染，都会间接地危害人类，而对人类产生最直接危害的是动物食品。二噁英的化学性质稳定，与酸碱不起反应，不易分解，不易燃烧，不溶于水，进入机体后几乎不排泄而沉积于肝脏和脂肪组织中。二噁英进入机体后改变 DNA 的正常结构，破坏基因的功能，导致畸形和突变，扰乱内分泌功能，损伤免疫功能，降低繁殖力，影响智力发育。二噁英引起人患"氯痤疮"的最小剂量为每千克油脂 $828\mu g$，致肝癌剂量为每千克体重 $10\mu g$，致死剂量为每千克体重 $4\,000\sim6\,000\mu g$。国际上一般对其残留量都有规定，如每千克动物脂肪中最高限量不得超过 $5\mu g$；在鸡蛋的脂肪中每千克不得超过 $20\mu g$；鸡蛋中每千克不超过 $7\mu g$；牛肉中每千克不超过 $1\mu g$；鸡肉中每千克不超过 $4\mu g$。1999 年比利时二噁英污染的鸡蛋脂肪每千克竟高达 $700\sim800\mu g$，超出标准 $350\sim400$ 倍，被检查出肉鸡饲料二噁英污染量为每千克 $74\mu g$，鸡蛋中每千克含量为 $250\sim680\mu g$，可见饲料中二噁英对动物健康和畜产品安全影响的严重性。二噁英危害的严重性在于是它的致癌性、致畸性，只要在体内蓄积到一定量，就会引起人体细胞、基因、染色体突变、破坏内分泌、免疫功能，影响智力和生殖；二噁英在极低剂量下，不会造成明显的临床症状，但在畜产品内会有残留，被人食用后会造成潜在性的危害。

二噁英对热极稳定，在 800℃ 才能降解，超过 1 000℃ 才能分解破坏；低挥发性，在空气中除可被气溶胶体颗粒吸附，很少能游离存在，主要积聚于地面、植物表面或江河湖海的淤泥中；极具脂溶性，可以通过脂质转移而富集于食物链中，再进入动物和人体脂肪中，在人和动物体内的半衰期为 5~10 年，平均长达 7 年；在环境中稳定性极高，在土壤中的半衰期长达 9~12 年。

我国政府很重视二噁英污染的预控问题，1998 年 6 月国家环境保护总局、国家经济贸易委员会、外贸部和公安部联合发布了《关于颁布"国家危险废物名录"的通知》，其中包括二噁英，已将其列入国家危险废物管理范围。在无铅汽油的应用、控制汽车尾气的排放、逐步推行双燃料车、造纸厂漂白工艺的改进、控制漂白浆液的排放、含氯化工产品的控制以及筹建中的大城市垃圾焚烧炉的建造、国际先进水平的二噁英痕量检测实验室的建立、检测标准的制定等都投入了大量的人力、物力和财力，并取得了令人瞩目的效果；禁用动物产品饲料饲喂反刍动物，不仅是预控疯牛病的措施，也是控制二噁英污染的措施。与此同时，要严禁从酒店、宾馆、食堂等下水道和畜产品加工下脚料中加工回收的油脂重新进入饲料市场及供人食用;坚决禁止饲养和销售食堂阴沟废弃物饲喂的"垃圾猪"。参照世界卫生组织(WHO)、欧洲环境健康中心(ECEH)和国际化学品安全规划署(IPCS)确定的人每日对二噁英的耐受摄入量(TDI)为每千克体重1~4pg及USEPA的最低安全剂量为每千克体重0.006pg的标准,抓紧制定二噁英在不同饲料中的国家限量标准和监测方法。

第二节 饲料有毒元素污染及控制

有毒元素的污染主要是指铅、砷、汞、镉、氟等元素的污染。过去人们给有毒元素下的定义是"既不是必需元素,又不是有益元素的那一类,而是即使少量存在时,对正常的代谢作用也会产生一个绝对灾难性的影响"。随着动物营养研究的深入,有毒元素的划分是相对的,过去一般认为有毒的元素如铬、硒、钼,现在发现它们是动物机体需要的元素,而在动物营养上必需的元素如铜、铁、锰、锌、钴、氟等元素,随饲料进入动物机体后,会蓄积在某些器官,不会分解,会引起动物急性或慢性中毒,有的还具有致癌、致突变和致畸作用。这些元素在饲料中过量,通过所饲养动物的粪、尿排泄到土壤或水域中,对人类的生存环境构成威胁。因此,有毒元素对于饲料的污染及其危害,应当予以足够的重视。

一、饲料中有毒元素的污染来源

饲料中有毒元素的污染来源有以下几方面。

1. **环境中有毒元素含量高** 某些地区(如矿区)自然地质化学条件特殊,其地层中的有毒元素含量显著增高,从而使饲用植物中含有较高水平的有毒元素。据报道,我国台湾以及其他一些地区的地下水中砷含量很高,其饲用作物中砷含量也相应较高。

2. **工业"三废"的排放** 工矿企业排放的"三废"中,往往含有大量的有毒有害元素,对环境和饲料造成污染。特别是有些饲料原料来源于矿区,由于采矿和冶炼污染防治措施不当,长期向环境排放含有毒元素的污染物,使得矿区来源的饲料有毒元素含量较高。例如,在锌矿、铅矿、铜矿中含有大量的镉,尤其是在锌矿中镉与锌伴生,含镉量0.1%~0.5%,有时可高达2%~5%。含砷矿石如雌黄(As_2S_3)、雄黄(As_2S_2)、砷硫铁矿(FeAsS)等的砷含量高达20%~60%。

3. **农业生产活动造成的污染** 农药施用、农田施肥和污水灌溉等,如果管理不善,可使有毒元素进入土壤并积累,从而被作物吸收并残留造成污染。例如,施用有机砷杀菌剂(甲基胂酸铁胺、甲基胂酸钙等)、有机汞杀菌剂(氯化乙基汞、醋酸苯汞等)、砷酸铅(杀虫剂)等,可造成砷、汞、铅的污染。磷肥中含砷量约为24mg/kg,含镉10~20mg/kg,含铅约10mg/kg,因此长期施用磷肥可引起土壤中砷、镉、铅的积累,使这些有毒元素在作物中的含量增高。如果用未经处理或处理不达标的污水灌溉农田,会造成镉、砷、铅、汞等对土壤和作物的污染。

4. **生产过程污染及人为添加** 饲料加工过程中所用的金属机械、管道、容器等可能含有某些重金属元素,在一定的条件下通过各种形式进入饲料。如采用表面镀镉处理的饲料加工机械、器皿及上釉的陶、瓷容器,当饲料的酸度较大时,可将镉、铅溶出而污染饲料;机械摩擦可使金属尘粒混入饲料;此外,矿物质饲料(如饲用磷酸盐类、碳酸钙类)和饲料添加剂(特别是微量元素添加剂)的质地不纯、有毒元素杂质含量过高也是饲料中有毒元素的一个来源,由此导致添加剂预混料和配合饲料中镉含量严重超标而引起产蛋鸡、雏鸭及母猪镉中毒与死亡,造成养殖业的重大损失。此外,在微量矿物添加剂中超量添加铜和锌是造成这两种元素污染的重要原因。NRC标准规定,畜禽对铜的需要量在10mg/kg以下,对锌的需要量为30~60mg/kg。而目前实际铜添加量为100~250mg/kg,甚至高达375mg/kg;锌添加量更高,有报道在断奶仔猪日粮中锌(氧化锌)添加量达2 000~2 500mg/kg,有的甚至达到3 000mg/kg。这些超量的有毒元素大部分会随动物粪便排出,进而污染环境。

二、有毒元素的一般毒作用机理及影响因素

(一) 一般毒作用机理

有毒元素被吸收后,随血液循环到全身各组织器官。它们在动物体内多以原来的形式存在,也可能转变为毒性更大的化合物。多数有毒元素可在机体内蓄积,其生物半衰期都较长。大剂量有毒元素进入机体后可引起动物急性中毒,常出现呕吐、腹痛、腹泻等消化道症状,并损害肝、肾及中枢神经系统。随饲料长期少量摄入的有毒元素多产生慢性中毒,逐渐积累并需经过一段时间才呈现毒性反应。因此在初期它们对机体的危害不易被人们察觉。有毒元素的毒作用机理最主要的是抑制酶系统的活性,其作用方式主要有:

(1) 置换生物分子中的金属离子:许多酶含有金属离子或者需要金属离子激活,如铁、铜、锌、钙、锰等。有毒元素可以与这些必需元素竞争并予以置换,从而使酶的功能受到影响。在元素周期表中,同族元素的化学性质和外层电子的电性类似,因此有毒元素往往能取代同族中的必需金属元素,如镉能置换含锌酶中的锌,而锌也能拮抗镉的毒性。

(2) 与酶的活性中心起作用:酶蛋白有许多功能基团(如巯基、氨基、羟基、羧基等),形成酶的活性中心。这些基团大多位于活性中心以内,也有的位于活性中心以外,但都是酶分子中与活性有关的必需基团。有毒元素能与这些必需基团结合或使其受到破坏,酶的活性即被抑制。许多有毒元素(如砷、汞、镉)因易与硫结合而与体内酶系统的巯基具有很强的亲和力。但是不同的有毒元素可抑制不同的巯基酶,或虽作用于同一酶,但可产生不同程度的毒作用。

(二) 影响有毒元素毒性的因素

影响有毒元素对机体的毒性作用的因素有以下几方面。

1. 有毒元素的浓度 有毒元素进入动物机体后,其毒性大小受其浓度的影响。例如,当接触蓄积性很强的有毒元素(如汞、铅等)时,亚急性或慢性中毒是在体内总蓄积量或易蓄积的器官中蓄积量超过某一限度时出现的,这一限量或浓度称为阈值,但如果未超过这一阈值,即使有毒元素在体内长期存在也不会产生影响。

2. 有毒元素的化学形式 有毒元素的毒性大小与其存在的化学形式有关。例如,无机态的氯化汞在机体中的吸收率仅2%,而有机态的醋酸汞、苯基汞及甲基汞的吸收率分别为50%、50%~80%及90%以上。这表明有机汞比无机汞易于被机体吸收,其毒性比无机汞大,在有机汞中又以甲基汞的毒性最大。又如硝酸铅、醋酸铅易溶于水,易被吸收,毒性大;硫化铅、铬酸铅不易溶解、毒性小。易溶于水的氯化镉、硝酸镉比难溶于水的硫化镉、氢氧化镉的毒性大。无

机砷的毒性比有机砷大,三价砷的毒性比五价砷的毒性大。

3. 日粮的营养成分　日粮中某些成分可影响有毒元素的毒性。例如,蛋白质中的蛋氨酸对硒具有防护作用,其原因可能是蛋氨酸结构中的硫和硒发生互换。维生素C可使六价铬还原成三价铬,使其毒性大大降低。因此适当提高日粮的蛋白质水平和添加蛋氨酸和胱氨酸,可防止慢性中毒(铅、砷、镉、汞等)、动物的体重下降,提高机体对这些有毒元素的抵抗力。维生素C可以降低镉、砷、铅、汞等的慢性中毒。而日粮中过量的脂肪则可增加铅等毒物从肠道的吸收。

4. 有毒元素之间的相互作用　有毒元素之间的相互作用对其毒性可以发生影响。这种作用有时表现为相互拮抗,有时表现为相互协同。例如,镉的毒性与锌/镉比值有密切关系,当日粮中锌/镉比值较大时,镉的毒性小。硒可以降低砷、汞、铅、镉的毒性。铜可降低镉、铅的毒性,但却增强汞的毒性。当日粮中缺铁和钙时,可使铅、镉的毒性增大。

三、几种有毒元素对动物的危害

(一) 镉

1. 镉的化学性质及在畜体内的代谢　镉(Cd)是一种柔软、稍带蓝色的银白色金属,熔点320.9℃,沸点767℃。镉在潮湿的空气中会缓慢氧化形成氧化镉(CdO)。自然界中的镉主要以+2价形式存在。镉主要以水溶性镉、吸附性镉和难溶性镉3种形式存在。镉可以和NH_3、CN^-、Cl^-和SO_4^{2-}形成多种配离子而溶于水。常见的镉化物中只有硫酸镉($CdSO_4$)、硝酸镉[$Cd(NO_3)_2$]和氯化镉($CdCl_2$)是可溶性的。化合物中以氧化镉毒性最大。

镉在消化道中的吸收率为5%～11%,吸收率与镉的溶解性,与饲料中蛋白质、维生素D、Ca、Zn、Fe、Cu、Se等营养素的供给量有关。如果Zn/Cd比值大,则镉的毒性就小。

进入体内的镉可与金属硫蛋白结合成为镉硫蛋白而分布储存于肾脏和肝脏中,脾、胰腺、甲状腺、肾上腺及睾丸等实质性器官亦有少量分布。

体内的镉排泄很慢,其生物半衰期长达19～38年。经口摄入的镉主要经粪便排出,约20%随尿液排出,乳汁、汗液、毛发、蹄甲也可少量排泄。

2. 对动物的危害　进入体内的镉排泄很慢,生产实践中多是镉在体内缓慢蓄积而引起慢性中毒。镉对动物的慢性毒作用主要是损害肾小管,使肾小管的重吸收功能发生障碍,可出现蛋白尿、氨基酸尿和糖尿,尿钙及尿磷增加。由于体内钙的不断丢失,在外源性钙补充不充足的条件下,机体动员储存钙(骨钙)以维持血钙正常的水平,从而导致骨质疏松症。

镉可引起贫血。其机理是镉在肠道内阻碍铁的吸收,且摄入大量镉后,尿铁明显增加。镉还能抑制骨髓内血红蛋白的合成。因此,镉中毒动物的血相发生变化,表现为血细胞比容、红细胞和白细胞数量、血红蛋白含量降低。据报道,鸡、鸭、猪日粮中镉含量分别超过30mg/kg、25mg/kg、50mg/kg即可引起动物采食量和增重明显降低,出现贫血。

镉可干扰锌、铜、铁在体内的吸收与代谢而产生毒作用,其机理是镉能强烈地干扰+2价态金属元素的吸收和在组织中的积累,特别是对铁、铜、锌等元素的干扰阻碍,从而导致铁、铜、锌的缺乏症。镉在肠道内可以阻碍铁的吸收,且摄入大量镉后,尿铁明显增加。镉还可能抑制骨髓内血红蛋白的合成,引起动物贫血。因为镉与硫基的亲和力比锌大,可以取代体内含锌酶中的锌,使酶失去活性。反之,如果锌含量高于镉,便能对抗镉的毒性作用,故锌对镉有保护作用。

因此，生物体内锌、镉含量的比值较镉的绝对含量更有意义。

镉对雄性动物生殖系统有明显的毒害作用。镉明显损害睾丸和附睾，引起生精上皮细胞广泛变性、坏死，核皱缩，曲精细管纤维化，直到睾丸萎缩、硬化，同时附睾管上皮细胞变性、萎缩，管间结缔组织增生，其结果可影响精子的形成，使精子畸形、数量减少直到消失，引起动物生育障碍。镉对雌性动物的生殖系统和后代的生长发育也有一定的毒害作用。镉可抑制雌性动物排卵，引起暂时性不育。镉可通过影响母体内锌的分布而导致胚胎锌缺乏，同时镉可干扰子宫胎盘血流量、内分泌及各种代谢酶的功能，从而影响胚胎的正常发育，引起畸胎、死胎，并使子代的生长率降低，甚至使其生长停滞。镉具有遗传毒性。镉可引起染色体畸变和DNA损伤，因而被怀疑是一种致癌物。镉对鸡的半数致死剂量（LD_{50}）为165～188mg/kg。

3. 卫生标准　饲料卫生标准（GB 13078—2001）规定，以Cd计，每千克产品中允许含镉量（mg）：米糠≤1.0，鱼粉≤2.0，石粉≤0.75，鸡配合饲料、猪配合饲料≤0.5。

（二）铅

1. 铅（Pb）的化学性质及在畜体内的代谢　铅是蓝灰色的金属，熔点327.5℃。常温下铅在干燥的空气中不起化学变化，但在潮湿及含有二氧化碳的空气中失去光泽而变成灰色，表面生成碱式碳酸铅保护膜。自然界中的铅常以+2价离子状态存在。Pb^{2+}与可溶性硫酸盐相遇即生成白色的硫酸铅（$PbSO_4$）沉淀，与硫离子（S^{2-}）作用生成黑色硫化铅（PbS）沉淀。Pb^{2+}与碱作用生成白色的两性氢氧化物[$Pb(OH)_2$]。

铅主要在十二指肠被吸收，吸收率为5%～15%。影响吸收的因素主要有蛋白质、植酸、钙、铁、锌、铬、硒等，铅的吸收可利用钙的转运系统。

吸收进入机体的铅首先在肝、肾、脾、肺、脑分布，数周后转到骨骼中。动物体内有90%～95%的铅蓄积在骨骼中。骨骼中的铅比较稳定，可长期存留而不产生有害作用。血铅为机体总铅量的1%左右。骨骼铅与血铅处于动态平衡且可相互转化。蓄积在骨骼中的铅，在一定条件下可再转变为可溶性铅重新释放入血，使血铅含量增高，当血铅达到一定含量时，即显示其毒性作用而引起铅中毒。铅还可通过胎盘屏障，使胎儿肝脏蓄积铅达到中毒水平。

铅可通过肾、肝、乳汁、汗液、唾液、毛发排泄。测定毛发中的铅含量，可以估计体内铅的负荷水平。

铅在体内的生物半衰期为1 460d（4年），骨骼中沉积的铅的生物半衰期约为10年。

2. 对动物的危害　随饲料摄入的铅可在动物体内蓄积，90%～95%的铅以不溶性磷酸三铅的形式蓄积于骨骼中，少量存在于肝、脑、肾和血液中。一般认为软组织中的铅能直接引起有害作用，而硬组织内的铅具有潜在的毒害作用。铅污染饲料引起的慢性中毒主要表现为损害神经系统、造血系统和肾脏。铅对神经系统的作用主要是使大脑皮层的兴奋和抑制过程发生紊乱，从而出现皮层-内脏调节障碍，表现为神经衰弱症候群及中毒性多发性神经炎，重者可出现铅中毒性脑病。

贫血是急性和慢性铅中毒最常见的表现，但在慢性中毒时最为常见。慢性铅中毒时的贫血系有2个基本原因所致，即血红素合成障碍和红细胞的寿命缩短。血红素的合成过程中，需要很多酶的催化，铅能抑制δ-氨基乙酰丙酸脱水酶（δ-ALAD）和亚铁络合酶，最终影响血红蛋白合成，导致一系列病理变化。此外，铅还可以通过与红细胞膜上的三磷酸腺苷酶结合并对它产生抑制作用而引起溶血。三磷酸腺苷酶可以控制红细胞膜 K^+、Na^+、H_2O 的分布,当酶的作用被抑制时,K^+、Na^+、H_2O 的分布失控,红细胞皱缩,细胞膜弹性降低、脆性增大,红细胞在血液循环中易受伤而破碎,造成溶血,最终引起贫血。铅还可影响凝血酶活性,因而妨碍血凝过程。

肾脏是排泄铅的主要器官,接触铅的量较多,因而铅对肾脏有一定的损害,引起肾小管上皮细胞变性、坏死,出现中毒性肾病。

铅对生殖系统的毒性也是十分严重的。铅对雄性动物的生殖毒性主要表现为睾丸的退行性变化,影响精子生成和发育,干扰丘脑下部-垂体-睾丸轴的功能,及卵泡刺激素 FSH 与支持细胞的 FSH 受体之间的结合作用;铅可使雌性动物阴道开口延迟,卵巢积液和出血性变化,影响性机能及着床过程,铅还可经胎盘转移,引起胚胎毒性。

进入动物体的铅等重金属离子可以与体内有机成分结合成金属络合物或金属螯合物,进而对机体产生毒害作用。铅等极易与核酸分子的嘌呤碱基中的鸟嘌呤和腺嘌呤中的—N、—OH 基或—NH_2 基反应。铅与核酸结合后,就会引起核酸立体结构的变化和碱基的错误配对。这种核酸的参与就会影响细胞的遗传,并有可能使生物体发生畸变或致癌。此外,铅还可以与起辅酶(基)作用的金属发生置换反应,致使酶的活性减弱甚至丧失,从而表现出毒性。

铅对消化道黏膜有刺激作用,导致消化道分泌与蠕动机能紊乱,出现便秘或便秘与腹泻交替出现。

3. **卫生标准** 饲料卫生标准(GB 13078—2001)规定,以 Pb 计,每千克产品中允许含铅量(mg):生长鸭、产蛋鸭、肉鸭配合饲料,鸡配合饲料,猪配合饲料≤5;奶牛、肉牛精料补充料≤8;产蛋鸡、肉用仔鸡浓缩饲料,仔猪、生长肥育猪浓缩饲料(以在配合饲料中 20% 的添加量计)≤13;骨粉、肉骨粉、鱼粉、石粉≤10;磷酸盐≤30;产蛋鸡、肉用仔鸡复合预混合饲料(以在配合饲料中 1% 的添加量计)≤40。

(三)砷

1. **砷(As)的化学性质及在畜体内的代谢** 砷为类金属,具有金属和非金属的性质。砷在室温下较为稳定,但当加热灼烧时,则燃烧生成白色的三氧化二砷(As_2O_3)和五氧化二砷(As_2O_5),成为有剧毒的物质。单质砷出现的情况极少,自然界多为其化合物,有固态、液态、气态 3 种。固态的有 As_2O_3(砒霜)、As_2O_5、As_2S_5、As_2S_3 等;液态的有 $AsCl_3$ 等;气态的有 AsH_3 等。砷一般以 -3、0、$+3$、$+5$ 等 4 种价态存在。

砷主要在消化道吸收。吸收后的砷迅速随血液分布到全身,但主要蓄积在肝脏、肾脏、脾、肺、骨骼、皮肤、毛发、蹄甲等组织器官。特别是表皮组织的角蛋白中含有丰富的巯基,易与砷牢固结合使其长期蓄积。

动物体摄入砷酸盐或亚砷酸盐后,尿中甲基砷排泄量增加。进入体内的砷经代谢后主要经肾随尿液排出,少量可从汗液、乳汁、呼吸气排出。

2. **对动物的危害** 砷是有毒的非金属元素。砷的毒性与其化学形式有关,一般三价砷的毒性大于五价砷,无机砷的毒性大于有机砷。

砷化合物的毒性作用主要是影响机体内酶的功能。三价砷(As^{3+})可与体内酶蛋白分子上的巯基结合,特别是与含双巯基结构的酶如丙酮酸氧化酶、胆碱氧化酶、转氨酶等结合,形成稳定的复合体,使酶失去活性,从而阻碍细胞的正常呼吸和代谢,导致细胞死亡。五价砷(As^{5+})

能抑制α-甘油磷酸脱氢酶和细胞色素氧化酶,但五价砷与酶形成的络合物不稳定,能自然水解,使酶的活性恢复,故对组织生物氧化作用的影响较小。五价砷在体内可还原为三价砷。一般认为五价砷的毒性主要是由于在体内转变为三价砷所致。砷引起的细胞代谢障碍首先影响最敏感的神经细胞,引起中枢神经及外周神经的功能紊乱,呈现出中毒性神经衰弱症候群及多发性神经炎等。在砷的毒性作用下,维生素B_1消耗量增加,而维生素B_1的不足又加重砷对神经系统的损害。砷吸收进入血液后,可直接损害毛细血管,也可作用于血管运动中枢,使血管壁平滑肌麻痹、毛细血管舒张,引起血管壁通透性改变,导致脏器严重充血,引起实质器官的损害。动物通过饲料长期少量摄入砷时,主要引起慢性中毒。慢性砷中毒进程缓慢,开始时常不易察觉。神经系统和消化机能衰弱与扰乱,表现为精神沉郁,皮肤痛觉和触觉减退,四肢肌肉软弱无力和麻痹,瘦削,被毛粗乱无光泽,脱毛或脱蹄,食欲不振,消化不良,腹痛,持续性下痢,母畜不孕或流产。此外,砷化合物已被国际癌症研究机构(IARC)确认为致癌物。动物实验还表明,砷可使动物发生畸胎,但人类是否有此现象尚未得到证实。

3. 卫生标准　饲料卫生标准(GB 13078—2001)规定,以As计,每千克产品中允许含砷量(mg):石粉≤2.0;硫酸亚铁、硫酸镁、磷酸盐≤20;沸石粉、膨润土、麦饭石≤10;硫酸铜、硫酸锰、硫酸锌、碘化钾、碘酸钙、氯化钴≤5.0;氧化锌≤10.0;鱼粉、肉粉、肉骨粉≤10.0;家禽、猪配合饲料≤2.0;牛、羊精料补充料≤10.0;猪、家禽浓缩饲料(以在配合饲料中20%的添加量计)≤10.0;猪、家禽添加剂预混合饲料(以在配合饲料中1%的添加量计)≤10.0。

(四) 汞

1. 汞(Hg)的化学性质及在畜体内的代谢　汞是室温下唯一的液体金属,熔点很低,为-38.87℃,具有挥发性。汞是比较稳定的金属,在室温下不被空气氧化。汞可以单质汞(即元素汞,俗称水银)和汞化合物两种形式存在。后者又分为无机汞化合物和有机汞化合物。无机汞有+1价和+2价化合物,+1价汞盐只有少数是溶于水的,如硝酸亚汞[$Hg_2(NO_3)_2$]。+2价汞离子易生成较稳定的配合物,如硫化汞(HgS)。有机物、黏土矿物、金属氧化物等对汞化合物具有吸附能力。

汞被吸收后经血液循环被运至全身各组织,开始时分布均匀,然后主要分布于肾脏,其次是肝、脑。汞可与肾脏中的金属硫蛋白置换结合而形成汞硫蛋白,起到暂时的保护或解毒作用。无机汞主要经肾脏随尿液排泄,约占总排出量的70%;其次,经肠道随粪便排泄,约占20%;此外,汗腺、乳腺、唾液腺等也可排出少量。人的头发和动物的毛羽也具有排泄汞的作用。排出的汞随毛发的生长而保留,分析毛发的成分就可以推算出体内汞的存留和排泄情况。这也是监测环境汞污染水平的指标之一。

甲基汞吸收入血液后,90%与红细胞结合,红细胞中的含量一般可达$0.004\sim0.005\mu g/g$(水俣病患者可达$4\mu g/g$)。甲基汞的脂溶性高,又易与体内疏基结合,故易于扩散并进入组织细胞中,主要在肝、肾中蓄积,也可在毛发中蓄积,并可通过血脑屏障进入脑组织中。甲基汞由体内排泄很慢,主要经胆汁随粪便排出,仅少部分经肠肝循环,经尿液排泄的量一般小于总排出量的10%。甲基汞在人体中的生物半衰期平均为65~70d,也可通过胎盘屏障进入胎儿体内,使胎儿易患先天性水俣病。

2. 汞对动物的危害　汞是一种神经毒性重金属元素。汞随饲料或饮水进入动物机体后，易在脑组织中蓄积，蓄积到一定程度会引起脑组织代谢障碍。慢性汞中毒时可影响心血管系统的稳定性。另外甲基汞对肝脏和肾脏有毒害作用。

汞（甲基汞）具有很强的亲巯基性，能够与体内众多富含巯基的膜蛋白相结合，影响蛋白功能，从而导致多系统发生毒性效应。生物膜系统受损是汞（甲基汞）毒作用机制的中心环节。细胞膜上的巯基与汞结合，导致膜结构和功能发生改变，膜的流动性降低、通透性增强，乳酸脱氢酶（LDL）从细胞内漏出，呼吸酶（琥珀酸脱氢酶 CCD）活性降低，线粒体功能受损害。在体内，聚集于神经胶质细胞内的氯化汞可能就是通过上述机制导致神经胶质细胞发生肿胀的。

近年来国内外已有研究表明，汞及其化合物的毒性可能与它能够诱发产生自由基，引起脂质过氧化有关。脂质过氧化是膜细胞、脂蛋白和含脂结构发生氧化损伤的一个主要表现。活性氧自由基（ROS）是细胞氧化损伤的起始因子，脂质过氧化一旦启动，即可通过自由基链式反应发展下去，导致脂质过氧化物（LPO）升高。汞在机体内，一方面与谷胱甘肽（GSH）等抗氧化物结合，并抑制谷胱甘肽过氧化酶（GPX）、超氧化物歧化酶（SOD）等抗过氧化物酶体系的活性，降低体内消除自由基的能力；另一方面，又可产生自由基，使脂质过氧化物进一步增强，导致体内 LPO 含量升高。

3. 卫生标准　饲料卫生标准（GB 13078—2001）规定，以 Hg 计，每千克产品中允许含汞量（mg）：鱼粉≤0.5，石粉≤0.1，鸡、猪配合饲料≤0.1。

（五）氟

1. 氟（F）的化学性质及在畜体内的代谢　氟是一种非常活泼的卤族元素，氧化能力很强。在常温下，氟能与很多金属反应。在高温下，几乎能与所有金属相互作用而形成金属氟化物。因此，在自然环境中，没有元素状态的氟存在，它以多种化合物形式存在于自然界，分布很广。

动物的胃肠道对氟的吸收能力很强，在摄入氟后约 1h，即有 75% 的氟被吸收，一般动物对氟的吸收多少除与氟的含量有关外，还受氟的存在形式影响。通常溶解度高的氟化钠比溶解度低的氟化钙易吸收，小肠为氟吸收的主要部位。吸收的氟以氟离子的形式很快地分布于整个机体内，氟离子很易通过细胞膜，骨骼对氟的摄取主要决定于其生长活性。

畜体内 95% 以上的氟集中于骨骼和牙齿。正常成年放牧动物，其全部脱脂干骨里氟的浓度为 300~600mg/kg，牙齿的氟浓度在 200~550mg/kg 之间（无脂干物质基础），除骨骼和牙齿外，任何组织都不具浓缩氟的作用。

氟也广泛地分布于动物软组织和体液中，在正常情况下氟的浓度较低，且不随年龄而增加。但当动物摄入氟量增加时，其体液尤其是血液与尿液中的氟含量明显增加，摄入的氟量与体液中的氟含量呈正相关关系。由于氟不易通过胎盘和乳腺屏障进入胎儿和哺乳仔畜的体内，故动物胚胎及新生幼畜的组织器官中含氟量较母体低，正常牛乳中仅含氟 1~2mg/kg（干物质基础）。与家畜相反，禽类若采食高氟日粮，其摄入的氟很易转移至蛋中，尤其是蛋黄中，采食含氟量正常日粮的母鸡，其蛋黄中氟含量为 0.8~0.9mg/kg，若补饲 2% 含氟磷酸盐矿石粉后，则氟含量高达 3mg/kg。

氟主要通过肾脏随尿排出，占 88%~92%，其余的主要随粪及汗排出。

2. 氟对动物的危害　氟是动物机体内必需的微量元素，对维持骨骼和牙齿的形态和结构，机体中钙和磷的正常代谢，以及生长发育等均有重要作用。

动物短时的氟超量并不表现出任何不良影响，在此潜伏阶段中，动物受到两个很重要的生理机制的保护：骨组织积集氟，肾脏排泄部分摄入的氟。但在氟超量、长期进入机体的情况下，动物可出现氟慢性中毒，氟少量长期进入机体后，可以与血液中钙、镁相结合，使血钙、血镁浓度降低，氟与血液中的钙结合后，可形成难溶性的氟化钙，氟化钙沉积于软组织表面，使其钙化，血钙降低则最终可导致钙代谢障碍，为补偿血液中的钙，骨骼不断释放钙，从而引起动物缺钙。主要症状有：生产性能下降，对导致种用动物繁殖性能下降，产蛋率、蛋品质下降；跛行、骨骼矿化不良或骨质硬化，骨变厚；膜、韧带、腱钙化，使骨膜增厚、骨变厚、关节肿大；氟又是强氧化剂，与很多含金属的酶结合形成化合物或抑制它们的活性，特别是含镁的酶、如酸性磷酸酶、三磷酸腺苷酶等，造成机体正常的新陈代谢发生紊乱，最终影响到动物的生产性能。

另外，氟还能取代骨骼中的羟磷灰石的羟基使其变成氟磷灰石，还能通过影响成骨细胞和破骨细胞的活力，缓慢地影响骨的生长和再生长，使骨膜与骨内膜增生，以致在骨表面形成形状各异、致密坚硬的外生骨瘤，或引起骨皮质肥厚、硬化、髓腔变窄、关节增大等。

牙齿的变化主要是由于釉质细胞与成齿质细胞遭受损害，影响牙釉棱晶的形成，产生斑釉。还由于母质组织的矿物质盐沉积不足或缺乏，不能成为正常的母质组织，故易磨损。牙齿结构中有机质遭受氧化时则成褐色或黑色。

此外，氟还能抑制骨髓的活性，引起贫血，抑制许多参与糖代谢的酶的活性，引起糖代谢障碍。氟还是细胞毒，对肾的损害较重。

急性氟中毒一般在生产条件下不易发生，但当动物一次性摄入大量氟化物后则可导致氟急性中毒，这时氟化物与胃酸作用产生氢氟酸，强烈刺激胃肠黏膜引起急性出血性胃肠炎，大量氟被吸收后迅速与血浆中的钙离子结合形成氟化钙，从而出现低血钙症，动物出现抽搐和过敏，呼吸困难，肌肉震颤，阵发性强直痉挛，最终虚脱而死，动物多在食入过量氟化物半小时后出现临床症状。

3. 卫生标准　饲料卫生标准（GB 13078—2001）规定，以F计，每千克产品中允许含砷量（mg）：鱼粉≤500，石粉≤2 000，肉用仔鸡、生长鸡配合饲料≤250，产蛋鸡配合饲料≤350，猪配合饲料≤100，骨粉、肉骨粉≤1 800，生长鸭、肉鸭配合饲料≤200，产蛋鸭配合饲料≤250，牛（奶牛、肉牛）精料补充料≤50，猪、禽添加剂预混合料（以在配合饲料中1%的添加量计）≤1 000，猪、禽浓缩饲料按添加比例折算后，与相应猪、禽配合饲料规定值相同。

四、预防饲料中有毒元素污染的措施

饲料有毒元素污染，必然给畜牧业发展、生态环境、人类自身健康带来难以预料的隐患。防止饲料有毒元素污染刻不容缓，其措施大致可分为如下几方面。

（1）加强农用化学物质的管理：禁止使用含有毒元素的农药、化肥和其他化学物质，如含砷、含汞制剂；严格管理农药、化肥的使用；农田施用污泥或用污水灌溉时，要严格控制污泥和污水中的有毒元素含量和施用量，严格执行《农用污泥中污染物控制标准》（GB 4284—1984）和《农田灌溉水质标准》（GB 5084—1985）。

（2）控制工业"三废"的排放：通过改革工艺、回收处理，最大限度地减少重金属元素的流失，严格执行工业"三废"的排放标准。

(3) 减少有毒元素向植物体内的迁移：在可能受到重金属元素污染的土壤中施加石灰、碳酸钙、磷酸盐等改良剂和具有促进还原作用的有机物质（如绿肥、厩肥、堆肥、腐殖酸类等有机肥），以降低有毒元素的活性，减少有毒元素向农作物体内的迁移和累积。

(4) 限制使用含铅、镉等有毒元素的饲料加工工具、管道、容器和包装材料。

(5) 加强对有毒元素的监控：制定和完善饲料（配合饲料、添加剂预混料和饲料原料）中有毒元素的卫生标准，加强对饲料中有毒元素的卫生监督检测工作。

(6) 预防饲料中有毒元素对机体的危害：为了减少与防止饲料中有毒元素对机体的危害，可根据不同有毒元素对机体损害的特点，对日粮中营养成分进行调控，作为对机体的保护性措施。可考虑采取以下营养性措施：

①提高日粮蛋白质水平：适当提高日粮的蛋白质水平，特别是增加富含含硫氨基酸的优质蛋白质，可提高机体对毒物的抵抗力。

②大量补充维生素 C：维生素 C 能保持谷胱甘肽处于还原形式，还原型谷胱甘肽（GSH）的巯基能与重金属离子结合，保护巯基酶避免被毒物破坏而引起中毒。

③适当补充维生素 B_1、维生素 B_2：铅、砷、汞等有毒元素都可损害神经系统，并常引起多发性神经炎，适当补充维生素 B_1、维生素 B_2 可预防其危害。

第三节　饲料农药污染及控制

农药是用于防治危害农作物及农副产品的病虫害、杂草和其他有害生物的药物总称。此外，控制作物生长的药剂如植物生长调节剂也属于农药的范畴。随着工农业生产的发展，农药应用越来越广泛，品种也越来越多，但其所造成的污染也不可忽视。

一、农药残留、农药残效、农药残毒的概念

1. **农药残留**　指农药使用后残存于动植物体、农副产品和环境中的农药原药、有毒代谢物、降解转化产物和反应杂质的总称。

农药在农作物、土壤、水体中残留的种类及数量与农药的化学性质有关。一些性质稳定的农药，如有机氯农药以及含砷、含汞农药，在环境与农作物中难以降解，降解产物也比较稳定，称之为高残留性农药。因此，农药降解可以从两个方面来理解，一是农药残留量的减少；二是由于农药原体的代谢使得农药分子结构发生了变化，农药原体的数量也不断减少。

畜禽产品中的农药残留主要来自饲料中农药残留的转移。在稳定情况下，饲料中农药的浓度水平与畜禽产品中的残留水平具有相关性。一般来讲，植物性食物的外皮、外壳、根茎部的农药残留量比可食部分高。然而，禽畜的饲料不像食品一样需作脱皮、清洗处理，有些甚至就是粮食作物的皮、壳、根等废弃部分，农药残留相对较高，加之畜禽不能有效分解饲料中的残留农药，反而可通过饲料蓄积在畜禽体内，所以饲料中的农药残留直接影响到畜禽产品质量。就畜禽产品而言，蛋和乳汁中残留量较高。1992 年，卫生部食品卫生监督检验所对全国食品中有机氯农药进行的大规模调查表明，动物性食品中六六六（BHC）、滴滴涕（DDT）残留量显著高于植物性食品。农药残留性越强，在食品、饲料中残留的量就越多，对人、畜的危害性也就越大。所以，

饲料中的农药残留问题应引起人们的重视。

2. 农药残效　农药除在使用时直接作用于害虫、病菌等发挥药效外，其在环境中消失或降解前，仍具有杀虫、杀菌的效果，这种现象称为残效。

残效期的长短也与农药的化学性质有关。化学性质稳定的农药，在环境中不易降解，残效期就长；反之，残效期就短。残效期的长短还受气温、光照和降雨等因素的影响。

3. 农药残毒　指人和动物长期摄入含有农药残留的食品或饲料而造成的中毒反应，包括农药本身及其衍生物、代谢产物、降解产物以及其在环境、食品、饲料中的其他反应物的毒性。

农药残留毒性，可以表现为急性毒性、慢性毒性、诱变、致畸、致癌作用和对繁殖的影响等，以慢性毒性为主。环境中，特别是食品和饲料中如果存在农药残留物，可长期随食品和饲料进入人、畜体内，损害健康，降低家畜生产性能。

有了农药残留，才可能有所谓的残效和残毒。适当的残效期对害虫病菌及杂草的消除是必需的（天然除虫菊素的缺点正是残效期太短），但农药残留可能经饲料或食品进入畜禽或人的体内，引起各种毒性危害，损害健康、降低生产力。

二、农药污染饲料的途径

为了防止病虫草鼠害，人们把农药撒入农田、森林、草原和水体，这些直接撒在防治对象上的农药数量是很小的，其余则散布于大气、土壤和水中。由于使用农药而对环境造成污染，并可通过饲料进入家畜体内，最终影响人体健康。

农药进入饲料大致有以下几种途径。

1. 农田施用农药对植物的直接污染　农药喷施于农作物后：①部分农药会黏附在植物的外表。②一部分亲脂性农药能很快渗透到植物表皮蜡质层或进入植物组织内部。③内吸性强的农药还可被植物吸收而疏导分布到植株的各个部分及汁液中。其中，黏附在植物外表的农药可被较快地部分或全部清除掉，但若在施药后短时间内被采食或不作清洗处理则仍有残留；而渗透到植物表皮蜡质层或进入植物组织内部和分布到植株的各个部分及汁液中的农药则在植物体内被降解，降解速度快慢不一，往往造成农药残留。

影响农药在植物中降解速度的因素主要有农药性质、环境条件和农药受体。这3类因素的综合影响使农药在植物上的降解速度具有一些普遍规律。

以杀虫剂为例，化学性质稳定的有机氯农药、昆虫几丁质合成抑制剂类农药降解速度较慢；拟除虫菊酯类农药降解速度属中等；有机磷农药和氨基甲酸酯类农药降解较快。在同类农药中降解速度也有差异，如有机磷农药中的敌敌畏、马拉硫磷降解相当快，较高的挥发性是其降解快的主要原因；0.04%的对硫磷在水稻叶上的降解半衰期为46.2h，而同样浓度的甲基对硫磷为27h。另外，水溶性的农药要比脂溶性的农药容易被植物吸收；乳油剂型的农药对植物表皮组织的穿透能力大于可湿性粉剂农药，残留时间也较长。一般非内吸传导型的农药多数残留于果皮、谷壳、糠和麸皮中，而果肉、精米和面粉中农药残留量很少。当然，施药的时间及方式也会影响植物中农药的残留。

降解速度具有明显的地域差异和季节性差异，这是由降解的环境条件差异引起的，其中以温度、降雨和光照最为重要。强烈的光照可使植物表面的农药发生光分解反应。如果施药后遇到降雨，则大部分农药会淋失。气温的高低也会影响植物中农药的挥发速度和降解速度。

同种农药在不同植物上的降解速度也有所差异，果树的果实中农药降解速度较慢，而对于生长速度快的蔬菜，农药被稀释和降解速度也较快，这与食用部位的生长系数有关；由于特殊的半封闭条件，农药在大棚设施作物上的降解速度要慢于露地作物；而以低水分状态储藏的农产品的农药降解速度相当缓慢。

2. 植物从污染的环境中吸收农药　在农田喷洒的农药除直接散落在植物上以外，大部分散落在土壤上，小部分飘浮在空气中，然后缓缓落地或被雨水冲刷而进入池塘、湖泊与河流等地面水中。因此，植物可以通过根系从土壤中吸收农药，对于甜菜、薯类和根菜类等根用作物则直接进入食用部位，其他农作物则通过输导进入食用部位；空气中的农药通过植物的呼吸作用进入植物组织内，大气中的农药也可直接落于植物表面；植物从含有农药的灌溉水中吸收农药。

当然，植物受农药污染的程度还与植物的种类、植物在土壤中的生长周期和收获时间有关。

3. 动物性饲料原料中的农药残留　现代的配方饲料中，利用了许多动物性原料。这在很大程度上改变了传统生态学意义上的养殖动物尤其是草食动物几乎是一级消费者的模式。骨粉、肉骨粉、鱼粉、水解羽毛粉的来源就是动物自身。这时要十分警惕农药通过食物链在生物体内的富集，最后再转入家畜体内。

4. 其他来源　饲料中的农药污染，除来自植物中的农药残留外，还有其他多种来源。

（1）粮库或饲料仓库内用农药防治害虫，若使用不当，可使粮食及饲料残留杀虫剂。

（2）饲料在运输过程中受到污染：如果农药包装不好或包装物破损，致使运输工具受到污染，然后又用这种未经清洗的运输工具装运粮食或饲料，因而使之受到农药的污染。

（3）含有农药的工业废水废气未经处理随意排放，污染农作物和牧草。

（4）事故性污染：如在同一库房内存放农药和饲料；在饲料或粮食仓库内配制农药或进行拌种；将拌有农药的粮食种子误当饲料饲喂家畜或保管不当被家畜偷食；在农田中错用农药品种或剂量造成农药在饲用农作物中大量残留。

三、常用农药在饲料中的残留及毒性

（一）有机氯杀虫剂

有机氯杀虫剂化学性质稳定，不易分解，在环境中的残留期长，可在动物体内长时间蓄积。很多国家由于长期、大量使用这种农药，已造成环境、食品与饲料的污染，使之在动物和人体内有较多的蓄积，导致农畜产品受污染进而影响了食品出口。我国虽然已于1983年停止生产，1984年停止使用有机氯杀虫剂，但由于其长期环境效应，因此有机氯农药的污染仍将持续相当长一段时间。

1. 在农作物中的残留　有机氯农药在环境中有很高的残留量，其化学性质稳定，脂溶性强，在农作物及环境中消解缓慢，因此施过六六六的农田不仅在当年作物中有残留，而且在下一年，甚至几年后的作物中仍有残留。有机氯农药稳定性、脂溶性高，容易在人和动物体脂肪中积累，造成危害。

2. 对动物的毒性　经口摄入的有机氯杀虫剂可被肠道吸收，除部分经粪、尿和乳汁排出外，主要蓄积于脂肪组织，其次为肝、肾、脾及脑组织。有机氯杀虫剂对动物的急性毒性属于中等毒性，蓄积在脂肪组织中的有机氯杀虫剂不影响脂肪代谢，但仍保持其毒性。在因饥饿、疾病而造成动物体重下降时，脂肪中的农药可被动员出来，产生毒性作用。

有机氯杀虫剂属神经毒和细胞毒，可以通过血脑屏障侵入大脑和通过胎盘传递给胚胎。对神经系统具有刺激作用，使中神经系统的应激能力显著降低，因而中毒时表现为中枢神经兴奋，骨骼肌震颤等。主要损害中枢神经系统的运动中枢、小脑、脑干和肝、肾、生殖系统。有机氯杀虫剂对生殖机能的影响主要表现在引起性周期紊乱，胚胎在子宫内的发育发生障碍，子代发育不良等。有机氯杀虫剂对动物的毒性是中等毒性，蓄积在脂肪中的有机氯杀虫剂不影响脂肪代谢，但仍能保持其毒性。造成动物体重下降时，脂肪中的农药可被动员出来，产生毒性作用。

有机氯杀虫剂急性中毒的特征是明显的中枢神经症状，中毒动物初期表现为强烈兴奋，肌肉震颤，继而出现阵发性及强直性痉挛，最后常因呼吸衰竭而死亡。中毒死亡的动物可见肝脏肿大、肝细胞脂肪变性和坏死。其慢性毒性主要表现为肝的损害，出现肝肿大、肝细胞脂肪变性和坏死，并常有不同程度的贫血和中枢神经系统病变。

3. 饲料中的允许残留量 我国饲料卫生标准（GB 13078—2001）规定了六六六的允许含量（mg/kg）：米糠、小麦麸、大豆饼粕、鱼粉≤0.05；肉用仔鸡、生长鸡配合饲料、产蛋鸡配合饲料≤0.3；生长肥育猪配合饲料≤0.4。我国饲料卫生标准（GB 13078—2001）规定了滴滴涕（DDT）的允许含量（mg/kg）：米糠、小麦麸、大豆饼粕、鱼粉≤0.02；鸡、猪配合饲料≤0.2。

（二）有机磷杀虫剂

有机磷杀虫剂是我国目前使用最广泛的杀虫剂，尤其是我国停止使用有机氯杀虫剂以后，有机磷杀虫剂成为最主要的一类农药。

有机磷杀虫剂的化学性质较不稳定，在外界环境和动、植物组织中能迅速进行氧化和加水分解，故残留时间比有机氯杀虫剂短，但多数有机磷杀虫剂对哺乳动物的急性毒性较强，故污染饲料后易引起急性中毒。

1. 在农作物中的残留 与有机氯杀虫剂相比，有机磷杀虫剂在农作物中的残留甚微，残留时间也较短。因品种不同，有机磷杀虫剂在农作物上的残留时间差异甚大，有的施药后数小时至2～3d可完全分解失效，如辛硫磷等。而内吸性农药品种，因对作物的穿透性强，故易产生残留，可维持较长时间的药效，有的甚至能达1～2个月以上。

与有机氯杀虫剂相似，有机磷杀虫剂主要残留在谷粒和叶菜类的外皮部分，故粮食经加工后，残留农药可大幅度下降。叶菜类经过洗涤，块根块茎类削皮后，都能减少残留的有机磷农药。一般除内吸性很强的有机磷杀虫剂外，饲料经过洗涤、加工等处理后，其中残留的农药都在不同程度上有所减少。

2. 对动物的毒性 有机磷杀虫剂被机体吸收后，经血液循环运输到全身各组织器官，其分布以肝脏最多，其次为肾、肺、骨等。排泄以肾脏为主，少量可随粪便排出。

有机磷杀虫剂的主要毒性作用是它很容易与体内的胆碱酯酶结合，形成不易水解的磷酰化胆碱酯酶，使胆碱酯酶活性受抑制，降低或丧失其分解乙酰胆碱的能力，以致胆碱能神经末梢所释放的乙酰胆碱在体内大量蓄积，从而出现与胆碱能神经机能亢进相似的一系列中毒症状，故通常将有机磷杀虫剂归属于神经毒。临床表现为3类：①毒蕈碱样症状，即瞳孔缩小、流涎、出汗、呼吸困难、肺水肿、呕吐、腹痛、腹泻、尿失禁等。②烟碱样症状，即肌肉纤维颤动、痉挛、四肢僵硬等。③因乙酰胆碱在脑内积累而表现的中枢神经系统症状，即乏力、不安，先兴奋后抑制，重者发生昏迷。

有机磷杀虫剂中毒后，体内的磷酰化胆碱酯酶可自行水解，脱下磷酰基部分，恢复胆碱酯酶的活性。但是这种自然水解的速率非常缓慢，因此必须应用胆碱酯酶复活剂。

近来发现，某些有机磷农药在哺乳动物体内使核酸烷基化，损伤DNA，从而具有诱变作用。因此有机磷农药是否有潜在致癌作用，已经引起注意。

（三）氨基甲酸酯类杀虫剂

氨基甲酸酯类杀虫剂是继有机氯、有机磷农药之后应用越来越广泛的一类农药，具有选择性杀虫效力强、作用迅速、易分解等特点。

1. 在农作物中的残留　氨基甲酸酯类农药难溶于水，易溶于有机溶液，在碱性溶液中易分解，化学性质较有机磷稳定，可在土壤中存留1个月左右，在地下水及农作物、果品中也有残留。

2. 对动物毒性　不同品种的氨基甲酸酯类杀虫剂的急性毒性不同，一般多属中等毒或低毒类，与有机磷农药相比，毒性一般较低，氨基甲酸类杀虫剂在体内易分解，排泄较快，一部分经水解、氧化或与葡萄糖醛结合而解毒，一部分以还原或代谢物形式迅速经肾排出，代谢产物的毒性一般较母体化合物小。

氨基甲酸类杀虫剂的毒作用与有机磷杀虫剂相似，即抑制胆碱酯酶活性，导致乙酰胆碱在体内积聚，出现类似胆碱能神经机能亢进的症状，症状与酶的抑制程度平行，但此种抑制作用与有机磷杀虫剂不同，氨基甲酸酯类的作用在于此类化合物在立体构型上与乙酰胆碱相似，可与胆碱酯酶活性中心的负矩部位和酯解部位结合，形成复合物进一步成为氨基甲酰化酶，使其失去水解乙酰胆碱的活性。但大多数氨基甲酰化酶较磷酰化胆碱酯酶易水解，但胆碱酯酶很快（一般经数小时左右）恢复原有活性，因此这类农药属可逆性胆碱酯酶抑制剂，由于其对胆碱酯酶的抑制速度及复能速度几乎接近，而复能速度较磷酰化胆碱酯酶快，与有机磷杀虫剂中毒相比，其临床症状较轻，消失亦较快。

四、饲料中农药残留的控制

（1）严格遵守农药安全使用规定，尤其是遵守关于安全施药间隔期（或称安全等待期，即最后1次施药离作物收获的间隔天数）的规定，以保证饲料中农药残留不超过最大允许残留量。

（2）提高用药的科学性，减少农药使用量。改进施药技术（如适时施药、减少施药时流失等）是减少农药用量的关键。

（3）制定饲料中农药允许残留量标准，加强对饲料中农药残留的监测与监督管理。

（4）发展高效、低毒、低残留的农药品种。近年人们已研究开发出一批超高效农药，其使用量少，可降低农药对生态环境的影响。此外，开发和使用生物源农药，对防止农药中毒和环境污染也有重要意义。

第四节　饲料脂肪酸败及控制

油脂作为一种高能饲料，可以为动物提供必需脂肪酸，改善饲料适口性，提高饲料转化率等，但在储存、加工和利用过程中易发生氧化酸败及变质。养殖户和饲料生产厂家往往只追求油脂的营养价值，而忽视了其氧化酸败，造成巨大的经济损失。

一、饲料脂肪酸败的原因

1. **温度与湿度** 温度是影响油脂氧化速度和氧化产物形成的重要因素。脂肪酶活性随温度升高而增大，微生物生长速度也随之增加，从而加快油脂酸败的速度。在100℃以下，温度每升高10℃能使氧化速度加快一倍，降低温度可延缓氧化过程。不同温度条件下，各种氧化产物的比例有所不同。据国外报道，在高温条件下，过氧化物分解很快，故其生成量较少，但生成的羰基化合物（如醛、酮等）较多；而在低温如室温条件下，过氧化物分解很慢，可同时产生大量的过氧化物和羰基化合物。

饲用油脂的含水量及添加油脂的配合饲料中水分含量高时，能促使油脂水解酸败。饲料中水分含量高还有利于微生物生长繁殖，加剧油脂酸败。

在生产实践中，高温高湿条件是加速氧化的主要原因。

2. **油脂含量和种类** 脂肪或油脂含量高或添加油脂量较大是饲料氧化变质的内部因素。油脂含量高或添加油脂量较大的饲料，在加工和储存条件不当时容易发生氧化酸败。就油脂种类而言，不饱和脂肪酸容易与空气中的氧发生反应，在相同氧化条件下，它比饱和脂肪酸的氧化速度要大得多（大10倍左右）。油脂的不饱和度越高，越易发生氧化。

鱼油、玉米油、大豆油和某些脂肪含量高的国产鱼粉中含有大量不饱和脂肪酸，当其在配合饲料中添加较多时，饲料极易氧化酸败。米糠富含粗脂肪，其中又以不饱和脂肪酸居多，在高温环境下易于氧化，故在南方水稻产区，猪饲料中使用大量的米糠可能是引起饲料氧化酸败的重要原因。

3. **金属元素** 铜（Cu^{2+}）、铁（Fe^{2+}）、锰（Mn^{2+}）、锌（Zn^{2+}）等金属离子是油脂氧化的催化剂，其作用机理是将氧活化成激发态，促进自动氧化过程。此外，金属离子也能够促进饲料氧化变质。特别是使用高铜的乳猪料，在夏季高温高湿条件下，饲料氧化酸败很快，很难安全储存2周以上，甚至生产储存1周后即可发生酸败变质。

4. **空气中的氧和过氧化物** 空气中的氧和过氧化物不断地对饲料进行着氧化作用。子实被粉碎成颗粒后，失去了种皮的保护作用，比完整子实更易于氧化。饲料中的脂溶性维生素（维生素A、维生素D和β-胡萝卜素）、不饱和脂肪酸和部分氨基酸及肽类易遭受氧化破坏，发生酸败。

5. **光照** 光照对油脂氧化具有显著的促进作用，其中以紫外线的作用最强烈，紫外线能加速油脂中游离基生成速度，还能激活氧变成臭氧，生成臭氧化物。臭氧化物极不稳定，在水的作用下使油脂进一步分解成醛、酮、酸等物质而酸败。光照还能破坏油脂中的维生素E，使抗氧化性下降，从而易发生氧化酸败。光照也能破坏饲料中的维生素A、维生素E和β-胡萝卜素，使抗氧化性能下降而加重酸败。

二、饲料氧化酸败机理

油脂酸败的过程很复杂，主要有两个方面，即纯化学氧化酸败和微生物酶解酸败。这两种反应往往同时发生，但也可能由于油脂本身的性质和储存条件的不同而主要表现在某一方面。这些反应的结果是使油脂分解出游离脂肪酸，生成过氧化物及醛、酮类等。

（一）化学氧化

油脂酸败的化学过程即在空气、光和水的作用下，油脂发生化学变化，它包括两个方面：一是油脂的水解酸败；二是油脂的自动氧化酸败。

1. 油脂的水解酸败　是油脂分解成基本结构单位（脂肪酸、甘油）的过程，主要在油脂储存在高温、高湿等不良环境条件下发生，也可能在饲料制粒前的匀质过程中发生部分水解。油脂的水解一般危害不大，但当所产生的游离脂肪酸含量过高时，会出现浓烈的不良气味，影响动物的采食。

2. 油脂的自动氧化酸败　自动氧化是化合物和空气中的氧在室温下，未经任何直接光照，未加任何催化剂等条件下的完全自发的氧化反应，随反应进行，其中间状态及初级产物又能加快其反应速度，故又称自动催化氧化。脂类的自动氧化是自由基的连锁反应，其酸败过程可以分为诱导期、传播期、终止期和二次产物的形成4个阶段。饲料中常常存在变价金属（Fe、Cu、Zn等）或由光氧化所形成的自由基和酶等物质，这些物质成为饲料氧化酸败启动的诱发剂，脂类物质和氧气在这些诱发剂的作用下反应，生成氢过氧化物和新的自由基，又诱发自动氧化反应，如此循环，最后由游离基碰撞生成的聚合物形成了低分子产物醛、酮、酸和醇等物质。油脂自动氧化是一个自身催化加速进行的过程，是油脂变质败坏的主要原因。

（二）微生物氧化

微生物氧化是由微生物酶催化所引起的。存在于植物饲料中的脂氧化酶或微生物产生的脂氧化酶最容易使不饱和脂肪酸氧化。荧光杆菌、曲霉菌和青霉菌等微生物对脂肪的分解能力较强。饲料中脂肪含水量超过0.3％时，微生物即能发挥分解作用。脂肪分子在微生物酶作用下，分解为脂肪酸和甘油，油脂酸价增高；若此时存在充足的氧气，脂肪酸中的碳链被氧化而断裂，经过一系列中间产物（酮酸、甲基酮等）最后彻底氧化为二氧化碳和水，导致饲料营养价值和适口性的下降，并产生一系列的毒害作用，给畜牧生产带来巨大的经济损失。

三、饲料油脂酸败对动物健康和饲料品质的影响

1. 降低适口性　酸败油脂中含有脂肪酸的氧化产物（如短链脂肪酸、脂肪聚合物、醛、酮、过氧化物和烃类），具有不愉快的气味及苦涩滋味，降低了饲料的适口性，甚至出现动物拒食现象，严重者会导致畜禽采食后中毒或死亡。

2. 降低营养价值　酸败造成油脂中营养成分的破坏，使其营养价值降低或完全不能作为饲料。油脂酸败时，脂肪酸组成发生变化，主要表现在不饱和脂肪酸相对比例下降，从而导致饲料中必需脂肪酸（如亚油酸、亚麻酸等）缺乏。同时，氧化油脂的消化率也下降，这可能与氧化油脂对胰脂肪酶活性具有部分抑制作用有关。动物长期饲喂这种油脂酸败的饲料，会出现必需脂肪酸缺乏症。

油脂氧化过程中形成的高活性的自由基能破坏维生素，特别是脂溶性维生素如维生素A、维生素E、维生素D等，导致维生素缺乏症。

氧化酸败产物也可作用于赖氨酸及含硫氨基酸，使其营养价值降低。氧化产物对叶黄素的吸

收、沉积，也可产生不良影响，导致蛋黄及肉鸡皮肤、脚胫着色不佳。

3. 影响酶活性　酸败油脂的氧化产物如酮、醛等，对机体的几种重要酶系统如琥珀酸氧化酶和细胞色素氧化酶等有损害作用，从而造成机体代谢紊乱，生长发育迟缓。

4. 影响生物膜的流动性和完整性　油脂氧化酸败的产物也是一类有毒有害物质，可直接损害机体的生理机能。氧化油脂能降低细胞生物膜流动性，并进而破坏膜结构的完整性，从而使生物膜的正常功能失调，细胞正常代谢紊乱。普遍认为，氧化油脂从下面三方面降低膜流动性：①使生物膜 PUFA 比例下降，改变膜脂肪酸组成，降低流动性。②胆固醇与膜结合限制膜流动性。③油脂氧化物直接与膜组成蛋白发生反应，使膜僵化。

5. 影响免疫机能　酸败油脂的代谢产物对机体内如免疫活性细胞等有毒害作用。据报道，酸败氧化过程的副产物能使免疫球蛋白生成下降，肝和小肠上皮细胞损伤率提高，致使动物（尤其是幼雏）发生脑软化症，引起小肠、肝脏等器官的肥大。

6. 影响消化机能　油脂氧化产生的游离脂肪酸会减少胆汁的产生或降低乳糜微粒形成的效率，从而干扰油脂在消化道内的吸收。对于肉鸡和蛋禽，还会阻碍叶黄素类色素在肠道内的吸收，导致肉鸡皮肤及蛋禽蛋黄着色不佳。

7. 致癌性　油脂的高度氧化产物可引起癌肿，尽管目前这种现象尚需进一步证实，但已引起高度重视。

8. 实质器官病变　长期摄入酸败油脂，会使动物体重减轻，导致发育障碍。用棉子油进行大鼠饲养试验表明，在过氧化物值剧增时，大鼠肝脏也明显增大，同时热能利用率下降。大鼠摄入含过氧化物多的油脂易患腹泻与肠炎，并伴有肝、心和肾肿大以及脂肪肝等肝脏病变。

9. 影响产品的质量　油脂氧化酸败产物导致肉产品中维生素 E 和不饱和脂肪酸含量下降，从而降低肉产品的氧化稳定性，使肉产品在储存时水分渗出、褪色和产生异味。

四、防止油脂酸败的措施

（一）注意油脂和饲料的储存

富含油脂的饲料应低温储存，在储存中要尽量断绝油脂和空气接触，可向储藏室或包装袋中充入 CO_2、N_2 等，运用密封技术，使环境缺氧，阻止自由基和微生物分泌脂肪酶，可有效防止油脂的氧化酸败。桶装油脂应尽量装满并盖紧，开启后应及时盖紧并尽快使用，有条件的可用真空或充氮储存而且储藏时间不宜过久，避光低温储存。试验表明，装在蓝色玻璃瓶内或无色玻璃瓶内的油脂在 4 周内即开始酸败，而装在绿色玻璃瓶者，2 个月仍无变化。故用绿色包装袋对饲料进行储存和运输是防止脂类氧化酸败的简捷、经济的途径。

（二）注意原料的选用与饲粮的配合

生产配合饲料时应合理地选用油脂及含油量高的原料。特别是在炎热季节要谨慎使用鱼油、玉米油等富含高度不饱和脂肪酸的油脂以及全脂米糠、统糠。

饲料原料对于饲料的氧化酸败具有重要的影响，尤其是饲料当中脂类物质的种类、含量以及脂类本身的不饱和程度。研究发现，油酸甲酯、亚油酸甲酯、亚麻油酸甲酯自动氧化的速度比是 1∶27∶77。亚麻油酸和其他多不饱和脂肪酸的氧化速度比油酸高得多，说明油脂的不饱和程度越高，精炼程度越低，则越容易发生氧化酸败。饲料原料经过制粒可有效降低饲料氧化酸败的可能性。

在饲料中添加维生素 A、维生素 E 和维生素 C 能有效地保护脂肪免受氧化。维生素 C 是氧去除剂，并可使主要的抗氧化剂再生，而 β-胡萝卜素是单氧清除剂。据报道，维生素 E 配合维生素 C 或柠檬酸使用，其抗氧化效果更好。

(三) 饲料中合理添加适量抗氧化剂

1. 酮胺类　乙氧喹（EMQ）是目前国内外广泛使用的单一抗氧化剂中效果较好的一种酮胺类抗氧化剂，尤其是对脂溶性维生素有很好的保护作用，在维生素 E 缺乏及饲喂高油脂饲料时，它能有效保护体内维生素 E 的降解，饲料中添加万分之一的 EMQ 就能有效防止饲料氧化。但其缺点是色泽变化大，储存后可变成深棕色至褐色，导致饲料产品的色泽变深。此外，EMQ 还有防霉作用，经对黄曲霉、黑曲霉等 9 种霉菌的抑菌试验表明，EMQ 能较好地抑制霉菌生长，特别对黄曲霉、串珠镰刀菌的抑制作用显著。

2. 抗氧化增效剂　有酒石酸、柠檬酸、乳酸、琥珀酸、延胡索酸、山梨酸、苹果酸和依地酸（EDTA）等，其作用是增强抗氧化剂酚羟基的活性，络合饲料中添加的金属离子，使金属离子失去对油脂氧化的催化作用。

3. 复合抗氧化剂　由不同类抗氧化剂组成，为了达到协同增效作用，避免出现相互拮抗作用，对各单一氧化剂和增效剂的选用以及不同组分的比例应先做试验研究，做到合理配伍。

第五节　饲料杂质及控制

饲料中的杂质不仅影响动物的采食，而且可能造成动物的物理损伤，如铁钉、玻璃等锋利的杂质被动物采食后，很可能刺伤消化道，严重的则危及动物生命。饲料原料中混入金属、石头、塑料、玻璃等杂质，都会给后续工艺带来无法弥补的严重后果。饲料中的细杂夹带大量的有害微生物，对饲料储存极为不利，使产品储存期缩短，影响产品的货架寿命和产品的外观色泽。细杂太多，会降低物料的整体营养水平，使产品质量不稳定。因此，要注意饲料杂质的危害与控制。

一、饲料中杂质的来源

由于我国的收割绝大多数为人工方式，细杂的掺入机会较多，甚至有些地方还存在严重的掺杂行为。原料进厂时检验制度不完善，则往往有超标接收的现象。

饲料原料中的动物性蛋白质饲料（如鱼粉、肉骨粉）、矿物质饲料（如石粉、贝壳粉）及饲料添加剂的杂质清理均要求在原料生产中完成，一般不需要在饲料厂清理。液体原料（如糖蜜、油脂）常在卸料或加料管路中设置过滤器进行清理。饲料厂在清理谷物饲料及其加工副产品时，主要清除其中的石块、泥土、麻袋片、绳头、金属等杂物。

二、饲料杂质的控制

从我国原料生产的实际情况来看，在工艺中应该增加细杂的清理。采取的措施是：①利用饲料原料与杂质大小的差异，用筛选法分离。②利用导磁性的不同，用磁选法磁选。

(一) 筛选

1. 筛选的概念　颗粒大小不同的混合物通过带孔的工作面（即筛面）按粒度和形状的不同进行分级，称筛选。通过一层筛面，可以分为两种物料，凡通过筛孔的物料称筛下物，而留在筛面上的物料称筛上物。

2. 筛选在饲料原料清理中的应用　筛选主要是根据物料宽度、厚度的不同进行的，筛面孔径有圆孔和长形孔之分。圆孔是按物料宽度不同进行筛选；长形孔是按物料厚度不同进行分选。如果物料宽度比筛孔的宽度小，而长度之半超过筛孔的长度，则物料必须竖立后才能穿过筛孔，这就减少了物料穿孔的机会，所以物料长度对筛选效果有一定影响。

饲料原料的清理，主要是依据原料与杂质几何尺寸的差异，利用筛面进行筛分。不同饲料原料所含杂质的种类、粒径均有所不同，因此清理工段中应针对性地采用适宜的筛分设备、筛面规格及筛分技术。

(1) 粒料的清理：饲料厂习惯将需要粉碎的物料称为粒料，包括谷物类和粕类原料。

谷物原料直接来自田间，所含杂质比较复杂，主要有2类：一是比谷物原料粒径大的杂质，如石块、玉米芯、秸秆、麻绳、塑料片等；另一类是粒径较小的泥土与细砂。目前饲料厂最常见的谷物清理设备是圆筒初清筛，其特点是产量大、功耗低，大杂除净率高，可达99%，但它无法清除比谷物粒径小的泥土和细砂。虽然谷物原料中含泥沙比例只有0.1%~0.4%，但在一个容量1 000t以上的立筒库中，数吨泥沙将沉积在筒库底部并将集中进入加工过程，这会使产品质量受到严重影响，而且会加剧各种设备特别是制粒机压模的磨损。因此，大型饲料厂不能忽视谷物原料中泥沙的清理。建议采用粮食加工中的振动分级筛进行谷物原料的清理，如TQLZ系列清理筛，采用不同筛孔的双层筛面，既能清理大杂，又能清理泥沙。此外，由于这种清理筛采用金属丝编织筛网，工作时的噪声比使用冲孔筛的圆筒初清筛小得多。推荐使用的筛孔，按上层筛20mm×20mm或ϕ20~25mm，下层筛1.5mm×1.5mm或ϕ1.2~1.5mm选取。

粕类原料常用的有豆粕、棉子粕、菜子粕、花生粕等，同谷物原料相比，其特点是粒度较小，流动性差，成团物料较多，杂质含量不高，为了将成团物料打散，通常采用圆锥初清筛。筛孔尺寸可按ϕ10~15mm选取。

(2) 粉料的清理：不需粉碎的原料通称粉料。饲料厂粉料种类多，用量大小各异，大多为粮食行业或其他行业的副产品，因而杂质含量不高，以加工过程中混入的麻绳、麻袋片等大杂为主。在全价饲料、浓缩饲料的生产中，采用圆锥初清筛、平面回转筛或振动筛进行清理均可。

混合后的物料在制粒前最好也用圆锥初清筛进行筛分，一方面可以清理加工过程中可能混入的及原料清理中未能除去的杂质，另一方面可以将成团物料打散，这对喷油后的饲料尤为重要。清理筛的产量应与混合机匹配。

粉状原料清理使用的筛孔大小随各种原料的性质而有所区别，一般为ϕ6~10mm，流动性相对较好的如矿物原料可选小值，而流动性差的如麸皮、鱼粉、肉骨粉等应选大值。

(二) 磁选

清除磁性杂质的方法很多，可采用筛选、风选、比重分选等，但以磁选最为有效。

1. 磁选的概念　利用磁钢或电磁设备清除饲料及其原料中的磁性金属原料杂质的过程称

磁选。

　　饲料原料从产地到饲料加工厂经过许多环节，往往会混入铁钉、螺钉、垫圈等各种金属物，这些金属不预先清除，随原料进入高速运转的机器，将会严重损坏机器部件，甚至造成人身伤亡事故。这些杂质如混入饲料成品，也会妨碍家畜健康。因此磁选的任务就是清除原料和成品中的金属杂质，以保证安全生产和产品质量。

　　磁选的要求为：原料通过磁选，磁性金属杂质的去除率须大于95%。

　　2. 磁选的原理　　磁选设备的主要工作元件是磁体。每个磁体都各有两个磁极，在磁极周围空间存在着磁场。任何导磁物质（铁、钴、镍元素及其合金，一些锰的化合物，稀土元素及其合金等）在磁场内都受到磁场的作用。当物料通过磁场时，由于主要物料为非导磁性物质，故在磁场内能自由地通过，而其中的磁性金属杂质被磁化，与磁场的导磁极相互吸引而与大部分的主原料分开。

　　磁体有永久磁体和电磁体之分。电磁体通常称为电磁铁，根据需要进行设计，能产生很强的磁力，可用于分离磁性杂质。但它需要激磁电源，装置结构较复杂，价格较贵，且容易发热，维护不便，所以加工厂多采用永久磁体产生磁场。对磁场的要求，不仅要有足够的磁场强度，而且还要有一定的不均匀性，即具有一定的磁场梯度，这样才能产生足够的磁场力。在设计中常选用的磁选设备有2种：一种为永磁筒，另一种为永磁滚筒。前者体积小，占地面积也小，无动力消耗，去磁效果也较为理想，但仅适用于几何尺寸较小的粉、粒料，而且吸附的金属异物需人工定期清除；相比较后者造价高、体积较大，但对于几何尺寸较大的饼粕、易结块的糠麸等物料也同样适用。永磁滚筒虽有动力消耗，但可自动及时清除吸附的金属异物，在流程中的高位置设置更为适用。但在较小的饲料厂设计中，鉴于资金、厂房面积等因素的限制，物美价廉的永磁筒较之更为常用。

本 章 小 结

　　饲料非生物性污染包括二噁英、有毒元素、农药、杂质等污染以及饲料中油脂的氧化酸败等。二噁英是指多氯二苯并二噁英（简称PCDD）和多氯二苯并呋喃（简称PCDF）两类化合物，无色无味，亲脂性强，化学结构稳定，不能被生物降解，具有致癌、致畸性，对动物健康和畜产品安全影响严重。对饲料卫生与安全产生危害的有毒元素主要包括镉、铅、砷、汞、氟等，当随饲料进入动物机体后，会蓄积在某些器官，不会分解，会引起动物急性或慢性中毒，有的还具有致癌、致突变和致畸作用，这些元素通过动物的粪、尿排泄到土壤或水域中，可对人类的生存环境构成威胁。饲料的农药污染主要注意有机氯和有机磷，它们性质稳定，不易分解，污染大气、土壤和水，残留在饲料和畜产品中，影响动物和人的健康，农药污染危害控制，主要通过推广使用高效、低毒的农药和控制在饲料中的允许量来实行。油脂在高温、有氧或在微生物的作用下，会发生氧化酸败，影响饲料的适口性、营养价值，危害动物的健康，合理储藏和添加抗氧化剂是控制油脂氧化酸败的主要措施。杂质是指混入饲料中的金属、石头、塑料、玻璃等，不仅影响动物的采食，而且可能造成动物的物理损伤，如铁钉、玻璃等锋利的杂质被动物采食后，很可能刺伤消化道，严重者甚至危及生命，因此，要注意饲料杂质的控制。

思 考 题

1. 饲料污染二噁英后有哪些危害,如何控制?
2. 简述重金属元素的一般毒作用机理及影响因素。
3. 简述饲料农药污染的控制方法。
4. 简述饲料中脂肪酸败的原因及其对畜牧生产的影响。

饲料抗营养因子

植物在生长代谢过程中，会产生许多对动物生长和健康有影响的物质，这些物质如果对动物主要产生毒性作用，就称之为毒素；如果对动物主要产生抗营养作用，就称之为抗营养因子（antinutritional factors，ANFs）。抗营养因子和植物毒素之间没有明显的界限。有些抗营养因子也表现一定的毒性作用，而有些毒素也表现一定的抗营养作用。抗营养作用主要表现为降低蛋白质、能量、矿物质、微量元素和维生素等利用率。

目前，在自然界发现的抗营养因子已有数百种，主要有蛋白酶抑制因子、非淀粉多糖、单宁、饲料抗原、植酸、胀气因子、抗维生素因子等。对其研究始于 20 世纪初期，20 世纪 50 年代以来一直是饲料科学领域研究的热点。

本章介绍一些主要抗营养因子有关知识，而对于毒素将在第五、六、七章的有关内容中介绍。

第一节 蛋白酶抑制因子

蛋白酶抑制因子（protease inhibitors，PIs）是指能和蛋白酶的必需基团发生化学反应，从而抑制蛋白酶与底物结合，使蛋白酶的活力下降甚至丧失的一类物质。在当前蛋白质资源紧张的情况下，消除蛋白酶抑制因子对蛋白质利用和对动物生产性能影响，一直是研究的热点。

（一）分布及分类

蛋白酶抑制因子广泛存在于植物中，但主要存在于大豆、豌豆、菜豆、蚕豆等多数豆类中。

在生大豆中，蛋白酶抑制因子的含量约为 30mg/g，约占大豆种子储藏蛋白质总量的 6%、种子蛋白质干重的 2%。根据其相对分子质量和二硫键的含量，可以分为 Kunitz 类、Bowman-Birk 类和 Kazal 类。

（二）化学结构

1. Kunitz 胰蛋白酶抑制因子　Kunitz 胰蛋白酶抑制因子由 181 个氨基酸组成，含有 4 个半胱氨酸，相互形成 2 个二硫键，其相对分子质量为 21 500±800，只有一个活性中心，位于第 63 号精氨酸与第 64 号异亮氨酸之间，主要对胰蛋白酶直接、专一地起作用，因此又称为单头抑制因子。Kunitz 胰蛋白酶抑制因子是除了血清胰蛋白酶抑制因子和卵清胰蛋白酶抑制因子外，唯一不含碳水化合物的高分子胰蛋白酶抑制因子。Kunitz 胰蛋白酶抑制因子的一级结构如图 4-1 所示。

2. Bowman-Birk 蛋白酶抑制因子　Bowman-Birk 蛋白酶抑制因子是一类结构相似的蛋白质，

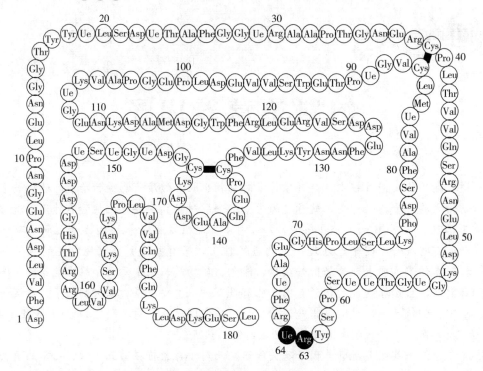

图 4-1 大豆 Kunitz 胰蛋白酶抑制因子的一级结构
(引自李德发，大豆抗营养因子，2003)

相对分子质量为 6 000～10 000，含有大量的半胱氨酸，其显著特点是具有 2 个独立的活性中心，可以和不同的蛋白酶结合，因此也称为双头抑制因子。大豆中有 5 种 Bowman-Birk 蛋白酶抑制因子，分别为 Bowman-Birk Proteinase Inhibitor Ⅰ～Bowman-Birk Proteinase Inhibitor Ⅴ（PIⅠ～Ⅴ）。以 PIⅠ为例，其一级结构（图 4-2）由 71 个氨基酸组成，含有 14 个半胱氨酸，形成 7 个二硫键，构成 2 个独立的活性中心，一个活性中心位于第 16 号赖氨酸与第 17 号丝氨酸之间，特异性地与胰蛋白酶结合；另一个位于第 43 号亮氨酸与第 44 号丝氨酸之间，特异性地与糜蛋白酶结合。Bowman-Birk 蛋白酶抑制因子的 2 个活性中心呈环状，形成九环肽，每个活性中心内部由二硫键支撑，并与一段氨基酸交联，具有相当强的刚性结构。

3. Kazal 类 相对分子质量为 6 000，含有 3 个二硫键，其代表物是牛胰蛋白酶抑制因子。

（三）理化性质

Kunitz 胰蛋白酶抑制因子不溶于乙醇，遇酸和蛋白酶易失活，对热较敏感。一般 80℃ 短时间加热即可使其变性，而在 90℃ 时就可以发生不可逆失活。Bowman-Birk 蛋白酶抑制因子不溶于丙酮，对热、酸较稳定，即使在 105℃ 干热 10min 仍可以保持活性，而且不易被多数蛋白酶水解，仅在少数情况下某些蛋白酶可以使双头抑制因子变成单头抑制因子，只抑制胰蛋白酶或糜蛋白酶的活性。

（四）抗营养作用及其机理

大豆胰蛋白酶抑制因子的抗营养作用主要是降低蛋白质利用率，其机理有两方面：一是胰蛋白酶抑制因子可与小肠液中胰蛋白酶结合，生成无活性的复合物，降低胰蛋白酶活性，从而导致

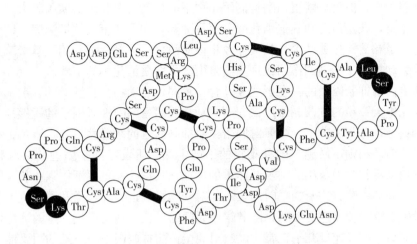

图 4-2 大豆 Bowman-Birk 蛋白酶抑制因子的一级结构
(引自李德发,大豆抗营养因子,2003)

蛋白质利用率降低;二是引起动物机体内蛋白质内源性消耗。由于肠道中胰蛋白酶与胰蛋白酶抑制因子结合,通过粪便排出体外而数量减少,引起胰腺机能亢进,分泌更多的胰蛋白酶,补充至肠道。而胰蛋白酶中含硫氨基酸特别丰富,故胰蛋白酶大量补偿性分泌造成体内含硫氨基酸的内源性丢失,加剧豆类及其饼粕中含硫氨基酸短缺,引起体内氨基酸代谢不平衡,导致动物生长受阻或停滞。

研究表明,大豆胰蛋白酶抑制因子对大鼠、小鼠和雏鸡等小动物生长抑制的作用机理主要是由于内源氮的损失。胰蛋白酶抑制因子引起含硫氨基酸内源性损失是受到小肠黏膜分泌的一种激素——肠促胰酶肽(cholecystokinin-pancreozymin,CCK-PZ)调控的,肠促胰酶肽刺激胰腺细胞分泌蛋白质水解酶原(如胰蛋白酶酶原、糜蛋白酶原、弹性蛋白酶原、淀粉酶原)。肠促胰酶肽的分泌与小肠食糜中胰蛋白酶含量呈负相关,当食糜中胰蛋白酶和胰蛋白酶抑制因子结合,肠促胰酶肽分泌就增多,因而刺激胰腺分泌更多的胰蛋白酶原至肠道中。这种机制被称为胰腺分泌受肠道中胰蛋白酶数量的负反馈调节机制(图 4-3)。

由于胰蛋白酶的大量分泌,造成胰腺肥大和增生,如大豆胰蛋白酶抑制因子能使大鼠、小

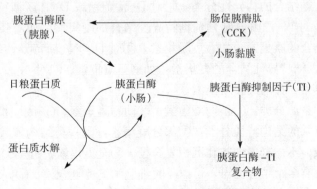

图 4-3 胰腺分泌的负反馈调节机制

鼠、雏鸡的胰腺肿大，但大豆胰蛋白酶抑制因子并不能使猪、犬和牛的胰腺肿大，胰腺分泌功能也没有增强，相反，胰蛋白酶和其他消化酶分泌量下降，加上胰蛋白酶抑制因子的作用，使胃肠道内的蛋白酶含量和活性显著减少，从而导致蛋白质消化率下降，可利用氨基酸减少。因此，对猪、犬和牛等大动物生长抑制的作用机理主要是由于蛋白质消化率的下降。

日粮中胰蛋白酶抑制因子的存在形式及其含量不同，对动物生长性能的影响也不同，经钝化处理的大豆要比生大豆粉的抗营养作用低。不同动物对胰蛋白酶抑制因子的敏感性不同，以生长性能作为评价指标，仔猪、犊牛、雏鹅对胰蛋白酶抑制因子的敏感性最强，雏鸡、小鼠、大鼠次之，兔和成年反刍动物则不敏感。同种动物的不同生理阶段及不同基因型的猪对其敏感度也不同。幼龄动物较为敏感，随着年龄增长和体重的增加，其耐受性也逐渐增强；长白仔猪比东北民猪更加敏感。不同的饲喂方式及饲喂时间长短，对动物影响也不同，通常限量饲喂的动物比自由采食的动物对生大豆日粮反应更敏感；随着饲喂时间的延长，动物产生一定的适应性，并且经过一段时间的适应后，生长速度几乎正常。动物对胰蛋白酶抑制因子有一定的耐受能力，蛋鸡和肉仔鸡的耐受剂量大致为每克日粮 3~4mg，其中对低 Kunitz 型胰蛋白酶抑制因子大豆日粮的耐受剂量更低。当日粮中胰蛋白酶抑制因子消除 82% 时，生长猪可以达到最佳生长性能，当大豆粕中胰蛋白酶抑制因子水平在 1.4~6.2mg/g 时，仔猪和生长猪对营养物质的消化率不受影响。

第二节 植物凝集素

植物凝集素（lectin）又称为凝集素、红细胞凝集素或植物血凝素，是指非免疫球蛋白本质的蛋白质或糖蛋白，它能够特异性识别并可逆结合复杂糖复合物中的糖链，而不改变所结合糖基的共价键结构。它具有凝集红细胞、淋巴细胞、真菌和细胞原生质体以及促进淋巴细胞转化的作用，广泛存在于植物中。

（一）分布及分类

1. 分布　凝集素是自然界广泛存在的一种物质，目前已经发现的植物凝集素近 1 000 种，广泛分布于豆科、茄科、大戟科、禾本科、百合科和石蒜科等植物类群中，其中豆科植物凝集素最丰富，有 600 多种。大豆、菜豆、野豆、刀豆、花生、蓖麻等植物中含量较高。

2. 分类　凝集素的分类方法有以下几种：

（1）根据凝集素与糖结合的特异性分类：①对 D-葡萄糖或 D-甘露糖特异性结合的凝集素：如伴刀豆凝集素 A。②对 N-乙酰氨基葡萄糖特异性结合的凝集素：如麦胚凝集素。③对 N-乙酰基半乳糖胺特异性结合的凝集素：如大豆凝集素。④对 D-半乳糖特异性结合的凝集素：如蓖麻凝集素。⑤对 L-岩藻糖特异性结合的凝集素：如荆豆凝集素。⑥对 N-乙酰神经氨酸（唾液酸）特异性结合的凝集素：如马蹄蟹凝集素。

（2）根据凝集素的来源分类：①植物凝集素。②动物凝集素。③微生物凝集素。

（3）根据凝集素亚基的结构特征分类：①部分凝集素：是一类结构域较小的单一多肽蛋白，只含 1 个糖结合结构域，不能凝集细胞和沉积复合糖。②全凝集素：由至少 2 个相同或高度同源的糖结合结构域组成，有多个结合位点，可以凝集细胞和沉淀复合糖。③嵌合凝集素：是一类融合蛋白，由 1 个或多个糖结合结构域及 1 个具有酶活性或其他生物活性的结构域共同组成。嵌合凝集素的作用类似于部分凝集素或全凝集素。④超凝集素：由至少含有2个以上的糖结合结构域组成，但其结构域不完全相同或相似，可以识别不同的糖类。

（二）化学结构及理化性质

植物凝集素一般为二级或四级结构，其分子由1个或多个亚基组成，每个亚基有1个与糖特异性结合的专一位点，该位点可与红细胞、淋巴细胞或小肠上皮细胞的特定糖基结合。大豆凝集素为4级结构，由略有不同的4个亚基组成，每个亚基相对分子质量约30 000，并都有1个共价连接的含有9个甘露糖的寡糖链。糖链含有约4.5% D-甘露糖和1.5% N-乙酰基-葡萄糖胺，并以N-乙酰基-葡萄糖胺键的形式与肽链中天冬酰胺残基的氨基N共价相连；此外，每个亚基还分别含有一个紧密结合的Ca^{2+}和Mn^{2+}。大豆凝集素氨基酸组成中缺乏胱氨酸，蛋氨酸含量也较低，但富含酸性和羟基氨基酸，尤其是4-羟脯氨酸的含量较高。

凝集素不耐湿热，在95℃、40min，100℃、30min或105℃、10min的湿热条件下完全失活，但对干热的耐受能力较强；对强酸或强碱，即在pH 1.0～5.0或pH 9.5～13.0条件下活性显著丧失；Al^{3+}、Fe^{3+}对凝集素具有很强的抑制作用，Pb^{2+}能抑制其大部分活性，Ca^{2+}、Mg^{2+}对其活性抑制较小，Ag^+对其活性有抑制作用。

天然大豆凝集素实际上是5种同工凝集素的混合物，它们具有相似的组成、凝集结合特性、免疫化学性质和金属离子结合特性，等电点范围在5.85～6.20。

（三）抗营养作用及其机理

植物凝集素的抗营养作用主要是通过影响动物采食、胃肠道结构和功能、免疫系统等实现的。

1. 对动物采食量的影响　菜豆、翼豆、刀豆、蚕豆或大豆凝集素可显著降低大鼠、小鼠的采食量。其作用机理是：由于植物凝集素影响胆囊收缩素等激素的分泌，从而使采食量和胃排空速率降低。研究表明，含有凝集素日粮能调控胆囊收缩素等胃肠道激素分泌，动物首次摄入菜豆及番茄凝集素可以显著降低胃排空速率，从而影响动物采食量。

2. 对动物胃肠道结构和功能影响　植物凝集素与胃肠道上皮细胞的结合能力与凝集素的糖结合特异性及上皮细胞表面的糖基化模式有关。植物凝集素与小肠上皮细胞的广泛结合，可以对上皮细胞表面的糖基化结构产生修饰作用。其机理可能是，由于凝集素加快腺窝细胞周转率，缩短了新生细胞向绒毛顶端的迁移时间。因此，含多聚甘露糖基团为特征的不成熟腺窝细胞在绒毛中所占比例增加，使胞膜和细胞质内糖复合物呈现多聚甘露糖基团为特征的变化。此外，肠黏膜杯状细胞在凝集素刺激下分泌黏液，也可以诱导黏膜表面受体糖基化结构的改变。

动物对特定凝集素的敏感性也随动物的年龄和种类而异。对N-乙酰基半乳糖胺特异性结合的凝集素（如大豆和翼豆凝集素）、对N-乙酰基葡萄糖胺特异性结合的凝集素（如麦胚凝集素）和对复杂型糖特异性结合的凝集素（如菜豆凝集素）能与成熟大鼠的小肠上皮细胞结合，并严重干扰细胞和机体的代谢；相反，对葡萄糖/甘露糖特异性结合的凝集素（如蚕豆、刀豆、兵豆或豌豆凝集素）与成熟大鼠的小肠上皮细胞结合能力有限，几乎没有副作用。

植物凝集素对肠道消化吸收功能的影响与它们能抵抗消化酶作用及和肠腔上皮细胞结合有关。一方面，凝集素本身的糖蛋白结构不易被酶降解；另一方面，凝集素可以和胃肠道细胞广泛结合，减少了酶作用的机会。

菜豆凝集素可以使大鼠小肠重量增加，腺窝深度和腺窝细胞数量显著增加，绒毛高度与腺窝深度比值下降，平滑肌明显增厚。凝集素促进腺窝细胞分裂的作用机理可能有 2 种：一种是凝集素作用于胃肠道内分泌细胞，促进胃肠道激素分泌，导致腺窝细胞增生；另一种是凝集素经上皮细胞内吞进入机体后，经循环系统到达腺窝细胞底膜并与膜上的适宜受体结合，模仿内源生长因子的作用，刺激细胞分化。

菜豆凝集素可导致大鼠小肠刷状缘膜肠激酶、亮氨酸氨基肽酶、碱性磷酸酶、异麦芽糖酶和蔗糖酶活性下降，氮和脂肪的消化率明显下降。同一种凝集素对不同动物的小肠黏膜酶活性影响程度不同。豌豆或兵豆凝集素可以使大鼠黏膜二糖酶和所有蛋白酶活性下降，而纯化豌豆凝集素对仔猪小肠黏膜异麦芽糖酶和 α-淀粉酶活性没有影响。某些凝集素引起的动物小肠黏膜黏液分泌增加是影响营养物质消化率的重要因素。菜豆或刀豆凝集素可导致大鼠杯状细胞黏液的分泌显著增加。由于黏液中富含蛋白质，导致内源氮的损失增加，从而降低了氮的表观消化率。

植物凝集素可以干扰动物肠道菌群平衡，足量的凝集素可导致大肠杆菌等细菌的过度生长并引起小肠损伤和营养吸收不良，甚至会产生毒性作用。菜豆凝集素可诱导小肠内部菌群的改变，引起腹泻、吸收障碍、生长抑制甚至死亡。纯化的大豆凝集素可增加仔猪回肠食糜中挥发性脂肪酸含量。其作用机理可能有以下 3 种方式：一是凝集素与小肠上皮细胞的结合改变了小肠黏膜表面的糖基化模式，增加了某些细菌在肠道表面的附着位点，从而选择性刺激某些细菌的过度生长，增加凝集素和细菌代谢产物的内吞和吸收；二是凝集素诱导的小肠黏膜黏液过度分泌、上皮细胞损失增加、血清蛋白流失增多和日粮蛋白质消化率降低给细菌提供了丰富的营养；三是凝集素导致抑制细菌生长的分泌型 IgA 减少。

植物凝集素对动物的作用也受到肠道细菌的影响。菜豆凝集素对普通大鼠的毒性强于对无菌大鼠的毒性。无菌动物能够耐受含高水平的菜豆或刀豆凝集素的日粮并维持体重不变，而普通动物体重很快降低且死亡率升高。这可能是由于无菌动物的小肠结构和功能发育程度不同于普通动物，其吸收性上皮细胞摄取菜豆凝集素的速率和总量远低于普通动物。

3. 对动物免疫系统影响　长期摄入凝集素可导致大鼠免疫反应增强，即肠道黏膜免疫系统被抑制，不能形成足够的分泌型 IgA 来阻止凝集素的吸收。菜豆凝集素经吸收性上皮细胞摄取后，直接触发小肠固有膜部位的肥大细胞脱粒，组胺分泌增加，导致血管通透性升高和血清蛋白流失增加。刀豆、大豆或麦胚凝集素也能在体外直接触发肥大细胞脱粒，因而这些凝集素也能引起类似菜豆凝集素的过敏反应，并对小肠黏膜结构造成破坏。

吸收入循环系统的菜豆、刀豆、大豆、兵豆、花生或麦胚凝集素由于保持了完整的免疫活性，可以和免疫竞争性淋巴细胞结合，产生特异性抗体 IgG。但豌豆凝集素不能刺激机体产生抗体 IgG。大鼠和小鼠则还能产生 IgE 抗体，引发全身过敏反应。此外，凝集素还可以抑制机体对其他抗原产生免疫反应。

（四）影响因素

植物凝聚素对动物的抗营养作用及毒性与凝集素的含量，动物种属、年龄及个体等因素有关。不同种属的动物对相同或不同植物凝集素的耐受能力不同，如菜豆凝集素，仔猪在生长、氮代谢和器官增生等方面远比大鼠敏感，在生长抑制方面比雏鸡敏感，而雏鸡在胰腺增生方面比大鼠和仔猪都要敏感。不同植物凝集素对动物的毒性强弱差异很大，蓖麻毒蛋白、相思子毒蛋白等是典型的毒素，低剂量时即可使动物致死。菜豆凝集素可导致猪下痢和体重减轻，大鼠和鹌鹑的体重迅速减轻或死亡。大鼠和小鼠日粮中黑豆、翼豆、刀豆、利马豆、鹰嘴豆或蚕豆凝集素的浓度达到0.5%～0.6%时，其生长几乎停滞；而当这些凝集素达到日粮的1%或更高比例时，动物体重减轻甚至死亡。含大量的大豆、花生、麦胚或雪花碱凝集素的日粮对动物生长有较强的抑制作用，但无毒性作用。日粮中的番茄或豌豆凝集素对动物只有轻微的抑制生长作用。

第三节 单 宁

单宁（tannin），又称为鞣酸或鞣质，是一类分子质量较大、结构复杂的多元酚类聚合物，广泛存在于植物中，是一类重要的抗营养因子。

（一）分类及分布

根据结构与活性的不同，单宁可分为可水解单宁和缩合单宁。可水解单宁是毒物，缩合单宁是抗营养因子。与可水解单宁相比，缩合单宁在植物界的分布较广泛。高粱子实、豆类子实、油菜子实、甘薯、马铃薯和茶叶等含量较高。

（二）化学结构及理化性质

可水解单宁是由糖与有机酸聚合形成的低聚物，相对分子质量500～3 000，用酶（如单宁酶、苦杏仁酶）或酸处理后可水解为单糖、没食子酸（五倍子酸）或逆没食子酸。缩合单宁是由羟基黄烷类单元构成的聚合物（图4-4），相对分子质量1 900～28 000，一般不易水解。如果发生水解，产物为红色的花色素（如花青素、飞燕草色素和花葵素等），因此又称其为前花色素或多聚黄烷醇。植物中的缩合单宁一部分以游离形式存在，另一部分以与蛋白质或细胞壁中碳水化合物结合的形式存在。在体外，游离的缩合单宁可抑制蛋白质和纤维的消化。

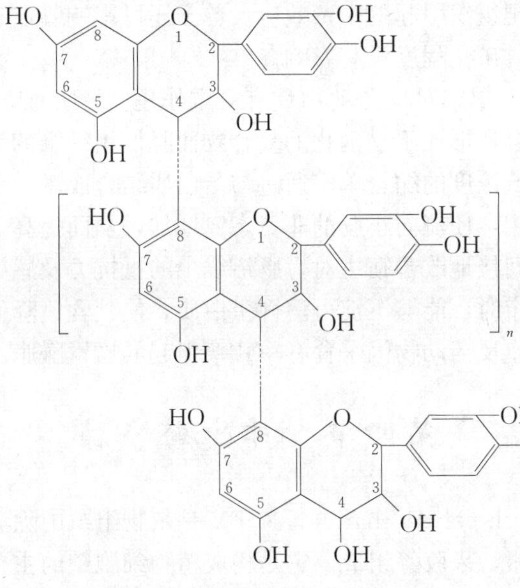

图4-4 缩合单宁分子结构

（引自李德发，大豆抗营养因子，2003）

单宁多数为无定形固体,有涩味,具有吸湿性,对热稳定,水溶液呈弱碱性。单宁极性很强,可溶于水、甲醇、乙醇和丙酮而形成胶体溶液,稍溶于乙酸乙酯,不溶于乙醚、石油醚、氯仿、苯和无水乙醚等极性弱的溶剂。单宁可与蛋白质和碳水化合物结合形成难溶或不溶性的沉淀,尤其对具有松散结构和富含脯氨酸的蛋白质有很强的亲和力,而与糖蛋白和球蛋白以及其他低分子质量蛋白质的亲和力较低;还可与重金属盐(如乙酸铅、乙酸铜)、碱土金属的氢氧化物或生物碱等溶液作用生成沉淀,与高铁盐(Fe^{3+})发生反应,呈现蓝色或绿色;与维生素、果胶、淀粉及无机金属离子结合生成复合物。

(三)抗营养作用及其机理

1. 影响适口性,降低采食量　单宁味苦涩,适口性差。动物在咀嚼饲料的过程中,单宁与唾液黏蛋白结合并沉淀,从而降低了唾液的润滑作用,使口腔干涩,影响食物的吞咽。如果日粮中单宁含量高,会影响动物的食欲,降低采食量。

2. 降低营养物质的消化率　单宁对蛋白质有很高的亲和力,特别是缩合单宁能强烈地结合蛋白质。在消化道中,单宁与饲料中的蛋白质或碳水化合物结合,形成不溶性物质,使得这些消化底物的溶解性降低,不能被消化酶充分消化;单宁也可与肠道消化酶结合,影响酶的活性和功能,干扰正常的消化过程,降低营养物质的消化率。单宁还可与多种金属离子如Ca^{2+}、Fe^{2+}和Zn^{2+}等发生沉淀反应,而使它们的利用率降低。单宁也可干扰维生素B_{12}的吸收。

3. 造成胃肠道的损伤　单宁及其代谢产物对小肠黏膜和肝脏有损伤作用。单宁可与胃肠道中的蛋白质结合,在肠黏膜表面形成不溶性的鞣酸蛋白质沉淀,使胃肠道的运动机能减弱而发生胃肠弛缓,同时也降低了肠道上皮细胞的通透性,使其吸收能力降低。单宁的收敛性还可以使肠道毛细血管收缩而引起肠液分泌减少,导致肠内容物流通速度减慢,引起便秘。大量的可水解单宁对胃肠道黏膜有强烈的刺激与腐蚀作用,可引起出血性与溃疡性胃肠炎。这主要是可水解单宁及其代谢产物被吸收到达靶组织引起的中毒效应。单宁还可影响骨骼有机质的代谢,使蛋鸡腿扭曲或胫跗关节肿大,但对骨矿化程度没有影响。

4. 对反刍动物的作用　单宁对反刍动物具有双重作用。一方面,单宁通过同瘤胃细菌酶或植物细胞壁碳水化合物结合,形成不易消化的复合物而降低粗纤维的消化率;另一方面,单宁又起蛋白质保护剂的作用,低浓度的缩合单宁通过与蛋白质结合成难溶性复合物,避免了瘤胃细菌对蛋白质的降解和脱氨作用,使流向小肠的非氨态氮增加,从而提高了必需氨基酸和氮在小肠中的吸收率,这种作用还能间接地改善宿主对胃肠道线虫的抵抗力及感染后的恢复能力。

豆科牧草含较高的单宁时,能够沉淀可溶性蛋白质,使其含量降低到不足以在瘤胃中形成大量稳定性泡沫,从而可防止反刍动物因采食春季牧草引起的瘤胃臌胀。

第四节　非淀粉多糖

非淀粉多糖(non-starch polysaccharide,NSP)是植物组织中除淀粉外所有的碳水化合物的总称,由纤维素、半纤维素、果胶等组成。它是构成植物细胞壁的主要成分。非淀粉多糖对能量利用及动物生产性能影响很大,近年来已经引起重视,现已开发出能消除非淀粉多糖抗营养作用的酶制剂并应用于生产中,取得了很好的效果。

(一) 分布及分类

根据溶解性，非淀粉多糖可分为：①可溶性非淀粉多糖，是指饲料中除去淀粉和蛋白质后溶于水而不溶于80%乙醇的多糖成分，主要有阿拉伯木聚糖、β-葡聚糖、甘露聚糖、葡萄甘露聚糖、果胶等物质。②不溶性非淀粉多糖，包括纤维素、半纤维素及果胶等物质。麦类、玉米、豆类中可溶性非淀粉多糖含量很高，所有的植物性饲料，特别是粗饲料中不溶性非淀粉多糖含量均较高。

(二) 化学结构

1. 纤维素 纤维素是β-1,4-葡聚糖（Glu）的直链聚合物，由7 000~10 000个葡萄糖分子组成，占植物所有多糖的50%以上。单个的纤维素分子是以束状平行排列的，分子间由大量相邻羟基形成的氢键结合，形成"带状"双折叠螺旋结构。纤维素的简单结构如下：

β-Glu-(1,4)-β-Glu-(1,4)-β-Glu-(1,4)-β-Glu-(1,4)-

2. 戊聚糖 又称为阿拉伯木聚糖、木聚糖。谷物中戊聚糖主要由2种戊糖（阿拉伯糖和木糖）组成。其主链是由β-1,4-木聚糖（Xylp）组成的直链结构，一些取代基通过木糖残基上的O_2、O_3原子和主链连接，主要的取代基是阿拉伯糖（Araf）残基分子，也有少数己糖和己糖醛酸。多数谷物中戊聚糖的一个重要结构特征是，连接在主链O_2和O_3原子上的取代基比例不同。戊聚糖的结构如下：

```
                    α-Araf-(1,3)              α-Araf-(1,3)  α-Araf-(1,3)
                         |                          |             |
β-Xylp-(1,4)-β-Xylp-(1,4)-β-Xylp-(1,4)-β-Xylp-(1,4)-β-Xylp-
                                                          |
                                                    α-Araf-(1,3)
           ∽uronic acid（尿酸）       ferulic acid
             protein（蛋白质）          （阿魏酸）
```

3. β-葡聚糖 β-葡聚糖是由许多葡萄糖单位通过β-1,3和β-1,4键形成的直链结构，相对分子质量为200 000~300 000，聚合度为1 200~1 850个单体。大多数谷物都含有β-葡聚糖，大麦和燕麦中含量较高。大麦中，β-葡聚糖约含有70%的β-1,4键和30%的β-1,3键，隔2~3个连续的β-1,4键就插有一个β-1,3键。在一些不常见的β-葡聚糖结构中存在着高达5个连续的β-1,3键。β-葡聚糖的结构如下：

β-Glu-(1,4)-β-Glu-(1,3)-β-Glu-(1,4)-β-Glu-(1,3)-β-Glu-

4. 果胶 果胶又称半乳糖醛酸或鼠李糖醛酸，主要由α-1,4-半乳糖醛酸主链组成，有时主链中插入α-1,2-L-鼠李糖残基，其他作为侧链的取代基，主要有D-半乳糖、L-阿拉伯糖、D-木糖和较少的L-岩藻糖及D-葡萄糖醛酸。其分子质量为30 000~300 000。大豆中鼠李半乳糖醛酸主链上的L-鼠李糖残基和半乳糖醛酸的其他取代物相连接。

5. 甘露聚糖 甘露聚糖和半乳甘露聚糖存在于植物细胞壁中。葡甘露聚糖由β-1,4-葡萄糖和β-1,4-甘露糖组成，半乳甘露聚糖由α-1,4-甘露糖主链连接α-1,6-半乳糖组成。

6. 阿拉伯聚糖和半乳聚糖 阿拉伯聚糖是β-1,5-阿拉伯糖通过O_2和O_3原子支链连接成的多聚体。半乳聚糖内除了含有常见的1,4键外还有4%的1,6键。阿拉伯半乳聚糖有2种不同类型,在豆科植物中第一类非常普遍,是β-1,4-半乳糖主链连接阿拉伯糖残基组成的多聚糖;第二类是指在油菜子中发现的β-1,3,6-半乳糖多聚体和游离的β-1,4-半乳糖残基。

7. 木葡聚糖 即在β-1,4-葡聚糖主链O_6原子上连接一个木糖,该糖存在于稻谷子实中。

(三)理化性质

非淀粉多糖具有高度的持水性,通过分子内存在的羟基、酯键或醚键与水分子形成氢键,或通过分子间相互缠绕形成胶体而携带大量的水,可携带数倍甚至10倍于自身重量的水。可溶性非淀粉多糖遇水溶解后,通过分子间的相互作用而连接成网状结构,呈现出较高的黏性,对动物的危害和抗营养作用较大,应引起高度关注,其黏稠度与其分子质量大小、分支程度、游离极性基团的数量及本身的浓度大小有关。此外,还具有较高的表面活性,非淀粉多糖分子内部有极性基团和非极性基团,有的表面带有电荷,可与肠道中的饲料颗粒、脂类微团表面结合。非淀粉多糖具有较强的结合、吸附能力,通过酯键、醚键和酚基偶联作用与饲料中的蛋白质、多酚和消化道中的一些小分子,如维生素A、维生素E、植酸、牛磺胆酸及钙、锌、钠、镁、铁等多种无机离子形成聚合物或螯合物。

(四)抗营养作用及其机理

非淀粉多糖的抗营养作用主要是由其高度黏稠性和持水性引起的,这种特性能显著改变消化物的物理特性和肠道的生理活性,从而影响动物的生产性能。

1. 具有高度黏稠性,能阻碍营养物质被消化酶消化 非淀粉多糖特别是可溶性的非淀粉多糖,分子缠绕呈网状结构,这种网状结构能吸收水分子,从而形成凝胶,使黏度大大增加。非淀粉多糖黏度与非淀粉多糖分子大小、结构、含量等因素密切相关。这种黏稠性使肠道机械混合内容物的能力减弱,并能增加小肠食糜黏度,使食糜中各种组分混合不均,阻碍养分和消化酶的扩散速率和在黏膜表面有效的相互接触,延长接触时间,干扰食糜微粒在肠腔的流动,减慢食糜通过消化道的速度。非淀粉多糖与营养物质的结合会降低矿物质、氨基酸、脂肪酸的吸收。如能与Ca^{2+}、Zn^{2+}、Na^+、Mg^{2+}、Fe^{2+}等金属离子螯合,影响这些金属离子的吸收。同时,水溶性非淀粉多糖和小肠刷状缘的多糖-蛋白质复合物相互作用,在小肠黏膜上形成一种较厚的稳定水层,这种效应会降低营养物质向黏膜绒毛的扩散,阻碍已消化的养分在小肠黏膜上的吸收。

2. 影响肠道微生物区系 非淀粉多糖使营养物质吸收减少,而在肠道的蓄积增加,延长了小肠内消化物的滞留时间,并为微生物的繁殖提供了充足的养分,减少消化道内的氧气,有助于厌氧微生物菌落的生长。厌氧微生物发酵产生大量的生孢梭菌等,分泌某些毒素,抑制动物的生长,还可造成胃肠功能紊乱。

3. 影响生理物质活性 阿拉伯木聚糖和β-葡聚糖可直接与消化道中的多种消化酶结合并降低其活性,使消化酶不能与营养物质发生反应。某些非淀粉多糖能结合胆汁酸,限制其发挥作用,显著增加粪中胆汁酸的排出量;同时还能与脂类、胆固醇结合,显著降低脂肪的消化吸收,特别是饱和脂肪酸的消化吸收明显下降,而对不饱和脂肪酸(C18:1,C18:2,C18:3,C20:2)无显著影响。非淀粉多糖还能阻碍脂肪吸收微粒的形成,进而影响脂肪吸收,最终影响小肠中脂类的代谢。同时，也能影响禽蛋色素的沉积，使肉禽胴体色质偏白，降低胴体品质。甘露寡糖能降低葡萄糖在肠道中的吸收，通过干扰胰岛素的分泌和胰岛素样生长因子的产生而降低碳水化合物的代谢。

4. 影响消化道黏膜生理形态和功能　肠道微生物的大量增殖，会刺激肠壁，并使之增厚，同时损伤黏膜上的微绒毛。肠道黏膜形态的改变，可影响营养物质的吸收。

5. 其他方面的影响　非淀粉多糖使肠道食糜黏度增加，一方面减少营养物质的消化和吸收，另一方面，也使具有黏性食糜的粪便排泄量增加，给畜舍环境及卫生控制带来困难，不利于动物疾病控制。

第五节　饲料抗原蛋白

抗原蛋白也称为致过敏蛋白质、致敏因子（sensitizing factor），是指大多数豆类子实中含有的一种大分子蛋白质或糖蛋白，被动物摄入后能改变体液免疫功能，引起肠道致敏反应。

（一）分布及分类

1. 分布　抗原蛋白在大豆子实中含量较高，豌豆、蚕豆、菜豆、羽扇豆、花生、小麦、大麦中也存在抗原蛋白。

2. 大豆蛋白质的分类　大豆蛋白质组分复杂，性质各异，大部分组分对动物健康无不良影响，但有些组分则对动物不利。为弄清这一问题，首先要了解大豆蛋白质组分。

（1）根据溶解方式，大豆蛋白可分为白蛋白和球蛋白，其中以球蛋白为主，球蛋白又可分为豆球蛋白和豌豆球蛋白。

（2）根据蛋白质超速离心沉降系数，可将大豆蛋白质分为：①2S组分：占大豆可浸出蛋白质总量的20%，主要包括胰蛋白酶抑制因子和细胞色素。②7S组分：占大豆可浸出蛋白质总量的1/3，主要为伴大豆球蛋白、α-淀粉酶、脂肪氧化酶和凝集素。③11S组分：占大豆可浸出蛋白质总量的1/3，主要为大豆球蛋白。④15S组分：占大豆可浸出蛋白质总量的10%，主要为多聚体大豆球蛋白。

根据免疫电泳法，又可将伴大豆球蛋白分为：①α-伴大豆球蛋白：是具有酶活性的2S蛋白质，相对分子质量为26 000，是一种单体蛋白。②β-伴大豆球蛋白：不具有酶活性，相对分子质量为140 000～210 000，是一种糖蛋白。③γ-伴大豆球蛋白：不具有酶活性，相对分子质量为104 000～170 000，是一种糖蛋白（含糖5.5%）。

3. 大豆抗原蛋白的种类　在上述组分中，大豆球蛋白、α-伴大豆球蛋白、β-伴大豆球蛋白和γ-伴大豆球蛋白都具有免疫原性，是抗原蛋白，都能不同程度地导致动物的过敏反应，但以大豆球蛋白和β-伴大豆球蛋白的免疫原性最强。大豆球蛋白和β-伴大豆球蛋白是大豆主要的储藏蛋白质，占大豆子实蛋白质总量的65%～80%，而导致过敏反应的具有抗原活性的大豆球蛋白和β-伴大豆球蛋白只占其中很少的一部分。

（二）化学结构及理化性质

1. 大豆球蛋白的结构和理化性质　大豆球蛋白是纯化的11S大豆球蛋白，是大豆蛋白质中最大的单体成分，占大豆子实蛋白质总量的25%～35%，球蛋白总量的40%，只有很小一部分含有糖基。大豆球蛋白是相对分子质量为 360 000 的六聚体,其单聚体亚基的结构为 A-S-S-B,A 和 B 都是酸性多肽,相对分子质量分别为 34 000～44 000 和 20 000,S-S 是一个二硫键,它将 A 和 B 连接起来。β-巯基乙醇等还原剂可将大豆球蛋白的亚基和多肽分开。

2. β-伴大豆球蛋白的结构和理化性质　β-伴大豆球蛋白是相对分子质量为 180 000 的三聚体,由 α、α′和 β 3 个亚基组成,其相对分子质量分别为 57 000、57 000、和 42 000。用脲或十二烷基硫酸钠-聚丙烯酰胺凝胶电泳将 β-伴大豆球蛋白变性,可将其单体亚基分开。β-伴大豆球蛋白的 3 个亚基都富含天冬氨酸/天门冬酰胺、谷氨酸/谷氨酰胺、亮氨酸和精氨酸,其中 α 和 α′亚基的氨基酸组成非常相似,二者都缺乏胱氨酸,但含少量的蛋氨酸,而 β 亚基不含蛋氨酸。这 3 个亚基都含有 4%～5%的碳水化合物,因此,β-伴大豆球蛋白是糖基化蛋白质。

3. 大豆球蛋白和 β-伴大豆球蛋白的差异　大豆球蛋白和 β-伴大豆球蛋白结构和组成上的不同决定了其功能特性的差异。大豆球蛋白和 β-伴大豆球蛋白在凝胶形成能力、热稳定性和乳化能力等方面都有差异。一般来说,大豆球蛋白的凝胶形成能力比 β-伴大豆球蛋白强,但 β-伴大豆球蛋白的乳化能力和乳化稳定性比大豆球蛋白大。80℃加热 30min,β-伴大豆球蛋白凝胶比大豆球蛋白凝胶硬。β-伴大豆球蛋白变性所需温度比大豆球蛋白高,100℃加热 5min,β-伴大豆球蛋白就能形成较硬的凝胶。

4. 其他饲料抗原蛋白

(1) 豌豆和蚕豆:豌豆子实蛋白质含有豆球蛋白、豌豆球蛋白和伴豌豆球蛋白,以豆球蛋白和豌豆球蛋白为主。豆球蛋白的相对分子质量为 390 000 (380 000～410 000),沉降系数 11S;豌豆球蛋白的相对分子质量为 145 000～170 000,沉降系数 7S;伴豌豆球蛋白的相对分子质量为 290 000。蚕豆子实蛋白质含有 11S 的豆球蛋白和 7S 的豌豆球蛋白,以豆球蛋白为主,其相对分子质量为 380 000。

(2) 菜豆、羽扇豆和花生:菜豆子实蛋白质主要是一种 7S 的球蛋白,称为菜豆球蛋白。它是一种糖蛋白(含糖 3%～5%),相对分子质量为 140 000～160 000。羽扇豆子实蛋白质含有 α-羽扇豆球蛋白、β-羽扇豆球蛋白和 γ-羽扇豆球蛋白 3 种,其中以 β-羽扇豆球蛋白为主。花生子实蛋白质含有 α-花生球蛋白和 α-伴花生球蛋白 2 种。α-花生球蛋白是主要成分,经凝胶层析可分为 9s 和 14s 2 种组分;α-伴花生球蛋白的沉降系数为 7s。

(3) 蓖麻:蓖麻中的抗原称为蓖麻变应原或变应素,存在于蓖麻子仁中的胚乳部分,含量占子实的 0.4%～5.0%,在蓖麻子壳、茎和叶中也有少量存在。它是一种由蛋白质和多糖(含糖 2%～3%)聚合形成的糖蛋白,为白色粉末状固体,溶于水,不溶于有机溶剂,在酸性溶液和沸水中比较稳定,易被碱溶液分解。

(三) 抗营养作用及其机理

1. 引起仔猪过敏反应　大豆球蛋白、α-伴大豆球蛋白、β-伴大豆球蛋白和 γ-伴大豆球蛋白等 4 种大豆球蛋白均能引起断奶仔猪的过敏反应,但起主要作用的是大豆球蛋白和 β-伴大豆球蛋白。日粮蛋白质中绝大部分大豆球蛋白和 β-伴大豆球蛋白被降解为肽和氨基酸,只有大约 0.002%未被降解部分穿过小肠上皮细胞间或上皮细胞内的空隙完整地进入血液和淋巴,刺激肠道免疫组织,产生 T 淋巴细胞介导的迟发型过敏反应,反应的后果是导致腹泻。

断奶仔猪对大豆蛋白质的过敏反应包括特异性抗原抗体反应和T淋巴细胞介导的迟发型过敏反应2个方面，它们在肠道功能异常中所起的作用是不一样的，前者刺激肥大细胞释放组胺，引起上皮细胞通透性增加和黏膜水肿，而后者主要引起肠道形态的变化。在大豆球蛋白和β-伴大豆球蛋白引起的断奶仔猪的过敏反应中，T淋巴细胞介导的迟发型过敏反应引起的肠道形态变化是主要方面。

断奶仔猪腹泻主要是由于断奶仔猪肠道的损伤造成的，其原因一方面是断奶应激，另一方面则是仔猪对断奶日粮中抗原蛋白的短暂过敏反应，两方面作用的结果引起大肠杆菌在肠道上皮定植和增殖及对肠毒素敏感性的提高，从而加重腹泻的发生。

2. 引起犊牛过敏反应 犊牛瘤胃和小肠发育尚不完善，一方面，犊牛的蛋白酶使具有抗原活性的大豆蛋白变为可溶性成分的能力有限，使得相当数量的大豆球蛋白和β-伴大豆球蛋白以完整的大分子形式直接吸收进入血液和淋巴系统，产生特异性抗体介导的I型过敏反应和淋巴细胞介导的迟发型过敏反应；另一方面，犊牛似乎不对大豆蛋白产生免疫耐受性。因此，大豆蛋白产生的过敏反应对犊牛的影响更加广泛。

(1) 短期效应：植物蛋白质可改变蛋白质在皱胃中的凝固和增加皱胃完整蛋白流量，而后者通常会抑制蛋白质的消化和加快氨基酸的吸收，表现为饲喂后很短时间内血液中氨基酸的聚积。

(2) 长期效应：长期效应是指大豆致敏蛋白引起的长达2~3周的有害反应，表现为一系列的生理和免疫学变化，导致生产性能的下降。

一方面，大豆等植物性蛋白质可使小肠绒毛萎缩，腺窝增生。此外，大豆抗原蛋白还可引起肠道对大分子蛋白质通透性的短暂性增加，影响肠道组织重量和消化液的分泌。另一方面，大豆抗原蛋白可使犊牛胃的收缩力减弱，而使肠道收缩力增强，导致食糜在胃肠道中的流通时间显著缩短。

大豆等植物性蛋白质可以降低犊牛的采食量，蛋白质回肠表观消化率与大豆球蛋白和β-伴大豆球蛋白含量呈显著的负相关，血清抗大豆球蛋白和β-伴大豆球蛋白抗体与肠道紊乱的严重程度间呈正相关。

第六节 胀气因子

胀气因子（gaseous distention factor）是指能引起动物胃肠胀气的某些豆类子实中含有的一些低聚糖，主要是指棉子糖和水苏糖，主要存在于菜豆、大豆、豌豆、绿豆等豆科子实中。

(一) 化学结构及理化性质

棉子糖又称为蜜三糖，是由蔗糖分子中的葡萄糖通过α-1,6糖苷键与半乳糖连接形成的三糖。其分子式为$C_{18}H_{32}O_{16}$，相对分子质量为504.44（图4-5）。棉子糖属于非还原性糖，其甜度仅为蔗糖的23%。与酸共煮时，即行水解，生成葡萄糖、果糖和半乳糖。在不同酶的作用下，棉子糖可降解成不同产物。蔗糖酶可以将棉子糖分解为果糖和蜜二糖；α-半乳糖苷酶可使棉子糖分解为半乳糖和蔗糖。

水苏糖是由棉子糖分子中的半乳糖以α-1,6糖苷键与半乳糖相连接形成的四糖。其分子式为$C_{24}H_{42}O_{21}$，相对分子质量为665.58，化学结构为O-α-D-吡喃半乳糖基-(1,6)-O-α-D-

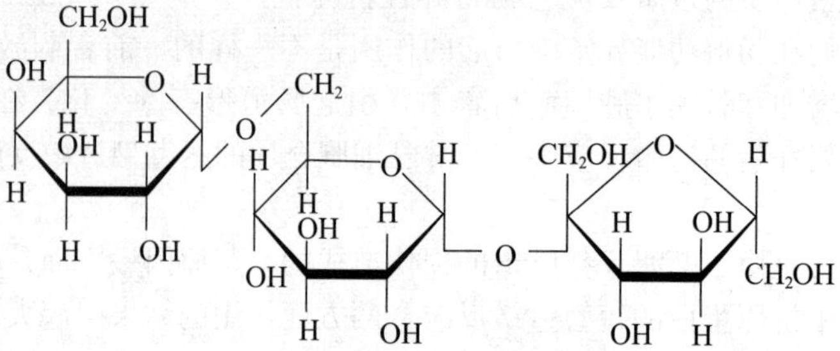

图 4-5 棉子糖分子结构式

（引自李德发，大豆抗营养因子，2003）

吡喃半乳糖基-（1,6）-O-α-D-吡喃葡糖基-（1,2）-β-D-吡喃果糖苷（图 4-6）。

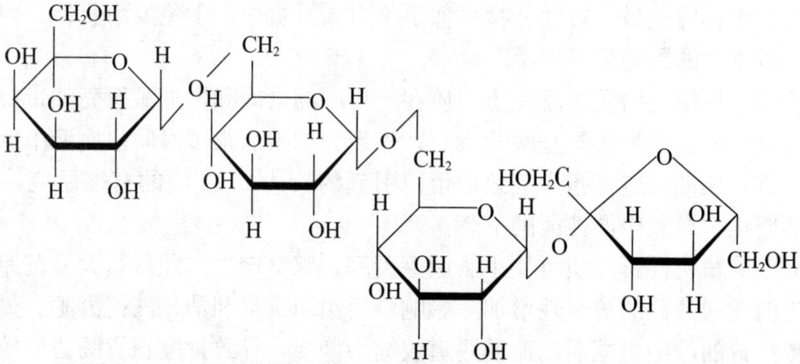

图 4-6 水苏糖分子结构式

（引自李德发，大豆抗营养因子，2003）

液态棉子糖及水苏糖为淡黄色、透明黏稠状液体；固体为淡黄色粉末或颗粒，极易溶于水及相对分子质量较低的稀醇中。其能值很低；保湿性比蔗糖低，比果糖浆高；不易发生霉变，具有良好的耐酸和热稳定性。其甜度低于相同浓度的麦芽糖浆而高于蔗糖和高果糖浆。棉子糖和水苏糖混合物的渗透压略高于相同浓度的蔗糖，而低于浓度 55% 的高果糖浆。

（二）抗营养作用及其机理

1. 大豆胀气因子对日粮能量利用率及养分消化率的影响　大豆胀气因子，即棉子糖和水苏糖可以降低氮校正代谢能，它们的含量越多，氮校正代谢能降低的幅度就越大，并与纤维素和半纤维素等的消化率下降有关。水苏糖可导致猪的消化能、代谢能及干物质消化率有明显降低的趋势，还可使断奶仔猪日粮能量和营养物质消化率下降；棉子糖和水苏糖可使回肠末端淀粉、粗蛋白质和无氮浸出物消化率下降，并可降低日粮磷的表观消化率；水苏糖还可导致氮存留量下降，且随着日粮中水苏糖水平的提高，粗蛋白质、粗纤维和氨基酸的表观消化率有降低的趋势。

2. 大豆胀气因子对动物生产性能的影响　一定水平的水苏糖可显著降低仔猪断奶后 0～21d 的日增重，饲料转化率也有下降趋势。棉子糖和水苏糖可引起非反刍动物腹泻、肠道胀气和不适；棉子糖可导致禁食小鼠发生严重的腹泻。

3. **大豆胀气因子对肠道 pH 和食糜排空速度的影响** 棉子糖和水苏糖可以增加食糜通过胃肠道的速率，进而影响营养物质的吸收。由于猪体内无可降解水苏糖等大豆寡糖的 α-半乳糖苷酶，致使直接进入消化道后段的水苏糖等大豆寡糖，被寄生的厌氧微生物分泌的相应的酶类降解，产生大量的氢气、二氧化碳、氮气及少量的甲烷和挥发性脂肪酸、乳酸等，导致结肠 pH 降低。

第七节 植 酸

植酸广泛存在于植物中，其中禾谷类子实（如玉米、高粱、小麦、大麦）和油科子实（如棉子、菜子、芝麻、蓖麻）中含量丰富。它是植物子实中肌醇和磷酸的基本储存形式。单胃动物一般不能利用植酸中的磷，因为单胃动物一般不分泌能分解植酸的植酸酶。

（一）化学结构与理化性质

植酸又称为肌醇六磷酸，化学名称为环己醇六磷酸酯。其分子式为 $C_6H_{18}O_{24}P_6$，通式为 $C_6H_6[OPO(OH)_2]_6$，相对分子质量为 666.8。pH 为 7 时，植酸的基本结构见图 4-7。

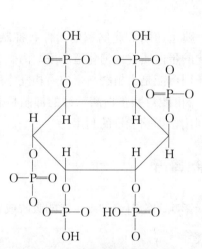

图 4-7 中性时植酸的基本结构
（引自张子仪，中国饲料学，2000）

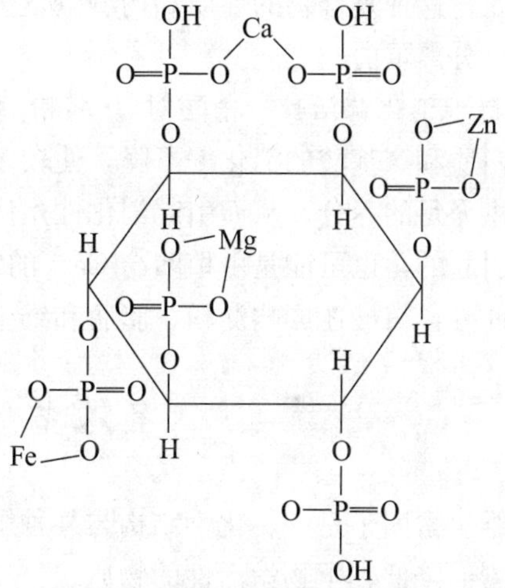

图 4-8 植物中植酸盐的常见结构
（引自张子仪，中国饲料学，2000）

植酸在植物体内几乎都以复盐（与若干金属离子）或单盐（与 1 个金属离子）的形式存在，而一般不以游离形式存在，称为植酸盐或肌醇六磷酸盐（图 4-8），其中较为常见的是以钙-镁-蛋白质的复盐形式存在，即植酸钙镁盐或菲丁，有时以可溶性的钾盐或钠盐形式存在。

植酸为淡黄色或淡褐色的黏稠液体，呈强酸性，易溶于水、95% 的乙醇和丙酮，不溶于苯、氯仿和己烷，密度为 1.58g/cm³。植酸本身毒性很小，它在很宽 pH 范围内均带负电荷，是一种很强的螯合剂，能牢固地黏合带正电荷的 Ca^{2+}、Mg^{2+}、Zn^{2+}、Fe^{2+}、Mn^{2+}、Cu^{2+} 和 Cr^{2+} 等金属离子和蛋白质分子，形成难溶性的植酸盐螯合物。植酸经水解可生成磷酸和肌醇（或肌醇衍生物）。

（二）抗营养作用及其机理

1. **降低矿物元素的利用率**　植酸在很宽的pH范围内均带负电荷，是一种很强的配合剂，在消化道中可与二价或三价金属离子发生络合反应，生成不溶性络合物。在pH 7.4的条件下，植酸和金属离子络合能力从大到小依次为Cu^{2+}、Zn^{2+}、Ni^{2+}、Co^{2+}、Mn^{2+}、Fe^{2+}、Ca^{2+}。日粮中植酸含量过高，可使钙、锌等元素的利用率降低，特别是对幼龄动物，植酸过多对钙吸收的抑制作用表现得更为明显，甚至可导致佝偻病。当植酸含量低于0.8%时，不影响大鼠对铜的吸收；当植酸含量高于1.0%时，则降低铜的吸收率。另外，植酸对矿物元素利用率的影响还与金属离子的来源有关，如植酸对硫酸铜中铜利用率的降低幅度大于天然饲料来源的铜。

2. **对蛋白质消化率的影响**　植酸能直接或间接与蛋白质分子形成二元或三元复合物。在低于蛋白质等电点的pH条件下，植酸与蛋白质中的碱性氨基酸如精氨酸、赖氨酸及组氨酸产生静电连接，形成不溶性的植酸-蛋白质二元复合物；当pH趋于等电点时，蛋白质呈电中性，植酸不能直接与其发生反应，而是通过二价金属离子如Ca^{2+}、Mg^{2+}和Zn^{2+}的介质作用生成植酸-金属离子-蛋白质三元复合物。这些复合物可明显降低蛋白质的可溶性，受蛋白水解酶作用的程度弱于同种单一蛋白质，这样就降低了蛋白质的生物学效价，从而降低了蛋白质的消化率。其降低程度主要与这种复合物的性质和构型以及蛋白质的来源有关。植酸对小麦麸蛋白质利用率的影响大于大豆分离蛋白。

3. **降低消化酶活性**　植酸对α-淀粉酶、胃蛋白酶、胰蛋白酶和脂肪酶的活性有抑制作用，造成蛋白质和氨基酸的消化率下降，使较多未被充分消化的蛋白质进入消化道后段，为微生物的繁殖提供充足的养分，从而引起消化性疾病。这种抑制作用可能是由植酸与蛋白质相互作用的非特异性引起的，也可能是由植酸与Ca^{2+}的络合作用造成。植酸对胰蛋白酶活性的抑制是非竞争性的。此外，植酸还影响淀粉、脂肪和维生素的消化与利用，影响能量的利用。

第八节　抗维生素因子

抗维生素因子是一类化学结构与某种维生素相似，能影响动物对该种维生素的吸收或破坏某种维生素而降低其生物学活性的物质。

（一）分布及分类

在豆类、豆科植物、蕨类植物、油菜、木棉子实及高粱、亚麻子、伞形科植物等植物中都存在抗维生素因子，另外，许多贝壳类水生生物含抗维生素B_1因子。

(1) 根据作用机理，抗维生素因子分为：①与维生素化学结构相似类：化学结构与某种维生素相似，在代谢过程中与该维生素竞争，从而干扰动物对维生素的利用，引起该维生素的缺乏，如双香豆素。②破坏维生素活性类：破坏某种维生素而使其丧失生物活性，降低其效价，如存在于豆科植物中的脂肪氧化酶。

(2) 根据抗维生素种类，可将抗维生素因子分为：抗维生素A因子、抗维生素D因子、抗维生素K因子、抗维生素E因子、抗维生素B_1因子、抗维生素B_6因子、抗烟酸因子、抗生物素因子、抗维生素B_{12}因子等。

(二）抗营养作用

1. **抗维生素 A 因子** 是指能破坏维生素 A 及胡萝卜素并使之丧失生理作用的物质。存在于豆科植物中的主要是脂肪氧化酶，或称为脂氧合酶。脂肪氧化酶是一种非血红素铁蛋白，相对分子质量为 90 000~100 000，在生物体内的主要作用是专一催化含顺-1，4-戊二烯结构的多不饱和脂肪酸（如亚油酸）与亚麻酸的加氧反应，生成具有共轭双键的多元不饱和脂肪酸的过氧化物，该过氧化物在水分适宜时活性很高，氧化能力增加，不仅能氧化脂肪，引起大豆油产生不良气味，使油脂易于酸败，同时也能氧化脂肪内附着的维生素成分，如维生素 A 和胡萝卜素，并且能直接与食品中的蛋白质和氨基酸结合，降低食品的营养价值。脂肪氧化酶不耐热。

2. **抗维生素 D 因子** 是指影响维生素 D 的生物活性并降低钙吸收的物质。生大豆中含有抗维生素 D 因子。该物质不耐热。

3. **抗维生素 E 因子** 是指能降低维生素 E 的生物活性并导致维生素 E 缺乏症的物质。生菜豆和生大豆中含有的抗维生素 E 因子主要是 α-生育酚氧化酶，它可以氧化维生素 E。该物质耐热性较差。

4. **抗维生素 K 因子** 是指能与维生素 K 产生竞争性抑制作用，妨碍维生素 K 的利用，并产生抗凝血作用的物质。存在于植物中，尤其是伞形科、豆科植物，含量较多的香豆素，是一种具有苯并-α-吡喃酮母核的一类化合物的总称。其母核环上有不同的取代基，取代基主要是羟基、烷氧基、苯基、异戊烯基等。香豆素在霉菌作用下可转变成具有抗维生素 K 作用的双香豆素。

5. **抗维生素 B_1 因子** 是指能破坏维生素 B_1 的结构，并使其降解的物质，即硫胺素酶。它主要存在于蕨类植物、油菜、木棉子实及某些淡水鱼类（鲤、泥鳅）、贝类（蛤蜊）和甲壳类（虾、蟹）动物，家畜肠道微生物也能产生此种物质。它可将维生素 B_1 分解为嘧啶和噻唑或噻唑部分被其他碱基取代。该酶不耐热。

6. **抗维生素 B_6 因子** 是指能与维生素 B_6 结合，并使其丧失生理功能的物质。主要存在于亚麻子实中，是 D-脯氨酸的衍生物，即 1-氨基-D-脯氨酸。它可以与磷酸吡哆醛结合，使其失去生理作用。

7. **抗烟酸因子** 又称烟酸原，存在于高粱、小麦、玉米等谷类子实中。它与烟酸结合在一起，形成结合态烟酸，使烟酸活性丧失。该因子不耐热。

8. **抗生物素因子** 能与生物素不可逆结合，生成不能被消化和吸收的物质。它是存在于生鸡蛋清中的一种糖蛋白，又称为抗生物素蛋白，可以使生物素失去活性。该因子不耐热。

9. **抗维生素 B_{12} 因子** 是指能增加畜禽维生素 B_{12} 需要量的物质。存在于生大豆中，对热不稳定。

第九节 饲料抗营养因子活性的钝化或消除

随着对抗营养因子研究的不断深入，人们对饲料抗营养因子越来越重视，并积极寻求有效的钝化或消除饲料中抗营养因子的方法，以提高营养物质的消化利用率，促进动物健康，保障饲用安全。

饲料抗营养因子活性的钝化或消除方法可以概括为 3 大类：物理方法、化学方法和生物学方法。

一、物理钝化技术

物理方法是通过水浸泡、加热、加压和红外线加热以及同位素辐射等物理作用使饲料抗营养因子失活的方法。在所有钝化技术中，物理方法尤其是热处理技术对蛋白酶抑制因子、凝集素等热敏性抗营养因子有很好的钝化效果，是应用最为广泛的钝化技术。

（一）热处理钝化技术

热处理在一定范围内可使抗营养因子钝化，饲料营养价值得到改善。在饲料抗营养因子中，胰蛋白酶抑制因子、脲酶和凝集素对热比较敏感。

在干燥状态下，大豆中纯的Kunitz型胰蛋白酶抑制因子或其他豆科子实中的胰蛋白酶抑制因子对热钝化具有较高稳定性，因此，湿热处理对大豆胰蛋白酶抑制因子的破坏至关重要。大豆凝集素对高温更为敏感。脲酶对热敏感性与胰蛋白酶抑制因子相同。饲料中抗维生素因子对热敏感，一般的热处理即可以使他们失活。

1. 湿热钝化技术　湿热钝化技术包括蒸汽加热处理和蒸煮处理。蒸汽加热处理是主要的湿热加工形式，蒸汽可以是常压或高压。常压蒸汽处理一般温度不超过100℃，蒸汽加热30min；高压蒸汽处理的容器中温度可达到133~136℃。蒸汽钝化大豆粉中胰蛋白酶抑制因子的条件为：100℃常压蒸汽60min；高压蒸汽处理，0.035MPa加热45min；0.070MPa加热30min；0.100MPa加热20min或0.140MPa加热10min。此外，高温高压还可破坏分离大豆蛋白中大部分植酸。蒸煮是将大豆先在水中（加盐或碱）浸泡，然后煮沸的处理工艺。蒸煮后的大豆经过干燥后整粒或粉碎使用。它属于最初的处理方法，不适合大规模生产。

2. 干热钝化技术　包括烘烤和热风喷射钝化技术。

（1）热风烘烤：即将大豆置于可旋转的带有搅拌装置的圆筒中，圆筒通过火焰，以达到快速加热（120~250℃）的目的。其优点是加工速度较快，烘烤机械为可移动式，可在现场进行加工。主要缺点是依据烘烤后大豆颜色的主观判断来调整机械的设置条件，因每批处理的工艺参数难以保持稳定，可能导致烘烤全脂大豆质量产生较大变异。该法温度在204℃以上时，钝化效果较好。

（2）热风喷射钝化技术：热风喷射是用232~310℃的热风喷射处理大豆的工艺，主要流程包括热风喷射、保温、辊压压片和鼓风冷却等。保温是热风喷射处理大豆的重要环节。掌握适宜的热风温度和保温时间，对钝化抗营养因子、改善蛋白质的利用率和提高产品质量稳定性至关重要。用全脂大豆饲喂非反刍动物，则热风喷射的适宜加工参数为：热风温度232℃或大豆初始温度103℃，保温30min；如将大豆用作过瘤胃蛋白质，热风温度应提高至288~310℃，或大豆初始温度116~122℃，保温14h。

3. 挤压膨化钝化技术　挤压膨化是一种集混合、糅合、剪切、加热、冷却和成形等多种处理方式为一体的加工工艺，具有高温、高压和高剪切力的特点。挤压膨化可分为干法挤压膨化和湿法挤压膨化。干法挤压膨化主要靠挤压机螺杆运动的摩擦产热作为熟化和脱水的唯一热源。湿法挤压膨化需要对原料通入蒸汽进行调质处理，挤压产品水分含量较高时需要烘干。挤压膨化钝化抗营养因子的效果受大豆品种、膨化机类型等因素的影响。与一般热处理相比，挤压膨化处理对抗营养因子有更好的钝化效果。膨化对Kunitz型胰蛋白酶抑制因子和大豆抗原（大豆球蛋白和β-伴大豆球蛋白）都有一定的破坏作用。挤压膨化和乙醇溶液提取过程的组合处理能有效降低大豆抗原蛋白。

4. 影响热处理钝化效果的因素　温度、水分、时间、压力、大豆来源与颗粒大小等因素影响热处理钝化大豆抗营养因子的效果，其中温度是主要因素。温度和压力越大，钝化效果越好；反之，则较差。时间越长，钝化效果越好，但在高温长时间处理条件下，易导致大豆蛋白质完全变性，有效氨基酸损失极大，且不能作为饲料使用。因此，处理时间与温度呈负相关。

（二）其他物理钝化技术

1. 水浸泡处理　用水浸泡可除去黑麦中的水溶性非淀粉多糖，并活化能降解这些多糖的内源酶。用热水浸泡也可降低大部分植酸的含量。

2. 高频微波电磁场处理　微波是一种频率很高（30～300MHz）而波长却很短（0.001～1.000m）的电磁波。当电磁波在介质内部起作用时，蛋白质、脂肪、碳水化合物等极性分子受到交变电场的作用而剧烈振荡，引起强烈的摩擦而产生热，这一现象称为微波的介电感应加热效应。这种热效应使得蛋白质等分子结构发生改变，从而破坏大豆中的抗营养因子。微波处理可降低大豆脲酶、胰蛋白酶抑制因子和脂肪氧化酶的活性。此外，还可降低大豆子实中植酸含量。

微波处理时，大豆抗营养因子活性与高频电场的作用时间呈负相关，作用时间延长，活性降低。微波加热处理生大豆的适宜加工参数为：传输带速度，1.10～2.42m/min；加热时间，2.50～5.50min。真空微波处理适宜的加工参数为：真空度，91.8～94kPa；含水量，24.30%～29.50%；时间，6.5～7.7min。

3. 低频超声波处理　超声波是频率大于20kHz的声波，具有波动与能量的双重属性，主要用于液体物料的处理。温度、处理时间、振幅和pH是影响处理大豆胰蛋白酶抑制因子的主要因素。超声波对生大豆奶中Kunitz型胰蛋白酶抑制因子的钝化效果要好于经过纯化的Kunitz型胰蛋白酶抑制因子，而频率大于20kHz的超声波对纯化的Bowman-Birk型蛋白酶抑制因子几乎不起作用。

4. 辐射处理技术　γ射线辐照是利用如钴-60（^{60}Co）和铯-137（^{137}Cs）等放射性同位素发射出的高能γ射线对大豆胰蛋白酶抑制因子及凝集素进行钝化处理。采用^{60}Co，60kGy的辐射强度是处理生大豆较适宜的辐射剂量。此外，还可以使黑麦、大麦和小麦中非淀粉多糖降解，提高这些饲料原料的饲用价值。

二、化学钝化技术

化学方法是采用酸碱或其他化学物质使饲料抗营养因子钝化或失活的方法。化学钝化技术在工艺上易于控制，但残留化学物质的处理和化学试剂的成本等因素限制了该类钝化技术的应用。

1. 原理　化学物质与抗营养因子分子结合，使其分子结构改变而失去活性。使用的化学物质有硫酸钠、硫酸铜、硫酸亚铁、碱溶液、高锰酸钾、重铬酸钾或过氧化氢、甲醇、乙醇、异丙醇及甲醛等。

偏重亚硫酸钠或亚硫酸钠钝化大豆蛋白酶抑制因子的机理为：偏重亚硫酸钠或亚硫酸钠与水分子作用生成亚硫酸根离子，可使二硫键断裂产生含硫的阴离子基团（$R-S^-$）和磺酸基衍生物,进而生成新的含二硫键的复合物,此复合物为稳定的无活性基团。无机化学试剂可破坏 Kunitz 型胰蛋白酶抑制因子和 Bowman-Birk 型蛋白酶抑制因子分子结构中的二硫键,而不改变氨基酸的组成。维生素 C 能使 Kunitz 型胰蛋白酶抑制因子中的二硫键断裂生成 2 个巯基,后者很容易被空气或其他氧化物氧化,当有 Cu^{2+}、Fe^{2+} 等金属离子存在时,巯基的氧化作用明显加强。

2. 钝化效果 不同化学物质对大豆抗营养因子的破坏程度不同,偏重亚硫酸钠效果最理想。用尿素处理生大豆比较方便,且价格低廉,适宜的处理条件为:20%水、尿素浓度 5%、20d,适合于小批量处理生豆饼。1%氢氧化钠溶液对胰蛋白酶抑制因子、脲酶及脂肪氧化酶的破坏程度最大。同时使用 2 种化学物质可以明显提高大豆抗营养因子的钝化效果。如偏重亚硫酸钠和戊二醛、维生素 C 和硫酸铜、过氧化氢和硫酸铜混合使用,效果很好。

化学处理也需要热的配合。温度高于 65℃,作用时间约 30min,可有效消除胰蛋白酶抑制因子。硫酸亚铁溶液与热处理配合可以使大豆及菜豆中的抗营养因子更容易钝化。其他还原剂,如硫醇类物质(胱氨酸、N-乙酰半胱氨酸、含硫基的醇类、还原型谷氨酰胺)与加热处理配合可以加速大豆中胰蛋白酶抑制因子的钝化速度。用稀酸(如盐酸)溶液浸泡大豆效果较好,如提高浸泡温度或浸泡后再焙炒,可增强去除植酸效果。

高粱等子实经氢氧化钠、碳酸钾、氢氧化钙或碳酸钠等碱性溶液浸泡处理,可消除大部分单宁。用 30%氨水处理高粱,低压密封保存 1 周,可脱去大部分单宁。用高锰酸钾、重铬酸钾或过氧化氢处理,可使单宁含量降低 90%。在青贮料中添加 4%的尿素,青贮 2d 可使单宁含量降低 50%。

利用乙醇溶液浸渍大豆即能钝化胰蛋白酶抑制因子,也能消除脂肪氧化酶的活性,但只能钝化 50%的胰蛋白酶抑制因子。在大豆深加工中,用有机溶剂如乙醇等主要消除大豆中的寡糖等,即用 80%乙醇溶液,按 10:1(75℃)循环浸提大豆或豆粕 2h,再用水冲洗 30min,可将普通大豆或豆粕中 97.5%的可溶性碳水化合物消除。此外,用热乙醇提取的大豆蛋白中仍残留少量有抗原活性的大豆球蛋白和 β-伴大豆球蛋白,但不足以引起犊牛消化障碍,这主要是因为热乙醇处理能增加大豆抗原对胃蛋白酶和胰蛋白酶的敏感性。

高粱子实经甲醛溶液处理,可降低单宁含量,如与盐酸混合处理,效果会更佳。在饲料中加入适量蛋氨酸或胆碱作为甲基供体,可促进单宁甲基化作用使其代谢排出体外,或加入聚乙烯吡咯酮、聚乙二醇等非离子型化合物,可与单宁形成络合物,排出体外。

EDTA 可使菜子粕中植酸含量降低 70%,这主要是由于 EDTA 与蛋白质络合的金属离子发生络合,破坏了蛋白质-金属离子-植酸的复合结构,最后 EDTA-金属离子透析出来。

三、生物钝化技术

生物学方法是指主要使用来源于细菌或真菌的酶处理饲料,以达到钝化或消除抗营养因子的目的。此外,采用现代育种技术来降低抗营养因子也属于生物学方法的范畴。生物学方法是降解饲料抗营养因子最为彻底的手段,其应用潜力很大。

1. 应用酶制剂钝化饲料抗营养因子 应用生物活性酶可以钝化或消除饲料中的抗营养因子。胰蛋白酶抑制因子本身是一种蛋白质,可以被蛋白酶水解。胃蛋白酶、胰蛋白酶和枯草杆菌蛋白酶可以将 Kunitz 型胰蛋白酶抑制因子水解成多肽，消除其活性。中性、酸性或碱性蛋白酶和木瓜蛋白酶均可不同程度地降解低温脱脂豆粕中的大豆胰蛋白酶抑制因子，但降解程度差异较大，其中碱性蛋白酶降解作用显著优于其他酶。能够水解胰蛋白酶抑制因子的酶相对活力大小依次为碱性蛋白酶、酸性蛋白酶、中性蛋白酶、木瓜蛋白酶。碱性蛋白酶主要催化部位为丝氨酸残基，反应的最适条件为：pH 8.0、温度 60℃、4h、每克蛋白加酶 10μL、添加 0.3％硫酸钠溶液。

添加 α-半乳糖苷酶及转换酶可有效降解大豆寡糖。α-半乳糖苷酶降解棉子糖和水苏糖的最适条件为：pH 5.5～6.0，温度 55℃，3h。在 55℃、pH 5.5、45min，如果在每克豆粕中仅添加转换酶 100IU 时，豆粕中蔗糖完全降解；如果在每克豆粕中同时添加转换酶 100IU 和 α-半乳糖苷酶 10IU，可使豆粕中的所有寡糖完全降解。在以小麦或大麦为主要能量饲料原料的基础日粮中添加 β-葡聚糖酶及阿拉伯木聚糖酶，可以提高相应饲料原料的饲用价值。

日粮中添加植酸酶可有效地消除植酸的不良影响。植酸酶的活性受很多因素的影响，如 pH、水分、温度、抑制剂、激活剂、底物浓度、产物浓度以及植酸和植酸酶来源等。添加单宁酶可以降低单宁的含量，单宁酶能水解单宁中的酯键，生成没食子酸和其他化合物。

使用非淀粉多糖酶如 β-葡聚糖酶和木聚糖酶，能降解大麦和小麦中的非淀粉多糖，使食糜黏度降低，饲料的消化率和利用率提高。玉米淀粉中大多数为支链淀粉，在制粒过程中易糊化，但部分糊化淀粉在冷却和储存过程中发生聚合，形成和蛋白质、纤维交联在一起的退化淀粉，即抗性淀粉。退化淀粉能抵抗消化酶的消化，直接进入到肠道后段，导致玉米淀粉回肠消化率降低。添加支链淀粉酶可以降解退化淀粉，提高淀粉回肠末端消化率。

2. 发芽对饲料抗营养因子的钝化　发芽处理大豆和其他豆科子实可以降低抗营养因子的含量，其原理是：利用豆科子实发芽过程中一些被激活产生的内源蛋白酶来降解豆科子实中的抗营养因子。发芽处理钝化大豆抗营养因子的效果受多种因素影响，主要包括品种、抗营养因子的种类和酶的种类及活性。发芽可以提高某些饲料如小麦和小麦麸本身含有的植酸酶的活性，有助于消除其本身含有的植酸，还可以使豆科子实中单宁的含量降低 30％～50％。

3. 育种技术　通过育种技术可以消除或降低饲料中抗营养因子的含量。主要采用的常规育种技术包括：筛选含量低或缺失抗营养因子的植物品种，或采用诱变育种技术产生所需要的变异类型，再采用回交或改良回交方法进行常规育种。现已培育出研究用无胰蛋白酶抑制因子的大豆品系、低寡糖大豆品系、无凝集素的大豆品种、无抗维生素 A 因子的大豆品系以及低单宁高粱、低皂苷苜蓿、低香豆素草木樨等品种。但抗营养因子是植物自身用于防御的物质，降低其含量可能引起植物病虫害或鸟害的发生。

应用基因工程技术，可以解决在常规育种中无法解决的一些问题。目前常采用导入外源基因和基因表达抑制的方法。现已经通过基因工程技术培育出了低胰蛋白酶抑制因子、低寡糖、低植酸、低脂氧合酶的新品种大豆。

本 章 小 结

饲料抗营养因子是指饲料本身含有的或代谢产生的主要对营养物质的消化、吸收和利用产生不利影响的物质，主要包括蛋白酶抑制因子、植物凝集素、单宁、非淀粉多糖、植酸、饲料抗原、胀气因子、抗维生素因子等。

蛋白酶抑制因子可分为 Kunitz 类、Bowman-Birk 类和 Kazal 类。Kunitz 胰蛋白酶抑制因子主要抑制胰蛋白酶活性,Bowman-Birk 蛋白酶抑制因子可同时抑制胰蛋白酶和糜蛋白酶活性。植物凝集素具有凝集细胞、多糖或糖复合物的作用,还可以降低动物采食量,改变肠道黏膜结构和功能,降低营养物质的消化率,抑制动物生长。单宁可分为可水解单宁和缩合单宁,可降低动物采食量、营养物质的消化率,特别是蛋白质的消化率,对胃肠道黏膜及肝脏具有损伤作用。根据溶解性不同,可将非淀粉多糖分为可溶性非淀粉多糖和不可溶性非淀粉多糖,主要包括纤维素、戊聚糖、混合链 β-葡聚糖、果胶多糖、甘露聚糖、阿拉伯聚糖、半乳聚糖和木葡聚糖。非淀粉多糖可增加肠道黏度,阻碍消化酶对营养物质进行消化,因而降低营养物质的利用率,抑制动物生长。大豆中的抗原蛋白主要指大豆蛋白质中的大豆球蛋白、α-伴大豆球蛋白、β-伴大豆球蛋白和 γ-伴大豆球蛋白,其中对动物起主要致敏反应的是大豆球蛋白和 β-伴大豆球蛋白,对单胃动物而言,可引起短时间的致敏反应,导致腹泻等症状。胀气因子主要指大豆寡糖中的棉子糖和水苏糖,其可被肠道细菌降解,产生氢气、二氧化碳、氮气及甲烷、挥发性脂肪酸等物质,可导致肠道臌胀、腹痛等症状。植酸在植物中的存在形式是植酸磷,主要影响饲料中矿物质元素和磷的利用。抗维生素因子可分为与维生素化学结构相似及破坏维生素活性 2 类,它们可以抑制或破坏相应维生素的活性,导致动物产生缺乏症。

饲料抗营养因子的钝化或消除的方法很多,以钝化或消除饲料抗营养因子和提高饲料营养价值为目的的加工方法可以概括为 3 大类:物理方法、化学方法和生物学方法。物理方法以热处理方法为主;化学方法主要使用化学物质(如硫酸钠等)对饲料抗营养因子进行处理;生物学方法是主要采用酶制剂处理的方法。此外,还可以采用育种、基因工程以及限制饲喂技术对饲料中抗营养因子进行钝化或消除处理。

思 考 题

1. 何谓饲料抗营养因子?都有哪些种类?对动物有何影响?
2. 大豆中含有哪些抗营养因子?对动物及营养物质有哪些影响?在单胃动物日粮中,如何合理使用大豆及其加工副产品?
3. 何谓非淀粉多糖?在单胃动物日粮中如何合理使用谷实类饲料原料?
4. 何谓饲料抗原?试述饲料抗原的不良作用及其机理。
5. 饲料抗营养因子钝化或消除的方法有哪些?

第二篇 各类饲料卫生与安全

第五章　杂饼粕、糟渣类饲料卫生与安全
第六章　青饲料卫生与安全
第七章　其他饲料及添加剂的卫生与安全

杂饼粕、糟渣类饲料卫生与安全

杂饼粕饲料是指除大豆外，其他各种油料子实提取油后的副产品，主要包括棉子饼粕、菜子饼粕、花生饼粕、亚麻子饼粕等。此类饲料蛋白质含量一般为 20%～50%，通常占畜禽配合饲料的 20%～30%，是主要的蛋白质饲料资源。但由于多数杂饼粕中含有一定的有毒有害物质，因此饲喂不当易引起动物中毒。此外，各种糟渣类饲料中也含有对动物有毒的成分，因而限制了这些原料在饲料工业中的广泛应用。因此，研究杂饼粕和糟渣类饲料中有毒物质的种类、特性、毒性及控制，对改善其饲用价值，提高蛋白质饲料资源利用率，保障饲料卫生与安全具有重要意义。

第一节 菜子饼粕的卫生与安全

油菜（*Brassica compestris* L.）为十字花科芸苔属植物，是我国主要油料作物之一。我国栽培油菜的主要品种类型为甘蓝型、白菜型、芥菜型，均为高芥酸、高硫葡萄糖苷含量的"双高"品种。目前广泛种植的是甘蓝型油菜，也称为洋油菜或日本油菜，主要分布于长江流域；白菜型油菜主要分布于我国北部和西北高原；而芥菜型油菜在西南地区种植较多。菜子饼粕（brassica seed cake）是油菜子提取油脂后的副产品，蛋白质含量为 32%～38%，各种氨基酸含量丰富且比例适宜，赖氨酸、含硫氨基酸、色氨酸、苏氨酸等必需氨基酸的含量较高。然而，由于菜子饼粕含有硫葡萄糖苷等有毒物质，影响了其安全使用及饲用价值。

一、菜子饼粕中的有毒有害物质

（一）硫葡萄糖苷及其降解产物

1. 硫葡萄糖苷的种类与含量

（1）硫葡萄糖苷（glucosinolate，GS，简称硫苷）的种类：硫葡萄糖苷是一类葡萄糖衍生物的总称，广泛存在于十字花科、白花菜科、金钱草科、辣木科、池花科等植物的叶、茎和种子中。已发现硫葡萄糖苷的种类达 100 多种，十字花科植物中存在 15 种左右，油菜子中已发现 10 多种。硫葡萄糖苷结构稳定，易溶于水、酒精、甲醇和丙酮，分子结构通式为：

$$R-C{\begin{matrix}S-C_6H_{11}O_5\\\\N-O-SO_3^-\end{matrix}}$$

硫葡萄糖苷分子是由非糖部分（苷元）和葡萄糖部分通过硫苷键连接而成，常以钾盐形式存在。R基团为侧链，是硫葡萄糖苷的可变部分，随着R基团的不同，硫葡萄糖苷的种类和性质也发生变化。根据R基团的不同，硫葡萄糖苷可分为饱和脂肪族硫苷、不饱和脂肪族硫苷、芳香族硫苷和杂环芳香族硫苷4大类。也可按R基团中有无羟基，分为羟基硫苷和无羟基硫苷2类。甘蓝型油菜中主要以羟基硫苷为主，白菜型油菜主要含无羟基硫苷。

油菜中的硫葡萄糖苷主要包括5种，即3-丁烯基硫葡萄糖苷、4-戊烯基硫葡萄糖苷、2-羟基-3-丁烯基硫葡萄糖苷、2-羟基-4-戊烯基硫葡萄糖苷和2-丙烯基硫葡萄糖苷（表5-1）。

表5-1 油菜中硫葡萄糖苷的种类

(改自郑旭阳，2000)

R 基 团	化 学 名 称	主要存在的油菜类型
$CH_2=CH-CH_2-CH_2-$	3-丁烯基硫葡萄糖苷	甘蓝型、白菜型、芥菜型
$CH_2=CH-CH_2-CH_2-CH_2-$	4-戊烯基硫葡萄糖苷	白菜型
$CH_2=CH-CH_2-$	2-丙烯基硫葡萄糖苷	芥菜型
$CH_2=CH-CH \cdot OH-CH_2-$	2-羟基-3-丁烯基硫葡萄糖苷	甘蓝型、白菜型
$CH_2=CH-CH_2-CH \cdot OH-CH_2-$	2-羟基-4-戊烯基硫葡萄糖苷	甘蓝型

(2) 油菜中硫葡萄糖苷的含量：油菜中硫葡萄糖苷的含量与植株部位、品种类型、栽培条件和环境条件有关。

油菜植株的各个部位均含有硫葡萄糖苷，不同部位含量不同。一般种子中的含量最高，主要集中在种子的子叶和胚轴中，其他部位较少。油菜不同部位的硫苷含量的高低顺序为：种子＞茎＞叶＞根。

不同品种油菜的硫葡萄糖苷含量不同。多数品种油菜硫葡萄糖苷含量在3%～8%之间，以甘蓝型油菜的含量最高，芥菜型次之，白菜型最低。生长期越长，硫葡萄糖苷的含量越高，冬油菜的含量高于春油菜，成熟期晚的品种高于成熟期早的品种。

环境条件和栽培技术对硫葡萄糖苷的含量也有一定影响。不同地区种植的油菜，由于生态环境的变化，硫葡萄糖苷含量也不同。施肥条件如增施氮肥和硫肥可提高硫葡萄糖苷的含量。

2. 硫葡萄糖苷的降解

(1) 硫葡萄糖苷的酶解：油菜中除含有硫葡萄糖苷外，还含有硫葡萄糖苷酶，或称芥子苷酶。在油菜种子发芽、受潮或磨碎等情况下，硫葡萄糖苷可被降解。由于硫葡萄糖苷酶存在于菜子薄壁细胞内，当菜子在制油过程中被粉碎后，硫葡萄糖苷酶就会对硫葡萄糖苷产生酶促水解作用。当水分为15.5%，温度在55℃时，1min内就能完成90%的水解反应。硫葡萄糖苷在酶的催化下水解生成葡萄糖和不稳定的非糖配基部分，后者随不同的水解条件形成不同的降解产物（图5-1）。

pH为7.0时，硫葡萄糖苷酶解后生成比较稳定的异硫氰酸酯。但有些R基团上带有β-羟基的硫葡萄糖苷，所产生的异硫氰酸酯不稳定，在极性溶液中可通过环化作用生成噁唑烷硫酮。某些R基团上带有苯基或杂环的硫葡萄糖苷形成的异硫氰酸酯，在中性和碱性条件下可转化为硫氰酸酯。在pH为3～4的条件下或者有Fe^{2+}存在时，硫葡萄糖苷可水解生成腈类和硫。

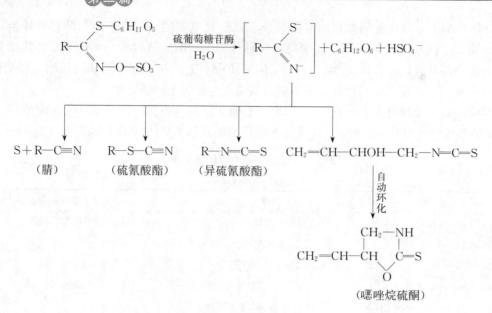

图 5-1 硫葡萄糖苷的降解产物
(改自罗方妮,饲料卫生学,2003)

除油菜子自身的硫葡萄糖苷酶可降解硫葡萄糖苷外,动物肠道内的某些细菌分泌的酶也具有降解活性。因此,即使菜子饼粕自身的硫葡萄糖苷酶失活,但动物食入菜子饼粕后,硫葡萄糖苷仍可能在动物的胃肠道内降解成上述有毒产物,从而引起动物中毒。某些真菌也具有水解硫葡萄糖苷的能力。

(2) 硫葡萄糖苷的非酶水解:硫葡萄糖苷还可在酸或碱的作用下水解,这种水解反应更强烈。在酸性条件下,硫葡萄糖苷的水解产物主要是羧酸、羟氨离子、硫酸根离子和葡萄糖;在碱性条件下,硫葡萄糖苷也可水解成许多产物。

3. 硫葡萄糖苷降解产物的毒性　通常认为硫葡萄糖苷本身对动物没有毒性,只有其降解产物才具有毒性。

(1) 异硫氰酸酯(isothiocyanate,ITC):具有辛辣味,严重影响饲料适口性。高浓度时对黏膜有强烈的刺激作用,长期或大量饲喂菜子饼粕时易引起腹泻,并发展为胃肠炎。同时异硫氰酸酯为挥发性毒物,可经肺排出,排泄过程中可刺激并损伤相应器官组织,引起肾炎及支气管炎,甚至肺水肿。当血液中含量较高时,异硫氰酸酯中的硫氰离子(SCN^-)可与碘离子(I^-)竞争而被浓聚到甲状腺中,抑制甲状腺滤泡浓集碘的能力,影响甲状腺激素的合成,导致甲状腺肿大,降低动物生长速度。

(2) 硫氰酸酯(thiocyanate):具有辛辣味,影响菜子饼粕的适口性,也可引起甲状腺肿大,其作用机理与异硫氰酸酯相同。

(3) 噁唑烷硫酮(oxazolidine thione,OZT):是菜子饼粕的主要毒物。其毒性作用主要为阻止甲状腺对碘的吸收,引起腺垂体促甲状腺素的分泌增加,抑制甲状腺激素(T_4和T_3)的合成,导致甲状腺肿大,具有很强的抗甲状腺素作用,也称为致甲状腺肿素或甲状腺肿因子。此外,噁唑烷硫酮还会抑制动物生长。一般鸭对噁唑烷硫酮的敏感性高于鸡,而鸡又比猪敏感。

(4) 腈 (nitrile)：硫葡萄糖苷在低温及酸性条件下酶解时可形成大量的腈，进入动物体内后，腈代谢析出氰离子（CN^-），因而毒性更大。主要抑制动物生长，是菜子饼粕的生长抑制剂，可损害动物的肝脏和肾脏，引起出血，甚至导致动物死亡。单胃动物的胃内环境有利于腈的形成。腈的毒性是噁唑烷硫酮的 8 倍。腈的 LD_{50} 为每千克体重 159~240mg，噁唑烷硫酮的 LD_{50} 为每千克体重 1 260~1 415mg。

4. 菜子饼粕中硫葡萄糖苷及其降解产物的含量　我国种植的油菜品种主要是高硫葡萄糖苷品种。菜子饼粕中的硫苷含量一般为 0.3%~1.2%。菜子饼及菜子粕中异硫氰酸酯的平均含量分别为 1 458.0mg/kg 和 1 422.6mg/kg，噁唑烷硫酮平均含量分别为 2 715.6mg/kg 和 2 323.3mg/kg。

（二）芥子碱和芥酸

1. 芥子碱 (sinapin)　芥子碱能溶于水，易发生水解反应生成芥子酸和胆碱。菜子饼粕中芥子碱的含量一般为 1%~1.5%。芥子碱有苦味，是菜子饼粕适口性差的主要原因之一。芥子碱易被碱水解，用石灰水或氨水处理菜子饼粕，可除去其中 95% 左右的芥子碱。

芥子碱与腥味蛋的产生有关。芥子碱在鸡胃肠道中可分解产生胆碱，进而转化为三甲胺，可沉积于鸡蛋中，使之具有鱼腥味。正常情况下，白壳蛋鸡体内有三甲胺氧化酶，可将三甲胺氧化而除去腥味，而褐壳蛋鸡由于体内缺乏三甲胺氧化酶，致使三甲胺不经氧化直接进入鸡蛋中，易产生腥味蛋。

2. 芥酸 (erucic acid)　芥酸为含 22 个碳原子和 1 个双键的不饱和脂肪酸，普遍存在于十字花科植物的种子中。我国栽培的油菜均为高芥酸品种。芥酸对动物并不产生明显的毒害作用，但大量摄入可致动物心肌脂肪沉积，进而导致心肌纤维化。

（三）其他有毒有害物质

1. 单宁 (tannin)　主要存在于菜子外壳中，含量为 1.6%~3.1%，具有涩味，可降低菜子饼粕适口性和动物采食量。

2. 植酸 (phytic acid)　菜子饼粕中含有 2%~5% 的植酸，主要降低饲料中钙、磷、锌等矿物元素的吸收和利用。

二、菜子饼粕中毒

菜子饼粕含有多种有毒物质，生产实践中使用不当可能发生中毒，最敏感的是幼龄和种用动物。菜子饼粕中毒的临床表现可分为以下 4 种类型。

1. 泌尿型　以血红蛋白尿及尿液形成泡沫等溶血性贫血为特征。患病动物表现为明显的血红蛋白尿，排尿次数增加，尿液溅起大量泡沫，精神不振，呼吸加深加快，心跳过速，通常伴有腹泻。

2. 神经型　以目盲及疯狂等神经综合征为特征，主要发生在牛、羊等反刍动物。采食了有毒的菜子饼粕后，动物出现视觉障碍、目盲、流涎、狂躁不安等神经症状。

3. 呼吸型　以肺水肿、肺气肿和呼吸困难为特征。以牛易发，病牛呼吸加快，呼吸困难，具有急性肺水肿和肺气肿的症状，有的发生痉挛性咳嗽，鼻孔中流出泡沫状的液体。

4. 消化型　以食欲丧失、瘤胃蠕动减弱、明显便秘为特征，通常见于小公牛，主要表现为厌食、粪便减少、瘤胃蠕动声音消失。

三、菜子饼粕毒性的控制与安全使用

(一) 培育"双低"油菜品种

"双低"油菜通常是指低芥酸、低硫葡萄糖苷的优质油菜品种。培育"双低"油菜品种是解决菜子饼粕毒性并改善其营养价值的根本途径。

早在20世纪50年代加拿大就开始了品种选育工作。1974年育成了世界上第一个甘蓝型油菜"双低"品种——Tower；1977年又育成了白菜型油菜"双低"品种——Candle；1979年采用统一的注册名称——Canola（卡诺拉）表示所有具有"双低"特征的油菜品种；1982年加拿大实现了全国油菜生产"双低"化。

普通（双高）品种油菜子脱脂饼粕中硫葡萄糖苷含量一般为41~62mg/g，而"双低"品种油菜子脱脂饼粕中硫葡萄糖苷含量一般低于12.4mg/g。因此，"双低"菜子饼粕中的硫葡萄糖苷含量大幅度降低，改善了饲用价值。目前世界各国十分重视"三低"油菜品种（低硫苷、低芥酸、低纤维）的选育和利用。

20世纪70年代以来，我国在引进和培育"双低"油菜品种方面做了大量工作，并取得了显著成效。我国目前已审定选育的"双低"油菜品种达50多个，种植面积占油菜种植总面积的50%左右。但这些"双低"品种在生产力上与常规品种竞争力较低，适应性和抗逆性差、产量低、易退化。

(二) 菜子饼粕的脱毒处理

1. 物理处理

（1）坑埋法：将菜子饼粕用水拌湿后埋入坑中30~60d，可除去大部分有毒物质。脱毒效果与土壤含水量有关，土壤含水量低时效果较好，土壤含水量越高，脱毒效果越差。此法简单易行，成本较低，但仅适合于地下水位低、气候干燥的地区。

（2）水浸法：根据硫葡萄糖苷水溶性的特点，将菜子饼粕用水浸泡可除去部分硫葡萄糖苷，用温水或热水效果更好。将菜子饼粕用水浸泡数小时，再换水1~2次，或者用温水浸泡数小时，或者用80℃左右的热水浸泡40min，然后过滤弃水。该法简单易行，缺点是用水量较大，菜子饼粕中的水溶性养分损失较多。

（3）热处理法（钝化芥子酶法）：常用的热处理方法主要有干热处理（如烘烤法）、湿热处理（如蒸汽加热法）、微波处理以及膨化脱毒法等，在高温下使芥子酶失去活性，从而阻断硫葡萄糖苷的降解，达到去毒目的。

干热处理法是将菜子饼粕碾碎，在80~90℃温度下烘烤30min，使硫葡萄糖苷酶钝化。湿热处理是先将菜子饼粕碾碎，在开水中浸泡数分钟，然后再按干热处理法处理，这样硫葡萄糖苷能在热水中溶解一部分。

热处理尽管能钝化芥子酶，但硫葡萄糖苷仍存在于菜子饼粕中，进入动物体内后，由于某些酶的作用，还可引起硫葡萄糖苷的降解而产生毒性。同时，高温处理会导致蛋白质变性，降低了饼粕的饲用价值。

（4）油菜子脱壳和改进制油工艺：菜子制油过程中，传统加工工艺都是以制油率为主要目标，很少考虑饼粕的品质，降低了氨基酸的利用率。由于菜子饼粕的毒物大部分集中于菜子壳中，因此脱去菜子壳可以消除毒物，并改善菜子饼粕的外观色泽，提高蛋白质含量，显著改善其营养价值。

一般采用对辊破碎和筛选加风选的方法进行仁皮分离。脱壳方法主要有以下3种：①先脱皮后榨油，这种方法可以改进饼粕色泽，提高蛋白质含量，减少饼粕纤维素含量；缺点是脱去的壳皮中含有10%左右的油脂。②用脱脂后的饼粕风选脱皮，但效果不理想。③使用旋液器进行脱皮，效果也不理想。法国与瑞士在技术设备上处于领先水平，研制出了适合工业化生产的菜子脱壳机。

2. 化学处理

(1) 酸碱处理法：对菜子饼粕进行酸碱处理，可破坏硫葡萄糖苷和大部分芥子碱。通常利用 H_2SO_4、NaOH、NH_3、$Ca(OH)_2$ 和 Na_2CO_3 等对菜子饼粕进行脱毒，其中 Na_2CO_3 的去毒效果最好。此类方法操作简便，有一定脱毒效果，但需要加热，成本较高，且有三废问题，所得饼粕适口性较差。

①氨处理法：即氨与硫葡萄糖苷发生反应，生成无毒的硫脲，从而降低菜子饼粕的毒性。常压下将无水氨或氨水与菜子饼粕混合，加热到85℃左右，保持1h，再用水蒸气处理30min。

②碱处理法：采用的试剂有 NaOH、$Ca(OH)_2$ 和 Na_2CO_3 3种，以 Na_2CO_3 的去毒效果最好，能100%破坏硫葡萄糖苷，芥子碱的破坏率在90%以上。

(2) 金属盐处理：某些盐类能催化硫葡萄糖苷分解，对菜子饼粕脱毒有一定效果。去毒效果最好的是铁盐，对硫葡萄糖苷的分解率高达90%～95%，可与硫葡萄糖苷直接作用生成无毒的螯合物，还可与硫葡萄糖苷的降解产物异硫氰酸酯和噁唑烷硫酮分别螯合成无毒产物。通常采用20%硫酸亚铁溶液，喷洒于菜子饼粕中，用量一般为菜子饼粕质量的0.5%左右。

(3) 醇类溶剂浸提法：菜子饼粕中的硫葡萄糖苷和多酚类化合物能溶于醇类溶剂，可达到分离、脱毒目的。采用的溶剂主要有甲醇、乙醇、丙醇和异丙醇，其中乙醇和异丙醇应用较多。乙醇水溶液处理的主要技术参数为：乙醇与水的比例为60～70：100，处理液与饼粕的混合比例为4～10：1 (mL/g)。异丙醇处理液为：异丙醇：水＝70：100，处理液：饼粕＝5.73：1 (mL/g)。

化学处理简单易行，具有一定脱毒效果，但其中很多方法仍处于研究阶段，技术相对不成熟，所以脱毒后可能影响饼粕的适口性及外观色泽。

3. 生物学处理　某些细菌和真菌可以去除硫葡萄糖苷及其降解产物。生物学方法主要包括微生物发酵法和酶水解法。

(1) 微生物发酵法：即在菜子饼粕中接种可降解硫葡萄糖苷的微生物，经过发酵培养，利用微生物分泌的多种酶类将硫葡萄糖苷及其降解产物破坏。所用菌种一般为酵母和真菌。经发酵处理后的菜子饼粕，不仅有毒物质如异硫氰酸酯和噁唑烷硫酮的含量显著减少，而且菌体蛋白质和B族维生素的含量增加，还可改善适口性，提高饲用价值。

微生物发酵法的特点是条件温和，干物质损失少，硫葡萄糖苷降解彻底，脱毒效果好，且能提高菜子饼粕中蛋白质的含量和质量，从而改善饲用价值。但微生物发酵一般周期较长，需要30～60d。

(2) 酶水解法：酶水解法主要有2种。一种方法是外加黑芥子酶及酶的激活剂，使硫葡萄糖苷加速分解，然后通过溶剂将其分解产物浸出以达到脱毒目的。另一种方法称为自动酶解法，利用菜子中的硫葡萄糖苷酶分解硫葡萄糖苷，由于降解产物异硫氰酸酯、噁唑烷硫酮及腈等都是脂溶性，因此可在油脂浸出过程中提取出来，在油脂的后续加工过程中除去。但由于酶的来源困难，加工成本较高，工艺比较复杂，目前还没有大规模推广应用。

（三）菜子饼粕的合理利用

1. **菜子饼粕的限量饲喂** 菜子饼粕可以不经脱毒直接饲喂，但要限制饲喂量，这是最简单、最便捷的使用方法。但由于油菜品种不同，生长环境条件各异，油菜子加工工艺的差别，导致市场上销售的菜子饼粕中硫葡萄糖苷及其降解产物的含量差异很大，在使用时应加以注意。

菜子饼粕的安全用量，可根据菜子品种、加工方法、动物种类和生长阶段确定，一般硫葡萄糖苷含量高的饼粕在配合饲料中的安全限量大致为：肉鸡、蛋鸡、种鸡为5%，母猪、仔猪为5%，生长肥育猪为10%。经过脱毒处理或低毒菜子饼粕的用量可适当增加。

2. **"双低"菜子饼粕的适宜用量** "双低"菜子饼粕不经去毒处理可直接饲喂动物，但由于其中仍含有一定数量的硫葡萄糖苷和其他抗营养因子，用量也不宜过大，且不宜作为畜禽饲粮的唯一蛋白质饲料。应根据动物种类、生长阶段及生理特点适量使用。猪的生长前期配合饲料中"双低"菜粕的安全用量在10%左右，生长后期可达15%～20%，种猪饲喂10%以下安全。蛋鸡饲粮中"双低"菜粕的安全用量在10%左右，为防止产生鱼腥味鸡蛋，褐壳蛋鸡的用量通常限制在3%以下；肉用仔鸡饲粮中"双低"菜粕的安全限量可达10%。奶牛和肉牛饲粮中都可用"双低"菜子饼粕作为主要蛋白质补充料，其安全限量在20%～25%。加拿大卡诺拉（Canola）协会推荐的"双低"菜子饼粕的最大用量见表5-2。

表5-2 加拿大Canola协会推荐的"双低"菜子饼粕的最大用量

（引自袁莉，2003）

动 物	最大用量（%）	动 物	最大用量（%）
猪		鸭、鹅	
仔 猪	12	雏鸭（鹅）	20
生长期	12	生长期鸭（鹅）	20
肥育期	18	种鸭（鹅）	10
种 猪	12	火鸡	
鸡		雏 鸡	20
雏 鸡	20	生长鸡	20
生长期	20	种 鸡	15
蛋鸡、种鸡	10	反刍动物	
褐壳蛋鸡	3	犊 牛	20
		乳 牛	25
		肉 牛	20

3. **与其他饼粕饲料合理搭配** 根据菜子饼粕蛋白质和氨基酸的营养特点，可将菜子饼粕与其他饼粕类饲料（如大豆饼粕、花生饼粕、棉子饼粕、亚麻饼粕、葵花子饼粕、蓖麻饼粕等）合理搭配使用，可控制饲料中的有毒物质含量且有利于营养互补。

4. **注意营养平衡和强化** 根据动物的种类、生理特点及生产阶段，设计制作适合于菜子饼粕饲粮的专用添加剂。这些添加剂应具有拮抗有毒有害成分的危害、强化营养、改善适口性等作用。

（1）添加合成赖氨酸：由于菜子饼粕中赖氨酸的有效含量和利用率均低于大豆饼粕，当大量使用菜子饼粕时，饲粮中的有效赖氨酸难以满足动物的营养需要，因此应适当补充合成赖氨酸，其添加量大致为 0.15%～0.25%。

（2）强化含硫氨基酸营养：适当添加蛋氨酸，可作为甲基供体促进单宁的甲基化，使其发生分解代谢后排出体外，从而降低单宁的毒性。同时也可满足动物对蛋氨酸的需要。蛋氨酸添加量一般为 0.1%～0.2%。添加胱氨酸也可降低菜子饼粕的毒性，其机理是谷胱甘肽可与 CN^- 结合，消除 CN^- 毒性，而胱氨酸是谷胱甘肽合成所必需的。

（3）增加锌、铜、铁等微量元素的用量：锌、铜、铁等二价离子可与植酸、单宁形成难溶的络合物，从而拮抗后者的抗营养作用。同时这些金属离子还有助于降低硫葡萄糖苷及其降解产物的毒性，而且这些微量元素还可发挥营养作用。通常锌、铜、铁等微量元素的添加量为需要量的 3～5 倍。

（4）增加碘的添加量：加碘可防止菜子饼粕中硫葡萄糖苷的降解产物对动物甲状腺机能的影响，碘的添加量通常为需要量的 2 倍以上。

（5）添加调味剂：无论"双低"菜子饼粕还是普通菜子饼粕，适口性都比较差，用量较大时，尤其是饲喂初期，最好在饲粮中添加适量的香味剂和甜味剂，以改善适口性，提高采食量。

（6）添加其他添加剂：添加酶制剂可进一步改善菜子饼粕的品质，提高饲粮利用率。应用植酸酶和一些蛋白酶、糖酶等，可提高菜子饼粕的饲用价值，改善饲喂效果。为保障动物的生产性能，还应适当添加生长促进剂及其他添加剂。

5. 菜子饼粕质量标准和国家饲料卫生标准

（1）饲料用菜子饼粕国家标准：为科学合理地利用菜子饼粕，还需了解我国有关质量标准。我国饲料用菜子饼和菜子粕的国家标准见表 5-3。

表 5-3 我国饲料用菜子饼粕的质量标准

（引自 GB 10374—89、GB 10375—89）

质量指标	粗蛋白质（%）	粗纤维（%）	粗灰分（%）	粗脂肪（%）
菜子饼				
一级	≥37	<14	<12	<10
二级	≥34	<14	<12	<10
三级	≥30	<14	<12	<10
菜子粕				
一级	≥40	<14	<8	
二级	≥37	<14	<8	
三级	≥33	<14	<8	

（2）我国饲料卫生标准：尽管菜子饼粕中有毒物质种类很多，但根据毒性大小、含量及特异性，许多国家都采用异硫氰酸酯和噁唑烷硫酮作为衡量菜子饼粕含毒量的指标。我国饲料卫生标准（GB 13078—2001）规定，饲料中异硫氰酸酯（以丙烯基异硫氰酸酯计）的允许量为：菜子饼（粕）≤4 000mg/kg，鸡配合饲料≤500mg/kg，生长肥育猪配、混合饲料≤500mg/kg。噁唑

烷硫酮的允许量为：肉用仔鸡、生长鸡配合饲料≤1 000mg/kg，产蛋鸡配合饲料≤500mg/kg。

第二节 棉子饼粕的卫生与安全

棉子粕（cotton seed meal）是棉子提取油后的副产品。我国是世界产棉大国，产棉区主要集中在黄河流域、长江中下游及新疆，每年棉子饼粕的产量达 300 万 t 以上。棉子饼粕的蛋白质含量一般为 32%～40%，除蛋氨酸略低外，其他必需氨基酸的含量均较高，也是一种优质蛋白质饲料资源。但由于棉子饼粕中含有棉酚等有毒物质，如使用不当，会引起畜禽中毒，存在卫生与安全隐患。

一、棉子饼粕中的有毒有害物质

（一）棉酚（gossypol）

1. 棉子饼粕中的棉酚及其衍生物　棉子和棉子饼粕中约含有 15 种以上的棉酚类色素及其衍生物，其中主要是棉酚，其他均为棉酚的衍生物，如棉紫酚、棉绿酚、棉蓝酚等。

（1）棉酚：棉酚俗称棉毒素，是棉子色素腺体中的主要黄色色素，广泛存在于锦葵科棉属植物的种子中，根、茎、叶和花中含量较少。棉酚是一种复杂的多元酚类化合物，纯净的棉酚为黄色结晶，分子式为 $C_{30}H_{30}O_8$，相对分子质量为 518.57，属萜类化合物。棉酚由 3 种异构体：羟醛型、半缩醛型和烯醇型，可分别从石油醚、氯仿、乙醚等溶剂中结晶而得，它们的熔点分别为 214℃、199℃和 184℃，相互之间可以转变。

棉酚易溶于大多数有机溶剂如甲醇、乙醇、丙酮、乙醚及氯仿等，较难溶于甘油、环己烷和苯，不溶于低沸点的石油醚和水。

棉酚的结构决定了它可与铁盐生成不溶于水的沉淀物，这一反应常用于棉子饼粕的脱毒；可与苯胺作用生成二苯胺棉酚，这一反应可用于棉酚测定；可与醋酸结合生成稳定的醋酸棉酚；还可与许多化合物反应显示不同的颜色，如与浓硫酸反应显樱红色，与三氯化铁乙醇溶液反应呈暗绿色，与三氯化锑氯仿溶液反应呈鲜红色，与间苯三酚的乙醇溶液反应呈紫红色；棉酚的环己烷溶液在 236nm、258nm、286nm 处均有吸收峰，利用此性质可测定棉酚的含量。

根据棉酚的存在形式，可将其分为游离棉酚（free gossypol，FG）和结合棉酚（bound gossypol，BG）2 类。游离棉酚是指其分子结构中的活性基团（活性醛基和羟基）未被其他物质"封闭"的棉酚，由于活性醛基和羟基可与其他物质结合，对动物具有毒性。结合棉酚是游离棉酚与蛋白质、氨基酸、磷脂等物质相互作用而形成的化合物，由于活性基团丧失了活性，且难以被动物消化吸收，因此没有毒性。游离棉酚易溶于油及有机溶剂，而结合棉酚一般不溶于油和乙醚、丙酮等有机溶剂。陆地棉中，一般游离棉酚占棉子仁干重的 0.85%，结合棉酚占 0.15%。

（2）棉酚的衍生物：

①棉紫酚（gossypurpurin）：又称棉紫素，呈紫红色。常与棉酚混存于棉子中，含量随棉子储存期的延长和温度的升高而增加。棉紫酚除在棉子中以天然状态存在外，还能在棉子加工的热处理过程中由棉酚转化而成。棉紫酚在酸性条件下被分解转化为游离棉酚。

②棉绿酚（gossyverdurin）：又称棉绿素，为深绿色晶体。目前尚未确定其分子结构。

③棉蓝酚（gossycaerulin）：又称棉蓝素，呈蓝色，是棉酚的不稳定氧化物。仅存在于加热过的熟棉子中，生棉子不含。

④二氨基棉酚：呈黄色，棉子在高温下储存时，可产生二氨基棉酚。

⑤棉黄素（gossyfulvin）：又称棉橙素、棉橙酚，呈橙色，经酸作用可转化为棉酚。

⑥其他棉酚类色素：从海岛棉种子中曾分离出6-甲氧基棉酚和6,6'-二甲氧基棉酚，但它们不存在于陆地棉中。

2. 棉子饼粕中棉酚的含量及影响因素　色素腺占棉子仁的2.4%～4.8%，色素腺的39%～50%为棉酚。棉子在榨油加工时，色素腺破裂，释放出腺体内容物。一部分游离棉酚转入油中，大部分由于加工过程中受热的作用，与棉子中的蛋白质等成分结合，形成对动物无毒的结合棉酚，但仍有一定量的游离棉酚残留在饼粕中。

棉子饼粕中棉酚的含量主要受以下几种因素的影响。

(1) 棉子中棉酚的含量：棉子中棉酚的含量与棉花品种有关，不同品种棉子中色素腺体的数量差异很大，一般腺体数量越多，棉酚含量越高（表5-4）。有毒棉的棉仁中棉酚含量为1.0%～1.7%。其次，棉花生长的环境条件对棉子中棉酚含量也有一定影响，棉酚含量与环境温度呈负相关，和降雨量呈正相关，使用氮、磷、钾完全肥料比单施氮肥或磷肥时棉酚含量高。

表5-4　不同品种棉花棉仁的色素腺体和棉酚含量

（改自王建华、冯定远，饲料卫生学，2000）

种　类	棉仁的棉酚含量（%）	棉仁横切面的腺体数（个）		
		最少	最多	平均
陆地棉	0.51	15	56	36
陆地棉	0.74	15	49	30
陆地棉	1.31	42	81	56
陆地棉	1.59	37	75	52
草　棉	0.15	9	43	23
草　棉	0.46	8	32	21
海岛棉	0.80	47	86	68
海岛棉	1.26	30	66	46

(2) 棉子的制油工艺：制油工艺不同，棉子饼粕中棉酚的含量差异也较大。榨油过程中，由于水、压力和热的作用，色素腺体壁破裂，释放出棉酚，进而与赖氨酸等发生美拉德反应，成为结合棉酚。该反应的有益作用是降低了棉子饼粕中的游离棉酚含量，毒性降低，不利作用是降低了赖氨酸的有效利用率。水分含量和温度越高，越有助于游离棉酚转变为结合棉酚。

螺旋压榨法的料坯蒸炒温度高（120～135℃），榨油压力大，对料坯产生压榨和撕裂2种作用，因而对色素腺体的破坏相当彻底，其中大部分的游离棉酚能转变为结合棉酚，故饼中游离棉酚的含量低。预压浸出法使大部分棉酚在预压过程中进入棉子油，粕中残留少，且由于蒸炒温度低，对蛋白质和氨基酸破坏较小。土榨法榨油压力小，对色素腺体破坏不彻底，饼中游离棉酚残留较多。棉子饼粕中游离棉酚的含量也与储存时间有关，一般随储存时间的延长而逐渐下降。

3. 游离棉酚的毒性　动物采食棉酚后,游离棉酚经过生物转化,大部分在消化道中形成结合棉酚,直接经肠道排出,只有少量的游离棉酚被吸收进入体内。进入体内的棉酚主要分布于肝、血液、肾和肌肉组织,其中以肝脏中含量最高,约占体内棉酚总量的50%。棉酚主要随胆汁经粪便排出,少量随尿液或乳汁排出。少量游离棉酚进入动物体内,一般不会发生中毒反应,这是由于一方面机体可通过脱羧基作用、氧化作用和结合作用等生物转化方式使棉酚失去毒性;另一方面棉酚排泄较慢,在体内有明显的蓄积性,只有当体内的棉酚蓄积到一定临界水平时,才能引起动物中毒。其毒害作用主要包括以下几个方面。

(1) 游离棉酚是细胞、血管和神经的毒物:游离棉酚进入消化道后,可刺激胃肠黏膜,引起胃肠炎,造成消化道黏膜的损伤。吸收入血后,可增强血管壁的通透性,促进血浆和红细胞渗透到周围组织,使受害组织发生浆液性浸润和出血性炎症,并发生体腔积液,引起实质器官如心脏、肝脏和肾脏等出血。游离棉酚具有脂溶性,能溶于磷脂,易累积在神经细胞中,引起神经系统机能紊乱。

(2) 游离棉酚在体内与蛋白质和铁发生反应:游离棉酚在体内可与许多功能蛋白质和一些重要的酶结合,使它们丧失活性,干扰机体的正常生理机能。游离棉酚与铁离子结合后,可影响血红蛋白的合成而引起贫血。

(3) 降低棉子饼粕中赖氨酸的有效利用率:在棉子榨油过程中,由于受湿热的作用,游离棉酚的活性醛基可与棉子饼粕中的赖氨酸的ε-氨基结合,发生美拉德反应,降低赖氨酸的有效利用率。

(4) 游离棉酚影响雄性动物的生殖机能:游离棉酚最主要的靶细胞器是线粒体,能选择性破坏生精细胞线粒体功能,损害睾丸的生精上皮,从而中断精子发生、变态和成熟过程,导致精子畸形、死亡,甚至无精子。

(5) 影响蛋品品质:产蛋鸡饲喂棉子饼粕时,产出的蛋经过一定时间储藏后,蛋黄中的铁离子与游离棉酚结合,形成黄绿色或红褐色复合物,引起蛋黄变色,有时出现斑点。当饲料中游离棉酚含量为50mg/kg时,就可引起蛋黄变色。

(二) 环丙烯类脂肪酸

环丙烯类脂肪酸(cyclopropene fatty acid,CPFA)是含有环丙烯核结构的一类脂肪酸,以苹婆酸和锦葵酸为代表。在粗制棉子油中二者的含量为1%~2%,精炼油中可降至0.5%以下,一般锦葵酸的含量比苹婆酸高。棉子饼粕中残留量较少,含量为0.10%~0.31%。这类脂肪酸主要对蛋的品质产生不良影响。蛋鸡在摄入此类脂肪酸后,所产的鸡蛋在储存过程中,蛋清可变为桃红色,俗称"桃红蛋"。其原因是由于环丙烯类脂肪酸能使卵黄膜的通透性增加,蛋黄中的铁离子可通过卵黄膜转移到蛋清中,与蛋清蛋白螯合成红色复合体。如果蛋清中铁含量达到正常量的7~8倍时,蛋清中的水分可转移到蛋黄中,使蛋黄变大。

此外,环丙烯类脂肪酸还可使蛋黄变硬,加热后形成所谓的"海绵蛋"。其原因是环丙烯类脂肪酸是体内去饱和酶(脱氢酶)的阻遏物,可使血液中脂肪酸组成发生改变,蛋黄中饱和脂肪酸含量增加,导致蛋黄中脂肪的熔点升高,硬度增加。鸡蛋品质的上述变化,常导致种蛋受精率和孵化率降低。

二、游离棉酚的毒性

游离棉酚的毒性因动物种类、品种及饲粮蛋白质水平不同而异。对棉酚最敏感的动物是猪、兔、豚鼠和小鼠,其次是犬和猫,对棉酚耐受性最强的是羊和大鼠。反刍动物的瘤胃微生物可将游离棉酚转变为结合棉酚,不易引起中毒。动物的品种不同对棉酚的耐受力不同,如白来航雏鸡比新汉普夏雏鸡对棉酚更敏感。饲粮中高水平的蛋白质可以缓解棉酚的毒性。

棉子饼粕中毒一般随饲粮中棉子饼粕的用量、饲喂时间的长短以及动物个体对棉酚的耐受性不同而有差异。由于游离棉酚从动物体内排出周期较长,棉酚的毒性具有累积性,因此,生产实践中动物在短时间内采食大量棉子饼粕而引起急性中毒的情况极为少见,多是由于长期饲喂棉子饼粕而引起的慢性中毒。

1. 猪 当饲粮中游离棉酚的含量在 0.01% 以下时,猪生长正常;含量在 0.01%～0.02% 时,出现食欲减退、生长缓慢;含量在 0.02% 以上时,可引起明显的中毒症状;含量达 0.03% 时,可引起严重中毒甚至死亡。

猪的中毒初期表现为呕吐、厌食、先便秘后腹泻或便秘与腹泻交替出现,粪便混有大量黏液和血液。进而食欲废绝,粪便恶臭呈黑褐色,排尿次数增多,尿液呈桃红色。而后呼吸困难,可视黏膜发绀,皮肤出现暗紫红色疹块。后期视力下降,贫血,消瘦,后肢瘫痪,最后死亡。公猪精液品质下降,精子畸形,死精增加。

2. 鸡 精神沉郁,采食量减少,腹泻,视力障碍,盲目啄食。生长鸡生长速度减慢。公鸡精子畸形,精液品质下降。产蛋鸡产蛋率降低,蛋重减小。种蛋孵化率下降。鸡蛋品质下降,储存一定时间后,蛋清呈桃红色,蛋黄变硬呈褐色。

3. 牛 当棉子饼粕喂量过多,超过了瘤胃微生物的转化能力时,可引起中毒,以哺乳犊牛最为敏感。牛的中毒初期,以前胃弛缓和胃肠炎为主。多数牛先便秘后腹泻,排黑褐色粪便,并混有黏液或血液,患牛常有尿血现象。眼睑、胸前、腹下或四肢水肿。精神沉郁,鼻镜干燥,口流黏液。奶牛产奶量下降,消瘦,常继发呼吸道炎症。妊娠母牛流产,犊牛出现佝偻症、视力障碍或失明。

4. 羊 中毒症状与牛相似。羊中毒后常有神经症状,呼吸困难,呈腹式呼吸。全身脱毛。妊娠母羊后期流产。

三、棉子饼粕毒性的控制与安全使用

为防止棉子饼粕的毒害作用,必须控制游离棉酚含量,以提高饲用价值,改善饲喂效果。

(一) 培育无腺体棉花品种

由于棉酚主要存在于棉子的色素腺体中,因此培育无腺体棉花品种,可大幅度降低棉子中棉酚含量,从根本上解决棉子饼粕的毒性问题。美国于 20 世纪 50 年代首次培育出无腺体棉品系。我国从 20 世纪 70 年代开始引进无腺体棉花品种,现已培育出适合我国自然条件的无腺体棉花品种。

无腺体棉的棉仁中棉酚含量仅为 0.02%,显著低于普通棉子仁的棉酚含量,可直接饲喂动物。但由于棉酚具有天然的杀虫和抗菌作用,所以无腺体棉通常抗病虫害能力较低,同时纤维品质也不如普通棉花品种，因此尚未推广普及。

(二) 改进传统制油工艺

传统榨油工艺，由于压榨和预压浸出时的高温高湿处理，易使棉子色素腺体破坏，游离棉酚大量释放，与蛋白质形成结合棉酚，同时与赖氨酸发生美拉德反应，降低棉子饼粕的蛋白质品质和赖氨酸的有效性。因此国内外正在不断改进制油工艺，避免制油过程中的高温高湿处理，以获得棉酚含量低、蛋白质品质较高的棉子饼粕。

1. 溶剂浸出法 根据棉酚易溶于有机溶剂的性质，在低温条件下，利用溶剂浸出的方法提取油脂，可将棉酚萃取、去除，达到脱毒目的。该工艺可利用混合溶剂同时萃取油脂和棉酚，得到棉酚含量高的粗制混合油，再精炼分离去除棉酚，剩余的棉子粕可直接用作饲料。最常用的溶剂有丙酮、乙醇、异丙醇等。

(1) 乙醇-工业己烷混合溶剂浸出法：该法是利用工业己烷浸出棉油，利用乙醇浸出棉酚的一种去毒工艺。混合溶剂中乙醇（90%）与工业己烷的比例为 30∶70 时，浸出棉油和去除棉酚的效果较好。

(2) 丙酮浸出法：根据棉酚溶于丙酮的性质，利用丙酮作溶剂浸出棉子油的同时，棉酚也被浸出，再通过混合油精炼的方法去除棉酚，达到脱毒目的。方法是在棉仁轧坯后直接用丙酮浸出，油脂和棉酚同时从料中浸提出来。一般所得棉子粕中棉酚总量在 0.05% 以下，粕中残油 0.4%～0.7%，可直接用作饲料。

(3) 液-液-固三相萃取法：把棉子清理去杂，仁、壳分离后，棉仁经低温软化、轧坯、成型、烘干后，进入浸出提油系统，经溶剂提取油脂后，湿粕进入脱酚浸出器，再经溶剂 2 次萃取使棉酚含量达到工艺要求。脱去溶剂后，进行低温烘干，最后得到棉酚含量低于 0.04%、蛋白质含量高于 50% 的棉子蛋白产品。

2. 棉子色素腺体分离法 将棉子磨碎到 50～400 μm，将其分散在己烷中，在液体旋风分离器中，借助高速旋转使蛋白质与棉子腺体分离，得到的棉子饼粕中游离棉酚含量为 0.02%，总棉酚 0.06%。

3. 低水分蒸炒法 尽管高水分蒸炒法可提高出油率和油脂质量，但会使蛋白质消化率和赖氨酸的有效性下降，降低棉子饼粕的营养价值。因此，将高水分蒸炒改为低水分蒸炒（或干炒），可减少色素腺体的破坏以及游离棉酚与蛋白质的结合，保存饼粕的营养价值。

(三) 棉子饼粕的脱毒处理

1. 物理处理 对棉子饼粕的物理脱毒法主要是加热法。棉子饼粕在高温高压下，棉子腺体破裂释放出棉酚，棉酚与蛋白质或氨基酸反应，由游离态转变为结合态，同时自身发生降解反应，从而降低棉酚的毒性。通过蒸、煮、炒等加热处理方法，一般可使游离棉酚的去除率达 70% 以上。缺点是由于高温处理造成蛋白质的热损害，降低了饼粕中蛋白质的消化率和赖氨酸的有效性。

膨化脱毒法（热喷技术）是利用饼粕在膨化机挤压腔内受到温度、压力和剪切作用，使棉酚破坏而失去毒性。膨化前，棉子饼粕需加入适量水分进行调质处理，使饼粕含水量达 15%～18%，然后喂入膨化机进行膨化。棉子饼粕经膨化后，可显著降低游离棉酚的含量（≤0.012 5%），远低于 WHO 和 FAO 对棉子饼粕用作饲料的建议标准（游离棉酚≤0.04%）。膨化前加入硫酸亚铁和生石灰，能明显增强脱毒效果，并可有效保护蛋白质及氨基酸。

2. 化学处理 根据棉酚的化学性质，利用化学物质使棉酚破坏或成为结合态，可达到脱毒目的。常用的化学物质如硫酸亚铁、硫酸锌、硫酸铜、碱、双氧水等。化学处理工艺简单、便于操作，脱毒效果较好。但一般仅除去游离棉酚，总棉酚含量几乎不降低。

(1) 硫酸亚铁处理法：硫酸亚铁是目前公认的游离棉酚解毒剂。其机理是硫酸亚铁中的亚铁离子与棉酚螯合，使游离棉酚中的活性醛基和活性羟基失去活性，形成的"棉酚铁"螯合物不易被动物吸收而迅速排出体外。硫酸亚铁不仅是棉酚的解毒剂，还能降低棉酚在肝脏的蓄积量，起到预防中毒的目的。

硫酸亚铁的用量可根据棉子饼粕中的游离棉酚含量确定。一般亚铁离子与游离棉酚的螯合是等量进行的，但这种螯合受粉碎粒度、混合均匀度、游离棉酚释放程度等因素的影响，添加的铁与游离棉酚的比例要高于1：1，以保证二者的充分螯合。硫酸亚铁的添加方式主要有3种。一种是干粉直接混合法，即将硫酸亚铁干粉直接混入含有棉子饼粕的饲粮中；另一种是溶液浸泡法，将硫酸亚铁配制成一定浓度的溶液，然后将棉子饼粕浸泡一定时间后，再与其他饲料混合后饲喂动物；第三种是硫酸亚铁溶液雾化脱毒法，即在棉子制油工艺过程中，喷入雾化硫酸亚铁溶液，在蒸料工序与棉子原料混合，使游离棉酚失活。干粉直接添加法的硫酸亚铁用量一般高于浸泡法，浸泡法浸泡时间的长短也影响脱毒效果。

(2) 碱处理法：由于棉酚具有一定酸性，能够与碱反应生成盐，因此可以在棉子饼粕中加入某些碱类如烧碱或纯碱的水溶液、石灰乳等，并加热蒸炒，使饼粕中游离棉酚破坏或呈结合态。使用 NaOH 处理时，可配制成 2.5%NaOH 水溶液，在加热条件下（70~75℃）与等量的棉子饼粕混合，维持 10~30min，然后加入 3%盐酸中和，使饼粕的 pH 达到 6.5~7.0，烘干后饲喂。用 0.5%或 1%Na_2CO_3 处理，或用 1%$Ca(OH)_2$ 处理也可达到较好的脱毒效果。碱处理方法脱毒效果比较理想，但由于碱处理后还要进行酸中和，并需要加热烘干，操作复杂，同时还可造成棉子饼粕中的部分蛋白质和无氮浸出物的溶解与流失，降低饼粕的营养价值。

(3) 氧化法：由于棉酚容易氧化，因此可使用氧化剂进行氧化脱毒。常用的氧化剂是双氧水。用 33%双氧水处理棉子饼粕，添加量为 4~7kg/t，在 105~110℃下反应 30~60min，可将游离棉酚量从 0.18%~0.23%降到 0.009%~0.013%。但该方法反应时间长，蛋白质变性剧烈，会影响饼粕的营养价值。

(4) 尿素处理法：尿素加入量为饼粕的 0.25%~2.5%，加水量为 10%~50%，脱毒时保温 85~110℃，经过 20~40min 可使棉子饼粕毒性降至微毒。

(5) 氨处理法：将棉子饼粕与 2%~3%的氨水溶液按 1：1 比例搅拌均匀后，浸泡 25min，再将含水原料烘干至含水量 10%即可。

3. 生物学处理 利用微生物对游离棉酚的转化作用可达到脱毒目的，同时还可改善棉子饼粕的营养特性。

(1) 坑埋法：将棉子饼粕与水按 1：1 比例调制均匀，然后坑埋 60d 左右，利用棉子饼粕自身或泥土中存在的微生物进行自然发酵，达到脱毒目的。这种方法生产周期较长，干物质损失较多，不宜于工业化生产。

(2) 瘤胃微生物发酵法：将棉子饼粕粉碎，加水调成糊状，接种从反刍动物瘤胃获得并加以复壮的微生物培养液,再加微量的胱氨酸盐酸盐、硫甘醇钠盐作为还原剂,制造厌氧条件,在40~43℃条件下孵育数小时。这种方法可以克服理化方法脱毒造成营养物质损失的缺点,但需要较多的瘤胃液,受客观条件的限制,加之需添加还原剂制造厌氧环境,工艺要求较高,因此一直未能推广应用。

(3) 微生物固体发酵法:不仅能除去棉子饼粕中的棉酚,还可提高棉子饼粕的蛋白质含量,发酵底物中存留有多种酶类、维生素、氨基酸以及促生长因子。

微生物固体发酵的关键技术环节包括:①优良的菌种。②合理的工艺设计。③配套的工程设备。其中最关键的是筛选高效脱毒菌株。一般采用酵母、霉菌和食用菌等单一菌株或混合菌株进行固体发酵,均能达到良好的脱毒效果。经微生物固体发酵得到的棉子饼粕的质量指标为:粗蛋白质≥42%,游离棉酚≤0.02%,总棉酚≤0.03%,水分≤12%,粗纤维≤8%,粗灰分≤7%。

微生物脱毒处理过程比较温和,发酵过程中增加了微生物的许多代谢产物,饼粕中的纤维素也水解成为葡萄糖,真菌发酵还能产生香味,饼粕的营养价值得以提高。该方法工艺简单,生产成本较低,且没有废液污染,是一种比较有发展前景的处理方法。

(四) 棉子饼粕的合理利用

1. 控制棉子饼粕的饲喂量　目前,我国生产的棉子饼粕游离棉酚的含量一般为0.06%~0.08%。根据动物对游离棉酚的耐受性,可不对棉子饼粕进行脱毒处理,直接用作饲料,但要控制饲粮中棉子饼粕的用量,以防中毒。游离棉酚可使种用家畜尤其是公畜生殖细胞发生障碍,因此种公畜应禁止使用棉子饼粕,种用母畜也应尽量少用。

(1) 猪:猪对游离棉酚的敏感性较高,耐受能力较低,所以应限量使用。生长肥育猪饲粮中游离棉酚含量超过0.01%,就可影响采食,降低生长速度和饲料利用率;含量达0.015%可产生中毒症状。国外推荐饲粮中游离棉酚的最高允许量为:仔猪20mg/kg,育肥猪60mg/kg,母猪60mg/kg。游离棉酚含量低于0.05%的棉子饼粕,在生长肥育猪饲粮中可用到10%~20%,母猪可用到3%~5%,乳猪和仔猪饲粮中一般不用。

(2) 鸡:鸡对游离棉酚的耐受性较高。肉鸡对游离棉酚的耐受量为150mg/kg,蛋鸡可耐受200mg/kg。一般饲粮中游离棉酚的最高允许量为:肉用仔鸡100mg/kg,产蛋鸡20mg/kg。未经脱毒处理的饼粕,饲粮中的用量不得超过5%。含壳多的棉子饼粕粗纤维含量较高,应避免在肉鸡饲粮中使用。

(3) 牛:牛对游离棉酚的敏感性较低,棉子饼粕可饲喂奶牛、犊牛和肉牛。奶牛日粮中棉子饼粕的用量可占20%~30%,肉牛可占30%~40%。奶牛饲粮中适当添加棉子饼粕可提高乳脂率,但若用量超过精料的50%则影响适口性,同时乳脂变硬。饲喂犊牛时,则应低于精料的20%。应用棉子饼粕喂牛时,一般应与其他饼粕类饲粮配合饲喂,而且需要补充维生素A、胡萝卜素及钙等矿物元素。

2. 适当提高饲粮的蛋白质水平并补充赖氨酸　适当提高饲粮蛋白质水平,可降低棉酚的毒性,增强机体对棉酚的耐受能力。所以,用棉子饼粕作饲料时,配方的蛋白质水平应略高于饲养标准。适当补充赖氨酸,效果更好。

3. 与其他饼粕类饲粮合理搭配使用　根据各种饼粕的营养特性,可将棉子饼粕与大豆饼粕、菜子饼粕等合理搭配,可达到减少毒素摄入的目的。此外,提高饲粮中的维生素和矿物质含量,增加青绿饲料的喂量，适当增加鱼粉、血粉等动物性蛋白质饲料的用量，也可在一定程度上增强机体对棉酚的耐受性和解毒能力。

4. 棉子饼粕质量标准和有关饲料卫生标准

（1）饲料用棉子饼粕国家标准：为科学合理地利用棉子饼粕，还需了解我国有关质量标准。我国饲料用棉子饼粕的国家标准见表5-5。

表5-5 我国饲料用棉子饼粕的质量标准

（引自 GB 10378—89）

质量标准	一级	二级	三级
粗蛋白质（%）	≥40	≥36	≥32
粗纤维（%）	<10	<12	<14
粗灰分（%）	<6	<7	<8

（2）饲料中游离棉酚的允许量：我国及欧美等国家都制定了饲料中游离棉酚的最高允许量，我国饲料卫生标准规定的饲料中游离棉酚的允许量见表5-6。

表5-6 我国饲料卫生标准规定的饲料中游离棉酚的允许量

（引自 GB 13078—2001）

饲料种类	游离棉酚含量（mg/kg）	饲料种类	游离棉酚含量（mg/kg）
棉子饼、粕	≤1 200	产蛋鸡配合饲料	≤20
肉鸡、生长鸡配合饲料	≤100	生长猪配合饲料	≤60

第三节 蓖麻饼粕的卫生与安全

蓖麻（*Ricinus Communis* L.）为大戟科蓖麻属植物，是世界十大油料作物之一，主要分布于非洲、南美洲、亚洲、欧洲等地区。蓖麻子的主要生产国为印度、中国、巴西、巴基斯坦等国家，其中印度、中国和巴西3国的产量占世界总产量的80%以上。我国大面积栽培蓖麻的省区有吉林、内蒙古、山西、辽宁、陕西等，蓖麻子年产量为20~30万t，蓖麻子饼粕（castor bean meal）年产量约18万t。

蓖麻饼粕为蓖麻子提取油后的副产品，粗蛋白质含量为33%~35%。由于蓖麻饼粕中含有一定量的有毒物质，动物误食或饲喂不当，易引起中毒。因此，要注意其卫生与安全使用。

一、蓖麻饼粕中的有毒有害物质

人们很早就发现家畜食用蓖麻后，可导致腹泻、中毒等病变，然而对其致病机制一直不清楚。直到1864年在蓖麻中发现了蓖麻碱后，才开始了对蓖麻的毒理研究。后来又相继发现了蓖麻毒素、变应原和血球凝集素等有毒成分。迄今，已发现的蓖麻有毒成分包括蓖麻毒素、蓖麻碱、变应原和血球凝集素。

（一）蓖麻毒素（ricin）

1. 结构特点　蓖麻毒素也称蓖麻毒蛋白，主要存在于蓖麻子中，含量为脱脂子实的2%~3%。蓖麻毒素有多种类型，均为高分子蛋白质，相对分子质量为36 000~85 000。

蓖麻毒素由 A、B 两条多肽链组成，两条链通过二硫键连接，其氨基酸顺序以及二级结构已基本清楚。毒素 A 链相对分子质量为 32 000，含有 8 个 α 螺旋和 8 个 β 转角，具有 N-糖苷酶活性，可作用于真核细胞核糖体 60S 亚基的 28S rRNA，使之脱去腺嘌呤而失活，从而抑制蛋白质合成。毒素 B 链相对分子质量为 34 000，具有凝集素活性，含有 3 个半乳糖或半乳糖残基结合位点，可识别末端含半乳糖基结构的受体，与细胞结合并协助 A 链进入细胞内。不同蓖麻及其变种的毒蛋白，其氨基酸序列不完全相同。

2. 理化性质　蓖麻毒素为白色粉末或结晶型固体，无味。不溶于乙醇、乙醚、三氯甲烷、甲苯等有机溶剂，但溶于酸性或盐类的水溶液。在水中煮沸或加压蒸汽处理可使其凝固变性，失去毒性，但干热时变性很小。经紫外线照射或甲醛处理，也可失去活性而使毒性丧失。

3. 毒性　蓖麻毒素是迄今毒性最强的植物毒蛋白，具有强烈的细胞毒性，属于蛋白合成抑制剂或核糖体失活剂，对人和各种动物均有剧毒。当蓖麻毒素与动物细胞接触时，首先依靠 B 链上的半乳糖结合位点与细胞表面含半乳糖残基的受体结合，促进整个毒素分子以内陷方式进入细胞，形成细胞内囊，毒素从细胞内囊进入细胞质，随后 A、B 链间的二硫键断开，游离出 A 链。A 链是一种蛋白酶，作用于真核细胞核糖体 60S 大亚基的 28S rRNA，使其脱去腺嘌呤，影响了核糖体、延长因子 2 和鸟嘌呤三磷酸腺苷复合体的形成，抑制蛋白质合成，最终导致细胞死亡。

蓖麻毒素的毒性机理为：B 链与细胞膜受体结合并与膜作用形成通道；与 B 链接触的细胞膜内凹，蓖麻毒素分子被吞噬；完整的毒素分子在高尔基体或溶酶体内裂解成 A、B 链，并透过膜进入胞浆；A 链在胞浆中催化失活核糖体的 60S 亚基，从而抑制蛋白质合成。

蓖麻毒素通过抑制蛋白质的合成，造成各器官组织的损害，如刺激胃肠道，损伤胃肠道黏膜和肝、肾等实质器官，使之变性、出血和坏死，并可使红细胞裂解，出现一系列的临床症状，最后因呼吸、循环衰竭而死亡。

不同种类动物对蓖麻毒素的敏感性不同，一般认为兔和马最敏感，羊和鸡次之。各种给药途径均可引起中毒，口服毒性也很强。兔（肌肉注射）和小鼠（腹腔注射）的 LD_{50} 为每千克体重 0.1μg 和 10μg。

（二）蓖麻碱（ricinine）

蓖麻碱是一种白色针状或棱柱状结晶型生物碱，熔点为 201～205℃，在 170～180℃、2.67 kPa 时升华。蓖麻碱易溶于热水和热的氯仿中，难溶于乙醚、石油醚和苯。水溶液呈中性，与酸不易形成盐。分子中含有氰基，可水解生成氢氰酸。

蓖麻碱主要存在于蓖麻的种子和茎叶中，在幼芽特别是子叶中含量较高。蓖麻饼粕中含 0.3%～0.4% 蓖麻碱。

蓖麻碱是致甲状腺肿的潜在因子。对家禽毒性较强，饲料中蓖麻碱含量超过 0.01%，可抑制鸡的生长；含量超过 0.1% 时，可致鸡麻痹，中毒死亡。

（三）变应原（allergen）

变应原又称蓖麻变应原或过敏素，是由少量多糖与蛋白质聚合而成的糖蛋白。变应原存在于蓖麻子仁内不含油的胚乳部分，含量占子实的 0.4%～5%。蓖麻子壳、茎和叶中也有少量存在，蓖麻饼粕中变应原含量为 3%～4%。

变应原为白色粉末状固体，溶于水，在沸水中稳定。具有强烈的致敏活性和抗原性，对过敏体质的机体可引起变态反应。

（四）红细胞凝集素（hemagglutinin）

红细胞凝集素，又称血球凝集素，是一种高分子的蛋白质，对某些糖分子有特异亲和力，其结构与蓖麻毒素相似，遇热不稳定，100℃加热30min可钝化活性。

红细胞凝集素对动物的毒性为蓖麻毒素的1%，但它对红细胞的凝集活性却比蓖麻毒素大50倍。对小鼠的最小致死量为每千克体重1 900μg。

二、蓖麻饼粕中毒

蓖麻饼粕中毒是由于蓖麻饼粕饲喂不当，引起的以出血性胃肠炎和神经系统障碍为主要特征的全身性中毒病。其中，起主导作用或引起急性中毒的主要是蓖麻毒素。

蓖麻中毒一般表现为急性中毒，病程发展很快。一般采食后10min到3h出现临床症状，病程稍长的潜伏期一般为1～3d。

猪中毒后，表现为精神沉郁，呕吐、腹泻、出血性胃肠炎，黄疸及血红蛋白尿等症状，严重者呼吸困难，突然倒地、嘶叫，肌肉强直性痉挛，四肢末梢和下垂部位发绀，口吐白沫，继而昏迷死亡。

牛中毒后，食欲废绝，反刍停止，体温升高。呼吸困难，心跳加快，腹胀，四肢痉挛。继而全身衰弱，可视黏膜苍白，昏迷而死。剖检可见胃肠道弥漫性出血，瘤胃黏膜极易脱落，心内膜点状出血，心肌变性。

羊中毒后，于15min到3h内发病，口吐白沫，狂躁不安，呼吸困难，粪便带血。重症常突然倒地，肌肉震颤，心跳加快，迅速死亡。

鸡中毒症状为神经中枢麻痹，呼吸困难，全身痉挛，最终倒地而死。

三、蓖麻饼粕毒性的控制与安全使用

（一）蓖麻饼粕的脱毒

蓖麻饼粕在制油过程中，由于热处理，蓖麻毒素、红细胞凝集素等热敏性成分已变性脱毒。因此，蓖麻饼粕的去毒主要针对蓖麻碱和变应原，前者对热稳定而后者为糖蛋白，需经高温高压才能变性失活。

1. 物理处理　通过加热、加压、水洗等过程，将毒素从饼粕中转移出，然后通过分离、洗涤等过程将饼粕洗净。

（1）沸水洗涤法：将蓖麻饼粕用100℃沸水洗涤2次，可使蓖麻碱和变应原的去除率分别达79%和69%。

（2）蒸汽处理法：用120～125℃蒸汽处理蓖麻饼粕45min，可将大部分毒素去掉。

（3）蒸煮法：包括常压蒸煮和高压蒸煮2种方法。

①常压蒸煮法：是将饼粕加水拌湿，常压蒸1h，再用沸水洗涤2次，可达到较理想的脱毒效果。

②高压蒸煮法：是将饼粕加水拌湿，通入120～125℃蒸汽处理45min，80℃水洗2次。

(4) 热喷膨爆脱毒法：先将蓖麻饼粕进行去壳处理，然后通过高温高压喷放，使蓖麻粕组织变得膨松胀大，使毒素与水充分接触而溶解于水中，膨爆液经离心去水，得到的湿粕再用热水洗涤。有毒蛋白、凝集素由于高温变性失去毒性，而蓖麻碱、变应原溶于水中，其含量低于0.04%，饲喂安全。

2. 化学处理　一般将水、饼粕、化学试剂按照一定比例混合，经过一定温度、压力处理后，维持一定时间，即可达到脱毒目的。

(1) 盐水浸泡：盐水浓度为10%，蓖麻饼粕与盐水的比例为1∶6，室温下浸泡8h，过滤后清水冲洗，可使毒素去除80%左右。

(2) 盐酸溶液浸泡：用3%的盐酸溶液浸泡蓖麻饼粕，饼粕与水溶液的比例为1∶3，室温下浸泡3h，过滤后用清水冲洗干净至中性。

(3) 酸醛法：用3%的盐酸溶液和8%的甲醛溶液浸泡饼粕，饼粕与溶液的比例为1∶3，室温下浸泡3h，过滤后用水冲洗3次，蓖麻碱和变应原的去除率分别达到86%和99%。

(4) 碳酸钠溶液浸泡：碳酸钠溶液的浓度为10%，饼粕与溶液的比例为1∶3，室温下浸泡3h后，过滤，用水冲洗2次。

(5) 石灰法：通过石灰水溶液进行热处理，既可使变应原变性，又可破坏蓖麻碱。用4%石灰水处理饼粕，饼粕与水溶液比例为1∶3，100℃处理15min，然后烘干。变应原被完全去除，而蓖麻碱的含量减少到0.083%。

(6) 氨处理法：在饼粕中加入一定数量的氨水可进行脱毒。既能有效去除蓖麻碱又能最大限度地降低营养成分的损失，蓖麻碱的去除率可达92%。

3. 微生物发酵法　利用微生物发酵既可除去蓖麻毒素又可增加菌体蛋白，是一种比较有发展前途的处理方法。该方法的工艺流程是：先将蓖麻饼粕粉碎过筛去壳，然后采用液固结合发酵，在液体发酵时先用一定量灭菌的蓖麻饼粕做培养基，加入脱毒剂和酵母菌，使发酵与脱毒同步进行，当液体中细菌繁殖到一定量时，将液体与灭菌的蓖麻粕混合，进行固体发酵，发酵完成后，将发酵物烘干粉碎制成高活性酵母蛋白饲料，蛋白质含量达45%以上。

(二) 去毒蓖麻饼粕的合理利用

1. 去毒蓖麻饼粕的营养成分含量　去毒脱壳蓖麻饼粕的粗蛋白质含量高达44.1%～46%，氨基酸组成比较合理，必需氨基酸含量高（表5-7、表5-8）。

表5-7　脱毒蓖麻粕的营养成分（石灰处理-常压蒸馏法）

(引自崔志英，2003)

营养成分	未脱壳蓖麻粕（%）	部分脱壳蓖麻粕（%）	脱壳蓖麻粕（%）
干物质	91.24	91.63	90.12
粗蛋白质	31.10	34.00	44.10
粗纤维	34.57	31.04	15.47
粗脂肪	4.92	4.74	2.16
钙	1.74	1.69	0.82
总磷	0.41	0.41	0.87

表 5-8　膨化去毒蓖麻粕营养成分含量

(改自许万根，1998)

营养成分	含量（%）	营养成分	含量（%）
水分	10.47	粗蛋白质	46.00
粗脂肪	0.56	粗纤维	10.48
粗灰分	9.21	无氮浸出物	17.92
钙	0.71	总磷	1.01

2. 去毒蓖麻饼粕在动物饲粮中的应用

（1）非反刍动物：非反刍动物（猪、鸡）对蓖麻饼中毒素的耐受力较低，使用时应严格控制饲喂量。蓖麻饼对鸡的毒性很强，即使脱毒后使用，用量仍不能太高，否则会产生不良影响。用脱毒蓖麻饼粕饲喂雏鸡和蛋鸡，添加量最好控制在 3% 以内。

用脱毒蓖麻饼粕代替大豆饼粕饲喂生长肥育猪，在前期饲粮中比例应控制在 5%～10% 以内，后期控制在 10%～15% 以内。蓖麻碱和变应原的安全食入量为：猪生长前期为饲粮的 0.002% 和 0.109%，生长后期为 0.004% 和 0.219%。

（2）反刍动物：反刍动物对蓖麻饼中毒素的耐受力较高，去毒蓖麻饼粕的用量可适当提高。但奶牛日粮中加入 10%～20% 的去毒蓖麻子，可致奶中残留一定的蓖麻碱和变应原。绵羊日粮中不超过 10% 时效果较好。

3. 与其他饼粕类饲粮合理搭配使用　根据各种饼粕的营养特性，可将去毒蓖麻饼粕与大豆饼粕、花生饼粕等其他优质饼粕类饲料合理搭配，并配以优质的动物性蛋白质饲料，可以达到减少毒素摄入和平衡营养的目的。

第四节　亚麻饼粕的卫生与安全

亚麻（Linum usitatissimum L.）为亚麻科亚麻属一年生草本植物，是一种经济价值较高的油料作物，是世界十大油料作物之一，亦可作油漆加工原料。按用途可将其分为油用型、纤维用型和兼用型 3 类。我国种植的多为兼用型品种。目前，全世界亚麻子总产量在 200 万 t 以上，主要产于加拿大、阿根廷、印度、美国、中国等国家。我国的西北、华北的干旱和半干旱地区为亚麻的主产区，以内蒙古、山西、甘肃、新疆 4 省、区的产量最高。

亚麻饼粕（flaxseed meal；linseed meal）是亚麻子脱脂后的副产品，一般亚麻子的出饼率为 60%，我国年产亚麻饼粕约 30 万 t，以甘肃产量最多。亚麻饼粕的蛋白质含量与棉子饼粕和菜子饼粕接近，一般为 32%～36%，也是一种重要的蛋白质饲料资源。但因含有一定种类的毒性物质和抗营养因子，影响了其在畜禽饲料中的卫生与安全应用。

一、亚麻饼粕中的有毒有害物质

亚麻饼粕中主要含有生氰糖苷，水解后可释放氢氰酸引起动物中毒。此外还含有亚麻子胶和抗维生素 B_6 因子等，也对动物有害。

(一) 生氰糖苷 (cyanogenic glycoside)

1. 亚麻子中生氰糖苷的种类　亚麻子中的生氰糖苷主要存在于壳和仁中，主要包括亚麻苦苷、β-龙胆二糖丙酮氰醇和β-龙胆二糖甲乙酮氰醇，还有少量的百脉根苷，其中毒性最强的是亚麻苦苷（图5-2）。

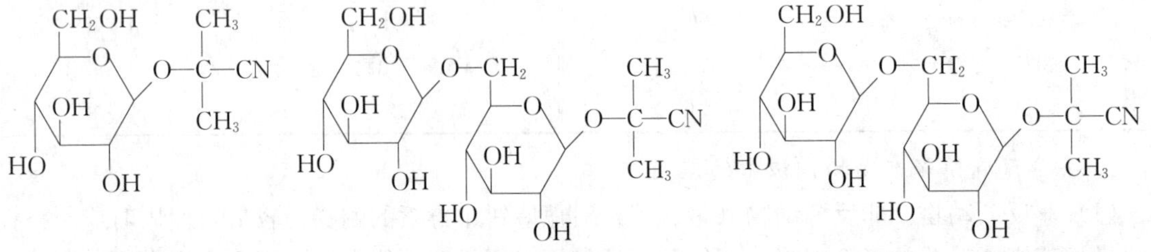

亚麻苦苷　　　　　龙胆二糖丙酮氰醇　　　　　β-龙胆二糖甲乙酮氰醇

图5-2　生氰糖苷各组分的分子结构
(引自周小洁，2005)

2. 亚麻子中生氰糖苷的含量　亚麻子中生氰糖苷的含量与亚麻品种、种子成熟度以及种子含油量等因素有关。完全成熟的种子极少或完全不含亚麻苦苷。油用亚麻品种利用的是成熟种子，其种子中亚麻苦苷含量较少。纤维用亚麻品种由于其收获较早，种子中含亚麻苦苷较多。种子含油越多，生氰糖苷含量越少；种子含油越少，生氰糖苷含量越高。

3. 亚麻饼粕中生氰糖苷的含量　亚麻子饼粕中亚麻苦苷的含量因榨油方法不同而有很大差异。用溶剂提取法或在低温条件下进行冷榨时，亚麻子中的亚麻苦苷及亚麻苦苷酶可残留在饼粕中，一旦条件适宜就分解产生氢氰酸。相反，采用机械热榨时（亚麻子在榨油前经过蒸炒，温度一般在100℃以上，通常高达125～130℃），亚麻苦苷及亚麻苦苷酶大部分遭破坏，因而饼粕中亚麻苦苷含量及氢氰酸产生量都很低。

(二) 亚麻子胶 (flaxseed mucilage)

亚麻子胶为一种天然黏性胶质，主要存在于亚麻子种皮的黏液细胞中，含量占子实干重的2%～7%，占饼粕干重的3%～10%。亚麻子胶是一种易溶于水的碳水化合物，主要成分是乙醛糖酸，由非还原糖和乙醛酸组成。亚麻子胶能溶于水，遇水变黏，不能被单胃动物和禽类消化利用。畜禽饲粮中亚麻子胶含量过高可影响动物食欲，导致粘喙、排胶黏粪便、阻碍消化等。幼禽饲粮中亚麻饼粕的用量不能超过3%。

亚麻子胶能被反刍动物的瘤胃微生物分解利用，同时也可吸收大量水分而膨胀，延长饲料在瘤胃中的停留时间，便于瘤胃微生物对饲料的消化和吸收。对于反刍动物，亚麻饼粕的适口性好，亚麻子胶对胃肠黏膜还有保护作用，对动物具有缓泻作用，同棉子饼粕搭配使用，可避免棉子饼粕引起的便秘。

(三) 抗维生素 B_6 因子 (antipyidoxin factor)

抗维生素 B_6 因子为1-氨基-D-脯氨酸，以肽键和谷氨酸结合成二肽的形式存在，其结构为γ-谷氨酰-1-氨基-D-脯氨酸，该结合物称为亚麻素或亚麻因子，能水解成谷氨酸和1-氨基-D-脯氨酸。1-氨基-D-脯氨酸抗维生素 B_6 的活性约相当于亚麻素的4倍，可与磷酸吡哆醛结合，使之失去生理活性，影响体内氨基酸的代谢，引起中枢神经系统机能紊乱。饲喂亚麻饼粕时，应

提高饲粮中维生素 B_6 的水平，以消除抗维生素 B_6 因子的影响。

二、亚麻饼粕中毒

亚麻饼粕中毒主要是氢氰酸中毒，各种动物都可发病，一般多见于牛、羊，猪和家禽较少发生。

生氰糖苷本身不具有毒性，有毒的是其水解产物氢氰酸。氢氰酸中毒发病快、病程短。急性中毒时可突然发病并迅速死亡，无明显症状，从采食到死亡仅几十分钟左右。一般反刍动物在采食后 15～30min，单胃动物多在采食后几小时内出现中毒症状。动物的亚麻饼粕急性中毒较少见。生产实践中的亚麻饼粕中毒多为氢氰酸中毒的慢性过程，但症状会逐渐加重。

家禽饲粮中亚麻子胶含量太高会影响食欲。饲喂幼禽时，可黏喙而导致畸形，影响采食。由于亚麻子胶不能被家禽消化利用而排出黏性粪便，黏附在家禽肛门周围，引起大肠或肛门梗阻。

三、亚麻饼粕毒性的控制与安全使用

（一）改进制油工艺降低生氰糖苷含量

亚麻子饼粕中的生糖氰苷的含量因榨油方法不同而差别很大。用溶剂提取法或低温条件下进行机械冷榨时，亚麻子中的生氰糖苷和生氰糖苷酶较多地残留在饼粕中，一旦条件适合就分解产生氢氰酸。采用热榨法先经过蒸炒，温度一般在 100℃以上，其中的生氰糖苷和生氰糖苷酶大部分被破坏。所以，制油工艺应尽可能采用热榨油技术。

（二）亚麻饼粕的脱毒处理

生氰糖苷可溶于水，经水解酶或稀酸的作用可水解为氢氰酸。氢氰酸的沸点低，加热易挥发。故一般采用水浸泡、加热蒸煮等方法即可脱毒。常用的亚麻饼粕去毒方法有水煮法、湿热处理法、酸处理-湿热处理法、干热处理法等。近年来研究较多的混合溶剂浸泡法脱毒效果非常好。

1. **水煮法** 主要利用沸水浸泡，达到去毒目的。该方法将亚麻饼粕用水浸泡后煮沸 10min 左右，煮时将锅盖打开，可使氢氰酸挥发而脱毒。

2. **制粒处理** 将亚麻饼粕通过制粒机进行压粒处理，压粒时不加蒸汽。在一定的温度条件下促使生氰糖苷水解，释放出的氢氰酸挥发，达到去毒目的。

3. **微波处理** 对亚麻子和亚麻饼粕进行微波处理，可显著降低生氰糖苷的含量，使生氰糖苷的去除率在 80% 以上。其原理是微波射线被物料吸收后，容易引起分子间的共振，导致细胞内部摩擦、产热，细胞内部结构膨胀和破裂，使生氰糖苷和水解酶接触发生水解作用，产生的氢氰酸随水蒸气的逸失而挥发，达到脱毒目的。

4. **高温高压处理** 高温高压处理可破坏亚麻饼粕中的生氰糖苷，到达脱毒目的。所用温度一般为 100～120℃，压力 1 621kPa，处理 15min 左右。加热时，胶体中高分子化合物的糖苷键、肽键会因水解而断裂，导致胶体平均分子质量降低，胶体黏度下降；同时，加热还会加剧高分子的氧化降解。因此，高温处理还可去除亚麻饼粕中的亚麻子胶。

5. **混合溶剂浸泡脱毒法** 主要利用极性溶剂——正己烷对生氰糖苷的浸提作用去除饼粕中的生氰糖苷。工艺流程为：亚麻子→极性溶剂提取→粉碎→极性溶剂浸提→混合浸提→油→粕。一般以乙醇、氨、水和正己烷组成的混合溶剂系统对亚麻子（饼粕）进行脱毒，可使生氰糖苷的去除率达到 90% 左右。

(三) 适时收获与品种选育

不同成熟期的亚麻子生氰糖苷的含量有较大差异，应掌握亚麻生长期生氰糖苷含量的变化规律，注意亚麻子的适宜收获期，等亚麻子完全成熟后收获，这样可最大限度地降低生氰糖苷的含量。亚麻中生氰糖苷的含量也因品种不同亦有较大差异，宜选用并培育低毒的亚麻品种。

(四) 亚麻饼粕的合理饲喂

1. **限量饲喂** 亚麻饼粕的饲喂量取决于亚麻子的制油工艺。一般热榨饼中生氰糖苷的含量较低，可以不脱毒直接饲喂，且可以适当增加亚麻饼的用量；对于采用溶剂浸出和低温冷榨法得到的饼粕，由于生氰糖苷的含量较高，最好脱毒处理后饲喂，若不脱毒直接饲喂，则应严格控制饲喂量，并间隔饲喂，防止动物中毒。

(1) 家禽：鸡的品种不同、生长阶段不同，亚麻饼的适宜添加量也不同。雏鸡饲粮中应避免使用亚麻饼粕，一般6周龄以后才可饲喂；生长鸡饲粮配合比例不超过3%；产蛋鸡饲粮中亚麻饼粕添加量也不超过3%为宜，且应间隔饲喂，最好饲喂半月左右更换饲料或停喂一段时间。火鸡对亚麻饼粕更为敏感。一般鸡饲粮中亚麻饼粕的用量控制在3%以内比较安全。

(2) 猪：生长肥育猪饲粮中亚麻饼粕的用量达8%并不影响增重和饲料利用率，但用量过多可引起体脂变软，熔点降低，并引起维生素B_6缺乏症。亚麻饼粕还具有轻泻性，可预防便秘，但妊娠母猪应慎用。

(3) 反刍动物：亚麻饼粕可改善肉牛肥育效果；用于奶牛饲粮时，可提高产奶量，预防便秘。且由于亚麻饼粕吸水性强，在瘤胃内的停留时间长，可被微生物充分作用，因此可提高饲料利用率。亚麻饼粕还能改善被毛光泽，犊牛、羔羊、成年牛羊、种用牛羊均可使用。配合其他蛋白质饲料使用，可预防乳脂变软。

2. **与其他饼粕搭配使用** 将亚麻饼粕与大豆饼粕、菜子饼粕、花生饼粕等饲料进行合理搭配，可获得较好效果。

3. **注意营养平衡** 由于亚麻饼粕的蛋白质品质较差，尤其是赖氨酸含量较低，因此应用亚麻饼粕时应根据添加量的高低，合理补充赖氨酸，以提高氨基酸利用率。应适当加大维生素B_6的用量，防止缺乏症的产生，并注意其他维生素的补充。此外，还需注意补充钙、磷、锌、铁、铜、锰等矿物质元素。

4. **亚麻饼粕的质量标准**

(1) 饲料用亚麻饼粕的行业标准：我国饲料用亚麻饼粕的行业标准见表5-9。

表5-9 我国饲料用亚麻饼粕的质量标准（%）

(引自 NY/T 216—92，NY/T 217—92)

质量指标		粗蛋白质	粗纤维	粗灰分
亚麻饼				
	一级	≥32	<8	<6
	二级	≥30	<9	<7
	三级	≥28	<10	<8
亚麻粕				
	一级	≥35	<9	<8
	二级	≥32	<10	<8
	三级	≥29	<11	<8

(2) 我国饲料卫生标准：一般采用氰化物（以 HCN 计）作为衡量亚麻饼粕含毒量的指标。以生氰糖苷形式经口摄入的氢氰酸，对牛、羊的最低致死剂量约为每千克体重 2mg。我国饲料卫生标准（GB 13078—2001）规定，饲料中氰化物（以 HCN 计）的允许量为：胡麻饼、粕≤350mg/kg，鸡配合饲料≤50mg/kg，猪配、混合饲料≤50mg/kg。此外，还规定了木薯干中氰化物含量≤100mg/kg。

第五节　糟渣类饲料的卫生与安全

糟渣类饲料主要指各种加工工业副产品，包括酿造工业副产品（如酒糟、酱糟、醋糟等）、制糖工业副产品（如糖蜜、糖渣等）、豆腐和淀粉加工副产品（如豆渣、粉渣、玉米蛋白粉等）以及果品加工副产品（如葡萄渣、柑橘渣、苹果渣等）等。此类副产品多是提取或利用了原料中的可溶性碳水化合物，因而粗纤维、水分含量较高。在我国饲料分类体系中，糟渣类饲料大多属于粗饲料，部分为蛋白质饲料或能量饲料。

糟渣类饲料种类多，加工工艺各异，成分复杂，使用不当易影响动物健康，甚至导致动物中毒。因此，研究此类饲料的卫生与安全问题，对于发展畜牧业，广辟饲料资源，保护环境，减少污染具有重要意义。

一、酒　　糟

酒糟（wine lees）是酿酒工业的副产品。广义的酒糟包括白酒糟和啤酒糟，狭义的酒糟仅指白酒糟。白酒糟是以富含淀粉的原料（如高粱、玉米、大麦等）酿造白酒所得的副产品。啤酒糟是以大麦为原料酿造啤酒后的副产品。由于酒的种类不同，所用原料和酿酒技术复杂多变，因而酒糟的质量有很大差异。

酒糟中粗蛋白质含量（干重）在 20％左右，粗脂肪含量在 6％左右，无氮浸出物的含量在 30％以上，且含有一定量的 B 族维生素；同时酒糟质地柔软，具有一定酒香味，适口性较好，是我国畜牧养殖业的一种传统饲料原料，通常用于饲喂猪和牛。但是，由于新鲜酒糟中水分含量高达 60％～70％，不能直接混合到配合饲料中，加之难以长途运输，致使大量的鲜酒糟沤肥处理，降低了资源利用率。而在酒糟资源丰富的地区，常常大量或单一用作家畜饲料。当长期、单一饲喂或突然大量饲喂以及饲喂严重酸败变质的酒糟时，就可引起家畜中毒。

（一）酒糟中的毒害物质及毒性

新鲜酒糟中残留有一定量的乙醇及其他多种发酵产物，如甲醇、杂醇油、醛类、酸类物质等。酒糟在长时间储存过程中或储存不当，常因微生物的发酵作用，乙醇转变为乙酸，使乙酸等有机酸含量增加，杂醇油及醛类亦有所增多。

1. 酿酒中产生并残留在酒糟中的毒害物质

（1）乙醇：乙醇的毒性主要是危害中枢神经系统，包括对延脑和脊髓以及心脏的麻痹和抑制作用，尤其是对呼吸中枢的抑制作用。长期饲喂酒糟，可引起动物慢性乙醇中毒，损害肝脏和消化系统，引起心肌病变，造血功能障碍和多发性神经炎。

（2）甲醇：甲醇由果胶发酵产生，果胶含量高的原料如薯干、薯皮、水果等，酿制的酒糟中甲醇含量也较多。甲醇在体内的氧化分解和排泄比较缓慢，中毒具有一定蓄积性，主要导致神经系统麻痹。视神经和视网膜对甲醇特别敏感，可引起视神经萎缩，重者可致失明。

（3）杂醇油：杂醇油是比乙醇碳原子数多的高级醇类的混合物，主要包括戊醇、异丁醇、异戊醇、丙醇等。杂醇油主要由碳水化合物、蛋白质和氨基酸分解而成，毒性主要是麻醉作用，且随碳原子数的增多而毒性增强。

（4）醛类：醛类是相应醇类的氧化产物，主要包括甲醛、乙醛、丁醛、糠醛、戊醛、己醛等。甲醛是细胞质毒，中毒后可发生呕吐、腹泻等症状。甲醛在体内可分解为甲醇。

2. 酒糟储存不当产生的物质　酒糟储存过久或酸败变质时，其中的乙醇等醇类可在微生物的作用下转变为有机酸，降低酒糟的pH。有机酸中主要为乙酸，还包括丙酸、丁酸、乳酸、酒石酸和苹果酸等，一般不具有毒性。适量的乙酸对胃肠道有一定刺激作用，可促进食欲和养分的消化，但大量乙酸长时间的作用，可损伤胃肠道，降低消化机能，改变反刍动物瘤胃微生物区系，导致酸中毒。消化道长期酸度过高，还可促进钙的排泄，引起骨骼疾病。

3. 原料本身含有的毒害物质　酒糟中的毒害物质常因原料的种类和品质的不同而发生变化。如用木薯制酒后的酒糟中含有生氰糖苷；用发芽马铃薯制酒后的酒糟中含有龙葵素；用带有黑斑病的甘薯制酒后的酒糟中含有甘薯酮和甘薯醇；谷类原料中混有麦角时，酒糟中含有麦角生物碱；以大麦芽为主要原料的啤酒糟可产生二甲基亚硝胺；霉变原料酿酒的酒糟中含有多种霉菌毒素等。

（二）酒糟中毒

过量饲喂或长期、单一饲喂酒糟时，均可引起酒糟中毒。酒糟中毒的实质主要是乙醇和乙酸中毒，多见于牛和猪。

1. 急性中毒　急性中毒通常是由于突然大量饲喂酒糟引起的。初期兴奋不安，随后食欲减退、废绝，出现腹痛、腹泻等胃肠炎症状。心动过速，呼吸困难，四肢蹒跚。以后四肢麻痹，卧地不起，最后因呼吸中枢麻痹而死亡。

2. 慢性中毒　慢性中毒通常是由于长期或单一饲喂酒糟引起的。主要表现为长期消化不良，便秘、腹泻交替出现。猪中毒表现为食欲减退，伴有腹痛，先便秘后腹泻，表现顽固性胃肠炎症状，严重时出现呼吸困难，四肢麻痹，且伴有神经症状，周身形成皮炎和疹块，并有黄疸，时有血尿。牛中毒表现为顽固性的前胃弛缓，食欲不振，瘤胃蠕动微弱。由于酸性产物的增加及其在体内的蓄积，致使矿物质吸收紊乱而出现缺钙现象。母牛流产或屡配不孕，腹泻，消瘦。

（三）酒糟毒性的控制与安全使用

1. 新鲜饲喂　酒糟含水量高、变质快，应新鲜饲喂。鲜酒糟应添加0.5%～1%的生石灰，以降低酸味，改善适口性。

2. 采用适当的加工储藏技术　如果酒糟产量大，可采用适当方法加工储藏。酒糟的加工方法主要有2种，即干法和湿法加工。干法加工占地面积小，易保管，便于运输，但加工费用较高，营养成分损失较大。干法加工可采用自然晾干和机械干燥，自然晾干受自然条件的限制，干燥速度慢；机械干燥采用人工能源干燥，干燥速度快，但投资较大，适合于酒糟大规模干燥使用。湿法加工简便易行，投资少，但占地面积大，不便于运输。湿法加工是将鲜酒糟用窖、缸、堆等方法储藏，使酒糟在适宜的温度（10℃）、适宜的含水（60%～70%）条件下，压实、密闭、隔绝空气，鲜酒糟可长期储藏，营养价值得以保存。也可将鲜酒糟制作成青贮饲料或微贮饲料。

3. 控制喂量　一般以不超过日粮的20%～30%为宜。猪的鲜酒糟喂量不超过日粮的20%，干酒糟不应超过日粮的8%，如酒糟中含有大量的稻壳，喂量应减少1/3～1/2；妊娠母猪、哺乳母猪和种猪应慎喂。酒糟对反刍动物的饲用价值较高，奶牛、肉牛、绵羊最高可用至精料总量的50%，犊牛饲料中酒糟的用量不宜超过20%。

4. 注意日粮营养平衡　酒糟营养不全，应避免单一饲喂，并注意搭配一定数量精饲料、青绿饲料、青贮饲料及其他粗饲料，以保证饲喂效果。应注意养分间的平衡，防止酸性物质对钙吸收的影响，日粮中可增加石粉、磷酸氢钙、碳酸氢钠的供给量，并注意补充其他矿物元素以及维生素。

5. 注意检查酒糟的品质　饲喂时应注意检查酒糟的品质。对于轻度酸败的酒糟，可加入一定量的石灰水或碳酸氢钠中和后饲喂。严重酸败和霉变的酒糟应禁止使用。

二、粉　渣

粉渣是以玉米、豌豆、蚕豆、马铃薯、甘薯、木薯等为原料生产淀粉、粉丝、粉条等产品的副产品。由于加工原料不同，营养成分有一定差异。新鲜粉渣水分含量在90%左右，干粉渣的粗蛋白质含量在10%左右，无氮浸出物50%～60%。粉渣质地松软，适口性较好。

粉渣主要用于饲喂猪和牛，饲喂得当可达到较好效果。但如果喂量过大或者饲喂时间过长，可引起牛和猪中毒，比较常见的是玉米淀粉渣中毒。中毒原因是由于在淀粉加工过程中需用0.25%～0.3%的亚硫酸浸泡玉米，致使淀粉渣中残留一定数量的亚硫酸。此外，加工淀粉的原料品质对粉渣的卫生与安全质量也有较大影响，如用霉变玉米生产的粉渣含有黄曲霉毒素，黑斑病甘薯粉渣常含有甘薯酮、甘薯醇等毒性成分，发芽马铃薯粉渣含有龙葵素等成分，若饲喂不当也可引起家畜中毒。

（一）粉渣毒性

少量的亚硫酸对动物并无毒害作用，但当淀粉渣中亚硫酸含量过高，饲喂量过大或饲喂时间过长时，则可引起动物中毒。亚硫酸的毒性作用包括以下几方面。

1. 损伤胃肠道　大量的亚硫酸进入动物消化道后，可损伤胃肠道，导致胃肠道黏膜发炎、坏死、脱落和出血性胃肠炎。进入瘤胃后，引起瘤胃pH下降，导致前胃弛缓，瘤胃微生物区系改变，消化机能紊乱及酸中毒。

2. 以硫化物或硫酸盐的形式损害机体　进入消化道的亚硫酸半数被氧化为硫酸盐，在瘤胃微生物和其他消化道微生物的作用下，硫酸盐被还原成硫化物。特别是饲喂高精料型日粮，微生物的活性增强，硫化物的生成数量增多。大量的硫化物和硫酸盐被吸收入血后，可损害机体的免疫器官和实质器官，引起肝、脾、肾等实质器官变性。

3. 破坏硫胺素　亚硫酸在体内能破坏硫胺素，引起硫胺素缺乏症，进而引起糖代谢障碍，物质代谢紊乱。

4. 影响钙的吸收　亚硫酸在消化道可与钙结合成亚硫酸钙，随粪便排出，导致钙的吸收减少，引起钙缺乏症和骨骼营养不良。特别是高产、妊娠母牛和母猪，表现更为突出。

（二）粉渣中毒

引起动物中毒的主要是药用淀粉渣，食用淀粉渣很少引起中毒。淀粉渣中毒主要发生于奶牛和猪，以高产奶牛产前和产后发病较多。本病的临床表现以出血性胃肠炎、前胃弛缓为特征。

淀粉渣中毒多为慢性蓄积性中毒。用淀粉渣喂奶牛，当日喂量达15kg左右，连续饲喂半个月以后，即可出现中毒症状。中毒初期病牛食欲减退或废绝，反刍不规律，前胃弛缓，产奶量下降、被毛粗乱，体温变化不明显。继而便秘与腹泻交替出现，粪便颜色深暗，呈煤焦油色，并附有黏液、血液和肠黏膜。有的四肢无力，步态蹒跚，后肢摇摆，跛行。空怀母牛呈现繁殖障碍，不发情或发情不明显。常导致妊娠母牛流产或产弱犊，抗病力下降，继发其他疾病而死亡。

猪的淀粉渣中毒常见于妊娠和哺乳母猪，生长肥育猪较少见。中毒母猪可出现明显的出血性胃肠炎症状，消化吸收障碍。食欲下降，机体消瘦，常导致不孕或流产。由于母猪免疫功能低下，所产仔猪一般体质较弱，易继发各种疾病，仔猪的死亡率较高。

（三）粉渣毒性的控制与安全使用

1. 粉渣去毒　为防止粉渣中毒，最好将粉渣去毒后饲喂。

（1）物理方法：采用水浸法和晒（烘）干法。水浸法是用2倍于粉渣的水浸泡1h，沉淀后，弃去上清液，亚硫酸的去除率可达50%左右。缺点是用水量大，粉渣的营养成分溶解损失多。亚硫酸具有挥发性，在淀粉渣干燥过程中，亚硫酸可随水分一同挥发，因而通过晒干（或烘干），可去除其中的部分亚硫酸。淀粉渣晒干后，其中的亚硫酸的含量可降低60%以上。

（2）化学方法：根据亚硫酸的化学性质，选用0.1%高锰酸钾溶液、双氧水或氢氧化钙溶液处理，也可达到较好的去毒效果，其中以高锰酸钾溶液去毒效果较好。

2. 限量饲喂　对于未去毒的淀粉渣，应严格控制喂量。未经去毒的淀粉渣，奶牛的喂量每头每日不应超过5~7kg，母猪每头每日不超过3~5kg，且应间隔饲喂，一般饲喂半个月停喂1周，然后再喂。生长肥育猪饲喂淀粉渣，必须保证饲粮中有足够的维生素B_1，喂量不超过饲粮的30%。

3. 注意与其他饲料合理搭配　在饲喂淀粉渣的过程中，要充分保证优质干草、青绿饲料的进食量。为减少亚硫酸对钙的消耗，饲料中应补加磷酸氢钙、石粉等含钙饲料；应添加一定量的胡萝卜；与其他蛋白质饲料合理搭配，同时补充合成氨基酸及维生素添加剂。

三、其他糟渣类饲料

（一）豆渣

豆渣是以大豆为原料加工豆制品的副产品。鲜豆渣水分含量高达80%~90%，干物质中粗蛋白质含量高达20%~30%。鲜豆渣是牛、猪良好的多汁饲料，可提高奶牛的产奶量，促进猪的生长。但由于豆类含有胰蛋白酶抑制剂等多种抗营养因子，所以豆渣必须熟喂或经微生物发酵处理后饲喂。

（二）酱油渣

生产酱油的原料主要是大豆、豌豆、蚕豆、豆粕、麸皮及食盐等，将酱油分离后剩余的残渣干燥后即为酱油渣。

酱油渣的营养价值因原料和加工工艺的不同而有所变化。一般鲜酱油渣水分含量为25%~

50%，干物质中粗蛋白质含量25%左右。酱油渣中食盐含量高达7%，不能长期饲喂或一次喂量过多，否则易引起食盐中毒，特别是仔猪和雏鸡对食盐较敏感，最易中毒。

酱油渣对鸡的适口性差，很少用于鸡的配合饲料，且使用量不能超过3%，雏鸡禁用。仔猪也不宜使用，否则易导致发育不良，并增加死亡率；生长肥育猪用量应控制在5%以内，过多则降低生长速度，软化体脂，影响胴体品质。酱油渣多用于牛、羊饲料，奶牛精料中使用20%对适口性、产奶量及乳品质均无不良影响，但需配合使用高能量饲料；肉牛饲料中可用至10%，用量过多会造成饮水增加和腹泻现象。饲喂酱油渣期间，应供给充足的清洁饮水。

（三）甜菜渣

甜菜渣是甜菜制糖压榨后的残渣，主要分布于我国北方省区，以黑龙江最多，其次是新疆和内蒙古。鲜甜菜渣含水量为70%~80%，为便于运输和储存，可制成干甜菜渣。

鲜甜菜渣适口性好，易消化，是家畜良好的多汁饲料，对泌乳母畜还有催乳作用。但甜菜渣中含有较多的游离有机酸，喂量过多易引起腹泻。鲜甜菜渣用于喂牛，每头每天的喂量为：奶牛20~25kg，肉牛40kg，犊牛和种公牛应少喂或不喂。绵羊和奶山羊日喂2~3kg，羔羊和种公羊不适宜饲喂。喂牛、羊时应适当搭配干草、青贮饲料、饼粕类以及胡萝卜等。

（四）柑橘渣

柑橘渣是以柑橘为原料生产柑橘汁和柑橘罐头的副产品，主要包括柑橘皮、核及榨汁后的果肉残渣。柑橘渣的特点是无氮浸出物含量高，缺点是含有柠檬苦素，具有苦味，影响适口性和消化率。

柑橘渣既可直接饲喂家畜，也可晒干后作饲料。柑橘渣对奶牛和肉牛的适口性好，精料中使用40%对生产性能没有影响，但高于50%时可提高乳热症的发病率，降低繁殖率。柑橘渣对鸡的饲喂效果差，喂量多可致胆囊肥大，严重时导致小肠出血，死亡率增加，饲喂量应控制在4%以下。柑橘渣对猪的适口性也差，一般用量控制在5%以内，过多可引起消化不良，出现软便和腹泻。

本 章 小 结

菜子饼粕中的硫葡萄糖苷本身没有毒性，但其降解产物硫氰酸酯、异硫氰酸酯、噁唑烷硫酮和腈对动物有毒；同时其中的芥子碱、芥酸和单宁等也会对动物产生不同程度的毒害作用。

棉子饼粕中的毒害物质主要是棉酚和环丙烯类脂肪酸，棉酚包括游离棉酚和结合棉酚，对动物有毒的是游离棉酚。游离棉酚主要毒害细胞、血管和神经，影响雄性动物的生殖机能，降低蛋品品质等；环丙烯类脂肪酸主要影响蛋的品质。棉子饼粕中毒一般表现为蓄积性慢性中毒特征。

蓖麻饼粕中有毒成分包括蓖麻毒素、蓖麻碱、变应原和血球凝集素，其中毒性最大的是蓖麻毒素，具有强烈的细胞毒性，可抑制体内蛋白质的合成，对人和动物都有剧毒。

亚麻饼粕中的主要毒害物质包括生氰糖苷、亚麻子胶和抗维生素B_6因子，其中毒害作用最大的是生氰糖苷。亚麻子胶主要影响单胃动物和禽类饲料中营养物质的消化和吸收；抗维生素B_6因子主要拮抗维生素B_6的活性。亚麻饼粕中毒主要是氢氰酸中毒。

酒糟中的有毒物质主要包括乙醇、甲醇、杂醇油、醛类以及储存过程中产生的有机酸。酒糟中毒的实质主要是乙醇和乙酸中毒，多见于牛和猪。粉渣中毒主要是由于淀粉加工过程中残留的亚硫酸所致，可损伤胃肠道，破坏硫胺素，影响钙的吸收。

思 考 题

1. 生产实践中如何控制菜子饼粕的危害？
2. 如何有效控制动物棉子饼粕中毒？
3. 试述蓖麻饼粕中的有毒物质的种类及其毒性。
4. 试述亚麻饼粕中的有毒物质的种类及其毒性。
5. 如何合理利用糟渣类饲料？

青饲料卫生与安全

青绿饲料是指能够用作饲料的植物新鲜茎叶，主要包括天然牧草、栽培牧草、田间杂草、叶菜类、水生植物、嫩枝树叶等。合理利用青绿饲料，可节省成本，提高养殖效益，但青绿饲料在生长过程中，由其自身代谢产生的次生代谢产物或在某些情况下分解转化形成的物质可能对动物有毒害作用，产生饲料卫生与安全问题。这些物质主要是硝酸盐、亚硝酸盐、生氰糖苷、光敏物质、草酸盐以及某些牧草中的毒素。

第一节 硝酸盐、亚硝酸盐

各种青绿饲料中都含有一定量的硝酸盐（nitrate），硝酸盐本身对动物毒性较低，但硝酸盐在一定条件下转化为亚硝酸盐（nitrite）则对动物有较高毒性。因硝酸盐和亚硝酸盐引起的中毒在我国一年四季都有发生。因此，了解硝酸盐和亚硝酸盐的积累过程及转化机制对有效预防亚硝酸盐中毒具有重要意义。

一、饲料中硝酸盐的含量及影响因素

青绿饲料中的硝酸盐含量变化幅度很大，它不仅与植物的种类、品种、植株部位及生育阶段有关，而且还与外界环境条件如土壤肥料、水分、温度、光照等密切相关。

（一）植物本身

1. 种类 不同种类的植物，其硝酸盐含量差异很大。不同种类蔬菜中硝酸盐含量从高到低的顺序是：绿叶菜类＞白菜类＞根茎类＞鲜豆类＞瓜类。表6-1列出了几种青绿饲料中的硝酸盐含量。

表6-1 青绿饲料中硝酸盐的含量

（引自罗方妮、将志伟，饲料卫生学，2003）

青绿饲料名称	硝酸盐（mg/kg）	备注
小白菜叶	1 861.2	新鲜
萝卜菜叶	1 219	新鲜
萝卜块茎	7 126	新鲜
南瓜叶	750	放置3～5d
甘薯藤	1 240	放置3～5d
水浮莲	100	放置一定时间
燕麦	3 000～7 000	晒干
芜菁嫩叶	8 000	新鲜

2. 品种　在相同的栽培条件下，同一种类但品种不同的植物，其硝酸盐含量也有明显差异。

3. 部位　在植株不同部位，硝酸盐的分布不同，通常叶菜类的硝酸盐含量高低顺序为：茎＞根＞叶＞果。

4. 生育阶段　植物在不同生育阶段，同一组织内硝酸盐含量不同。一般情况下，生长初期、盛期高于成熟期。但在以硝态氮提供氮源的情况下，施肥量过高时，成熟期会升至最高。

(二) 环境因素

植物吸收的氮素基本上是氨态氮和硝态氮2种形式。土壤中的含氮有机化合物在微生物作用下，可以产生铵盐和硝酸盐。产生铵盐的作用，称为氨化作用；进一步使氨转变成为硝酸盐的作用，称为硝化作用。

植物从土壤中吸收的硝酸盐，在体内要经过代谢还原成为氨，而后才能合成有机含氮化合物。这一还原过程既可在根中进行，也可在叶中进行。当硝酸盐的供应不太充足时，一般植物的茎中只有少量硝酸盐。原因是硝酸盐在根内就已被还原并转变为氨基酸或酰胺。而当土壤中硝酸盐较多和根部处在低温时，则有相当一部分硝酸盐在根系中来不及还原就直接运送到地上部，还原作用在叶中进行。

可见，土壤肥沃或施用氮肥过多，则为植物提供的硝态氮增多；干旱时土壤中的硝化作用进行旺盛，土壤中的氮多以硝态氮的形式存在，一遇降雨则植物吸收的硝态氮增多。

硝酸盐还原为氨，一般分为2步，先将硝酸盐还原为亚硝酸盐，再由亚硝酸盐还原成氨。

硝酸盐还原成亚硝酸盐的过程是由细胞质中的硝酸还原酶催化的。此酶是一种钼黄素蛋白。所以，当植物缺钼时，硝酸还原酶的活性降低，硝酸还原受阻，这时植物体内积累大量硝酸盐。

光也是影响硝酸盐还原与利用的因素。光照强度能调节硝酸还原酶的活性。当光照强度高时，硝酸盐的还原加速；而当光照强度低时，硝酸还原酶的活性低，叶子里就会积累硝酸盐。

可见，如日照不足以及植物缺乏钼、铁等元素时，植物中硝酸盐经过代谢还原而合成蛋白质的过程受阻；天气急变、干旱、施用某些除草剂、病虫害等都能抑制植物中同化作用的进行，降低硝酸盐还原酶的活性，导致硝酸盐积累。

二、饲料中亚硝酸盐的含量及影响因素

在植物体内，亚硝酸盐还原成氨的过程是由叶绿体中的亚硝酸还原酶（nitrite reductase）催化的。植物体内亚硝酸还原酶的含量比硝酸还原酶的含量高得多，因此，植物体内积累亚硝酸盐量很少。每千克新鲜的叶菜类饲料中，硝酸盐含量虽可高达数千毫克，但其中亚硝酸盐含量一般多低于1mg。

在采摘收获青绿饲料时，植物组织不可避免受到损伤，受损的组织可释放出硝酸还原酶，同时外界环境中的硝酸盐还原菌容易侵入而迅速繁殖，从而可使大量硝酸盐还原为亚硝酸盐。这种还原过程可发生在动物摄食硝酸盐以前，即体外转化，也可发生在摄入体内之后，即体内转化。

(一) 体外转化

体外转化是指硝酸盐在进入家畜体内之前就已经由于自然界中微生物的作用还原为亚硝酸盐。下面两种情况容易使硝酸盐转变为亚硝酸盐。

1. 青绿饲料长时间高温堆放　在青绿饲料的收获与运输过程中，常使植物组织受到不同程

度的损伤,细胞膜碎裂,微生物易于侵入。如果长时间堆放,尤其是在温暖季节,混杂于饲料中的硝酸盐还原菌在适宜的水分与温度等条件下大量繁殖,堆温升高,迅速将硝酸盐还原为亚硝酸盐。

2. 青绿饲料用小火焖煮或煮后久置　青绿饲料用小火焖煮时混杂于饲料中的大多数微生物不但未被杀死,反而得到适宜的温度与水分条件。与高温堆放一样,细菌大量繁殖,迅速形成亚硝酸盐。此外,煮熟的青绿饲料放在不清洁的容器中,如果温度较高,存放过久,也会增加亚硝酸盐含量。

每千克新鲜白菜中含 NO_2^- 4mg,NO_3^- 2 571.8mg,将其切碎置10℃室温下自然腐烂,在2~3d内 NO_2^- 含量只增加至8~10mg。至第4天一经开始腐烂,其含量急剧上升到190mg,至第5~7天上升到2 588~2 609mg。将新鲜白菜切碎后置37℃保温存放时,在第2天亚硝酸盐的含量便急剧上升到504mg。

可见,尽管鲜青绿饲料中含亚硝酸盐较少,但放置一定时间后,亚硝酸盐含量便明显升高,表6-2为几种青绿饲料中亚硝酸盐的含量。

表6-2　青绿饲料中亚硝酸盐的含量

(引自罗方妮、将志伟,饲料卫生学,2003)

青绿饲料名称	亚硝酸盐(mg/kg)	备注
小白菜叶	6.7	新鲜
萝卜菜叶	9.9	新鲜
萝卜块茎	2.84	新鲜
南瓜叶	500	放置3~5d
甘薯藤	111.0	放置3~5d
水浮莲	5.0	放置一定时间

(二) 体内转化

体内转化是指饲料中的硝酸盐被家畜采食后,经胃肠道中硝酸还原菌的作用转化为亚硝酸盐。单胃动物摄入的硝酸盐通常在肠道上部被吸收,很少形成亚硝酸盐。但在胃酸不足或存在胃肠道疾病时,胃肠道中的细菌就可把食入的硝酸盐还原成亚硝酸盐,后者被大量吸收而引起中毒。然而,反刍动物的情况则有所不同,正常情况下,反刍动物摄入的硝酸盐在瘤胃微生物的作用下被还原成亚硝酸盐,并进一步还原为氨而被利用。但是当反刍动物瘤胃的pH和微生物群发生变化,使亚硝酸盐还原成氨的速度受到限制时,若摄入过多的硝酸盐就极易引起亚硝酸盐积累而引起中毒。因而对牛、羊等反刍动物来说,除了摄入过多亚硝酸盐可发生中毒之外,摄入较多的硝酸盐也有中毒的危险。

三、亚硝酸盐毒性与安全问题

1. **毒性**　亚硝酸盐吸收入血后,亚硝酸离子与血红蛋白相互作用,使正常血红蛋白中的二价铁氧化为三价铁,而形成高铁血红蛋白,使血红蛋白失去运输氧的能力。通常是1分子亚硝酸与2分子血红蛋白作用。

正常情况下，红细胞内具有一系列酶促和非酶促的高铁血红蛋白还原系统，动物体内红细胞内仅有少量高铁血红蛋白产生，红细胞内高铁血红蛋白只占血红蛋白总量的1%左右。高铁血红蛋白还原酶系统的活性因动物种类、年龄、个体不同而异。羊能迅速地将高铁血红蛋白还原为血红蛋白，牛较慢，猪和马更慢。同一种家畜中，成年动物将高铁血红蛋白还原成血红蛋白的能力大于老年和幼年动物。

当机体大量摄入亚硝酸盐时，红细胞形成高铁血红蛋白的速度超过还原的速度，高铁血红蛋白大量增加，出现高铁血红蛋白血症，从而使血红蛋白失去携氧功能，导致机体组织缺氧。当动物体内高铁血红蛋白占血红蛋白总量的20%~40%时，出现缺氧症状，占80%~90%时，引起动物死亡。当动物的活动增强时，高铁血红蛋白占50%~60%便可致死。

亚硝酸盐对动物的毒害程度，主要取决于被吸收的亚硝酸盐的数量和动物本身高铁血红蛋白还原酶系统的活性。动物食欲好，采食量大时，易中毒。

至于摄入多少亚硝酸盐才能引起中毒是较难确定的。这不仅是因为动物的敏感性存在差异，还因为从硝酸盐转变为亚硝酸盐的过程很复杂。

2. 急性中毒　猪急性中毒多是由于采食大量已形成亚硝酸盐的饲料而引起的，一般在采食后0.5h即可出现中毒症状。而牛、羊则是在采食大量含硝酸盐的饲料后，在瘤胃中转化为亚硝酸盐而中毒，其症状出现稍迟。中毒的主要症状为呼吸加强，心率加快，肌肉震颤，衰弱无力，行走摇摆，皮肤及可视黏膜出现紫绀，体温正常或偏低，严重者可发生蹦跳、昏迷和阵发性惊厥，甚至死亡。中度中毒可于发病后0.5~2h内死亡。病理解剖可见血液凝固不良，呈黑红色或咖啡色，胃肠黏膜多有充血，心肌、气管有出血点，全身血管扩张，肝肾淤血肿大。中毒较轻而耐过者，症状可于数小时后逐渐缓解。

3. 慢性中毒　亚硝酸盐慢性中毒的表现多种多样，如采食量下降、增重迟缓、精神萎靡。母畜长期采食硝酸盐、亚硝酸盐含量较高的饲料后，可引起受胎率降低，并因胎儿高铁血红蛋白血症，导致死胎、流产或胎儿吸收；硝酸盐含量高时，可使胡萝卜素氧化，妨碍维生素A的形成，从而使肝脏中维生素A的储量减少，引起维生素A缺乏症；硝酸盐和亚硝酸盐可在体内争夺合成甲状腺素的碘，有致甲状腺肿的作用。

此外，亚硝酸离子在血液中与血管壁接触，可直接作用于血管平滑肌，有松弛平滑肌的作用，特别是小血管的平滑肌易受影响，从而导致血管舒张，血压下降。

4. 参与致癌物——N-亚硝基化合物的合成　硝酸盐、亚硝酸盐与肿瘤的关系早已引起人们的重视。因为硝酸盐和亚硝酸盐同被认为是致癌物质——亚硝基化合物的前体物质。亚硝酸盐在一定条件下可与仲胺或酰胺分别形成N-亚硝胺类和N-亚硝酰胺类化合物。这种N-亚硝基化合物种类很多，对动物是强致癌物。

已知200多种N-亚硝基化合物中，约80%以上有致癌性，但其致癌强度可相差约1 000倍。一次给予大剂量或长期多次给予小剂量皆可诱发肿瘤。经过对大鼠、小鼠、地鼠、豚鼠、兔、犬、猪、猴、鸟类、鱼类、蛙、貂等动物进行试验表明，亚硝基化合物几乎可引起所有动物致癌。妊娠动物摄入一定量的亚硝基化合物后可通过胎盘使子代发生肿瘤。亚硝基化合物还可通过乳汁使子代诱发肿瘤。

目前尚未发现N-亚硝基化合物引起人类肿瘤的直接证据，但国内外的一些流行病学调查资料证明，人类的某些癌症可能与 N-亚硝基化合物有密切关系。

四、合理利用与安全措施

1. 通过作物育种选育低富集硝酸盐品种　不同植物品种、品系和植物不同部位硝酸盐累积的差异主要受遗传因子控制。在同一组织内硝酸盐含量的变异与硝酸盐还原酶的活性成负相关。硝酸还原酶的活性强度是高度遗传的。因此通过育种途径来筛选低富集硝酸盐品种是预防硝酸盐和亚硝酸盐危害的措施之一。

2. 适量施用钼肥，控制氮肥的用量　在种植青绿饲料时，适量施用钼肥，控制氮肥的用量可减少植物体内硝酸盐的积累；临近收获或放牧时，控制氮肥的用量，可减少硝酸盐的富集。

3. 注意青绿饲料的调制、饲喂及储存方法　叶菜类青绿饲料应新鲜生喂，或大火快煮，凉后即喂，不要小火焖煮，久置。青绿饲料收获后应存放于干燥、阴凉、通风处，不要堆压或长期放置。如有腐烂则应弃之。

4. 注意反刍动物易中毒　反刍动物采食硝酸盐含量高的青绿饲料时，喂给适量含有易消化糖类的饲料，以降低瘤胃 pH，抑制硝酸盐转化为亚硝酸盐的过程，并促进亚硝酸盐转化为氨，从而防止亚硝酸盐的积累。

5. 合理确定饲喂量及饲料中硝酸盐、亚硝酸盐的允许量　一般认为饲料作物干物质中以 NO_3^- 形式存在的 N 含量在 0.2% 以上，或按 NO_3^- 计为 0.88% 以上，即有中毒的危险。超过此水平应控制饲喂量。我国尚未制定青绿饲料中亚硝酸盐允许量标准，但制定了鱼粉，猪、鸡配合饲料的卫生标准。我国饲料卫生标准（GB 13078—2001）中规定：每千克鱼粉中亚硝酸盐（以 $NaNO_2$ 计）≤60mg；每千克猪、鸡配合饲料中，亚硝酸盐（以 $NaNO_2$ 计）≤15mg。

6. 中毒治疗　亚硝酸盐中毒的特效解毒剂是亚甲蓝（美蓝）和甲苯胺蓝，配合使用维生素 C 和高渗葡萄糖可增强疗效。

美蓝是一种氧化还原剂，在低浓度、小剂量时，它本身先经辅酶Ⅰ的作用变成白色美蓝，而白色美蓝可把高铁血红蛋白还原为正常血红蛋白。但在高浓度、大剂量时，辅酶Ⅰ不足以使之变为白色美蓝，于是过多的美蓝则发挥氧化作用，使正常血红蛋白变为高铁血红蛋白。正因为如此，治疗亚硝酸盐中毒时用的是低浓度、小剂量。但大剂量美蓝用于治疗反刍动物亚硝酸盐中毒时，并没引起高铁血红蛋白，所以可用较大剂量。

亚甲蓝用于猪的剂量是：每千克体重 1～2mg，配制成 1% 溶液静脉注射（1.0g 美蓝加 10mL 乙醇，然后加蒸馏水至 100mL）；用于反刍动物的剂量为：每千克体重 20mg。

甲苯胺蓝的治疗机制与美蓝相同，但疗效较高，与美蓝相比，能使高铁血红蛋白还原的速度快 37%，剂量为每千克体重 5mg，配成 5% 溶液静注或肌注。

第二节　生氰糖苷

植物界大约有 2 000 多种生氰植物。生氰植物是指能在体内合成生氰化合物，经水解后释放氢氰酸的植物。生氰糖苷是生氰化合物之一，其本身虽不呈现毒性，但含有氰苷的植物被动物采食、咀嚼后，植物组织的结构遭到破坏，在有水分和适宜的温度条件下，氰苷经过与共存酶的作用，水解产生氢氰酸而引起动物中毒。因此，只有了解生氰糖苷的合成、水解过程，才能有效控制其毒性和合理安全地使用。

一、生氰糖苷的合成与水解

1. **生氰糖苷（cyanogenic glycosides）的结构** 苷类又称配糖体，它是糖或糖醛酸等与另一非糖物质通过糖的端基碳原子连接而成的化合物。其中非糖部分称为苷元或配基，其连接的键称为苷键。由于单糖有α及β两种端基异构体，因此形成的苷也可分为α-苷及β-苷2种类型。大多数植物中的苷多是β-苷，α-苷很少见。生氰糖苷是苷类化合物之一，主要有5种，即亚麻苦苷、百脉根苷、蜀黍苷、毒蚕豆苷和苦杏仁苷，其分子结构见图6-1。

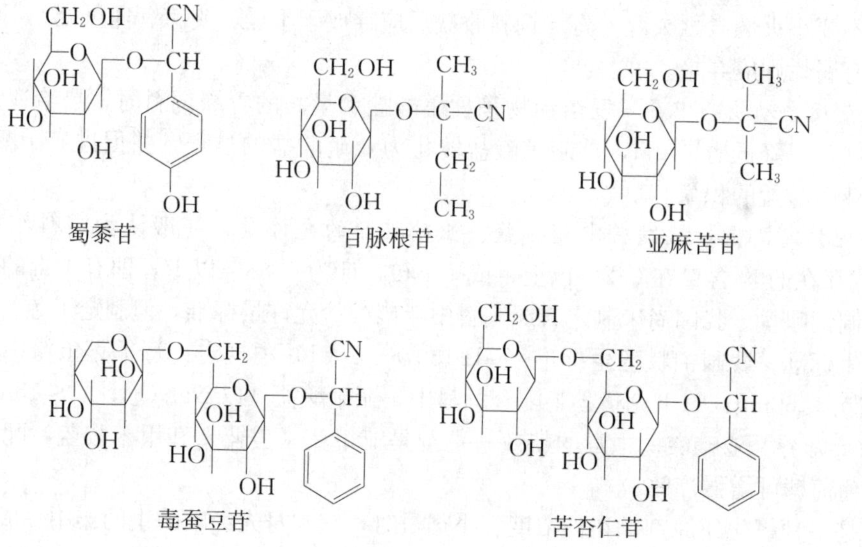

图6-1 几种生氰糖苷的化学结构

2. **生氰糖苷的合成** 生氰糖苷是由L-缬氨酸、L-异亮氨酸、L-亮氨酸、L-酪氨酸、L-苯丙氨酸和环戊烯甘氨酸等6种氨基酸转化而来。其合成过程为：

$$氨基酸 \longrightarrow N\text{-}羟基氨基酸 \longrightarrow 醛肟 \longrightarrow 腈 \longrightarrow \alpha\text{-}羟腈 \begin{array}{c} \nearrow 生氰糖苷 \\ \searrow 生氰脂 \end{array}$$

不同的氨基酸可以产生不同的生氰糖苷，饲料中最常见的生氰糖苷有亚麻苦苷和百脉根苷，前者是由L-缬氨酸形成的，后者是由L-异亮氨酸形成的，蜀黍苷则是由L-酪氨酸形成的。毒蚕豆苷和苦杏仁苷是由L-苯丙氨酸转化而来的。

亚麻苦苷和百脉根苷总是同时存在于同一植物、物种之中。例如亚麻子饼、百脉根、白三叶草和菜豆属植物等都同时含有亚麻苦苷和百脉根苷。

在高等植物中，经分离提取并已确定其结构的生氰糖苷有20余种，它们都是由一个α-羟腈与一个糖分子形成的糖苷化合物，即由α-羟腈和α-羟基与糖分子的半缩醛形成β-糖苷键。

3. **生氰糖苷的水解** 生氰糖苷的水解及氢氰酸的释放通常是由酶催化进行的，在含生氰糖苷的植物中，都存在β-葡萄糖苷酶和羟腈裂解酶。在完整的植物体内，生氰糖苷与其水解酶在空间上是隔离的，即二者存在于植物体同一器官的不同细胞中。例如，高粱茎叶中的蜀黍苷定位在表皮组织中，而其水解酶则定位在叶肉组织中。因此，在正常生长的植物体内，生氰糖苷不会受到水解酶的作用，不存在游离的氢氰酸。只有当植物体完整的细胞受到破坏或死亡后，使生氰糖苷与其水解酶接触时，水解反应才会迅速进行。其反应过程见图6-2。

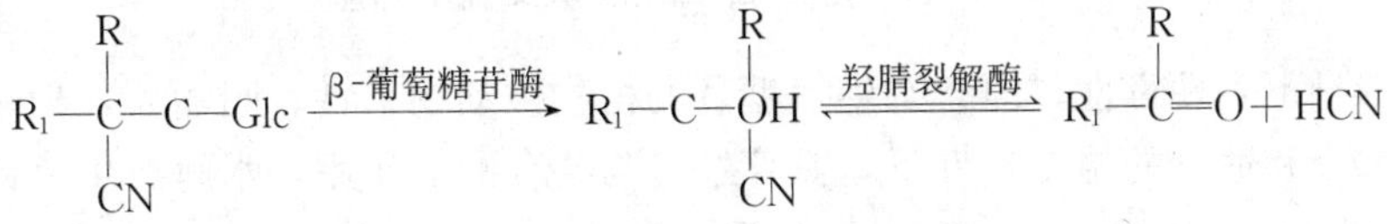

$$R_1-\underset{CN}{\overset{R}{C}}-C-Glc \xrightarrow{\beta\text{-葡萄糖苷酶}} R_1-\underset{CN}{\overset{R}{C}}-OH \xrightleftharpoons{\text{羟腈裂解酶}} R_1-\overset{R}{C}=O + HCN$$

图6-2 生氰糖苷在酶作用下分解，释放HCN的过程

生氰糖苷除可酶解外，还可进行化学水解。生氰糖苷的β-糖苷键对酸不稳定，在一定温度条件下，稀酸可将此键破坏，产生α-羟腈。不稳定的α-羟腈又可解离产生氢氰酸。稀酸的水解产物和酶解产物是相同的。

二、含生氰糖苷的饲用植物

1. 高粱　成熟前的子粒和茎叶中含有蜀黍苷。高粱植株以生鲜幼苗特别是再生幼苗中含氰苷较多，大部分存在叶子里。上部叶片较下部叶片含量多；叶的基部较顶端含量多；叶缘的含量较叶片中部的含量多；叶腋处的分支和分蘖茎较主茎的含量多。

栽培环境对高粱植株中氢氰酸的含量有一定影响。在夏季，植株因干旱生长受阻后一经秋雨引起迅速生长时，或经过霜冻，或在肥沃土壤上生长的高粱，其氢氰酸含量均较高。

2. 百脉根　系豆科百脉根属多年生牧草。百脉根含有两种生氰糖苷，主要是百脉根苷，还有少量亚麻苦苷。每100g新鲜植株中氢氰酸含量为5～17mg。在一般情况下，不会引起家畜中毒。

3. 苏丹草　系禾本科高粱属一年生植物。幼嫩的苏丹草及刈割后的再生苗含有蜀黍苷，但其含量比高粱低得多，且随着植株生长含量减少。用作饲料时一般无中毒危险。

4. 白三叶　系豆科三叶草属多年生牧草。含有百脉根苷和亚麻苦苷，两种含量之比为4∶1。一般不会引起家畜氢氰酸中毒。

5. 菜豆属植物　此属植物中的小豆类如赤豆、饭豆、小豆、菜豆、海南刀豆、狗爪豆等，其子实中含有百脉根苷和亚麻苦苷。每千克子实中含氢氰酸47.1～86.0mg。

6. 木薯　系大戟科多年生植物，含有百脉根苷和亚麻苦苷，其中亚麻苦苷占氰苷总量的90%～95%。木薯全株都含有生氰糖苷，其中以块根中含量最多。块根中又以皮层中含量最多。木薯中氢氰酸的含量因品种不同而有较大差异。木薯品种很多，大体上可分为苦味品种和甜味品种2大类。其中苦味品种中含氢氰酸较多，甜味品种中含氢氰酸则较少。木薯中氢氰酸的含量还因栽种季节、土壤、肥料、气候等因素的影响而有差异。新种木薯的土地所产的块根，在当年收获时，每100g块根中氢氰酸的含量可达41.1～92.3mg（平均为59.4mg），而连种2年的土地，所产块根过冬后收获者，每100g块根中氢氰酸的含量仅为6.6～28.3mg

（平均为 17.40mg）。

7. 亚麻子饼　系亚麻种子榨油后的饼粕。因榨油方法不同，其饼粕中存余的氰苷含量也不相同。亚麻种子及其饼粕中主要含有亚麻苦苷，也含少量的百脉根苷。

8. 橡胶子饼　如杏、桃、李、梨、梅、苹果和樱桃等的叶子和种子中含有苦杏仁苷。家畜在饥饿时大量采食其叶或果均可引起中毒。

三、生氰糖苷毒性与安全问题

生氰糖苷本身不表现毒性，但含有生氰糖苷的植物被动物采食、咀嚼后，植物组织的结构遭到破坏，在有水分和适宜的温度条件下，氰苷经过与共存酶的作用，水解产生氢氰酸而引起动物中毒。

当饲料中含有极少量的氢氰酸时，一般不会发生中毒，因为机体有一定的解毒能力。当少量的氢氰酸（氰离子）被吸收后，与体内硫代硫酸盐在硫氰酸酶（此酶在体内分布很广，而以肝脏内的活性最高）的催化下，可形成低毒的硫氰酸盐，随尿排出而解毒。另外，在血液中，氰离子还可与高铁血红蛋白的 3 价铁结合而失活。第三，氰离子在体内也可转化为氰化氢或分解为二氧化碳从呼气中排出。但正常情况下，体内硫代硫酸盐的储存量有限，高铁血红蛋白含量也很少，使这一解毒过程受到一定的限制，故只能在极有限的氢氰酸进入机体时才不发生中毒。

而当饲料中含有大量的氢氰酸时，被吸收的氰离子能迅速与氧化型细胞色素氧化酶中的 3 价铁结合，形成氰化高铁细胞色素氧化酶，从而抑制细胞色素氧化酶的活性，阻止该氧化酶中 3 价铁的还原，即阻断了氧化过程中的电子传递，使组织细胞不能利用氧，因而产生"细胞内窒息"。组织细胞缺氧首先引起脑、心血管系统（它们是进行高速氧化代谢的组织）的损害，尤以呼吸中枢和血管运动中枢为甚。目前已发现氰离子可抑制 40 多种酶的活性，其中大多数酶的结构中都含有铁和铜，但以细胞色素氧化酶对氰离子最为敏感。

组织细胞由于中毒，不能从毛细血管液中摄取氧，氧滞留于血液中。在回心的静脉血中，基本上仍保持动脉血流入组织以前的含氧水平，因而使静脉血也呈现鲜红色。因此，在氢氰酸中毒的初期，动物的可视黏膜及皮肤常呈鲜红色。如果病程延长，呼吸受到抑制以及氧的摄取受到限制，血液才变成暗红色，此时才出现可视黏膜发绀。

单胃动物由于胃液呈强酸性，影响与生氰糖苷共存的酶的活性，所以生氰糖苷的水解过程多在小肠进行。反刍动物由于瘤胃微生物的活动，可在瘤胃中将生氰糖苷水解产生氢氰酸，中毒症状出现较早。氢氰酸急性中毒发病较快，反刍动物在采食 15～30min 后即可发病，单胃动物多在采食后几小时呈现症状。主要症状为呼吸快速且困难，呼出苦杏仁味气体，随后全身衰弱无力，行走站立不稳或卧地不起，心律失常。中毒严重者最后全身阵发性痉挛，瞳孔散大，因呼吸麻痹而死亡。各种动物中反刍动物氢氰酸中毒最为敏感，其中最为敏感的是牛，羊次之，单胃动物和禽则较少发生。

关于氢氰酸的中毒剂量，以生氰糖苷形式经口摄入的氢氰酸，对牛羊的最低致死剂量约为每千克体重 2mg。当 100g 干重植物中氢氰酸含量超过 20mg 时，就有引起动物中毒的可能。

氢氰酸除能引起急性中毒外，长期少量摄入含生氰糖苷的植物也能引起慢性中毒。例如，澳大利亚和新西兰的羊，由于长期采食含生氰糖苷的白三叶而引起甲状腺肿大，生长发育迟缓。在非洲，由于大量食用含生氰糖苷的木薯制品，造成当地人甲状腺肿大和侏儒症。这都是由于氢氰酸在体内经硫氰酸酶的作用转化为硫氰酸盐而引起的。增加血清硫氰酸的含量会引起羊的甲状腺肿大。硫氰基（SCN^-）可抑制甲状腺的聚碘功能，干扰碘的有机结合过程，妨碍甲状腺素的合成，并能增加碘从肾脏排出，减少体内碘的储备，这些作用引起腺垂体促甲状腺激素的分泌增多，从而导致甲状腺组织增生。

氢氰酸急性中毒的病程短促，往往不能及时治疗而死亡，因而一旦发现动物出现氢氰酸中毒症状时，应立即用亚硝酸钠及硫代硫酸钠进行解毒治疗。方法是用亚硝酸钠配成5%的溶液，进行静脉注射。对牛、马剂量为2g，对猪、羊为0.1～0.2g，随后再注射5%～10%硫代硫酸钠溶液，牛、马为100～200mL，猪、羊为20～60mL。或用亚硝酸钠3g、硫代硫酸钠15g及蒸馏水200mL，混合溶解后经过滤、消毒，供牛一次静脉注射。猪、羊则用亚硝酸钠1g、硫代硫酸钠2.5g及蒸馏水50mL，一次静脉注射。当病情有反复时，还需重复应用。

其机理是，亚硝酸钠的氧化作用使部分血红蛋白氧化成高铁血红蛋白，后者在体内能夺取已与细胞色素氧化酶结合的CN^-，使细胞色素氧化酶恢复活性。但所生成的氰化高铁血红蛋白又能逐渐解离而放出游离CN^-，所以需进一步注射硫代硫酸钠，它在体内硫氰酸酶的催化下可将CN^-转变为硫氰酸盐而随尿排出。亚硝酸钠不可过量以免中毒。

四、合理利用与安全措施

（一）合理利用

（1）掌握植物各生长期有毒成分含量的变化规律，加以合理利用。例如高粱茎叶在幼嫩时不能饲用，应在抽穗时加以利用，并以调制成青贮料或干草后饲用为宜。因为通过青贮或晒干（应于刈割后阴干，以使形成的HCN逐渐随水蒸发），可以使氢氰酸挥发。利用苏丹草时，第一茬适于刈割青贮、晒制干草。牛、羊和马放牧时，以草丛高度达50～60cm为好，此时HCN含量逐渐减少，可防止中毒，而且这时草根已扎固，不易被家畜采食拔起。苏丹草及其杂种的氢氰酸含量因刈割次数多少而有所不同，刈割4次比刈割3次高。

（2）控制喂量，与其他饲草饲料搭配喂给。

（二）去毒处理

生氰糖苷可溶于水，经酶或稀酸可水解为氢氰酸。氢氰酸的沸点很低，加热易挥发。因此一般采取用水浸泡、加热蒸煮等方法去毒。此外，磨碎和发酵对去除氢氰酸也有作用。

（1）木薯块根的去毒方法：①蒸煮水浸法：将木薯去皮，切成小段，煮熟，放入清水浸漂1～2d，即可饲用。②生薯水浸、晒干法：木薯去皮后，放在流水中浸漂3～5d（或放在水池中，每日或隔日换水一次），然后切片晒干备用。③加工制成薯粉或薯干：将生薯切片晒干，磨成薯粉保存，在饲用前浸水去毒。

（2）木薯叶去毒的方法：①晒干制成叶粉。②煮熟（或煮至半熟）后水洗。③将鲜叶切碎青贮发酵。

（3）亚麻子饼去毒方法：将其经水浸泡后煮熟（煮时将锅盖打开），可以使氢氰酸挥发而消除其毒性。

(4) 橡胶子饼的去毒方法：通过日晒或烘烤。

(5) 箭筈豌豆的去毒方法：可采用浸泡、蒸煮、焙炒等方法，使毒蚕豆苷水解形成 HCN 后遇热挥发而去毒。例如可将子实用温水浸泡 24h，或将粉碎的子实用温水浸泡 4h 后再煮熟，可以去毒。

去毒处理后要检测饲料中氰化物的含量。我国饲料卫生标准中规定：每千克木薯干中氰化物（以 HCN 计）≤100mg；每千克胡麻饼、粕≤350mg；每千克鸡、猪配合饲料≤50mg。

（三）作物育种

饲用植物中生氰糖苷的含量因品种不同而差异很大，因此要选用和培育低毒的作物品种。目前，植物育种专家正在进行有关植物生氰现象的遗传学机制的研究，期望培育出低氰或无氰的作物品种。

（四）治疗

对有中毒倾向，但尚未出现临床症状的病畜，可用硫代硫酸钠灌服，牛每次 30g，羊 5g，每小时一次，以固定胃内尚未被吸收的氢氰酸。

第三节　感光过敏物质和草酸盐

一、光敏物质

有些饲料和野生植物含有一些特殊的物质，当家畜采食含有这种物质的饲料并经阳光照射后，可在皮肤的无色素部位发生以红斑和皮炎为主要特征的中毒症状，并可能出现全身症状，这些物质称为感光过敏物质或光敏物质。

（一）光敏物质含量较多的植物饲料

荞麦苗特别是再生荞麦的嫩叶、荞麦种子、金丝桃属植物、春欧芹、羊舌草、野生胡萝卜、马缨丹、狭叶羽扇豆、苜蓿、三叶草、多年生黑麦草、芜菁、油菜、灰菜、羽扇豆属植物等，都含有较多的光敏物质，有些动物一经采食上述饲料，并经阳光照射后便出现过敏症状。

（二）光敏物质卫生安全问题

光敏性皮炎是中毒性感光过敏在临床上最基本的症状，表现为皮肤的无色素或无毛部位发生红斑、水肿、丘疹、水疱甚至脓疱，如伴有细菌感染则可引起糜烂；还常伴有眼结膜、口腔黏膜、鼻黏膜和阴道黏膜的炎症；有时可出现神经症状，体温升高。此种损害多发生在家畜采食植物性饲料并经日光照射之后，症状以皮炎为主，所以又称为光过敏性皮炎、植物-日光性皮炎。也可按引起中毒的饲料种类分为"荞麦疹"（或"荞疯"、"荞斑"）、"苜蓿疹"及"三叶草疹"。此类中毒多见于绵羊和白皮肤的猪。

动物采食含有某种光敏物质（B）的饲料后，其中的光敏性物质被吸收进入血液。流经皮肤毛细血管中的光敏性物质受到日光（长波紫外线或可见光）照射，吸收光子而处于激发状态（B*），这是光化学反应中的一种，即物理化学作用。该激发态的物质（B*）又作用于皮肤毛细血管内皮细胞或皮肤中的某种物质（A），B*将能量传给 A，使 A 变成一种呈活化状态的机体物质 A′，而 B 则复原。当 A′遇到分子氧时被氧化成氧化性物质或产生过氧化氢，从而损伤组织细胞结构，细胞被损伤则可释放游离组胺，后者可使毛细血管扩张，通透性增加，血清甚至血液外漏，皮肤发红，形成红斑性疹块和引起组织局部性水肿，严重的甚至伴有淤血和水疱。这种现象称为光敏作用。具体过程可用如下步骤表示：

$$B + hf \rightarrow B*$$
$$B* + A \rightarrow A' + B$$

B：代表某种光敏物质；hf：代表光子；B∗：代表被光子激发状态中的物质；A：皮肤毛细血管内皮细胞或皮肤中的某种物质；A′：呈活化状态的机体物质。

光的能量不足以使物质 A 发生光化学反应，只有当加入物质 B 后，才能使光化学反应得以完成，因此，物质 B 称为光敏物质或光感物质，如荞麦尤其是再生荞麦的嫩叶中含有的荞麦素，金丝桃属植物中的金丝桃素，多年生黑麦草中的黑麦草碱和春欧芹中的呋喃香豆素及一些尚未鉴定的光敏物质，植物叶绿素在动物体内的正常代谢产生的叶绿胆紫质等。另外，寄生在饲料中的蚜虫体内也含有光敏物质。

动物是否发生感光过敏需具备 2 个因素：一是在无色或浅色皮肤层内存在有足够的光敏物质；二是这种皮肤要经阳光照射。

由饲料中光敏物质引起的中毒性感光过敏可以分为 2 种类型：①原发性感光过敏：这是由于动物采食外源性光敏物质后直接引起的感光过敏。这类光敏物质一般存在于青绿多汁以及生长旺盛期的一些植物中，如荞麦尤其是再生荞麦的嫩叶、金丝桃属植物、多年生黑麦草、春欧芹等。②继发性（肝原性）感光过敏：这种感光过敏是由叶绿胆紫质（或称叶红素）所引起。叶绿胆紫质是植物叶绿素在动物体内的正常代谢产物，通常通过胆汁排泄。但当肝脏受损致使胆汁分泌及排泄发生障碍时，叶绿胆紫质便会在体内蓄积并进入外周循环形成叶绿胆紫素血，从而引起感光过敏。在这类感光过敏中，肝毒物质非常重要，当肝毒物质损坏肝脏后，使正常由胆汁排出的叶绿胆紫质进入外周循环，从而产生感光过敏。如马缨丹所含有马缨丹烯 A、B 可以引起牛、羊慢性肝损害，并继发感光过敏；狭叶羽扇豆、蒺藜等也可以引起肝原性感光过敏。寄生在饲料上的某些真菌也能产生肝毒物质和光敏物质。

有一些植物如幼嫩紫花苜蓿、红三叶草、油菜、灰菜及车前草等，被家畜采食后也可发生感光过敏，但到底是原发性还是继发性感光过敏尚不太清楚。

(三) 合理利用与安全措施

发生感光过敏后，应使动物迅速避开阳光，停止饲喂含光敏物质的饲料，投服缓泻剂并对受损皮肤进行局部治疗，给予抗组胺药物（如苯海拉明、扑尔敏等）及去敏药物（如钙剂、肾上腺皮质激素制剂等）。

合理利用含有光敏物质的饲料，可预防中毒性感光过敏的发生。白色皮肤的动物采食此类饲料后应避免日光照射，可采取阴天、夜间或早晚放牧；或此类饲料只喂给皮肤颜色深的动物。应避免在有蚜虫寄生的草场上放牧，防止动物感光过敏。

二、草酸和草酸盐

有些青绿饲料含有较多草酸及其盐类，在动物消化道内能与某些矿物元素形成不溶性化合物，降低这些矿物元素的利用率，甚至引起腹泻。

(一) 分布及存在形式

草酸的化学名为乙二酸,以游离状态或盐类的形式广泛存在于植物中。很多饲用植物如藜科植物菠菜、甜菜的茎叶,蓼科的羊蹄、酸模,酢浆草科等均含有较多的草酸,特别是在这些植物的叶片发育旺盛阶段,草酸含量(鲜重)特别高,可达 0.5%～1.5%。常见的富含草酸盐的饲用植物及野生植物有以下数种:

1. **饲用甜菜** 新鲜茎叶中含有大量草酸盐,尤以叶部最多。早期繁茂期收获的比晚期收获的含量高,草酸盐含量达 0.3%～0.9%。

2. **牧草与野生植物** 如羊蹄、酸模、酢浆草、蓝稷、盐生草、马齿苋等。在这些植物中草酸盐含量(鲜重)达 0.5%～1.5%。

3. **叶菜类饲料** 如菠菜、油菜、苋菜、牛皮菜等。

4. **稻草** 稻草及水稻收获后的再生稻制成的干草中均含有较多量的草酸盐。

5. **芝麻饼粕** 芝麻外壳含有草酸盐,故加工芝麻饼粕中时外壳必须完全除去。

6. **水浮莲** 水浮莲属于天南星科的水生植物,在我国南方各省曾广泛用作猪的饲料。

植物组织中,草酸大部分以酸性钾盐、少部分以钙盐的形式存在,前者是水溶性的,后者是不溶性的。它们的化学式见图 6-3。

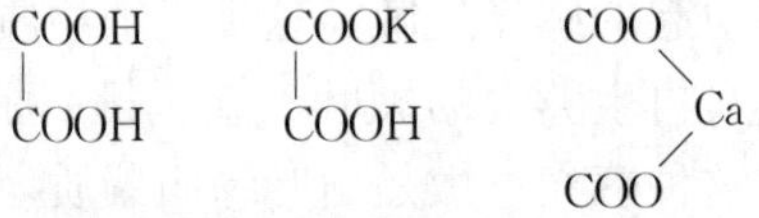

$$\begin{array}{ccc} \text{COOH} & \text{COOK} & \text{COO} \\ | & | & \diagdown \\ \text{COOH} & \text{COOH} & \text{Ca} \\ & & \diagup \\ & & \text{COO} \end{array}$$

草酸　　草酸氢钾　　草酸钙

图 6-3　草酸及草酸盐的化学式

草酸盐除来自于植物外,也可来源于自然界的微生物。目前已报道有曲霉属、青霉属、腐霉属、核盘菌属、栗疫壳菌属、倒杯伞菌属、丝核菌属等属的真菌可分泌草酸。许多病原真菌(如核盘菌)是以分泌草酸毒素而侵害植物的。

(二) 草酸盐毒性与安全问题

草酸及草酸盐是广泛存在于植物性饲料中的一种抗营养因子,它能显著降低动物对矿物质元素的利用率,并能对很多器官造成损害,引起中毒,主要表现在如下几方面。

(1) 草酸盐被动物摄入后,在消化道中能与 2 价、3 价金属离子如钙、锌、镁、铜和铁等形成不溶性的草酸盐沉淀而随粪便排出,从而降低这些矿物质元素的利用率。在含钙 0.45% 的小型马日粮中添加 1% 的草酸,能显著降低钙的利用率。

(2) 草酸盐对黏膜具有较强的刺激作用。大量摄入草酸盐时可刺激胃肠道黏膜,从而引起腹泻,甚至导致胃肠炎。

(3) 草酸被大量吸收入血后,能与血钙结合成草酸钙沉淀,导致低钙血症,扰乱体内钙的代谢,使神经肌肉的兴奋性增高(表现为肌肉震颤、痉挛等)和心脏机能减退,延长凝血时间。在长期慢性低钙血症影响下,可导致甲状旁腺机能亢进,骨质脱钙增多,并出现纤维性骨营养不良。

草酸与体内的钙、镁结合,形成不溶解的草酸盐晶体,可沉积于脏器内。给大鼠静脉注射草酸 0.3mmol/kg,在 1h 内可见肾小球、肝脏和心脏等有微小的草酸盐晶体。这些草酸盐晶体会对脏器造成损害。草酸盐也可在血管中结晶,并渗入血管壁,引起血管坏死,导致出血。草酸盐晶体有时也能在脑组织内形成,从而引起中枢神经系统机能紊乱。

肾脏几乎是体内草酸盐排出的唯一途径,摄入的草酸盐90%以上从尿排出。草酸盐结晶通过肾脏排出时,可导致肾小管阻塞、变性和坏死,引起肾功能障碍。用草酸进行细胞培养的实验结果表明,草酸对乳酸脱氢酶、丙酮酸脱羧酶、琥珀酸脱氢酶和微粒体酶等多种酶系统活性具有抑制作用。这些酶的活性受到抑制后,可干扰机体的糖代谢。

不同种类的动物对饲料中草酸盐的敏感性有所不同。马属动物对草酸盐较敏感,很小的剂量就会引起中毒,甚至死亡。反刍动物长期摄入少量草酸盐时,瘤胃微生物可以逐渐适应,使其分解草酸盐的能力不断提高,以至摄入相当数量的草酸盐(每日达75g)时也不会发生中毒。绵羊和牛初次到含草酸盐植物的草地放牧时,对草酸盐的敏感性较大,以后其耐受力可逐步提高。但草酸盐也可使瘤胃中的微生物减少,并使瘤胃中的草酸与饲料中的钙结合形成不溶性的草酸钙,致使反刍动物的粪钙损失甚至高于马属动物。因此认为在矿物质利用方面,草酸盐对反刍动物的不利影响比马属动物更大。

动物在大量采食含草酸盐的植物后2~6h即可出现中毒症状。主要表现为食欲减退、呕吐、腹痛、腹泻,反刍动物出现瘤胃蠕动减少和轻度瘤胃嗳气。病畜表现不安,频繁起立与卧倒,肌无力,步态异常,心率加快,肌肉颤抖和抽搐。频频欲排尿,并偶尔排出棕红色尿液。呼吸急促、困难,鼻流出带血的泡沫状液体。最后发生瘫痪,卧地不起,甚至昏迷。急性中毒动物可在中毒后9~11h死亡。慢性中毒常表现为精神沉郁,肌无力,生长受阻,慢性胃肠炎。马和猪呈现纤维性骨营养不良。蛋鸡产蛋量下降,产薄壳蛋与软壳蛋。

剖检可见胃肠黏膜弥漫性出血,肠系膜淋巴结肿大,腹腔与胸腔积液。肺充血,支气管和细支气管内充满带血的泡沫。肾肿大,肾皮质可见黄色条纹,在皮质与髓质交界处尤为明显。镜检在肾小管、肾盂、输尿管、瘤胃血管壁可见草酸盐结晶沉积。

(三) 合理利用与安全措施

(1) 饲喂富含草酸盐的饲料、饲草时,饲喂量不可过多,要与其他饲料、饲草搭配饲喂。马属动物对草酸盐敏感,更要严格控制饲喂量。反刍动物的饲喂量可逐渐增加,以提高其对草酸盐的耐受力。同时,注意防止动物采食富含草酸盐的野生植物,尤其是在动物饥饿的情况下,不能在生长富含草酸盐植物的地区放牧。

(2) 添加富含草酸盐的饲料、饲草时,补加钙剂(如磷酸氢钙、碳酸钙等),可以减少机体对草酸盐的吸收,并缓解草酸盐危害所引起的症状。通常1mg钙可与2.25mg草酸结合,故每摄入100mg草酸盐,可补加50~75mg。此外,适当添加锌、镁、铁、铜等元素有利于缓解草酸盐危害。

第四节 豆科牧草

豆科牧草粗蛋白质含量比较高,是草食家畜重要的蛋白质来源,但因某些豆科牧草中含有一些危害动物健康的毒素,因此,在畜牧生产中也应注意其毒性作用,并采取有效、安全的措施,进行合理利用。

一、苜 蓿

苜蓿属的种类繁多,在农业生产中广泛栽培的有紫花苜蓿、黄花苜蓿等,其中栽培面积最大、经济效益最高的是紫花苜蓿。

紫花苜蓿别名紫苜蓿、苜蓿,为苜蓿属一年生或多年生草本植物,约有60余种。我国主要在东北、华北、西北等地种植。由于紫花苜蓿是各种家畜都喜食的优质牧草,不管是青贮、放牧或制成干草,其适口性均好,营养价值也很高,因而有"牧草之王"的美名,但也含有危害动物健康的成分。

(一)有毒成分

1. 皂苷 苜蓿皂苷属三萜皂苷类,水解后可得到三萜烯类皂苷配基、糖和糖醛酸。其中皂苷配基为大豆苷配基醇 B、C、E 和苜蓿酸。不同品种苜蓿,其皂苷的含量、性质、品种等均有所不同。有的品种的苷配基主要是苜蓿酸,有的品种则主要是大豆皂苷配基醇。

2. 拟雌内酯和苜蓿内酯 均为香豆素衍生物,具有雌激素样作用。

3. 抗维生素 E 和胰蛋白酶抑制剂 这些成分在一般饲喂条件下,对动物的毒性不大。

(二)毒性与安全问题

苜蓿的有毒成分主要为皂苷,可降低水溶液表面张力,具有溶血作用,可降低胆固醇,味苦且辛辣。

1. 降低水溶液表面张力的作用 当反刍动物采食过量的苜蓿时,可在瘤胃中产生大量持久性的泡沫,夹杂在瘤胃内容物中。当泡沫逐渐增多时便阻塞贲门,嗳气受阻,形成瘤胃臌气。

2. 溶血作用 皂苷的水溶液能使红细胞破裂而有溶血作用。皂苷的溶血作用是由于它和红细胞膜上的胆固醇相互作用引起的。当皂苷水溶液与红细胞接触时,皂苷能与红细胞膜上的胆固醇结合,生成不溶于水的复合物,破坏红细胞膜的正常通透性,使红细胞内的渗透压增加,从而导致红细胞破裂,产生溶血现象。

3. 降胆固醇作用 皂苷可与胆固醇结合形成不溶于水的复合物,减少单胃动物肠道对胆固醇的吸收,因而具有降低血浆中胆固醇的作用。反刍动物摄入皂苷后不会降低血浆及组织中胆固醇含量,是由于皂苷在瘤胃中受微生物群的作用而发生了变化。

4. 味苦且辛辣 皂苷因味苦影响苜蓿适口性,降低动物采食量,增重减慢。用苜蓿干草或草粉单一或大量饲喂时,可影响单胃动物的生长。家禽对饲粮中的皂苷比猪等单胃动物更为敏感。

(三)合理利用与安全措施

青饲苜蓿时,应限量饲喂,每天每头喂量一般为:泌乳牛 20~30kg,青年母牛 10~15kg,绵羊 5~6kg,成年猪 4~6kg,鸡 50~100g。喂猪和鸡时一般应选择植株较嫩的顶端枝叶并切碎;当家畜产生瘤胃臌气时,要及时排气。为预防瘤胃臌气的发生,在苜蓿牧地放牧前应先喂一些干草或粗饲料;等露水干后再放牧;苜蓿等豆科牧草与禾本科牧草混种或混合饲喂。青饲时应在刈割后放置 1~2h,使其凋萎后再喂;在给单胃动物饲喂干草粉时,鸡的日粮中苜蓿粉可占 2%~5%,猪日粮中以 10%~15%为好,牛日粮可在 25%~45%以上,羊在

50%以上。

苜蓿在青贮过程中应与禾本科牧草混贮,效果更好。

二、沙打旺

沙打旺别名直立黄芪、麻豆秧、地丁、薄地犟,属豆科黄芪属多年生草本植物。沙打旺可保水、防风、固沙、改良土壤。它是我国用于退耕还林、改造荒山的主要草种。

(一) 有毒成分

沙打旺中含有脂肪族硝基化合物,主要是 3-硝基丙酸和 3-硝基丙醇。在生育期每克新鲜植株中含亚硝基 0.06~0.17mg,且其含量有随植物生长日益增加的趋势,但到 10 月份后有所下降。沙打旺叶中的硝基含量高于花与茎。其全株在整个生育期中硝基含量变化范围为:每克鲜重 0.12~0.50mg 或每克干物质中 0.55~1.70mg。

(二) 毒性与安全问题

当家畜大量采食沙打旺时,可引起多种家畜发生中毒。中毒机理:植株中以葡萄糖酸酯形式存在的硝基化合物在家畜消化道中分解成 3-硝基丙酸和 3-硝基丙醇,经肠道吸收入血后,可损坏中枢神经系统、肝、肾和肺,抑制多种酶的活性,也可使血红蛋白转变为高铁血红蛋白,引起高铁血红蛋白症,使机体运氧机能受阻。

1. 损害神经系统 3-硝基丙酸引起的中毒主要表现为中枢神经系统损害。在小鼠腹腔注射 3-硝基丙醇酸可使神经系统豆状核尾部呈双侧和对称性的损害,神经元胞体和胞突明显肿胀或皱缩。

2. 抑制某些酶的活性 3-硝基丙酸能抑制机体中一些酶的活性,某些器官因此受损。受抑制的酶类有琥珀酸脱氢酶、谷氨酸脱羧酶、过氧化氢酶、乙酰胆碱酯酶、富马酸酶等。由于 3-硝基丙酸与琥珀酸分子的电子分布相似,因此,研究 3-硝基丙酸对琥珀酸脱氢酶的作用较多。3-硝基丙酸可与琥珀酸脱氢酶发生不可逆的结合而使之失去活性。

3. 造成动物组织缺氧 沙打旺中的脂肪硝基化合物可使血红蛋白转变为高铁血红蛋白,引起高铁血红蛋白症,造成机体运氧机能受阻。

按亚硝基(NO_2^-)计算,3-硝基丙酸和 3-硝基丙醇对动物的最低致死量为:每千克体重 50mg 和 125mg。3-硝基丙酸对小鼠静脉注射的 LD_{50} 为每千克体重 50mg;雄性灌胃后的 LD_{50} 为每千克体重 100mg,雌性灌胃后为每千克体重 68.1mg。3-硝基丙醇对牛、羊的致死量(按 NO_2^-)分别为每千克体重 25mg 和 50mg。

单胃动物和禽类,尤其是幼畜、幼禽对硝基化合物的耐受力非常低。用沙打旺提取液喂 1 周龄雏鸡,喂量为每 100kg 体重 6mL 时就会出现中毒症状,死亡率达 33.3%;喂量为每 100kg 体重 8mL 时,4h 内全部死亡。

反刍动物瘤胃微生物对硝基化合物具有水解作用。降解途径为:3-硝基丙酸中的葡萄糖酸酯→3-硝基丙酸→亚硝酸盐→氨,产生的氨能被反刍动物利用。而当氨过量时会使机体出现轻微病变。所以适量用沙打旺饲喂反刍动物不会出现中毒症状。

(三) 合理利用与安全措施

(1) 由于反刍动物瘤胃微生物可将沙打旺中的有毒硝基化合物降解为无害的且能被机体利用

的化合物，因此给反刍动物适量饲喂沙打旺是无害的，但长期大量饲喂时可引起机体组织的轻微病变。因此沙打旺不宜长期饲喂，与其他饲料交叉饲喂效果更好。

(2) 当用沙打旺饲喂单胃动物时，要注意用量。一般饲粮中沙打旺茎、叶和粉的添加量不应超过6%，否则会发生病变。在添加量大于8%时病情加重，甚至死亡。

三、银合欢

银合欢系豆科含羞草亚科银合欢属植物。该属植物为多年生灌木或乔木，广泛分布于热带、亚热带地区。银合欢的叶片、种子富含蛋白质，是一种比较高产、优质的木本科饲料。

(一) 有毒成分及分布

银合欢含有一种有毒的氨基酸——含羞草素，亦称含羞草氨酸或含羞草碱，化学名称为 β-N-(3-羟基-4-吡啶酮)-L-氨基丙酸，其结构式见图6-4。

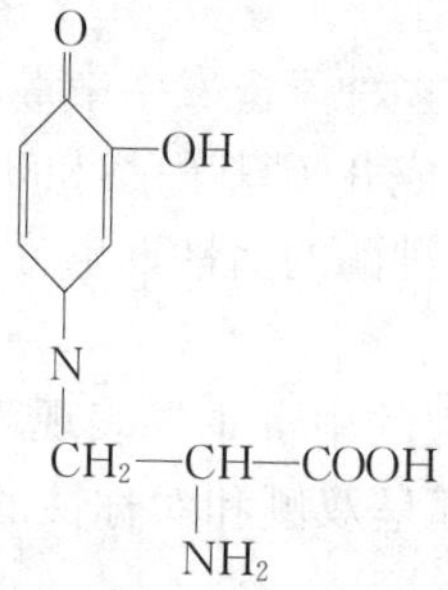

图6-4 含羞草素

银合欢的叶、枝、种子中不同程度地含有含羞草素。其中，银合欢嫩叶和荚果中的含量为3%~5%，青绿茎中含量为2%。同一侧枝不同叶龄的含羞草素的含量，以顶部刚萌发的小叶中含量最高，其次为嫩叶，基部的老叶中含量最低。

(二) 毒性与安全问题

单一过多饲喂银合欢时，家畜被毛脱落、厌食、流涎、生长停滞、甲状腺肿大、繁殖机能降低。单胃动物较反刍动物更为敏感。用占日粮15%以上的银合欢干草粉喂母猪，可使其产仔数减少，仔猪体重降低。

含羞草素的中毒机理尚不完全明了，一般认为主要由于其与酪氨酸的结构相似，对酪氨酸和苯丙氨酸的代谢过程有拮抗作用，从而影响毛发正常生长。含羞草素能与重金属形成螯合物，从而抑制含有或需要这些重金属的酶的活性。

(三) 合理利用与安全措施

1. **控制用量** 反刍动物日粮中的银合欢不得超过25%，单胃动物日粮中不得超过15%。在放牧地上将银合欢与其他牧草混种，可避免家畜单一、过量地摄食银合欢。

2. **去毒方法**

(1) 将银合欢干粉煮沸或蒸煮2h。

(2) 用水浸泡24h（其间换水2~3次）。

(3) 在银合欢干粉中添加0.02%~0.03%的硫酸亚铁。

四、草木樨

草木樨属（*Melitotus* Adams）植物为原产于欧亚温带地区的1年生或2年生草本植物。我国现在有9种，常见的、生产上能被利用的有白花草木樨、黄花草木樨、细齿草木樨、印度草木樨、无味草木樨等。草木樨不仅是重要的豆科牧草和绿肥作物，而且是重要的水土保持植物、蜜源植物，个别地区还将其用作燃料。在我国北方大部分地区，还将其用于盐碱地和贫瘠地的土壤改良、天然草地改良和退耕还草等方面。

（一）有毒成分

草木樨中含有香豆素，又称香豆精、氧杂萘邻酮、苯并-α-吡喃酮，分子式为 $C_9H_6O_2$，分子质量为146.5u。其结构式由苯环和α-吡喃酮结合而成。

香豆素本身是无毒的，但草木樨在晾晒或青贮过程中如感染霉菌发生霉变可形成有毒的双香豆素。香豆素是双香豆素毒素的前体，霉变是香豆素转化为有毒物质的主要条件。在双香豆素的形成过程中至少有2种真菌——黑曲霉和烟曲霉，能将O-香豆酸（在草木樨体内由香豆素苷水解产生，其可自然内酯化形成香豆素）转变为4-羟基香豆素，后者可在大气中借甲醛的碳产生次甲基桥而转变为双香豆素。香豆素水溶液长时间在阳光下曝晒也能形成双香豆素。其变化的反应式见图6-5。

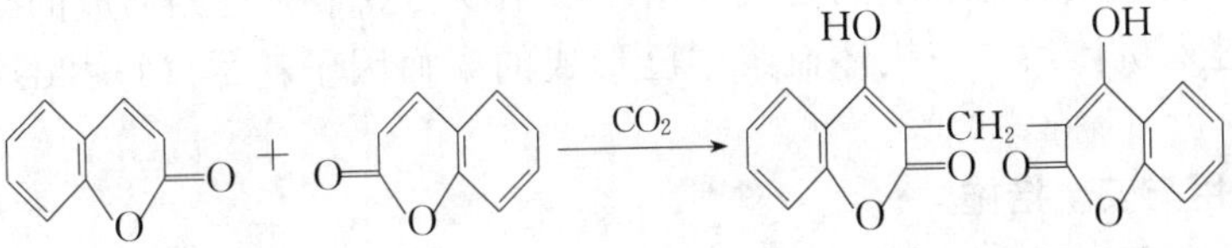

图6-5 香豆素与双香豆素

双香豆素又称羟基香豆素、双香豆醇、败坏翘摇素、紫苜蓿粉。它是香豆素的二聚化合物，其中单体部分通过甲基桥（—CH_2—）连接。分子式为 $C_{19}H_{12}O_6$，相对分子质量336，为白色或乳黄色结晶状粉末，在水、醇或醚中几乎不溶，强碱溶液中易溶而形成可溶性盐。

不同生长时期、部位、品种的草木樨，其香豆素含量不同。荚变青绿时最多，幼嫩时含量最少；在1d当中，中午前含量最多，早晨和下午最少；在干旱少雨地区栽植的植株香豆素含量较多，在灌溉条件好或多雨湿润地区，其含量较少；植株中，花中香豆素的含量最多，其次为叶和种子，茎和根中最少。不同品种草木樨中香豆素的含量见表6-3。

表6-3 草木樨中香豆素含量

品　种	株高（cm）	茎中香豆素含量（%，以干物质计）	叶中香豆素含量（%，以干物质计）	取样时间
白花草木樨	85～110	0.57～0.61	1.75～1.82	分枝期
黄花草木樨	80～90	0.60～0.67	1.52	分枝期
细齿草木樨	97～115	0.013	0.03～0.043	分枝期

草木樨中双香豆素浓度与其蛋白质含量呈正相关,可能与植株早期阶段蛋白质含量高、嫩绿多汁有关。

(二)毒性与安全问题

家畜食用草木樨干草或青贮料可引起牛、羊、猪等中毒,其中犊牛和羔羊最敏感。经分析,引起这种中毒的有毒成分为双香豆素。

抗凝血作用是双香豆素主要的毒性作用。中毒表现以血凝不良和全身广泛出血为特征。敏感性:牛＞羊,幼年动物＞成年动物。由于凝血机制受到损害,动物表现出血症状,如动物有较强的肌肉活动时可导致毛细血管出血,进而引起全身广泛性出血。大量的血液从血管溢出并进入组织,可对内脏造成损害,从而引起各种继发性症状。

草木樨中毒一般发生比较缓慢,通常在饲喂草木樨2~3周后发病。在动物较长活动和卧地受压力最大的部位,如关节周围、胸部、腹部以及胃肠道等处易发生弥漫性出血或形成血肿。鼻孔可流出血样泡沫,乳中也可出现血液混杂物。有的出现间歇性跛行。由于贫血而引起黏膜苍白。病畜的凝血时间延长。在去势、去角、手术、分娩时可引起严重的出血不止。双香豆素能通过胎盘屏障对胎儿产生毒害作用。

其中毒的作用机理是:凝血因子Ⅱ、Ⅶ、Ⅸ、Ⅹ在肝中合成时,必须与维生素 K 结合,而草木樨中双香豆素的化学结构与维生素 K 相似,因而可产生与维生素 K 竞争的拮抗作用,阻碍维生素 K 的利用,从而使凝血因子的合成受阻。由于双香豆素对已经形成的凝血因子没有抑制作用,因此当其进入机体后,在机体血浆中已形成的凝血因子耗尽(1~2d)后才会产生毒害作用。

(三)合理利用与安全措施

(1)草木樨的合理利用主要有以下几方面:

①根据草木樨在不同时期毒素含量不同的特点(即在开花结实期最多)选择饲喂时期,应尽量选在幼嫩时期。由于草木樨在阳光下晾晒后,香豆素含量会减少,因此应在晾晒后饲喂。在晾晒过程中切勿堆放过厚,以防霉变,利于香豆素的散失。干草在贮存时要注意防潮防霉。

②在饲喂草木樨的过程中应逐渐加量,每喂2~3周,停喂7~10d,然后再喂。限制妊娠母牛或犊牛的喂量。

③将草木樨与其他饲料搭配饲喂,所搭配的饲料应富含维生素 K。在动物去势或手术前30d应停止饲喂草木樨。

(2)草木樨的去毒处理:用清水浸泡草木樨可去除香豆素和双香豆素,浸泡24h去除率分别可达42.3%和42.11%;用1%石灰水浸泡,去除率为55.98%和40.35%。如果将草木樨干草粉与清水按1:8浸泡24h,其去除率为84.47%和41.01%。用这种干草粉喂猪,猪体重在20~50kg 阶段时,日粮中加入15%以下饲喂比较安全;体重在50~90kg 阶段时,日粮中加入35%以下饲喂比较安全。

(3)培育低香豆素品种:细齿草木樨和印度草木樨含香豆素很少,可作为培育低毒草木樨品种的育种材料。

(4)发生草木樨中毒后,应立即停喂草木樨,改喂青绿饲草、饲料。在饲料中加入维生素

K，病情严重的可给患畜静脉注射大剂量维生素 K_3，按 2g/（头·次），也可采用输血疗法输入全血或去纤维蛋白血以解毒。

五、羽扇豆

羽扇豆属植物原产于欧洲、非洲和北美洲。该属植物常见的有黄羽扇豆、白羽扇豆和多年生羽扇豆等约 300 种，多用作绿化和牧草。在我国常用人工栽培的羽扇豆作观赏植物。

羽扇豆属豆科植物，1年生草本或多年生小灌木，掌状复叶，多则 5～15 枚，少则 1～3 枚，茎高 60～90cm，全株长有密生褐色软毛，花色因种类不同分为白、黄、蓝 3 种，顶生，总状花序，荚面密生绒毛，荚果长椭圆形。

（一）有毒成分

羽扇豆的全株（尤其在种子内部）均含羽扇豆烷宁、羽扇豆宁、5，6-脱氢羽扇豆烷宁、臭豆碱、表甲氧基烷宁和臭豆碱等，常被称为羽扇豆生物碱类，毒性均很强，是一种既表现肝毒性又表现神经毒性的物质。

（二）毒性与安全问题

羽扇豆类生物碱毒性强，刺激性大，进入消化道被吸收后，侵害肝脏、神经系统等引起严重病变，如流涎、呼吸困难、黄疸和明显的神经症状，个别在惊厥和昏迷中死亡。

中毒多发生于绵羊和山羊，通常为急性，突然发病。初期便秘，接着下痢，排出血样或松馏油样粪便；排尿频繁，尿中含有胆色素、胆酸、蛋白质、白细胞、肾上皮、膀胱上皮等；食欲不振，体温升高（40～41.5℃），间歇热；呼吸困难，心跳加快，黏膜和皮肤出现黄疸现象；眼睑、耳和唇有肿胀；精神沉郁，磨牙，咬肌痉挛，全身颤抖，抽搐。后期体温下降，呼吸困难，最终心力衰竭而死。

马羽扇豆中毒时，黄疸为其主要特征，此外还有精神沉郁、知觉迟钝，鼻翼、唇、系凹部的皮肤均可发生坏死性炎症和水肿等。

羽扇豆对牛有致畸作用，可使犊牛发生以关节弯曲、脊柱侧弯、斜颈为特征的"犊牛畸形病"。畸形的严重程度直接同饲料中臭豆碱的含量有关，当每千克饲料中臭豆碱含量为 30mg 左右时就能产生严重影响。

（三）合理利用与安全措施

用羽扇豆饲喂动物时，应先用水浸泡和煮熟后再与其他饲料搭配饲喂，喂量以占日粮的 10%～15% 为宜。此外，通过选种可以培育不含生物碱的羽扇豆。

发生羽扇豆中毒后，应立即停喂羽扇豆。对中毒的患畜可用盐酸、醋酸等稀溶液作为饮水或洗胃，目的是加速羽扇豆生物碱的沉淀，然后内服植物油或石蜡，促进生物碱排除。

对中毒较深的动物，在急救中应注意使用强心利尿药物，改善心脑循环，例如氨茶碱、甘露醇、山梨醇等药物。体虚的动物还可补些糖、维生素 C 等减轻病情。

六、猪屎豆

猪屎豆又称野黄豆，属于豆科猪屎豆属（也称野百合属），为 1 年生或多年生的草本或半灌木植物，主要用作绿肥。我国约有 40 种，大部分分布在东南、西南和华南各省区。常见的引起中毒的猪屎豆品种有：猪屎豆、农吉利、大猪屎青、响铃豆、美丽猪屎豆、假地蓝、中华猪屎豆、凹叶野百合等。

（一）有毒成分

猪屎豆属植物中有毒成分主要为双稠吡啶类生物碱，如猪屎豆碱及野百合碱等，其中以猪屎豆碱最具代表性。猪屎豆全株中种子含有猪屎豆碱，叶含牡荆素，茎含芹菜素。

（二）毒性与安全问题

双稠吡啶类生物碱在体内经烷基化生成有毒的代谢产物——吡咯，主要损害肝脏，又称为肝毒双稠吡啶类生物碱，它对中枢神经有麻痹作用，对肾、肺也有损害。家畜的敏感性为猪＞鸡、牛＞羊。当动物食入双稠吡啶类生物碱后，其肉、奶、肝脏中均有残留，人类食用后会产生不良后果。

牛多为慢性中毒，初期消化不良，精神沉郁，食欲废绝，逐渐消瘦，黏膜发绀，瘤胃鼓胀。尿发黄且量减少。有时出现精神症状，如狂躁不安、痉挛抽搐等，个别还有淋巴结肿大。

猪急性中毒时多呈现胃肠类症状：呕吐、下痢且便中带血。个别猪出现神经症状抽搐而迅速死亡。猪慢性中毒时食欲减退，贫血，体温降低，便秘，粪中有黏液，心跳减慢，精神沉郁。病程多为8～10d，最终大部分死亡。

鸡中毒时呈现嗉囊扩张，精神委顿，体温降低，腿无力，栖于室内。

（三）合理利用与安全措施

猪屎豆毒性较强，且中毒后不易解毒，所以在生长猪屎豆属植物的地方，应禁止放牧，也不能刈割猪屎豆的枝叶喂猪、牛，更不能利用猪屎豆的种子饲喂家禽，以防中毒。

当畜禽中毒时，可用半胱氨酸和蛋氨酸对其解毒。半胱氨酸用量为：猪、羊，0.25～0.5g；牛、马，1～2g，静脉注射。蛋氨酸用量为：猪、羊，0.1～0.25g；马、牛，0.5～1g，静脉注射。

七、小花棘豆

小花棘豆俗称醉马草或醉马豆，为多年生豆科棘豆属草本植物，主要分布在我国内蒙古、宁夏、陕西等地区。在内蒙古常发生动物小花棘豆中毒现象。

（一）毒性与安全问题

小花棘豆在整个生长周期内均有毒，其中以开花和结果期毒性最大，干燥后仍有毒性。小花棘豆的有毒成分尚未查清，国外有些学者从小花棘豆中分离到多种生物碱，但未证实其具有毒性。

小花棘豆中毒缓慢，动物中毒初期易喜食小花棘豆而不喜食其他牧草，当采食量达到一定程度时，动物体况开始下降，被毛杂乱而无光泽，出现神经症状、贫血、水肿和心力衰竭等，严重者死亡。不同种类家畜症状有所不同。

马：精神沉郁，不听使唤，行为反常，牵之后退。由于四肢发僵而失去快速运动的能力，进而出现行走蹒跚如醉。有些马视力发生障碍。

牛：主要表现为视力减退、消瘦、水肿及腹水。役用牛不听使唤。

羊：轻者仅见精神沉郁，粪便呈条状，常拱背呆立，放牧时落群；急赶之，由于后肢不灵活，往往欲快不能而倒地。严重者喜卧，站立困难，人工扶起后站立不稳，后肢弯曲外展，偏向一侧，驱赶时常向一侧斜行。绵羊的症状出现较晚，且不如山羊明显。山羊在14～39d内连续采食割下1d后的新鲜小花棘豆30～120kg，即可出现轻微中毒，在35～49d内采食79～149kg可引起重度中毒，主要为中枢神经系统和实质器官的细胞损害、贫血和营养不良等。

(二) 合理利用与安全措施

(1) 防止在小花棘豆生长较多的地方放牧，在结果时，采用人工挖除、深翻及引水深淹等办法消灭草场上的小花棘豆，建立安全草场。

(2) 用0.5%的2,4-滴丁酯喷洒，可杀死80%以上的成年植株及100%的新生幼苗，对禾本科牧草无不良影响。施药最适宜时间为5月下旬到6月上旬。每公顷施药量为2.25～3kg。因本品有一定毒性，用药量及浓度不宜过大。

(3) 对于中毒的家畜，目前尚无肯定有效的治疗方法。但可把轻度中毒的家畜移至葱属或冷蒿多的草地上，有一定的解毒作用，同时给予充足饮水，促进毒物排除；当中毒较重时，可采用10%硫代硫酸钠等渗葡萄糖溶液按每千克体重1mL静脉注射，有良好的解毒作用；对症状严重者，可改为舍饲，给予易消化、富含营养的饲料。

八、无刺含羞草

无刺含羞草为豆科伏地草本植物，原产于印度尼西亚等大部分热带地区。我国主要在广西和广东地区常见，主要作为绿肥和覆盖作物进行种植。

(一) 毒性与安全问题

无刺含羞草的有毒成分为植物配糖体即含羞草碱及皂苷。慢性中毒时，症状是逐渐出现的，早期时家畜食欲、反刍和体温均正常。随着食入无刺含羞草量的增加，中毒症状慢慢出现，食欲减退，瘤胃蠕动次数减少，并逐渐停止。

急性中毒时，家畜肌肉痉挛，被毛竖立，走路摇摆，严重时出现角弓反张，四肢僵直，最终死亡。

此外，还有一种水肿症状。一般母畜较易发生，在出现病症后的5～6d，首先见于肛门周围及外阴部位；公畜见于会阴部、包皮及阴囊部。水肿部无热无痛，用手指压留有印记。

(二) 合理利用与安全措施

因无刺含羞草在吐蕾至种子成熟前期含毒量较高，耕牛对其毒性比较敏感，因此，在开花前期至结豆荚期，禁止用无刺含羞草饲喂耕牛。

对于中毒的家畜，目前尚无有效的治疗方法，只能参照一般性中毒疾病进行对症治疗，及时喂一些富含营养的饲料，静脉注射葡萄糖等。

九、相思豆

相思豆又名相思子、红豆，为豆科植物相思子的种子，产于我国广东、广西、福建、台湾、云南等地。

(一) 毒性与安全问题

在相思子中含有相思豆毒蛋白，在其种子、茎叶和根中还含有相思豆碱、红豆碱、海帕刺桐碱和胆碱等。

相思豆毒蛋白对红细胞具有凝集和溶解作用，极易中毒发病。家畜中毒后出现精神沉郁、食欲减退、呕吐、痉挛、血痢、知觉消失、昏睡、虚脱、血压下降、全身衰竭等症状。

马对相思豆的毒性最敏感，中毒时，还会形成血栓，导致急性肠胃炎、疝痛、四肢痉挛、黄染和昏迷不醒等。

(二) 合理利用与安全措施

我国南方各省、区有相思豆植物分布，在放牧时要注意选择相思豆牧草较少的牧地，防止家畜大量采食。

对于中毒后的家畜，目前没有特效药治疗药物，大多使用一些镇静剂来缓解腹痛，或用一些能制止血栓形成的药物来抑制体内血栓的形成。中毒严重时，需注射一些强心剂，及时补液，同时注意饲养和护理，增进治疗效果。

第五节 禾本科牧草及其他科作物

除豆科牧草外，畜牧生产中还广泛应用禾本科及其他科作物作为重要的饲料来源，然而某些禾本科及其他作物中也不同程度地含有对动物有危害作用的毒素。了解这些植物体内存在毒素的种类、分布及对动物的危害机理，才能保障饲料卫生与安全，科学合理地利用这些饲料，避免中毒现象的发生。

一、聚合草

聚合草是紫草科聚合草属的多年生草本植物，又名紫草根，也曾称肥羊草（北京）、爱国草（朝鲜）、友谊草（吉林）。聚合草属在全世界有 36 种，其中可作为饲料的主要有粗糙聚合草、外来聚合草（即朝鲜聚合草）、药用聚合草、高加索聚合草等。我国曾从澳大利亚、日本少量引种，20 世纪 70 年代初由朝鲜大量引入朝鲜聚合草。现我国多栽培朝鲜聚合草。

(一) 有毒成分

聚合草含有多种生物碱，都属于双稠吡咯啶生物碱，主要包括聚合草素（紫草素）、阿茹明、聚合草醇碱、向阳紫草碱（毛果天芥菜碱）、安钠道林等 10 余种。其中，以聚合草素和向阳紫草碱的含量最高，毒性最强。

聚合草素及聚合草醇碱的分子结构见图 6-6。

因地理位置、土壤条件、气候等因素的影响，聚合草中的生物碱的含量有所差异。据分析，聚合草中总生物碱的含量为：叶中含 0.017%～0.062%；根中含 0.074%～0.093%。

(二) 毒性与安全问题

聚合草中所含的双稠吡咯啶生物碱有蓄积作用，属于肝毒性生物碱。在动物体内经烷基化反应形成一种代谢产物——吡咯，从而呈现毒性作用。其卫生与安全问题表现在：

1. **损坏肝脏** 吡咯直接抑制肝微粒体的形成，导致肝坏死和硬化，甚至引起肝肿瘤及肝癌；

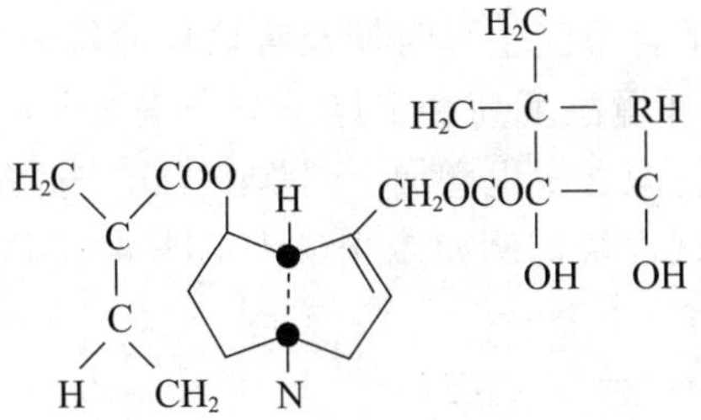

图 6-6　聚合草素与聚合草醇碱

抑制肝细胞的有丝分裂，引起肝细胞形体明显增大，形成特异的巨大肝细胞，通常称为巨红细胞。

2. **损害其他器官**　除肝脏的特异性损伤外，还可引起中枢神经麻痹，肺、肾也有损伤。

用 100% 和 50% 聚合草作为青饲料喂猪 6 个月后，猪肝脏出现特异的巨红细胞，肝细胞浆内含有嗜酸性小球，出现核内包涵体，汇管区和小叶间质内发生局部增生，胆管上皮细胞也发生轻度增生。血液生化变化表现为 γ-谷氨酰转肽酶（γ-GT）的活性随喂饲时间的延长而明显升高，达 80～90IU（正常为 5～10IU）。

猪对双稠吡咯啶生物碱最敏感，其次是鸡、牛、马、大鼠和小鼠。绵羊和山羊最不敏感。双稠吡咯啶生物碱被动物食入后，能在其产品如奶、肝脏等中残留，危害人类健康。

（三）合理利用与安全措施

双稠吡咯啶生物碱在动物体内有蓄积作用，所以聚合草不适合长期或大量饲喂。但由于聚合草中生物碱的含量不多，且毒性不大，因此只要适当控制其饲喂量，并与其他饲料合理搭配，作为家畜的青饲料还是较为安全的。一般认为，聚合草用量（按干物质计）以不超过日粮的 25% 为宜。

聚合草以青鲜状态饲喂最好，一般经切碎或打浆后饲喂，牛可整株喂，也可青贮或制成干草粉。聚合草的地下根发达，其肉质根也可作饲料，猪喜食生的，煮熟后稍有苦涩味。

二、虉　草

虉草别名草芦、草苇、金色草苇，为多年生根茎性禾本科牧草，广泛分布于全世界温带地区，我国华北、东北、江苏、浙江等地普遍分布。虉草最好在抽穗前利用，可割制干草，也可青饲或调制青贮料。另外，我国引入栽培的还有金丝雀虉草和大虉草（又名球茎虉草）。

（一）有毒成分

虉草中含有在化学结构上与 5-羟色胺（5-HT）相似的色胺生物碱，即色胺和 N,N-二甲基色胺等。其化学结构式见图 6-7。另外，虉草中还含有芦竹碱、大麦芽碱等。

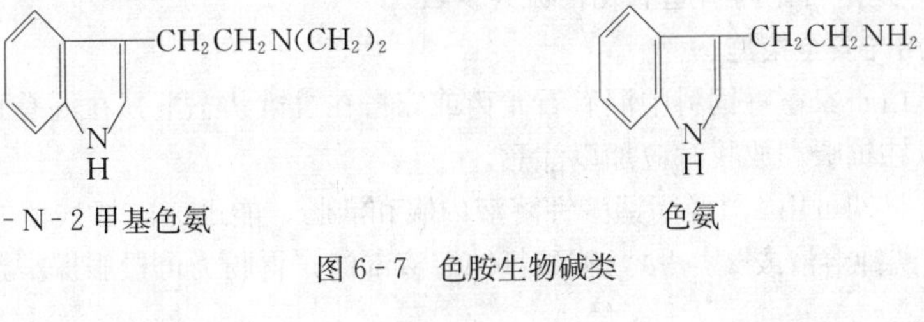

N-N-2甲基色氨　　　　　　　色氨

图 6-7　色胺生物碱类

藜草的生物碱大部分集中在叶片中，上部叶片的含量比下部叶片高；茎秆和花序含量次之，根系含量最低。藜草中生物碱的含量受生育时期及栽培环境等因素的影响。从生长期到开花期，生物碱含量大约下降40%。当环境温度高和干燥季节，植株含水量下降时，植株中生物碱的含量增加。在低光照条件下，生物碱含量也增加。藜草在14h光照条件下的生物碱平均含量比16h光照的高。遮光也会增加生物碱含量，例如遮光量为73%时，藜草中生物碱含量比未遮光的增加1倍。

（二）毒性与安全问题

牛、羊大量采食藜草后可引起生物碱中毒，绵羊更为敏感。藜草中毒的症状表现为2种不同的综合征。一种是特急性或超急性中毒，表现为动物突然虚脱，在虚脱期间有心律不齐性心动过速，继而心室纤维性颤动和心搏停止，短期呼吸困难和发绀，动物可迅速死亡，故有人称此为猝死综合征或心病性综合征。另一种是神经型中毒，包括伴有神经症状的急性中毒和缓慢进行性神经扰乱的慢性中毒（草蹒跚病）。神经型中毒的病羊主要临床表现为：全身性肌肉震颤，共济失调和后躯摇摆，呼吸急促，心搏过速且无节律。重者发生强直性惊厥，卧地不起，直至死亡。神经型中毒的临床症状可持续长达2个月之久。

（三）合理利用与安全措施

主要采用将藜草与其他牧草交替放牧或饲喂的方式，预防中毒的发生。目前，藜草中毒尚无有效的治疗方法。给绵羊补钴（每周至少口服28mg），每次补钴间隔不超过1周，或将钴与肥料混合施于草地上，可预防神经型中毒的发生。

三、石 龙 芮

石龙芮为毛茛科草本植物，又名假芹菜、水胡椒、辣子草、鸭巴掌、打锣锤等。为一年生草本植物，高15～60cm，茎直立，空心，味辛辣而带有苦味，外形像芹菜。生于溪沟边或低湿地，全国各省区均有分布。

（一）毒性与安全问题

石龙芮全草含毛茛苷、白头翁素、原白头翁素。原白头翁素属于内酯类，对皮肤、黏膜有强烈刺激作用，通过消化道能使口腔、胃肠黏膜发生剧烈炎症。吸收后能刺激肾脏。对马、牛、羊均有毒害作用，马较为敏感，牛、羊耐受性较强。在牛日粮中占20%～55%、绵羊日粮中占60%～90%，尚不致引起中毒。母牛吸收后能从乳汁中排出，所以可引起哺乳期犊牛发生中毒。

早期症状有流涎，咀嚼困难，口黏膜灼热、肿胀，甚至起水疱。随后集体出现不同程度的衰弱，呕吐，腹痛，剧烈的腹泻，排出黑色、腐臭、带血的粪便。由于肾脏受损，牛可有血尿和蛋白尿。其他症状有脉搏缓慢，呼吸困难，瞳孔散大，耳和舌痉挛，重症则出现摇搁，眼球下陷，6～12h内死亡。但是由石龙芮引起的死亡极为少数。

（二）合理利用与安全措施

石龙芮中毒是由于家畜青饲料中混有石龙芮或家畜在饥饿状态下，在混有石龙芮生长的牧地上放牧所致。所以在饲喂和放牧时应加以注意。

若发现中毒，早期可用0.1%高锰酸钾溶液内服和灌肠，能迅速破坏残留的原白头翁素；口炎可用0.1%高锰酸钾溶液或2%～4%碳酸氢钠溶液洗涤；胃肠炎可投服保护剂（淀粉糊）和收敛剂（鞣酸）。

四、萱　草

萱草又名黄花菜、金针草，为百合科萱草属多年生草本植物。我国是世界上萱草属植物种类最多、分布最广的国家，约有12个种及一些变种，现已确定有毒的种有野黄花菜、北黄花菜、北萱草、小黄花菜、童氏萱草。

我国青海、甘肃、陕西、山西、安徽、浙江、山东、内蒙古、河南等9个省（区）21个县都曾发生过此类中毒，并且造成严重的经济损失。

（一）毒性与安全问题

萱草中含有萱草根素，主要分布在根皮中。萱草根素是一种双萘结构的酚类物质，为橘黄色粉末，加热至240℃变色，266～269℃熔融，可溶于氯仿。萱草根素主要能引起脑和脊髓白质软化，视神经变性，并对泌尿器官及肝脏产生损害。

（1）使乳头及周围视网膜神经节细胞层疏松增宽，中央动、静脉充血和渗出性出血，丘脑后视神经纤维肿胀、变性或断裂、崩解、脱髓鞘。

（2）大脑、小脑、延髓和脊髓充血、出血、水肿，白质结构异常疏松，并有大量空洞。灰质可见视神经细胞及卫星现象，多数神经元核溶解或浓缩。小脑胶质细胞增生。

（3）肝细胞颗粒样变性，细胞浆内出现空泡，表现轻度中毒性肝营养不良。

（4）肾上皮细胞肿胀变形，有的脱落于管腔中，肾小球周围有局灶性淋巴细胞浸润。膀胱黏膜和肌肉层水肿，并有出血灶和炎性细胞浸润。

采食1～2d后两眼先后或同时失明，故称为"瞎眼病"。

自然病例主要见于放牧的绵羊和山羊，通过人工饲喂试验，马、牛、羊、猪、鸡、犬、兔、豚鼠、小鼠等动物也会发生中毒。

山羊、绵羊口服萱草根素的中毒量分别为每千克体重30mg与38.3mg，各种萱草根的毒性可因其萱草根素的含量不同而有差异，绵羊口服北萱草干根粉的中毒量为每千克体重4.5g，致死量为每千克体重7.8g。羊采食鲜根的中毒量为每千克体重0.5～1kg。

（二）合理利用与安全措施

冬春缺草季节，不要在密生萱草的地段放牧。若无法避免，应在每天放牧前补饲部分干草，并限制放牧时间。在种植萱草的地区，移栽或耕地翻出的萱草根，应及时处理，防止被家畜采食。

对于中毒，目前尚无特效治疗方法，可对症治疗，初期首先排除胃肠道内的毒物，并静脉注射25%～50%的葡萄糖注射液和肌苷、三磷酸腺苷、维生素B_{12}等。

五、马铃薯

（一）毒性与安全问题

马铃薯中含有一种有毒的生物碱——马铃薯素（龙葵素），主要存在于马铃薯的花、块根、幼芽及其茎叶内，并且含量差别甚大。完好成熟的马铃薯虽含有马铃薯素，但其含量甚微，一般不致引起中毒，但当储存时间过长、保存不当引起发芽、变质或腐烂时，马铃薯素含量明显增多，极易引起中毒。用由开花到结有绿果的茎叶饲喂家畜时，也可引起中毒。

马铃薯素主要在胃肠道内吸收，通过健康完整的胃肠黏膜时吸收很慢。但当胃肠发炎或黏膜损伤时，则吸收迅速，从而对胃肠黏膜呈现强烈的刺激作用，引起出血性胃肠炎。马铃薯素被吸收后，作用于中枢神经系统，使感觉神经和运动神经末梢发生麻痹。此外，马铃薯素被吸收入血后，能破坏红细胞而呈溶血现象。

马铃薯中毒病畜的共同症状是神经系统及消化系统机能紊乱。根据中毒程度的不同，其临床症状也有差异。重症的中毒多呈急性，病畜呈现明显的神经症状（神经型）。轻度的中毒多呈慢性，病畜呈明显的胃肠炎症状（胃肠型）。

猪中毒多半是采食生的发芽或腐烂的马铃薯所致，一般多在食后4～7min出现中毒症状。牛、羊多于口唇周围、肛门、尾根以及母畜的阴道和乳房部位发生湿疹或水疱性皮炎，有时四肢皮肤发生深层组织的坏疽性病灶。绵羊则常呈现贫血和尿毒症的症状。

（二）合理利用与安全措施

（1）用马铃薯作饲料时，饲喂量宜逐渐增加。

（2）饲喂发芽的马铃薯，应该进行无害处理：充分煮熟后并与其他饲料搭配饲喂；发芽的马铃薯应去除幼芽，煮熟者应将水弃掉。

（3）用马铃薯茎叶作饲料时，用量不宜过多，应与其他青绿饲料混合进行青贮后，再进行喂饲。腐烂发霉的茎叶不宜作饲料。

（4）当发现马铃薯中毒后，应立即停喂。初期可用0.01%的高锰酸钾溶液，或0.03%过氧化氢，或0.5%鞣酸溶液洗胃，洗胃后灌服适量食醋。牛、羊可切开瘤胃取出内容物，冲洗灌入食醋后再缝合。猪可用0.2%硫酸铜溶液内服催吐。胃肠炎不严重的还可灌服少量泄剂，以促进毒物排出。胃肠炎严重的可用1%鞣酸蛋白溶液灌服：马、牛1 000～2 000mL；猪、羊100～400mL。另外，要及时静脉注射葡萄糖生理盐水或复方氯化钠注射液等。

六、马 尾 草

马尾草又称木贼，是木贼科的一种植物。木贼科植物只有1属，约25种，我国约有9种。常见的木贼属植物有马尾草、问荆、犬问荆、节节草等数种，其形态特征基本上相似，均为多年生常绿草本，分布于热、温、寒三带。节节草分布于我国各地，而马尾草、问荆、犬问荆主要分布于东北、华北、西北和西南。

（一）毒性与安全问题

马尾草全草主要含有烟碱、二甲基砜、咖啡酸、阿魏酸、硅质和鞣酸。此外，还含有黄酮苷等成分。马尾草的毒性大小与其产地、土壤和气候等有一定关系。

根据现有资料，家畜马尾草中毒似与蕨类植物中毒的毒性作用相同。因马尾草中含有一种硫胺素酶，即抗维生素B_1因子，而这种因子能大量分解维生素B_1，引起维生素B_1缺乏。抗维生素B_1是由1分子嘧啶和1分子噻唑所构成，在反刍动物瘤胃和非反刍动物肠道中合成的数量很大。当家畜发生马尾草中毒时，不仅维生素B_1遭到破坏，而且其合成与代谢也受到影响，促进维生素B_1缺乏症的发生和发展。

由于马尾草中除含有硫胺素酶外，还含有生物碱、皂苷等多种复杂化学物质，故家畜马尾草中毒与蕨类植物中毒的毒性作用有所不同。有毒物质侵害中枢神经系统，导致病畜抽搐、痉挛、运动障碍，乃至后躯麻痹等综合征。家畜木贼中毒主要见于马，有时发生于牛、羊。

(二) 合理利用与安全措施

在木贼属植物生长茂盛地区，不可采刈马尾草作为饲草，或放牧任其采食，特别是早春季节或干旱年代青绿饲料缺乏时，更应注意。如果发现饲草中混杂马尾草，应立即彻底剔除。在畜群中若发现疑似马尾草中毒时，应采取必要的防治措施，以免造成损失。

当发现家畜马尾草中毒，根据病情可给予食母生内服，或用维生素 B_1，马、牛 $250\sim500mg$ 皮下注射。重症病例，尚可先行颈静脉泻血 $500\sim1\,000mL$，再用 20% 葡萄糖溶液 $1\,000\sim1\,500mL$ 静脉注射，并肌肉注射 25% 氨茶碱溶液 $10\sim20mL$。另用盐类泻剂，清理胃肠道。改换饲料，加强护理，可增强治疗效果。

七、毒　芹

毒芹亦称走马芹、野芹菜，为伞形科毒芹属多年生草本植物。本属植物约有 10 种，分布于朝鲜、日本、西伯利亚、欧洲和北美洲。我国有 1 种，分布于东北、华北和西北各省、区，生长于沼泽地、水边、沟边，尤其以东北地区为多。

(一) 毒性与安全问题

毒芹全草含有毒芹素、毒芹醇及挥发油（主要为毒芹醛、烃和酮类），毒芹素的含量以根茎部为多，除此之外根茎尚含有毒芹碱、γ-去氢毒芹碱、羟基毒芹碱、N-甲基毒芹碱等生物碱。

毒芹含有毒芹素及在挥发油中的酮类等化学物质，通过胃肠道被吸收后，侵害中枢神经系统（脑和脊髓）。先是引起反射兴奋增高，发生痉挛和抽搐；同时刺激呼吸中枢和血管运动中枢及植物神经系统，导致呼吸、心脏和内脏器官的功能亢进；继而运动神经受到抑制，骨骼肌麻痹；延脑生命中枢被破坏，最后导致呼吸中枢麻痹和死亡。

毒芹中毒主要发生于牛、羊和猪。我国东北地区，每年春季常有本病发生。毒芹的毒性很强，所含有毒成分不因晒干而消失。即使采食少许，亦能引起严重中毒。家畜毒芹中毒多因误食毒芹根茎或幼苗而引起。毒芹的根茎具有甜味，动物多喜采食，尤其是春季，它比其他牧草发芽早，放牧家畜由于贪青和饥饿，不仅采食毒芹的幼苗，也采食露出地表的根茎，从而中毒。鲜根茎的中毒量为每千克体重牛 0.125g，羊 0.21g，猪 0.15g，马 0.1，致死量为牛 $200\sim250g$，绵羊 $60\sim80g$。

(二) 合理利用与安全措施

首先应注意所在地区有无毒芹存在。每年春秋季节，切勿在有毒芹生长的水边、沟边，以及池沼地带采刈饲草或放牧。如有不明原因的疾病或疑似毒芹中毒时，应首先检查饲草和放牧的情况，不论是由毒芹或其他原因引起的中毒，都应将原有的饲草和饲料销毁，以防中毒。

家畜中毒后，可立即用 0.5%～1% 的鞣酸溶液，或碘溶液（碘片 1g，碘化钾 2g，溶于 $1\,500mL$ 水中）洗胃，马、牛 $200\sim500mL$；羊、猪 $100\sim200mL$ 内服，然后投植物油类泻剂。牛、羊最好尽快进行手术，取出瘤胃内容物。为了镇静、解痉、镇痛，可用溴化钠、盐酸氯丙嗪或水合氯醛。此外还应根据病情进行强心、输糖、补液，防止虚脱。在康复期，及时应用适量的稀盐酸、酒精，或稀醋酸、常醋等内服，增进消化机能，提高治疗效果。

本 章 小 结

青绿饲料中的有毒有害物质包括硝酸盐和亚硝酸盐、生氰糖苷、光敏物质和草酸盐，以及某些豆科、禾本科和其他科作物中的有毒物。硝酸盐本身低毒，但在一定条件下转变成的亚硝酸盐具有很强的毒性，预防亚硝酸盐中毒可从青绿饲料的栽培、调制、饲喂方法以及作物育种等方面采取相应措施；生氰糖苷是产生氢氰酸的前体，没有毒性，但经酶的水解作用产生氢氰酸后则具有毒性，预防氢氰酸中毒可从利用方式、去毒处理和作物育种等方面采取相应措施；动物发生感光过敏需具备2个因素，一是在无色或浅色皮肤层内存在有足量的光敏物质，二是这种皮肤要经阳光照射，为预防感光过敏，应合理利用含有感光过敏的饲料；草酸盐影响动物对矿物元素利用率，刺激胃肠道黏膜，从而引起腹泻，甚至导致胃肠炎，预防草酸盐中毒可在饲料中添加钙剂；含有有毒物质的豆科牧草包括苜蓿、草木樨、沙打旺、羽扇豆、猪屎豆、银合欢、小花棘豆、无刺含羞草、相思豆等；含有有毒物质的禾本科和其他科作物包括聚合草、鹞草、石龙芮、萱草、马铃薯、木贼、毒芹等，预防豆科牧草和禾本科牧草中毒的主要措施是控制喂量或混种牧草。

思 考 题

1. 给牧草施肥时，为什么氮肥不宜过高？
2. 怎样预防亚硝酸盐中毒？
3. 怎样预防光敏物质中毒？
4. 利用富含草酸盐的青绿饲料时，怎样考虑矿物元素的供给？
5. 结合具体动物，设计某些禾本科和豆科牧草混饲方案。

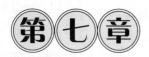

其他饲料及添加剂的卫生与安全

前面几章阐述了杂饼粕、糟渣类、青绿饲料等饲料的卫生与安全问题，实际上动物性饲料、转基因饲料、发酵饲料以及饲料添加剂的卫生与安全问题不可忽视，甚至有时十分突出。如由于骨粉、骨肉粉等动物性饲料不科学地利用，造成疯牛病在多个国家发生和流行，并产生了严重的后果；添加剂特别是药物添加剂的滥用及违禁药品的非法使用，使人们对饲料添加剂的安全性更加警惕。我国已经发生了多起"瘦肉精中毒"事件，给人们敲响了警钟。转基因饲料和发酵饲料的安全隐患也令人担忧，矿物质饲料时常引起动物中毒。本章主要介绍动物性饲料、转基因饲料、发酵饲料、矿物质饲料的卫生与安全问题。

第一节 动物性饲料卫生与安全

动物性饲料是一类蛋白质含量高，氨基酸平衡的优质饲料，但由于其来源动物，往往含有大量的微生物，甚至含有致病性微生物。如果在加工、运输、储藏和使用过程中，不注意其卫生与安全，可导致畜禽中毒，甚至引起人的公共卫生安全。

一、骨粉、肉骨粉的卫生安全

牛海绵状脑病（bovine spongiform encephalopathy，BSE），俗称"疯牛病"（mad cow disease），是1985年在英国出现的一种朊病毒病；1986年11月，经英国Weybridge中央兽医实验室做脑组织病理组织学检查，诊断为痒病样海绵状脑病；1987年，Wells等首次报道并定名为牛海绵状脑病。

（一）疯牛病的病原及流行

现已基本肯定，BSE是由患痒病羊的废弃物制成肉骨粉饲喂牛所致，当牛感染BSE后，其废弃物又用来生产肉骨粉，再用来饲喂牛等，如此反复循环而产生了适应牛的朊病毒株。这种病原既不是细菌，也不是病毒，而是一种异常蛋白质，常规的防控措施对其无效。如134~138℃、18min高压灭菌不能使其完全灭活。疯牛病的传播主要由肉骨粉的大范围饲用和出口造成的。疯牛病在英国的流行很严重。BSE之所以在英国发生和流行，主要是因为英国羊痒病严重，其发病率为0.2%。20世纪80年代，英国绵羊饲养量剧增，当时绵羊和牛的饲养量分别为4 500万只和1 200万头，是世界上饲养量最高的国家，这意味着大量痒病病原因子进入未能完全灭活的肉骨粉中。20世纪80年代由于英镑贬值，大豆、鱼粉价格上涨，动物饲料中廉价肉骨粉的使用量由1%猛增到12%，英国奶牛犊吃初乳3～4d后就用代乳品喂养，代乳品的蛋白质含量约为16%，主要为肉骨粉蛋白。疯牛病的发病年龄多为3～5岁，2岁以下的罕见，6岁以上的发病率明显降低。奶牛的发病率明显的高于肉牛；按病例数统计，奶牛占80%，而肉牛只占20%。这种差异取决于饲养方式的不同：哺乳肉牛是母牛带仔哺乳，不用代乳品，因而就无肉骨粉蛋白，奶牛犊吃初乳后即用含肉骨粉蛋白的代乳品人工喂养，其后的补饲料中也含有肉骨粉蛋白。BSE的潜伏期为3～5年。

目前发生疯牛病的国家和地区有英国、爱尔兰、瑞士、法国、比利时、卢森堡、荷兰、德国、葡萄牙、丹麦、意大利、西班牙、列支敦士登、阿曼、日本、斯洛伐克、芬兰、奥地利等。

（二）BSE与VCJD的关系

1996年3月，英国宣布发现人的新型克雅氏病（Variant of Creutzfeldt-Jakob diseasty, VCJD），可能是食用BSE病牛的肉制品所致，使人们对这一问题的担心急剧升级，引发了一场世界性的"疯牛病危机"。该病1992年2月首次出现在英国，至1999年底已死亡55人，除法国2例外，其余都发生在英国。VCJD主要发生于青年，据英国最早发生的21例统计，发病年龄多为14～40岁，平均26.3岁，病程9～53个月，平均14个月。BSE与VCJD的关系已成为当今世界关注的公共卫生问题，是医学和兽医学研究的热点。世界各国投入了大量人力和物力进行了大量的研究，初步证明二者是由同一朊病毒株引起

（三）BSE症状及病变

主要表现为神经症状：兴奋不安、感觉过敏、惊恐、狂暴，有时也攻击人，出现运动障碍，共济失调，后躯摇晃，步幅短缩，易摔倒，甚至起立困难而久卧不起。病初6～8周病势发展快，病情日益增重；病程1～4个月，少数长达1年左右，病畜几乎全部死亡。

BSE的病理变化主要在中枢神经，肉眼观察不到明显变化。组织病理学检查以灰质的空泡化为特征，脑干的灰质尤为显著，病变两侧对称。神经纤维网中有中等数量散在的卵圆形和圆形空泡，即海绵状变化。某些神经核的神经元核周围的轴突胞浆内有大空泡（1个或数个），有时使胞体明显增大，只在边缘有很窄的胞浆带，使神经元呈气球样。空泡主要发生在延髓、中脑的中央灰质部分，下丘脑的室旁核区以及丘脑的中央区，而小脑、海马、大脑皮层和基底节通常很少形成空泡。这种损伤模式在不同病理间保持高度一致，颇具特征。此外，还有神经胶质增生，胶质细胞肥大和神经元变性及丧失。

（四）BSE防控

对疯牛病，各国都采取了一系列的防控政策法令和相应的措施。欧盟等组织和国家已禁止动物源性产品在饲料中应用，"同族不得相食"，即同源性动物产品不得在同种动物饲料中使用，已成为不少国家在动物源性饲料管理中坚持的基本原则。英国自1988年6月起，先后制定了BSE条例、反刍动物饲料禁令、指定牛下水禁令、紧急牛肉法等一系列法规和条例，并根据实施和研究进展不断予以补充和修正。

我国一直密切关注着BSE发生和流行动态。1990年6月，农业部下发了《关于严防牛海绵状脑病传入我国》的通知，提出了一系列措施；1992年6月8日公布的《中华人民共和国进境动物一、二类传染病、寄生虫病目录》中明确地将BSE列为一类传染病；1996年3月29日，农业部又发出紧急通知，重申防止BSE传入的立场，要求各口岸动植物检疫部门采取果断措施，

严防 BSE 传入，同年 7 月 2 日，发出加强进口检疫防止痒病传入我国的通知等。2000 年 12 月 30 日和 2001 年 3 月 1 日，农业部又发出关于加强肉骨粉动物饲料产品管理的通知和关于禁止在反刍动物饲料中添加和使用动物性饲料的通知，都是针对防止 BSE 的；在北京建立了监测 BSE 实验室，对其进行专门研究；国家卫生局和质检总局于 2002 年 3 月 7 日联合发布公告，禁止销售进口含有发生疯牛病国家或地区牛羊动物性原料成分的化妆品。只要认真贯彻执行防控 BSE 的有关政策法令和技术措施，并不断地进行研究，BSE 就能够得到控制，就可将其拒于我国国门之外。

（五）肉粉、骨粉、肉骨粉的其他卫生安全性问题

饲料用骨粉是用新鲜无变质的动物骨经高压蒸汽灭菌、脱脂或经脱胶、干燥、粉碎后的产品，为钙、磷补充物。一般为浅灰褐至浅黄褐色粉状物，无腐败气味。饲料用肉骨粉是以新鲜无变质的动物废弃组织及骨经高温高压、蒸煮、灭菌、脱脂、干燥、粉碎后的产品，一般为黄至黄褐色油性粉状物，具肉骨粉固有气味，无腐败气味。肉骨粉不仅是钙、磷补充物，而且也是蛋白质补充物。

饲料用骨肉粉除了可能传播疯牛病外，还有其他卫生安全性问题，如骨粉、肉骨粉中常含有氟、砷、铅、镉等有毒有害物质。腐败变质的肉粉可能含有沙门菌、志贺菌、金黄色葡萄球菌等致病性微生物，可引起动物消化道等感染。肉粉中的脂肪可在酶及微生物作用下酸败分解，产生过氧化物，品质不良的肉粉色泽发暗变黑，产生异味，影响适口性。为防止肉粉氧化变质，可在肉粉中适量添加抗氧化剂。一般来说，肉粉在配合饲料中添加量不宜超过 3%。我国制定了饲料用骨粉、肉骨粉质量标准（表 7-1）。

表 7-1 我国饲料用骨粉、肉骨粉质量标准

（引自 GB/T 20193—2006）

质量标准	骨粉	肉骨粉 一级	二级	三级
总磷（%）	≥11	≥3.5		
粗纤维（%）		<3		
粗脂肪（%）	<3	<12		
钙（总磷的%）	180～220	180～220		
铬（mg/kg）		<5		
粗灰分（%）	<5	<33	<38	<43
粗蛋白质（%）		≥50	≥45	≥40
赖氨酸（%）		≥2.4	≥2.0	≥1.6
酸价（KOH，mg/g）	<3	<5	<7	<9
挥发性盐基氮（mg/100g）		<130	<150	<170

我国饲料卫生标准（GB 13078—2001）规定了骨粉中铅含量不得大于 10mg/kg，氟含量不得大于 1 800mg/kg，肉骨粉中砷含量不得大于 10mg/kg，铅含量不得大于 10mg/kg，氟含量不得大于 1 800mg/kg。

目前，我国还没发布饲用肉粉国家标准或行业标准。我国饲料卫生标准（GB 13078—2001）规定，肉粉中砷含量不得大于 10mg/kg，沙门菌不得检出。饲料卫生标准（GB 13078.1—2006）

规定，肉粉中亚硝酸盐（以亚硝酸钠计）含量不得高于 30mg/kg。

骨粉、肉骨粉、肉粉为动物性饲料原料，易受微生物污染而成为病原微生物的载体，因此应特别注意其生物学安全性，其生产、使用、经营等环节应符合中华人民共和国农业部［2004］第 40 号令《动物源性饲料产品安全卫生管理办法》的有关规定，符合我国动物检疫的有关规定，沙门菌等病原微生物不得检出，大肠杆菌应在规定范围内。

二、鱼粉的卫生与安全

鱼粉蛋白质含量高，氨基酸组成好，易于消化吸收，且含有未名促生长因子，是优质的动物性饲料原料，在配合饲料生产中有特殊的重要地位。鱼粉的安全性问题主要表现在以下几个方面：①易受致病性微生物如沙门菌等污染，在微生物学方面存在安全隐患。②存在掺假现象，常见的掺假物有尿素、羽毛粉、肉粉、肉骨粉、皮革粉、血粉、植物油饼粕、三聚氰胺等，不仅使鱼粉营养价值降低，有些成分还对动物健康有一定毒害作用。③脂肪含量高，易于氧化酸败，产生的过氧化物会破坏饲料中的维生素 A、维生素 D、维生素 E 等。氧化过程中产生醛类物质，与氨等形成有色物质，使鱼粉表面形成红黄色或红褐色的油污状，具有恶臭味，使鱼粉的适口性降低、品质不良。鱼粉脂肪含量过高时，会氧化产热，易出现自燃现象。因此，商品鱼粉中常加入抗氧化剂，并要求在避光、干燥处保存。④食盐含量高，在配合饲料中添加应用时，可致食盐含量过高，造成动物食盐中毒，因此，在配方设计时应充分考虑到鱼粉中的食盐含量。⑤在鱼粉加工过程中，组胺及组氨酸等与赖氨酸在高温下作用会形成引起鸡肌胃糜烂的有毒物质——胃溃素，或称为肌胃糜烂素，可引起鸡肌胃糜烂（gizzard erosion，缩写 GE）。胃溃素与组胺作用类似，但其活性比组胺更强，使胃酸分泌增加，严重损害胃黏膜。临床特征为食欲减退，精神萎靡，严重贫血和消瘦，排黑褐色软便或下痢，把鸡倒置时会从口角流出黑色液体，因此，又称"黑吐病"。严重者可导致胃壁穿孔并引起内出血及腹膜炎而死亡。⑥含有铅、镉、汞等重金属元素及其他有毒物质，危害动物健康，并可在动物性食品中残留而影响消费者健康。我国制定了饲料用鱼粉质量标准（表 7-2）。

表 7-2 我国饲料用鱼粉质量标准

（引自 GB/T 19164—2003）

成分	特级	一级	二级	三级
粗脂肪（%）	红鱼粉<11 白鱼粉<9	红鱼粉<12 白鱼粉<10	<13	<14
盐分（以氯化钠计,%）	<2	<3	<3	<4
尿素（%）	<0.3	<0.7	<0.7	<0.7
组胺（mg/kg）	<300（红鱼粉） <40（白鱼粉）	<500（红鱼粉） <40（白鱼粉）	<1 000（红鱼粉） <40（白鱼粉）	<1 500（红鱼粉） <40（白鱼粉）
铬（以六价铬计，mg/kg）	<8	<8	<8	<8
酸价（KOH，mg/g）	<3	<5	<7	<7
挥发性盐基氮（mg/100g）	<110	<130	<150	<150
霉菌（cfu/g）	$<3\times10^3$	$<3\times10^3$	$<3\times10^3$	$<3\times10^3$
沙门菌	不得检出	不得检出	不得检出	不得检出
寄生虫	不得检出	不得检出	不得检出	不得检出

我国饲料卫生标准（GB 13078—2001）规定，鱼粉中砷含量不得高于10mg/kg，铅含量不得高于10mg/kg，氟含量不得高于500mg/kg，汞含量不得高于0.5mg/kg，镉含量不得高于2mg/kg，六六六含量不得高于0.05mg/kg，滴滴涕含量不得高于0.02mg/kg、细菌总数不得高于2×10^6个/g。

饲料卫生标准（GB 13078.1—2006）规定，鱼粉、肉粉中亚硝酸盐（以亚硝酸钠计）含量不得高于30mg/kg。

三、羽毛粉的卫生与安全

目前，市场上羽毛粉产品主要有水解羽毛粉和膨化羽毛粉。水解羽毛粉是由家禽羽毛或制羽绒制品筛选后的毛梗，经清洗、高温高压处理，干燥、粉碎制成的粉粒状物质。膨化羽毛粉是由家禽羽毛或制羽绒制品筛选后的毛梗在适当水分含量下经高温高压及机械剪切力作用处理，干燥、粉碎制成的粉粒状物质。羽毛粉蛋白质含量高，但主要为角化蛋白，不易消化吸收，氨基酸组成不平衡，因此不是理想的蛋白质饲料，但经膨化、水解处理后消化率可有较大幅度提高，可以在配合饲料中适量添加。和其他动物源性饲料一样，除存在微生物学安全隐患外，很多重金属元素等有毒物质可在动物羽毛中沉积，造成羽毛粉产品中重金属元素污染。

羽毛粉因生产加工方式不同而有不同的外观，水解羽毛粉一般为浅黄色、褐色、深褐色或黑色粉粒状，膨化羽毛粉多为浅黄色粉粒状，无异味。我国农业行业标准《饲料用水解羽毛粉》（NY/T 915—2004）规定，水解羽毛粉中大肠菌群应小于1×10^4MPN/100g，砷含量不得大于2mg/kg，沙门菌不得检出。

四、蚕蛹的卫生与安全

未脱脂处理的蚕蛹脂肪含量高，可达20%～30%，不饱和脂肪酸含量高，容易酸败变质，发出恶臭。这种气味可转移到鸡蛋和猪肉中，使畜产品产生异味。大量的不饱和脂肪酸在动物体内会影响动物正常脂肪代谢，并产生过氧化物。因此，蚕蛹产品中常需要添加抗氧化剂。当用大量变质的蚕蛹喂猪时，可使猪肉和体脂带黄色，产生"黄猪肉"。蚕蛹有特殊气味，适口性较差，在动物配合饲料中用量不宜过大（一般不宜超过4%），猪在屠宰前一个月内应停止饲喂蚕蛹。

我国农业部、商业部于1992年发布的饲料用桑蚕蛹行业标准（NY/T 218—1992）根据粗蛋白质、粗纤维、粗灰分含量将饲料用桑蚕蛹分为3个等级，规定其粗蛋白质含量应分别不低于50.0%、45.0%、40.0%，粗纤维含量应分别不高于4.0%、5.0%、6.0%，粗灰分含量应分别不高于4.0%、5.0%、6.0%。

五、鱼类、贝类与甲壳类等动物性饲料的卫生与安全

（一）组胺（histamine）

某些鱼体内的游离组氨酸在组氨酸脱羧酶的催化下，可发生脱羧反应而形成组胺。海鱼体内含有大量游离组氨酸，当受到含有组氨酸脱羧酶的细菌污染后可产生大量组胺，但未受到细菌污染的新鲜鱼类很少产生组胺。淡水鱼除鲤鱼外，也很少产生组胺。

组胺的性质较稳定，不易被一般的热处理所破坏，当动物采食了变质腐败的鱼肉及下脚料后可引起组胺中毒。组胺可使动物毛细血管扩张及支气管收缩，出现皮肤发红、眼结膜充血、荨麻疹、呕吐、腹泻、呼吸迫促等症状，发病快，多在采食后10min至几小时内发生，常发生于猪。中毒症状出现与否也与个体体质有关。

（二）抗硫胺素

淡水鱼及贝类、甲壳类，尤其是内脏中含有大量的硫胺素酶。当生食或加热不充分时，其中的硫胺素酶能大量破坏饲料中的硫胺素，使动物出现硫胺素缺乏症，但海水鱼中几乎不存在硫胺素酶。

生产中，为防止水禽硫胺素缺乏，在饲料配方设计时，可在硫胺素营养推荐量的基础上增加20%的安全系数。

六、血制品的卫生与安全

根据生产工艺可将血制品分为普通血粉、血球粉、血浆蛋白粉。普通血粉是将屠宰时动物放出的新鲜血液经过蒸煮、干燥、粉碎后制成的产品。为防止吸湿结块、发霉、腐败，在普通血粉制作过程中常加入0.5%～1.5%的石灰。若将畜禽新鲜血液加入抗凝剂，通过离心则可将血液分为血球和血浆两部分，血球经过高压喷雾干燥后制成血球粉，由于高压作用，血球被粉碎，消化利用率可被大大提高；血浆经喷雾干燥后可制成血浆蛋白粉，血浆蛋白粉中含有多种抗体，有防止幼年动物特别是仔猪腹泻的作用。普通血粉、血球粉一般为深红褐色，血浆蛋白粉一般为浅灰至浅黄色。

普通血粉、血球粉蛋白质含量高，但氨基酸组成不平衡，动物消化利用率低，适口性不良，在配合饲料中添加比例不宜超过3%。

血粉的主要安全卫生问题为其可能会受到致病性微生物的污染，存在微生物学安全问题，根据血源不同，可能还会受到重金属元素等多种有害物质的污染。

我国贸易部1994年发布的饲料用血粉行业标准（SB/T 10212—1994）将饲料用血粉分为2级，即一级、二级，规定其粗蛋白质含量应分别不低于80%、70%，粗纤维含量均应低于1%，粗灰分含量应分别不高于4%、6%，不得检出致病菌。

血球粉和血浆蛋白粉的国家标准及行业标准正在制定过程中，暂未发布实施。

第二节 转基因饲料、发酵饲料的卫生与安全

近年来，随着基因工程技术的进步和发展，转基因生物及其产品越来越深入到人们的现实生活，转基因玉米、转基因大豆粕等饲料原料已在我国配合饲料生产中得到大量应用，其安全性问题一直受到争论。

随着饲料资源的短缺，非常规饲料及饲料替代品在配合饲料中的应用逐步增多，但其所含的抗营养因子又限制了其在日粮中的添加比例，为了消除饲料原料中的抗营养因子，提高营养物质消化率，对某些饲料原料进行适当发酵处理是必要的，但目前来看，发酵饲料也存在一些安全问题。因此，转基因饲料、发酵饲料的安全性问题受到人们普遍关注。

一、转基因饲料的卫生与安全

(一) 安全性问题

1. **可能引起人和动物的过敏反应** 食品过敏是一个全世界关注的公共卫生问题,有关资料表明,全球约2%的成年人和4%~6%的儿童患有食物过敏症。食物过敏反应通常在食物摄入后几分钟到几小时内发生,人畜出现荨麻疹、皮肤瘙痒、腹痛腹泻、呼吸困难等症状,目前尚无预防过敏反应的有效措施。转基因作物中所导入的外源基因是否来自某种过敏原,是否会引起人和动物的过敏反应已引起人们的关注。

2. **可能使致病微生物产生耐药性** 人们担心转基因作物中的抗性基因可能会在肠道中水平转移到人和动物的肠道病原微生物中而产生耐抗生素的病原微生物,造成目前抗菌药物的有效性降低,进而造成某些传染病的发生、流行及防治工作的困难。

3. **转基因生物所表达出的蛋白质可能会影响人畜健康** 人们担心抗虫转基因作物产品中的杀虫蛋白、蛋白酶活性抑制剂及残留的抗昆虫内毒素可能会危害人和动物的健康。抗病毒转基因作物中导入的病毒外壳蛋白基因有可能对人和动物健康产生危害。

4. **导致除草剂使用量增加** 抗除草剂转基因作物的推广,可能会造成抗除草剂基因水平转移到杂草中,使杂草获得抗除草剂的特性,为了清除杂草,人们就需要提高除草剂的使用剂量,从而导致除草剂在环境中残留量增高,最终污染食品和饲料。

5. **影响动物性食品安全** 目前尚未发现转基因饲料对畜禽生长性能、健康状况及肉、蛋、奶组分产生危害影响,在肉蛋奶中也未检出转基因蛋白和转基因DNA,但有研究表明,植物DNA不易在加工过程中被破坏,大部分DNA在90℃加热后仍保持完整,在青贮饲料中DNA也几乎不被降解。因而给动物饲喂含转基因产品的饲料,可能会带进有害的DNA片段,这些片段会对肠道细菌及有关细胞产生一些未知的影响,危及动物性产品安全。美国FDA提出DNA片段很可能会被哺乳动物细胞摄入,英国官方则进一步指出转基因的DNA不但可通过摄食转移,而且可在食品加工和农场工作时通过接触粉尘、花粉转移。

6. **抗营养因子含量增加** 许多饲料中本身含有有毒有害物质和抗营养因子,如蛋白酶抑制剂、植物性红细胞凝集素、生氰糖苷、植酸、雌激素样物质、有毒氨基酸和毒蛋白等,人们担心转基因作物中这类有害物质会加倍表达,因而可能会含有比普通作物更多的有毒有害物质。另外,生物体在进化过程中有时会产生因突变而不再发挥作用的代谢途径——"沉默途径",其产物或中间代谢物可能对机体有害,但随着长期生物进化及人类育种选择,这类途径一般情况不再发挥作用。但在转基因变种中,"沉默途径"有可能被激活,一些有害基因得到开放,原来低水平表达的毒素在变种过程中可能会被高水平表达,甚至产生新的毒素。

(二) 安全卫生措施

1. **加强国际合作与交流,共同研究转基因生物的安全性评价** 随着世界人口快速增长及人们对生活质量不断提出的更高要求,需要培育产量更高、营养物质含量更丰富及有害物质含量更低的农作物,如高产水稻、高赖氨酸玉米、无腺体棉花、高油花生等,基因工程技术可以提高传统育种的速度,甚至可以实现传统育种工作很难得到的新品种或新的物种特性,也可培育出具有特殊功能的基因工程菌等,因此,具有巨大的经济意义和社会价值,但由于转基因生物存在一系列安全性问题，有些潜在危害目前还无法预料，因此，在利用基因工程手段培育转基因生物的同时，对其开展安全性评价是十分必要的。转基因生物的安全性问题是一个全球性问题，不仅其影响是全球性的，在科学技术和管理上也需要各国的支持，需要全世界科学家的共同参与，需要共同制定世界各国都应遵守的科学评价原则、评价程序、评价指标，以防止生态灾难的发生。

转基因饲料是现代高科技的产物，不仅涉及养殖对象的安全，也关系着动物性食品的安全，只有通过国际交流与合作，整合国际先进相关科学技术，客观评价转基因饲料对动物可能存在的急、慢性毒性，遗传毒性，致癌、致畸、致突变性，对动物生产性能的影响以及潜在的生态风险，才能够做到趋利避害，保证饲料工业健康发展。

2. 加强转基因生物及转基因饲料的安全监管工作　严格的管理制度、科学的管理手段是保证转基因生物及转基因饲料安全的重要保证。我国政府及科技工作者对转基因生物和转基因饲料一直持积极科学的态度，同时也提出了严格的管理措施。中华人民共和国国务院于 2001 年 5 月 23 日发布了《农业转基因生物安全管理条例》，农业部于 2002 年 1 月 5 日发布了《农业转基因生物安全评价管理办法》（中华人民共和国农业部［2002］8 号令）、《农业转基因生物进口安全管理办法》（中华人民共和国农业部［2002］9 号令）和《农业转基因生物标识管理办法》（中华人民共和国农业部［2002］10 号令），于 2002 年 3 月 20 日正式实施，并先后发布实施了相关行业标准，如"植物及其产品转基因成分检测抽样和制样方法"（出入境检验检疫行业标准，SN/T 1194—2003），"食品中转基因植物成分定性 PCR 检测方法"（出入境检验检疫行业标准，SN/T 1202—2003），"基因检验实验室技术要求"（出入境检验检疫行业标准，SN/T 1193—2003），"食用油脂中转基因植物成分定性"（出入境检验检疫行业标准，SN/T 1203—2003），"转基因植物及其产品食用安全检测　抗营养素第 1 部分：植酸、棉酚和芥酸的测定"（农业行业标准，NY/T 1103.1—2006），"转基因植物及其产品食用安全检测　抗营养素第 2 部分：胰蛋白酶抑制剂的测定"（农业行业标准，NY/T 1103.2—2006）等。

只有严格执行国家有关法令及国际通行规则，才可能将转基因生物及转基因饲料的风险降到最低。转基因生物及转基因饲料的环境释放试验应在一定的、可控的范围内进行，未经全面安全评价的转基因生物及转基因饲料不得擅自扩大试验规模及在实际生产中推广应用。

转基因饲料经动物性产品最终会影响到人类健康，因此，转基因饲料应遵循转基因食品管理的有关法规。其安全性评价应遵守 1993 年世界经合组织（OECD）提出的食品安全性评价的实质等同性原则，即如果转基因植物生产的产品与传统产品具有实质等同性，则可以认为是安全的；反之，则应进行严格的安全性评价。

二、发酵饲料的卫生与安全

发酵饲料是指在人工控制条件下，利用有益微生物自身的代谢活动，将植物性、动物性和矿物性物质中的抗营养因子分解，生产出更易被动物采食、消化、吸收并且无毒害作用的饲料。

（一）安全性问题

1. 产品标准不健全　产品标准是发酵饲料生产过程控制、产品质量控制及仲裁检验的依据，目前还没有发酵饲料的国家标准或行业标准，各生产企业往往根据自身情况制定自己的企业标准。各企业技术力量、生产设备条件等不一，制定出的企业标准水平差别很大，因此，产品质量参差不齐,给配合饲料生产带来安全隐患。

2. 菌种来源复杂 为了保证饲料微生物学安全,我国农业部在[2006]658号公告中规定了生产饲用酶制剂及饲用微生物制剂所用的微生物种类,但对生产发酵饲料可用的微生物种类没有做出规定。有些发酵饲料生产企业所用菌种是通过正规渠道购买的,有些企业是通过本企业研究筛选的,有些小企业则是土法上马,自己都说不清楚所用菌种的种类,更不用说经过严格系统的毒理学和生物安全评价了。有些微生物进入动物体内可能成为致病性微生物;有些微生物不稳定,可以变异成为致病性微生物;有些微生物在发酵过程中可能会产生霉菌毒素或细菌毒素,因此,菌种来源的复杂性和不确定性是目前发酵饲料生产中一个比较突出的安全性问题。

3. 生产工艺水平及管理水平差别巨大 有些大中型企业有现代化的厂房、现代化的设备,技术力量雄厚,生产工艺科学,管理规范,制度健全,质量保证体系完善,设立有独立的品质管理部门,产品质量基本有保证。有些企业则是小作坊式生产,生产工艺、设备落后,缺少技术人员,漠视产品质量,对生产原料的选择、生产过程的控制充满随意性,产品质量极不稳定。因此目前市场上鱼目混珠的现象比较严重。

有些企业采用生料发酵,即不对发酵原料预先进行灭菌处理;有些企业采用熟料发酵,即对发酵原料预先进行灭菌处理,熟料发酵虽然增加了生产成本,但增加了微生物学安全性。有些企业对发酵产品采用高温干燥(如热风干燥等),有些企业则采用40℃左右的低温干燥,不同的企业采用的发酵工艺条件如发酵温度、湿度、通风等工艺参数互不相同,造成产品中微生物组成差别很大,饲用安全性值得重视。

4. 发酵原料复杂 生产发酵饲料所用的原料除目前常见的豆粕外,还有杂粕,如菜粕、棉粕等;动物源性饲料原料,如血粉、羽毛粉、水产品加工下脚料等,这些原料可能会受到致病性微生物、重金属元素及其他有毒有害物质污染,血粉、羽毛粉等还涉及到动物源性饲料安全问题,这些不安全因素都可能会带到发酵产品中去。有些原料中含有抗营养因子,如豆粕中含有胰蛋白酶抑制剂、变应原性物质等,菜粕中含有硫葡萄糖苷、芥子碱等,棉粕中含有游离棉酚、环丙烯类脂肪酸等,这些抗营养因子经过发酵处理后可能部分会被灭活,但仍有部分会残留在发酵产品中,因此,需要对发酵饲料进行相应指标的检验和控制。

(二)安全卫生措施

1. 完善标准,加强管理 发酵饲料产品在配合饲料生产中已得到比较广泛的应用,但产品质量良莠不齐,不少企业标准不规范,指标水平过低,不能反映发酵饲料应有的特点和优势,也给行业主管部门的监管工作带来困难,因此,国家应尽快制定出权威性的国家标准或行业标准,以提高发酵饲料生产的整体水平。发酵饲料产品中往往含有活的微生物细胞,有些企业还在宣传中特别强调其产品中含有多么高的"有效活菌数"等,因此,应对发酵饲料产品在管理上给出明确归类。如归为单一饲料,应明确其中是否应该含有活的微生物细胞及种类;如归为微生物饲料,应对生产中允许使用的菌种种类及产品中微生物的种类做出明确规定。为确保配合饲料的生物性安全,由动物性饲料原料发酵生产的发酵饲料应符合国家有关动物源性饲料原料管理的有关规定。

2. 选择合适的发酵原料 原料中的不安全因素会转移到发酵饲料产品中,其质量优劣将直接影响发酵饲料的品质,因此,应选择具有自然属性、无污染的原料生产发酵饲料,不应使用受重金属元素污染、微生物污染及其他化学物质污染的原料,也不应使用来自疫区的动物性原料。

3. 加强生产过程管理与控制　从原料到产品需要一定的工艺条件来完成，生产工艺的好坏同样影响发酵饲料的质量，因此，生产流程要科学，工艺参数要合理。不同的原料库之间，不同的成品库之间，以及原料库和成品库之间应有一定卫生间距，原料与成品不得同库储存，以防止原料与成品间的交叉污染及不同产品之间的交叉污染。

4. 建立完善的品质检验制度与品质管理措施　应建立直接由企业最高层垂直领导的品质管理部门，建立健全完善的品质检验制度，对入库的每一批原料和出库的每一批产品都应进行检验，不合格品不得入库或出库。

第三节　矿物质的卫生与安全

矿物质包括钙补充剂、磷补充剂、钠补充剂、氯补充剂、硫补充剂、镁补充剂等，种类很多，其安全卫生问题主要表现在2个方面：①矿物质产品中含有过量的有毒有害杂质。②矿物质在饲料中过量添加时对动物和环境造成的危害。

一、磷酸盐类的卫生与安全

氟、砷、铅等是磷酸盐类矿物质中的主要有毒有害杂质。有些磷酸氢钙生产企业生产工艺落后，脱氟效果不好或无脱氟工序，有些小企业甚至直接把磷矿石粉碎后冒充饲料级磷酸氢钙，氟含量很高，有的磷酸氢钙产品中氟含量高达3%以上，这是畜牧生产中造成动物氟中毒的一个重要原因。

我国化工标准在对饲料级磷酸盐类矿物质中有效成分含量做出明确规定的同时，对有毒物质含量也做了严格限制。

饲料级磷酸氢钙（HG 2636—2000）中磷含量应不低于16.5%，钙含量应不低于21.0%，氟含量不得大于0.18%，砷含量不得大于0.003%，铅含量不得大于0.003%。

饲料级磷酸二氢钙（HG 2861—1997）中总磷含量应不低于22.0%，钙含量应为15.0%～18.0%，氟含量不得大于0.20%，砷含量不得大于0.004%，重金属（以铅计）含量不得大于0.003%。

饲料级磷酸氢二铵（HG/T 3774—2005）中总磷含量应为（22.7±0.4）%，氮含量应不低于19%，氟含量不得大于0.05%，砷含量不得大于0.002%，铅含量不得大于0.002%。

饲料级磷酸一二钙（HG/T 3776—2005）中总磷含量应不低于21.0%，钙含量应为15.0%～20.0%，氟含量不得大于0.18%，砷含量不得大于0.003%，铅含量不得大于0.003%。

饲料级磷酸二氢钾（HG 2860—1997）中磷含量应不低于22.3%，钾含量不低于28%，砷含量不得大于0.001%，重金属（以铅计）含量不得大于0.002%。

二、碳酸钙类的卫生与安全

碳酸钙是饲料中钙的重要补充物，在畜禽配合饲料生产中得到广泛应用。石粉、贝壳粉、蛋壳粉等主要成分为碳酸钙，碳酸钙含量为35%～38%。碳酸钙类矿物质饲料的主要卫生学问题是产品中可能含有铅、砷、氟等有毒物质。我国化工标准规定，饲料级轻质碳酸钙（HG 2940—2000）中钙含量应不低于39.2%，重金属（以铅计）含量不得大于0.003%，砷含量不得大于0.0002%，钡含量不得大于 0.030%。我国饲料卫生标准（GB 13078—2001）规定，石粉中氟含量不得大于 2 000mg/kg，铅含量不得大于 10mg/kg，汞含量不得大于 0.1mg/kg，镉含量不得大于 0.75mg/kg。

三、食盐的卫生与安全

氯、钠为动物维持健康和生产性能必需的矿物元素，饲料中添加适量的食盐还可以增强动物食欲、提高采食量。

畜牧生产中，食盐的安全问题主要是饲料中食盐含量过高引起的动物食盐中毒。造成配合饲料中食盐含量过高的原因主要有以下几个方面：①配方计算错误造成食盐比例过高。②使用了食盐含量过高的劣质饲料原料，而配合饲料配方设计中又未将这部分食盐扣除，因而造成饲料产品中食盐含量过高，如普通鱼粉中食盐含量一般低于 5%，而有些劣质鱼粉中食盐含量可达 20% 以上。③生产过程中计量错误造成食盐过量添加。④生产管理混乱或不科学，造成食盐重复添加或误加。⑤过量使用了食盐含量高的非常规饲料如酱油渣等。

动物采食了食盐含量高的饲料后是否会出现食盐中毒症状还与生产管理有关，如能保证充足饮水，动物能够耐受比较高的食盐含量。试验证明，在饮水不足时，猪采食食盐含量为 2.5% 的饲料，短期内即可引起中毒；饮水充足时，食盐含量为 15% 时，短期内也不会引起中毒。

各种动物对食盐的敏感性不同，一般来说，猪＞禽＞马＞牛、绵羊，其中，幼畜、幼禽较成年动物敏感。生产中猪、禽食盐中毒较为常见，尤以仔猪、仔禽多见。

当动物出现疑似食盐中毒时，应立即停喂可疑饲料，给予动物充足的清洁饮水，以加速食盐的排泄，但初期应采用少量多次的办法供水，不能让动物暴饮，以防止出现脑水肿。

目前我国还未制定出饲料用食盐的产品标准，因目前大部分饲料企业使用的食盐都是食品级食盐，采购饲料用食盐时可暂参考食品级食盐的要求。2003 年中华人民共和国卫生部和中国国家标准化管理委员会发布的食用盐卫生标准（GB 2721—2003）规定，氯化钠含量（以干基计）不低于 97%，硫酸盐含量（以 SO_4^{2-} 计）不得高于 2%，亚硝酸盐含量（$NaNO_2$）不得高于 2mg/kg，总砷含量不得高于 0.5mg/kg，铅含量不得高于 2mg/kg，铜含量不得高于 2mg/kg，镉含量不得高于 0.5mg/kg，总汞含量不得高于 0.1mg/kg，钡含量不得高于 15mg/kg，氟含量不得高于 2.5mg/kg。

第四节 饲料添加剂的卫生与安全

与传统养殖相比，集约化养殖所引起的饲养环境改变、疫病威胁、应激、营养限制等问题，都需要大量的药物与饲料添加剂的介入与应用。但是，大量的药物和饲料添加剂的应用，特别是饲料添加剂的滥用和违禁药品的使用，给畜产品的安全带来了严重威胁。

一、瘦肉精中毒与饲料药物添加剂的卫生与安全

（一）瘦肉精及其中毒

瘦肉精又称克伦特罗（klenbuterol，以下简称 CL）、克喘素、氨哮素，化学名为 2-［（叔丁氨基）甲基］-4-氨基-3,5-二氯苯甲醇，是人工合成的 β-肾上腺素能受体兴奋剂之一，是一种强效激动剂，可用于治疗哮喘。其他人工合成的兴奋剂药物，如塞曼特（Ci-materol）、沙丁胺

醇（albutamol）、舒喘灵（ractopamine）、卡布特罗（carbuterol）也有类似CL的作用，但以CL脂溶性最高，毒性最大。

瘦肉精是一种白色或类白色的结晶粉末，味苦，无臭。其化学性质稳定，一般的加热方法不能将其破坏，温度加热到172℃时才分解。20世纪80年代初，美国一家公司意外地发现，将一定量的克伦特罗添加在饲料中可明显地促进动物生长，并增加瘦肉率。其作用机制在于刺激动物蛋白质的合成而引起肌纤维细胞内物质增多，体积增大，且减缓蛋白质的降解过程和脂肪沉积。20世纪80年代后期，我国部分大专院校、科研院所将其作为开发项目，向饲料厂、养殖户推广这种新型饲料添加剂。它具有在动物体内分布快、消除缓慢的特点，能够改变养分的代谢途径，促进动物肌肉特别是骨骼肌中蛋白质的合成，抑制脂肪的合成和积累，从而改善胴体品质，使生长速度加快，瘦肉相对增加。它可使猪等畜禽生长速率、饲料转化率、胴体瘦肉率提高10％以上，使后股肌肉饱满突出，肉色特别红润鲜亮，故有美名"瘦肉精"之称。

由于盐酸克伦特罗的药性强，化学性质稳定，难分解，在体内蓄积性强。作为饲料添加剂在动物组织和畜产品中易残留，且一般烹饪方法不能使其失活，人食用了盐酸克伦特罗残留的动物食品后15min到6h内出现中毒症状，可持续1.5～6h。中毒时出现头晕、恶心、呕吐、胸闷、面部潮红、血压升高、心率加速、心悸，特别是原来患过心脏病的病人其心脏反应更甚，可出现心室早搏、ST段与T波幅压变低、四肢及面部、骨骼肌震颤，体温升高，对高血压、心脏病、甲亢、前列腺肥大等病患者危害更大，严重者可导致死亡。在西班牙1989年有135人中毒，1991年有43家人中毒，1992年有232件中毒病例；法国于1990年出现9家26人中毒事件；意大利于1996年发生62人中毒事件。

（二）药物添加剂的安全性问题

1. 在畜产品中残留，影响消费者健康　通过饲料等途径进入动物体内的药物可在动物肌肉、蛋、奶等动物性产品中残留，不少抗菌药物性质稳定，一般的蒸、煮、炒等烹调处理不能将之完全破坏，因而可导致消费者发生过敏反应、免疫力下降等不良反应，不同的抗菌药物还会对人体造成特有的毒性作用。

2. 长期不科学地使用抗菌药物，造成耐药菌株的产生　饲料中长期使用抗菌药物，会导致细菌发生变异，产生耐药菌株，并通过质粒传递等使致病菌获得耐药能力，甚至产生对当前生产的各种抗菌药物都不敏感的"超级细菌"，畜禽一旦发病，很难用一般抗菌药物达到有效治疗目的。

3. 造成畜禽药物中毒　一般来说，按规定的使用对象、适用阶段、使用剂量使用饲料药物添加剂是安全的，但若不按规定使用，则会对畜禽造成很大危害。如饲料中过量添加盐霉素会对畜禽肾功能造成严重损伤；在禽饲料中违规使用喹乙醇会造成禽多器官功能损伤，造成禽大批死亡。

4. 造成环境污染　一些长效、性质稳定的药物，通过动物粪便进入环境后仍需要很长时间才会被完全分解，他们会抑制土壤微生物生长与繁殖，破坏土壤生态平衡，造成土壤板结等土质退化现象。

（三）药物添加剂滥用的几种情况

1. 超剂量使用　在畜牧生产中，不按规定超剂量使用抗菌药物的现象十分普遍，造成这种状况的原因主要有2个：一是随着耐药菌株的产生，常规剂量已起不到预防效果，迫使在饲料中超量添加；二是不遵守科学用药原则，企业为追求确实有效和心理安慰，随意过量添加，甚至按治疗量在饲料中使用。如农业部［2001］第 168 号公告中规定，可在 4 月龄以下猪日粮中添加金霉素，每 1 000kg 配合饲料中最高允许添加量为 75g，但有些饲料企业已将金霉素在每 1 000kg 配合饲料中的添加水平提高到 150g，甚至更高，给畜产品安全带来巨大隐患。

2. 超范围使用　在食品动物生产中，不按规定的适用动物种类、适用阶段、休药期等使用饲料药物添加剂现象也十分常见。如农业部［2001］第 168 号公告中规定喹乙醇可在猪日粮中添加用于猪促进生长，但禁用于禽和体重超过 35kg 的猪，休药期为 35d，也禁用于鱼类，但有些饲料企业和养殖企业不顾国家种种禁令，仍在鱼饲料中大量使用。研究证明，喹乙醇具有潜在致癌性，在食品动物饲料中违规使用会对人体健康构成巨大危害。

3. 使用违禁抗菌物质　为保证动物性食品安全，我国分别于 2002 年 2 月、2002 年 4 月发布了《禁止在饲料和动物饮用水中使用的药物品种目录》（农业部、卫生部、国家药品监督管理局公告 2002 年第 176 号）和《食品动物禁用的兽药及其他化合物清单》（农业部公告 2002 年第 193 号），明确禁止肾上腺素受体激动剂、性激素、蛋白同化激素、精神药品、各种抗生素滤渣等在饲料和动物饮用水中使用。最高人民法院等发布了《关于办理非法生产、销售、使用禁止在饲料和动物饮水中使用的药品等刑事案件具体应用法律若干问题的解释》（最高人民法院、最高人民检察院公告 2002 年第 26 号）。但一些饲料企业和养殖企业不顾国家强制性要求，继续在饲料中使用违禁物质，如有些饲料企业仍在使用抗生素滤渣。抗生素滤渣因含有较高的蛋白质和微量抗生素成分，在饲料中使用对动物有一定的促生长作用并可降低部分生产成本，但危害极大，一是容易引起致病性微生物产生耐药性，二是成分复杂，没有通过安全性验证，存在诸多安全隐患。

正因为对饲料中使用抗生素安全性的担忧，寻找其替代品成为人们努力的一个方向，其中对中草药添加剂（或称植物提取物）的研究投入了很大热情。不少人认为中草药添加剂是绿色产品，无毒无残留，绝对安全，这种认识十分有害。如使用得当，中草药可以起到扶正固本，减轻应激，促进动物健康和提高动物生产性能的作用，但中草药成分复杂，某些成分对人畜毒性极大且同样存在着在畜产品中的残留问题，使用不当便有引起人畜中毒的危险。中草药制剂是否适宜在大群动物生产中使用值得考虑，同时，中医药理论本身还存在很多经验性的东西，因此，中草药是否可以作为饲料添加剂在饲料中长期使用在科技界一直存在着很多争论，管理部门对中草药添加剂的使用审批也一直十分慎重。2003 年国家质量监督检验检疫总局发布了《天然植物饲料添加剂通则》（GB/T 19424—2003），提出了天然植物饲料添加剂的安全要求和组方原则，但对规范中草药添加剂生产使用还远为不够。

（四）安全卫生措施

（1）改善畜禽生产环境，加强饲养管理，充分考虑动物福利，减少或停止抗菌素使用，是消除药物安全隐患的根本措施。在现代化、集约化饲养条件下，生产效率得到极大提高，但动物饲养密度过大，空气质量变差，动物经常处于应激状态，抵抗力降低，对疾病的敏感性增加，为了预防疾病发生，养殖户被迫大量使用抗菌药物，这是造成药物滥用的一个重要原因。如能提高饲养管理水平，重视环境卫生，尽可能减少各种应激因素，抗菌药物的使用则可大大减少。

（2）开发畜禽专用抗生素，实现饲用抗生素与人用抗生素分开。不同的抗生素具有不同的抗菌普，人和不同的动物也都有各自不同的易感菌，根据这些特点开发出对动物疫病有特殊预防效果而对人体无害的畜禽专用抗生素是解决饲料药物添加剂安全性问题的一种重要措施。

（3）严格执行动物性产品中药物允许残留量标准。动物性产品中的药物残留只有达到一定量时才会对人体健康构成危害，畜牧生产中只要能严格执行动物性产品中药物允许残留量标准，其安全性问题应能得到保证。国家质量监督检验检疫总局于 2001 年 8 月发布了《农产品安全质量-无公害畜禽肉安全要求》（GB 18406.3—2001）和《农产品安全质量-无公害水产品安全要求》（GB 18406.4—2001），对无公害畜禽肉和无公害水产品中药物允许残留量做了规定（表 7-3、表 7-4）。

表 7-3　无公害畜禽肉中药物允许残留量

（摘自 GB 18406.3—2001）

项目		最高限量（mg/kg）	
氯霉素		不得检出（检出限 0.01）	
盐酸克伦特罗		不得检出（检出限 0.01）	
恩诺沙星	≤	牛/羊：肌肉 肝 肾	0.1 0.3 0.2
庆大霉素	≤	牛/猪：肌肉 脂肪 肝 肾	0.1 0.1 0.2 1
土霉素	≤	畜禽可食性组织：肌肉 脂肪 肝 肾	0.1 0.1 0.3 0.6
四环素	≤	畜禽可食性组织：肌肉 肝 肾	0.1 0.3 0.6
青霉素	≤	牛/羊/猪：肌肉 肝 肾	0.05 0.05 0.05
链霉素	≤	牛/羊/猪/禽：肌肉 脂肪 肝 肾	0.5 0.5 0.5 1
泰乐菌素	≤	牛/猪/禽：肌肉 肝 肾	0.1 0.1 0.1
氯羟吡啶	≤	牛/羊：肌肉 肝 肾 猪可食性组织： 禽：肌肉 肝 肾	0.2 3 1.5 0.2 5 1.5 1.5
喹乙醇	≤	猪：肌肉 肝	0.004 0.05
磺胺类	≤	畜禽可食性组织：	0.1
乙烯雌酚		不得检出（检出限 0.05）	

表7-4 无公害水产品中药物允许残留量

(摘自 GB 18406.4—2001)

项 目	最高限量（mg/kg）
土霉素	≤0.1（肌肉）
氯霉素	不得检出
磺胺类（单种）	≤0.1
恶喹酸（鳗鱼）	≤0.3（肌肉＋皮）
呋喃唑酮	不得检出
乙烯雌酚	不得检出

(4) 加强饲料药物添加剂使用管理：2001年我国农业部发布的《饲料药物添加剂使用规范》（农业部公告2001年第168号）中将饲料药物添加剂分为2类，其中一类为具有预防动物疾病、促进动物生长作用，可在饲料中长时间添加使用的饲料药物添加剂，其产品批准文号须用"药添字"；另一类为用于防治动物疾病，并规定疗程，仅是通过混饲给药的药物饲料添加剂，其产品批准文号须用"兽药字"。该规范要求除该规范中收载的品种及农业部此后批准允许添加到饲料中使用的饲料药物添加剂外，任何其他兽药产品一律不得添加到饲料中使用。农业部针对规范在执行中存在的问题，2002年9月2日发布了《饲料药物添加剂使用规范》补充公告，规定养殖场（户）可凭兽医处方将属"兽药字"的饲料药物添加剂产品及此后农业部批准的同类产品预混后添加到特定的饲料中使用，或委托具有生产和质量控制能力并经省级饲料管理部门认定的饲料厂代加工生产为含药饲料，但必须遵守以下规定：①动物养殖场（户）须与饲料厂签订代加工生产合同一式四份，合同须注明兽药名称、含量、加工数量、双方通讯地址和电话等，合同双方及省兽药和饲料管理部门须各执一份合同文本。②饲料厂必须按照合同内容代加工生产含药饲料，并做好生产记录，接受饲料主管部门的监督管理，含药饲料外包装上必须标明兽药有效成分、含量、饲料厂名。③动物养殖场（户）应建立用药记录制度，选用按照法定兽药质量标准所加工的含药饲料，并接受兽药管理部门的监督管理。④代加工生产的含药饲料仅限于动物养殖场（户）自用，任何单位或个人不得销售或倒买倒卖，违者按照《兽药管理条例》、《饲料和饲料添加剂管理条例》的有关规定进行处罚。

《饲料药物添加剂使用规范》中对每种饲料药物添加剂的有效成分、含量规格、适用动物对象及适用阶段、作用和用途、用法与用量、休药期、配伍禁忌等做了明确规定，为了保证饲料药物添加剂的使用安全，饲料企业及养殖企业都应严格遵守该规范及其补充公告中的有关规定，科学使用"药添字"类（表7-5）和"兽药字"类（表7-6）饲料药物添加剂，饲料行业主管部门和兽药管理部门等应通力配合，加强监管力度，通过管理途径消除饲料药物添加剂在生产使用过程中的安全隐患。

表7-5 "药添字"类饲料药物添加剂

序号	名 称	序号	名 称
1	二硝托胺预混剂	6	甲基盐霉素预混剂
2	马杜霉素铵预混剂	7	拉沙洛西钠预混剂
3	尼卡马嗪预混剂	8	氢溴酸常山酮预混剂
4	尼卡马嗪、乙氧酰胺苯甲酯预混剂	9	盐酸氯苯胍预混剂
5	甲基盐霉素、尼卡马嗪预混剂	10	盐酸氯丙啉、乙氧酰胺苯甲酯预混剂

（续）

序号	名 称	序号	名 称
11	盐酸氯丙啉、乙氧酰胺苯甲酯、磺胺喹恶啉预混剂	23	喹乙醇预混剂
12	氯羟吡啶预混剂	24	那西肽预混剂
13	海南霉素钠预混剂	25	阿美拉霉素预混剂
14	赛杜霉素钠预混剂	26	盐霉素钠预混剂
15	地克珠利预混剂	27	硫酸黏杆菌素预混剂
16	复方硝基酚钠预混剂（已禁用，编者注）	28	牛至油预混剂
17	胺苯胂酸预混剂	29	杆菌肽锌、硫酸黏杆菌素预混剂
18	洛克沙胂预混剂	30	吉他霉素预混剂
19	莫能菌素钠预混剂	31	土霉素钙预混剂
20	杆菌肽锌预混剂	32	金霉素预混剂
21	黄霉素预混剂	33	恩拉霉素预混剂
22	维吉尼亚霉素预混剂		

表 7-6 "兽药字"类饲料药物添加剂

序号	名 称	序号	名 称
1	磺胺喹恶啉、二甲氧苄啶预混剂	13	氟苯咪唑预混剂
2	越霉素 A 预混剂	14	复方磺胺嘧啶预混剂
3	越霉素 B 预混剂	15	盐酸林可霉素、硫酸大观霉素预混剂
4	地美硝唑预混剂（已禁用，编者注）	16	硫酸新霉素预混剂
5	磷酸泰乐菌素预混剂	17	磷酸替米考星预混剂
6	硫酸安普霉素预混剂	18	磷酸泰乐菌素、磺胺二甲嘧啶预混剂
7	盐酸林可霉素预混剂	19	甲砜霉素散
8	赛地卡那霉素预混剂	20	诺氟沙星、盐酸小檗碱预混剂
9	伊维菌素预混剂	21	维生素 C 磷酸酯镁、盐酸环丙沙星预混剂
10	呋喃苯烯酸钠粉（已禁用，编者注）	22	盐酸环丙沙星、盐酸小檗碱预混剂
11	延胡索酸泰妙菌素预混剂	23	恶喹酸散
12	环丙氨嗪预混剂	24	磺胺氯吡嗪钠可溶性粉

5. 了解国外相关规定，促进国际贸易 各国对饲料中允许使用的药物添加剂的种类及在动物性产品中允许残留量的要求不同，并不断进行修订，为了扩大动物性产品出口，养殖企业应及时了解国外有关规定。如欧盟委员会1999年在饲料添加剂目录中撤销了二硝托胺、喹乙醇、卡巴氧；2001年在饲料添加剂目录中撤销了尼卡巴嗪、盐酸氨丙啉、氯羟吡啶、地美硝唑硝呋烯腙。欧盟委员会条例（EC）NO1831/2003规定2006年1月1日起，杆菌肽锌、维吉尼亚霉素、泰乐菌素、土霉素和金霉素不准作为饲料添加剂使用。欧盟委员会规定：黄霉素可用于兔（2009年9月30日止）、蛋鸡、火鸡、肉鸡、猪、牛；莫能菌素钠可用于肥育牛、鸡、火鸡（2014年7月30日止）；盐霉素可用于猪（2009年9月30日止）、兔（2011年5月31日止）、鸡、肉鸡（2015年4月22日止）；阿美拉霉素可用于猪、鸡（2009年9月30日止）、火鸡（2013年1月20日止）；癸氧喹酯可用于肉鸡（2014年7月30日止）；盐酸氯苯胍可用于种兔（2009年9月30日止）、兔、肉鸡、火鸡（2014年10月29日止）；拉沙洛西钠可用于火鸡（2009年9月30日止）、鸡（2014年8月20日止）；氢溴酸常山酮可用于蛋鸡（2009年9月30日止）、肉鸡、火鸡；马杜霉素钠可用于鸡（2009年9月30日止）、火鸡（2011年12月15日止）；地克珠利可用于肉鸡（2009年9月30日止）、后备鸡（2013年1月20日止）、火鸡（2011年2月28日止）；甲基盐霉素可用于肉

鸡（2014年8月21日止）；甲基盐霉素＋尼卡巴嗪可用于鸡（2009年9月30日止）；赛杜霉素钠可用于鸡（2006年6月1日止）；二甲酸钾可用于猪（2005年6月30日止）。

二、微量元素添加剂的卫生与安全

（一）安全性问题

有些企业不遵守动物营养学原理，缺乏标准化意识，在饲料中随意、超量添加微量元素；有些微量元素添加剂品质低劣，不符合饲料级微量元素添加剂的质量要求，有毒重金属含量过高；有些企业生产管理制度不健全或执行不力，错拿错放、重复添加、计量不准等意外事故时有发生，有些企业生产过程管理不规范，生产人员不遵守操作规程，造成产品混合不均匀，如此等等，带来诸多安全问题。

1. 造成动物中毒 铜、铁、锌、锰、碘、钴、硒等是动物维持健康、生产性能及繁殖功能所必需的微量元素，但动物需要量不大，当饲料中含量过高时便会导致动物出现中毒现象。每种动物对各种微量元素的耐受量不同，有些微量元素安全系数（即动物中毒量与需要量的比值）小，更易引起动物中毒。如铜、硒对猪的安全系数小（表7-7），畜牧生产中猪铜、硒中毒的现象比较常见。为达到促生长目的，目前在猪日粮中使用高铜比较普遍，日粮中添加水平一般为125～250mg/kg，且多接近250mg/kg，与中毒量（250mg/kg）接近，日粮配合不平衡或混合不均匀时，易致猪铜中毒。高锌饲粮适口性差，一般不易引起动物中毒，主要危害是引起环境锌污染。

表7-7 几种常见微量元素对猪的安全系数

微量元素	需要量（mg/kg）	中毒量（mg/kg）	安全系数
铜 Cu	8～20	250	12
铁 Fe	50～120	3 000	25
锌 Zn	30～120	4 000	25
钴 Co	0.1	50	500
碘 I	0.1～0.2	40	200
硒 Se	0.1～0.2	4	20

品质低劣的微量元素添加剂含有过量的铅、镉、汞、砷等重金属元素，可引起动物重金属元素中毒。一些微量元素添加剂生产企业生产工艺不合理，产品中镉、铅等重金属元素超标现象严重，有的硫酸锌中镉含量高达13.6%，因此造成动物大批中毒和死亡。

2. 引起环境污染 动物对饲料中的微量元素只能少部分吸收，大部分通过粪便排入环境，当饲料中长时间过量添加微量元素制剂时可造成环境微量元素污染。土壤受到微量元素污染时，土壤生态平衡会受到破坏，土质变差，影响粮食作物及牧草生长，还会在粮食中富集，影响人类健康；水体受到污染时，自净能力降低，造成水质恶化。

3. 在动物产品中残留，危害消费者健康 重金属元素和一些微量元素会在动物可食性组织中蓄积，当其含量超过一定的标准和水平时，就会对消费者健康构成危害。国家质量监督检验检疫总局发布的《农产品安全质量-无公害畜禽肉安全要求》（GB 18406.3—2001）和《农产品安全质量-无公害水产品安全要求》（GB 18406.4—2001）中，对无公害畜禽肉和无公害水产品中重金属元素及某些微量元素允许量做了规定（表7-8、表7-9）。农业部2006年发布的行业标准《无公害食品-水产品中有毒有害物质限量》（NY 5073—2006）中，也对水产品中重金属元素及某些微量元素允许量做了规定。

表7-8 无公害畜禽肉中重金属元素及微量元素允许量

(摘自 GB 18406.3—2001)

项 目	最高限量（mg/kg）
砷（以总砷计，淡水鱼）	≤0.5
总汞	≤0.3，其中甲基汞0.2
铜	≤50
铅	≤0.5
铬	≤2.0
镉	≤0.1
氟（淡水鱼）	≤2.0

表7-9 无公害水产品中重金属元素及微量元素允许量

(摘自 GB 18406.4—2001)

项 目	最高限量（mg/kg）
砷（以 As 计）	≤0.5
汞（以 Hg 计）	≤0.05
铜（以 Cu 计）	≤10
铅（以 Pb 计）	≤0.1
铬（以 Cr 计）	≤1
镉（以 Cd 计）	≤0.1
氟（以 F 计）	≤0.2

中华人民共和国卫生部于1991年发布了《食品中硒限量卫生标准》（GB13105—91）、《食品中锌限量标准》（GB 13106—91），对动物性产品中硒、锌的允许量做了规定（表7-10、表7-11）。

表7-10 动物性产品中硒允许量

(摘自 GB 13105—91)

项 目	最高限量（mg/kg）
肉类（畜、禽）	≤0.5
肾	≤3.0
鱼类	≤1.0
蛋类	≤0.5
鲜奶类	≤0.03
奶粉	≤0.15

表7-11 动物性产品中锌允许量

(摘自 GB 13106—91)

项 目	最高限量（mg/kg）
肉类（畜、禽）	≤100
鱼类	≤50
蛋类	≤50
鲜奶类	≤10
奶粉	≤50

中华人民共和国卫生部于 1994 年发布了《食品中铬限量卫生标准》(GB 14961—94)、《食品中铜限量卫生标准》(GB 15199—94)，对动物性产品中铬、铜的允许量做了规定（表 7-12、表 7-13）。

表 7-12 动物性产品中铬允许量

（摘自 GB 14961—94）

项 目	最高限量（mg/kg）
肉类（包括肝肾）	≤1.0
鱼贝类	≤2.0
蛋类	≤1.0
奶类（鲜）	≤0.3
奶粉	≤2.0

表 7-13 动物性产品中铜允许量

（摘自 GB 15199—94）

项 目	最高限量（mg/kg）
肉 类	10
水产类	50
蛋 类	5

（二）安全卫生措施

1. 加强生产管理　严格操作规程，完善过程纪录，实行岗位责任制，切实履行各项管理制度，建立产品可追溯体系，提倡企业建立、采用先进的质量管理体系，这些都是企业保证产品质量的重要措施。各级行业主管部门应强化依法行政，严格按《饲料添加剂和添加剂预混合饲料生产许可证管理办法》（农业部［2003］第 26 号令）、《饲料添加剂和添加剂预混合饲料产品批准文号管理办法》（农业部［1999］第 23 号令）、《饲料生产企业审查办法》（农业部［2006］第 73 号令）等法规法令的规定对饲料行业实行有力监管。

2. 严格品质控制　建立不受外界干扰的独立的品质管理部门，拒绝接收、使用品质低劣和非饲料级的微量元素添加剂。提高企业自检能力和水平，严把原料入口关和产品出口关，建立详细的原料入库和成品出库纪录，严格执行不合格品召回制度。

3. 遵守国家法规、标准　微量元素添加剂的使用安全性问题受到了民众的普遍关注，不少国家和地区对饲料中微量元素水平提出了限量要求。严格遵守相关规定，对保证微量元素添加剂使用安全具有重要意义。2004 年欧盟委员会对配合饲料中铁、铜、锌、锰、钴、钼、碘、硒的限量要求做了修改，有些规定比 1991 年的规定更为严格（表 7-14）。

表 7-14 2004 年欧盟配合饲料中微量元素最高限量

（按每 100hm^2 可利用农业土地养猪密度小于 175 头计）

元 素	动 物	最高限量（mg/kg）
铁	羊	500
	断奶前 1 周仔猪	250mg/d
	其他猪	750
	宠物	1 250
	其他动物	750

(续)

元素	动物	最高限量（mg/kg）
铜	12周龄内的猪	170
	其他猪	25
	牛：开始反刍前的代乳料及配合饲料	15
	其他牛	35
	羊	15
	鱼	25
	甲壳动物	50
	其他动物	25
锌	鱼	200
	宠物	250
	代乳料	200
	其他动物	150
锰	鱼	100
	其他动物	150
钴	所有动物	2
钼	所有动物	2.5
碘	马属动物	4
	鱼	20
	其他动物	10
硒	所有动物	0.5

2005年农业部发布的行业标准《饲料中锌的允许量》（NY 929—2005）规定，除仔猪断奶后的前2周配合饲料中的锌（氧化锌形式）允许达到3 000mg/kg外，其他猪、鸡、鸭、鹅、牛、羊配合饲料中锌的最高含量不得超过250mg/kg。湖北省2007年发布的地方标准《猪禽饲料中砷、铜、硒允许量》（DB 42/429—2007）对饲料中铜硒限量做了规定（表7-15）。

表7-15　湖北省地方标准饲料中铜硒允许量

（摘自 DB 42/429—2007）

元素	产品	最高限量（mg/kg）
铜	仔猪配合饲料（30kg以下）	250
	生长肥育猪前期配合饲料（30~60kg）	150
	生长肥育猪后期配合饲料（60kg以上）	25
	妊娠母猪配合饲料	50
	哺乳母猪配合饲料	50
	种公猪配合饲料	50
	家禽配合饲料	25
	猪、家禽浓缩饲料	按添加比例折算，与相应猪、家禽配合饲料的规定值相同
	猪、家禽添加剂预混合饲料	按添加比例折算，与相应猪、家禽配合饲料的规定值相同
硒	猪、家禽配合饲料	0.5
	猪、家禽浓缩饲料	按添加比例折算，在相应配合饲料中由本品提供的硒含量≤0.3
	猪、家禽添加剂预混合饲料	按添加比例折算，在相应配合饲料中由本品提供的硒含量≤0.3

三、维生素添加剂的卫生与安全

（一）安全性问题

水溶性维生素在动物体内蓄积性小，一般情况下引起动物中毒的可能性不大；脂溶性维生素尤其是维生素 A、维生素 D 蓄积性强，可在动物高脂类组织特别是肝脏中蓄积，一次大剂量摄入或长期高剂量摄入维生素 A、维生素 D 时会引起动物急慢性中毒。人类食用了维生素 A、维生素 D 含量高的动物内脏时也会引起急慢性中毒，曾有因食用维生素 A 含量高的动物肝脏而发生人维生素 A 中毒的报道。

非反刍动物（包括鸡和鱼）连续饲喂超过需要量的 10~40 倍以上的维生素 A 时可发生慢性中毒。反刍动物连续饲喂超过需要量的 30 倍以上时可发生慢性中毒。如一次性给予动物需要量 50 倍以上的维生素 A，则可使动物迅速出现中毒症状。猪日粮中维生素 A 含量达 15 万 IU/kg 时可出现中毒。肉仔鸡及生长鸡日粮中维生素 A 含量不应超过 4 万 IU/kg，生长猪日粮中维生素 A 含量不宜超过 1.5 万 IU/kg。

一般认为，维生素 D 的添加量不应超过需要量的 10~20 倍，配合饲料中维生素 D 的含量不应超过 5 000IU/kg。

维生素添加剂因生产工艺不同，其中会含有一定量的有毒有害物质，如重金属元素、霉菌毒素、化学反应中间体等，当其含量超过一定水平时，就会对配合饲料的品质构成危害。

（二）安全卫生措施

杜绝使用非饲料级维生素添加剂及品质不良的维生素添加剂，完善进货渠道，禁止从未取得饲料添加剂及添加剂预混合饲料生产许可证、饲料添加剂及添加剂预混合饲料产品批准文号的企业采购维生素添加剂产品，是保证维生素添加剂使用安全的重要方面。

维生素化学性质多不稳定，高温、光照等条件下易氧化变质，为了保证维生素的安全使用，弥补加工及储藏过程中维生素的分解损失，在设计饲料配方时，可在动物营养需要量的基础上增加一定的安全系数，适度增加一定的富余量是必要的，但要科学，不能盲目、重复添加。

四、酶制剂及微生物制剂的卫生与安全

（一）安全性问题

1. **相关标准不完善** 2003 年农业部发布了《饲料用酶制剂规则》（NY/T 722—2003），对饲料用酶制剂的生产工艺、检验方法（不涉及具体酶检验方法）、卫生指标等做了规定，但很多具体标准如产品标准、检验方法标准等还未建立，远不能满足实际管理需要。微生态制剂也比较混乱，有些概念模糊不清，如有些产品规定了其有效活菌数，但什么是有效菌，如何鉴定等并没有明确说明。

2. **活菌制剂在动物胃肠道中的变异性问题** 有些微生物在动物胃肠道中可能会发生变异而转变为致病性微生物。

3. **外源性微生物对动物体内的养分消耗问题** 活菌制剂进入动物胃肠道后转变成营养体，其代谢过程也需要消耗营养物质，但其对动物的负面影响目前研究还不够。

4. **外源酶对动物内源酶分泌的反馈抑制作用** 虽然有研究认为外源酶不会影响内源酶的分

泌，但仍有不少学者对之表示担忧。

5. **外源酶对动物消化道结构的影响** 外源酶对消化道结构有一定影响，这种作用有有益的方面，也有不利的方面，其利弊需要科学评估。

6. **产品的稳定性问题** 微生物制剂及酶制剂为生物活性物质，经过一段时间储藏、机械加工与饲料中其他成分相互作用等，其生物活性可能会发生很大变化。因此，在配合饲料中能否保持与实验条件一致性的理想效果受到不少使用者的怀疑和争论。

（二）安全卫生措施

农业部 2006 年发布的《饲料添加剂品种目录》（农业部[2006]公告第 658 号）对饲用酶制剂（并规定了产酶菌株）、微生物制剂的种类做了严格规定，凡不在目录中的酶制剂（并要求来自规定的产酶菌株生产）、微生物制剂一律不得作为饲料添加剂生产使用。允许生产使用的酶制剂包括：淀粉酶（产自黑曲霉、解淀粉芽孢杆菌、地衣芽孢杆菌、枯草芽孢杆菌），纤维素酶（产自长柄木霉、李氏木霉），β-葡聚糖酶（产自黑曲霉、枯草芽孢杆菌、长柄木霉），葡萄糖氧化酶（产自特异青霉），脂肪酶（产自黑曲霉），麦芽糖酶（产自枯草芽孢杆菌），甘露聚糖酶（产自迟缓芽孢杆菌），果胶酶（产自黑曲霉），植酸酶（产自黑曲霉、米曲霉），蛋白酶（产自黑曲霉、米曲霉、枯草芽孢杆菌），支链淀粉酶（产自酸解支链淀粉芽孢杆菌），木聚糖酶（产自米曲霉、孤独腐质霉、长柄木霉、枯草芽孢杆菌、李氏木霉），半乳甘露聚糖酶（产自黑曲霉和米曲霉）。允许生产使用的微生物制剂包括：地衣芽孢杆菌，枯草芽孢杆菌，两歧双歧杆菌、粪肠球菌、屎肠球菌、乳酸肠球菌、嗜酸乳杆菌、干酪乳杆菌、乳酸乳杆菌、植物乳杆菌、乳酸片球菌、戊糖片球菌、产朊假丝酵母、酿酒酵母、沼泽红假单胞菌、保加利亚乳杆菌（适用于猪和鸡）。

禁止生产、使用农业部发布的《饲料添加剂品种目录》以外的酶制剂（包括规定的产酶菌株）和微生物制剂，杜绝使用未取得饲料添加剂及添加剂预混合饲料生产许可证、饲料添加剂及添加剂预混合饲料产品批准文号的企业生产的酶制剂（来自规定的产酶菌株）和微生物制剂产品及非饲料级产品，是保证酶制剂和微生物制剂使用安全的重要途径。

五、其他添加剂的卫生与安全

1. **氨基酸** 在配合饲料中过量添加某种氨基酸，不仅会造成资源浪费、氨基酸不平衡，还会导致动物氨基酸中毒，其中蛋氨酸尤为突出。氨基酸添加剂在生产过程中携带的有毒有害物质也会对动物健康构成威胁。可作为饲料添加剂的氨基酸及其适用对象需要严格的科学论证，农业部[2006]658 号公告规定允许作为饲料添加剂使用的氨基酸及氨基酸羟基类似物包括：L-赖氨酸盐酸盐、L-赖氨酸硫酸盐、DL-蛋氨酸、L-苏氨酸、L-色氨酸、蛋氨酸羟基类似物、蛋氨酸羟基类似物钙盐（适用于猪、鸡和牛）及 N-羟甲基蛋氨酸钙（适用于反刍动物）。

2. **抗氧化剂** 有研究报道，一些抗氧化剂具有致癌作用，因此，饲料中应严格按规定的品种和使用剂量添加抗氧化剂。农业部[2006]658 号公告规定了允许在饲料中使用的抗氧化剂，包括乙氧基喹啉、丁基羟基茴香醚（BHA）、二丁基羟基甲苯（BHT）、没食子酸丙酯。

3. **着色剂** 饲料中滥用、超量添加着色剂的现象比较严重，"苏丹红事件"出现后，饲料着色剂的使用问题受到国内消费者更为广泛的关注。很多着色剂对人和动物具有毒害作用，有研究证明斑蝥黄可在人视网膜沉积，影响人类的视力；有些着色剂具有致癌性，如苏丹红为间接致癌物。因此，国内外对饲料着色剂的种类和使用剂量都有严格的规定。我国农业部［2006］658号公告规定允许使用的着色剂包括β-胡萝卜素、辣椒红、β-阿朴-8'-胡萝卜素醛、β-阿朴-8'-胡萝卜素酸乙酯、β,β-胡萝卜素-4,4-二酮（斑蝥黄）、叶黄素、天然叶黄素（源自万寿菊，适用于家禽）、虾青素（适用于水产动物），但还没有规定允许使用水平。欧盟委员会（EC）No1288/2004规定几种色素在配合饲料中的最大限量为：辣椒红（capsanthin）80mg/kg（适用于家禽配合饲料）；β-阿朴-8'-胡萝卜素醛（Beta-apo-8-carotenal）80mg/kg（适用于家禽配合饲料）；β-阿朴-8'-胡萝卜素酸乙酯（Ethyl ester of beta-apo-8-carotenoic acid）80mg/kg（适用于家禽配合饲料）；β,β-胡萝卜素-4,4-二酮（斑蝥黄，canthaxanthin）25mg/kg（适用于鲑科鱼和肉鸡配合饲料），8mg/kg（适用于蛋鸡配合饲料）；叶黄素（lutein）80 mg/kg（适用于家禽配合饲料）；虾青素（Astaxanthin）100 mg/kg（适用于鲑科鱼配合饲料）。

4. 防腐剂、防霉剂和酸化剂　防腐剂、防霉剂可抑制微生物生长，也可抑制其他活的生物体生长，有些具有明显的细胞毒作用，过量添加会对人畜造成危害。防腐剂、防霉剂和酸化剂产品中的有毒有害物质，如重金属元素及化学合成时的中间产物等也会危害动物健康，并可带来动物性食品安全问题，因此应严格选用饲料级防腐剂、防霉剂和酸化剂，并按科学方法使用。农业部［2006］658号公告规定允许使用的防腐剂、防霉剂和酸化剂包括甲酸、甲酸铵、甲酸钙、乙酸、双乙酸钠、丙酸、丙酸铵、丙酸钠、丙酸钙、丁酸、丁酸钠、乳酸、苯甲酸、苯甲酸钠、山梨酸、山梨酸钠、山梨酸钾、富马酸、柠檬酸、酒石酸、苹果酸、磷酸、氢氧化钠、碳酸氢钠、氯化钾、碳酸钠。

本　章　小　结

饲料用骨粉、肉骨粉除了可能传播疯牛病外，还有其他卫生安全性问题。如骨粉、肉骨粉中常含有氟、砷、铅、镉等有毒有害物质，腐败变质的肉粉可能含有沙门菌、志贺菌、金黄色葡萄球菌等致病性微生物，肉粉中的脂肪可在酶及微生物作用下酸败分解，产生过氧化物，品质不良的肉粉色泽发暗变黑，产生异味，影响适口性；鱼粉的卫生与安全问题主要是其易受致病性微生物如沙门菌等污染，易于氧化酸败，食盐含量可能过高，组胺及组氨酸等与赖氨酸在高温下作用会形成引起鸡肌胃糜烂的有毒物质——胃溃素；羽毛粉和其他动物源性饲料一样，主要是存在微生物学安全隐患；蚕蛹脂肪含量高，可达20%~30%，不饱和脂肪酸含量高，容易酸败变质，发出恶臭，这种气味可转移到鸡蛋和猪肉中，使畜产品产生异味，大量的不饱和脂肪酸在动物体内会影响动物正常脂肪代谢，并产生过氧化物；鱼类、贝类与甲壳类的主要卫生与安全问题是防止组胺和抗硫胺素的影响；血制品的主要安全与卫生问题是其可能会受到致病性微生物的污染，存在微生物学安全问题。

转基因饲料的卫生与安全问题主要包括：可能引起人和动物的过敏反应，可能使致病微生物产生耐药性，转基因生物所表达出的蛋白质可能会影响人畜健康等；发酵饲料的卫生与安全问题主要包括菌种来源复杂、产品标准不健全、生产工艺落后等引发不可预料的问题；矿物质饲料的安全与卫生问题主要表现在2个方面：①矿物质产品中含有过量的有毒有害杂质。②矿物质在饲料中过量添加时对动物和环境造成的危害。

饲料添加剂的卫生与安全问题主要是添加剂特别是药物添加剂的滥用、超标准使用及违禁药品的非法使用等，使得药物及一些有害物质在畜产品中残留，造成耐药菌株的产生、畜禽药物中毒、环境污染等。

思 考 题

1. 结合疯牛病的发生与传播教训，如何保证动物性饲料的卫生与安全？
2. 饲料添加剂存在哪些卫生与安全问题，如何预防？
3. 简述转基因饲料及发酵饲料的安全性问题。

第三篇

饲料卫生与安全监督管理及检验

第八章　饲料企业卫生与质量控制
第九章　饲料卫生与安全的标准及法规
第十章　饲料卫生与安全检测方法

饲料企业卫生与质量控制

一个产品的质量形成于设计、制造过程,而非形成于检验过程。因此,要提高饲料的卫生与安全质量,就必须强调预防为主与过程控制的原则。除了严格执行有关饲料安全与卫生标准法规外,还必须对饲料企业的整个硬件、软件、人员、各加工环节制定控制要求和操作规范,并加以实施,才能生产出高质量的饲料产品。第一,饲料企业必须遵循一定的卫生与安全规范。第二,积极进行国际上推行的质量控制体系的建立与认证。第三,要加强饲料产品认可与安全性评定。只有这样,才能提高饲料卫生与安全质量,保障畜禽健康和畜产品食用安全。

第一节 饲料企业卫生与安全规范

饲料企业在建立和运行时都必须遵循一定的卫生与安全规范。只有这样,方能生产出安全卫生,符合质量要求的产品。为了提高饲料产品质量,保证饲料卫生与安全,规范管理,我国已经颁布了饲料企业卫生与安全规范(GB/T 16764)。

一、工厂设计与设施的卫生与安全要求

1. **工厂的选址** 饲料厂的建厂地址应选择在无有害气体、烟尘和其他污染源的地区。如果厂址选择不当,饲料企业就将始终处于被污染的环境中,再好的厂内质量控制措施也无法保证产品的安全性。例如,燃烧化学物质工厂的灰尘中含有二噁英;附近有畜禽养殖场时,饲料可能会感染动物疫病病源,造成产品的不安全,同时也威胁员工的健康与安全。

2. **厂区和道路** 饲料厂区内应设有对外来车辆进行消毒处理的消毒池。饲料的生产区要与生活区严格分离,进入生活区与生产区应有不同的路线。厂区内不得存放可能危害饲料安全的化学品、药物等产品及生产设施、设备。厂区和道路应有良好的排除雨水、污水的设施。

3. **厂房、仓库与设施** 厂房、仓库与设施的设计和建设要满足饲料生产工艺的流向要求,便于对厂房、仓库、设施进行清扫、清洗、整理和维护。厂房、仓库与设施应有防鼠、防鸟、防虫害的有效措施,如门窗要能密闭,气窗要有防鸟网,墙面、地面要光滑平整、便于清扫,要能防止鼠类打洞等。厂房、仓库和设施应有良好的防雨、防潮性能,地面不能堆放垃圾、废物等。

生产清洁饲料、绿色饲料、有机饲料时,应设立专门生产区域,并对这些区域进行有效隔离,采取专门的消毒和防范措施,防止交叉污染。

4. 控制厂房内外的粉尘浓度　采取有效的除尘手段和密闭措施，确保操作区内和排尘口粉尘浓度低于国家标准。

二、原料、添加剂采购、储存中的卫生要求

1. 原料和添加剂采购的卫生要求　控制饲料产品的安全卫生质量，关键是要制定好饲料原料和饲料添加剂采购标准中的卫生指标。对此有3种解决方案：一是直接采用国家饲料卫生标准的规定；二是采用严于国家标准的指标；三是对于目前国内尚无标准规定而国外有相应规定的，可参照国外标准规定的指标。对超过卫生指标要求的饲料原料和添加剂，在采购标准中应明确规定不准入厂或采购。另外，不得采购、使用未经国家批准使用的药物和添加剂。

2. 严格评定合格供方　在原料采购的质量控制中，把能提供符合饲料采购卫生标准的原料作为合格供方必须具备的条件，并保证所有原料来自合格供方。

3. 严格饲料原料卫生指标的检验程序　对入厂的饲料原料进行严格检验，对于企业不能检测的某些检测项目可进行委托检验。不合格原料坚决拒收。

4. 原料储存控制要求　饲料原料、产品储存不当时易发生霉变，饲料企业应严格控制原料的储存温度、湿度、水分，要进行必要的通风降温、降湿。应采用"先进先出"的原则，分类存放，标识清楚，防止破包、撒漏和交叉污染。

三、生产过程中的卫生要求

1. 配方设计的卫生要求　应严格执行国家饲料卫生标准和饲料添加剂使用准则，保证不在配方中违规使用饲料添加剂和不合格原料。

2. 清理的卫生要求　饲料厂的清理设备应能有效清除饲料中的有害杂质。

3. 配料的卫生要求　饲料厂的配料系统应能保证配料的计量精度，配料操作人员要保证小料的正确人工计量和投料的正确。厂内应建立确保正确配料的程序并正确实施和保持。应对配料系统进行必要的清洁冲洗，防止交叉污染。

4. 混合的卫生要求　混合机及其控制系统必须保证产品的混合均匀度达到要求。应对混合机及后续输送设备进行必要的清洁冲洗，防止交叉污染。

5. 液体添加系统的卫生要求　液体添加系统应能保证添加精度。对液体添加系统建立必要的清洁冲洗程序并实施和保持，防止交叉污染。

6. 制粒、挤压膨化的卫生要求　制粒、挤压膨化系统的设备应有防止润滑油等其他有害物混入饲料的措施。对制粒和挤压膨化系统建立必要的清洁冲洗程序并实施和保持，防止交叉污染。在生产清洁饲料时，制粒和挤压膨化的调质热处理系统应能保证其杀菌效果。

7. 生产作业程序的卫生要求　在饲料产品生产中，一定要按照防止交叉污染或使交叉污染最小化的原则进行生产，实现高效率清洁生产。生产过程中的标准作业程序是控制产品卫生与安全质量的关键，企业必须建立完善的安全标准作业程序。

四、成品包装、储存的卫生要求

1. 成品包装卫生要求　包装材料要达到规定的强度要求，保证包装、搬运、输送过程中产

品不会破袋撒漏，要能防潮。包装材料要清洁卫生，不含有害物质，不会污染损害饲料。

2. 包装标志　产品标签必须符合饲料标签标准（GB 10648）的要求。

3. 成品储存的卫生要求　应分类存放，标识清楚、"先进先出"、防止破包、撒漏和交叉污染。成品库内不得存放与饲料产品无关的其他有害和无害物品。成品库要及时清扫，保持洁净有序，定期消毒。应保持最短的成品存货期限，储存中要通风、防潮、防霉。

五、成品及原料输送的卫生要求

成品及原料输送，应使用清洁输送工具，包括汽车、火车和各种输送机械。这些机械在使用前、后必须进行彻底清洁处理，散装车有分割仓、室时要确保不串料，避免交叉污染。运输工具应有防雨、防潮措施。不得与有害物品混装、混运。输送的成品必须附装货单和标签。

六、厂内卫生管理

1. 清扫与清洁　每天对厂区内、车间内进行卫生清扫，必要时随时清扫工作场所。

2. 除虫灭害　应定期对厂区、车间、仓库内进行除虫灭害，防止害虫污染。

3. 废弃物管理　厂区、生产场地的废弃物要随时清除出厂。废弃物存放地应及时清洁。

4. 危险品管理　厂区内应设专门的危险品库来存放杀虫剂和有毒、有害物品。这些物品应建立专门的管理程序，经特殊批准后才能在监督下使用，防止污染饲料。厂区内不得饲养动物。

七、卫生与安全质量检验

（1）饲料企业应配备必要的卫生与安全指标检验仪器设备。饲料卫生与安全指标的检测通常需要专门的检测设备，饲料企业应投入必要的资金，配备必要的设备。同时要配备具有专门技能的检化验人员，这样才能实现对卫生与安全指标的有效控制。

（2）应严格检验原料、产品的安全卫生指标，必要时可送样到国家权威检测部门检验。检验结果要有记录，记录应予以保持，通常应保存到产品售出后3年。

（3）凡卫生与安全质量检验不合格的原料不准使用，不合格的产品不得出厂。

（4）检化验仪器设备应定期校准，使用的仪器应在有效使用期内。

第二节　饲料质量控制体系建立及认证

饲料企业建立后，要建立完善的质量控制体系，确保饲料产品的卫生安全，符合国家有关的法律法规与标准。我国饲料工业经过30年的发展，已经初步建立了一套较为完整的质量控制体系。但是还需要进一步完善与提高，特别是各生产企业要高度重视饲料质量控制体系的建立和完善。

一、质量控制体系及其建立

质量控制体系是企业组织落实有物质保障和具体工作内容的有机整体，是提高饲料质量、保证饲料安全的关键。饲料企业可以通过贯彻执行国家有关法律法规、制定严格的原料和产品质量标准、完善检测条件与方法，以及质量认证来提高质量管理水平。饲料质量控制体系包括5个方面：

1. **监督管理体系**　中国饲料质量管理主要由农业部、国家行政工商管理总局、国家食品药品监督管理局、国家质量监督检验检疫总局等国务院组成部门和直属机构进行共同管理。

2. **标准与法规体系**　至今为止我国出台的有关饲料法规主要有《中华人民共和国产品质量法》、《中华人民共和国消费者权益保护法》、《中华人民共和国进出口商品检验法》、《中华人民共和国农产品质量安全法》、《中华人民共和国畜牧法》、《饲料和饲料添加剂管理条例》、《兽药管理条例》、《饲料生产企业审查办法》、《饲料添加剂和添加剂预混合饲料生产许可证管理办法》、《饲料添加剂和添加剂预混合饲料产品批准文号管理办法》、《动物源性饲料产品安全卫生管理办法》、《饲料药物添加剂使用规范》、《禁止在饲料和动物饮水中使用的药物品种目录》、《食品动物禁用的兽药及其他化合物清单》、《饲料卫生标准》、《饲料标签》，这些都是我国强制执行的国家标准。此外，还有各种饲料原料和产品国家标准、部颁标准，各企业可采用这些标准，也可根据实际制定企业标准。无公害饲料、绿色饲料标准有待研究制定。这些标准与法规是饲料生产企业实行质量管理的依据和必须遵守的准则。

3. **检测体系**　饲料检测体系由企业自检体系、民间检测机构和政府监督管理机构组成。只有通过检测，才能掌握饲料质量信息，在各个环节对饲料质量进行有效的管理和监控。

4. **企业生产质量管理体系**　企业为了实施质量管理，生产满足规定和潜在要求的产品和提供满意的服务，实现企业的质量目标，必须建立、健全和实施饲料生产质量管理体系。

5. **质量认证体系**　认证是指由可以充分信任的第三方证实某一鉴定的产品或体系符合特定标准或规范性文件的活动，是国际上通行的管理产品质量的有效办法。饲料质量认证包括产品认证，如绿色饲料认证，以及质量体系认证，如ISO 9000质量管理体系认证、GMP认证和HACCP认证。

二、饲料质量控制体系认证类别

认证是一种出具证明文件的行动。《中华人民共和国认证认可条例》对认证的定义是：认证机构证明产品、服务、管理体系符合相关技术规范及其强制性要求或者标准的合格评定活动。认证机构可以是政府职能部门机构，也可以是民间机构、组织。

认可是由认可机构对认证机构、检查机构、实验室以及从事评审、审核等认证活动人员的能力和执业资格予以承认的合格评定活动。认可机构一般为国家行政职能部门。

饲料质量控制体系认证类别主要包括以下几种：

1. **ISO 9000质量体系认证**　ISO族标准是国际通行的质量管理标准，其质量认证原理被世界贸易组织普遍接受，1994年中国宣布等同采用，由国家质量技术监督局依法统一管理中国质量体系认证工作。

2. **GMP认证**　GMP（Good Manufacturing Practice）为良好生产规范，是一种特别注重生产加工过程中产品质量与卫生安全的自主性管理制度。当前，各国制药行业强制执行GMP认证。美国食品行业强制实施食品GMP认证，日本、加拿大、新加坡、澳大利亚、中国等国家采用劝导方式鼓励企业自动自发实施。许多学者强力呼吁建立完善饲料企业GMP，并积极倡导饲料企业进行GMP认证。

3. HACCP认证　HACCP（Hazard Analysis and Critical Control Point）中文意义是危害分析和关键控制点。HACCP是对食品（饲料）安全至关重要危害进行鉴别、评价和控制的一种管理体系。美国在特定的食品中强制实行HACCP认证，其他国家都采取提倡自愿的政策，越来越多饲料企业实施了HACCP认证。中国的HACCP认证工作由国家认监委统一管理。

质量体系认证包括提出申请、体系审核、审批发证和监督管理4个阶段。

三、饲料厂良好生产规范（GMP）

（一）GMP概念

GMP（Good Manufacturing Practice）为良好作业（生产）规范，是一种注重生产过程中产品质量和安全卫生的自主性管理制度，是通过对生产过程中的各个环节、各个方面提出一系列措施、方法、具体的技术要求和质量监控措施而形成的质量控制体系。GMP的特点是将保证产品质量的重点放在成品出厂前整个生产过程的各个环节上，而不仅仅是着眼于最终产品，其目的是从全过程入手，从根本上保证产品质量。GMP的中心指导思想是任何产品的质量都是设计和生产出来的，而不是检验出来的。因此，必须以预防为主，实行全面质量管理。

（二）饲料GMP的原理和内容

GMP实际上是一种包括4M管理要素的质量保证制度，即选用规定要求的原料（material）以合乎标准的厂房设备（machines）由胜任的人员（man）按照既定的方法（methods）来生产产品的质量保证制度。因此，饲料GMP也要从这4个方面提出具体要求，其内容包括硬件和软件两部分。硬件是饲料企业的环境、厂房、设备、卫生设施等方面的要求，软件是指饲料生产工艺、生产行为、人员要求以及管理制度等。

实施饲料GMP的目的主要是降低饲料制造过程中人为的错误，防止饲料在加工过程中遭受污染或品质劣变。因此，饲料GMP基本上涉及的是与饲料质量安全有关的硬件设施的维护和人员管理，是控制饲料安全的第一步，着重强调在饲料生产和储运过程中对微生物、化学性和物理性污染的控制。

（三）饲料生产企业设立的条件

根据农业部2006年11月发布的《饲料生产企业审查办法》，饲料生产企业的设立必须具备如下条件。

(1) 饲料生产企业应有与所生产饲料相适应的厂房、工艺、设备及仓储设施：①厂址避开化工等有污染的工业企业，与养殖场、屠宰场、居民点保持适当距离。②厂房、车间布局合理，生产区与生活区、办公区分开。③工艺设计合理，能保证饲料质量和安全卫生要求。④设备符合生产工艺流程，便于维护和保养。⑤仓储设施与生产区保持一定距离，满足仓储要求，有防火、防鼠、防潮、防污染等设施。⑥兼产饲料添加剂和添加剂预混合饲料的，应当有专用生产线。

(2) 饲料生产企业应当有与所生产饲料相适应的专职技术人员：①技术、质量负责人具备相关专业大专以上学历或中级以上职称。②生产负责人熟悉生产工艺并具备相应的管理能力。③检验化验、中控等特种工种从业人员应持有相应的职业资格证书。

(3) 饲料生产企业应当有必要的产品质量检验机构、检验人员和检验设施：①有质检室

（区），包括仪器室（区）、操作（室）区、留样室（区）。②检验人员不少于2人。③有与需要检验的原料、成品相适应的检测设备和仪器。

（4）饲料生产企业应当建立下列制度：①岗位责任制度。②生产管理制度。③检验化验制度。④质量管理制度。⑤安全卫生制度。⑥产品留样观察制度。⑦计量管理制度。

（5）饲料生产企业生产环境应当符合国家规定的安全、卫生要求，污染防治措施符合国家环境保护要求。

（四）原料接收与仓储

（1）原料接收：要有完整的接收记录、计量秤票据、装货单、批准供应商名单、详细的原料标准、标准接收操作程序（散装、袋装原料）、确定批准供应商名单的标准操作程序、原料检测的标准操作程序（比如水分、粗蛋白质、矿物质原料的重金属含量和动物源性饲料原料中的沙门菌数量等）。

（2）饲料储藏：要求将成品饲料、原料和待查饲料存放区域分开，正确包装，关闭好料仓和容器，不能将饲料厂的排气口对准存放的饲料产品，保证正确的货物进出次序（先进先出），清洁料仓，正确控制储存区域湿度和温度，正确、快速清扫抛洒的原料。

（3）饲料运输：只能使用认可的运输单位，通过检查确保卡车清洁，卡车必须有遮雨物，保存准确的运输记录，记录卡车装载的料仓号，确保卡车货舱在装载药物饲料或含有微生物的饲料产品后清洗干净。

（五）饲料生产工艺规范

1. 饲料生产工艺流程

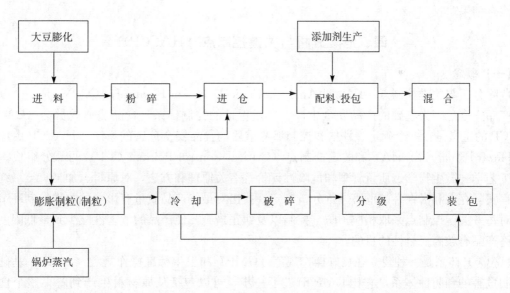

2. 工艺规范　各工艺应制定明确的工艺操作规范，主要包括操作程序、注意事项和工艺参数指标，并制定明确的文件，在实际生产中严格按规范操作。

（六）饲料厂卫生和虫害控制

必须符合饲料厂车间库房清洁管理制度的要求，必须清理堆积的粉尘、碎片和抛洒原料；必须符合害虫控制包括诱饵施放位置示意图的程序文件要求。

（七）设备运转和维护保养

设备设计、安装位置、操作等要符合饲料安全生产的要求，具备设备预防性维护保养程序和计划的文件、计量秤的调校程序和计划（使用标准砝码）、混合机混合效果检测程序和计划（至少1年1次）、制粒机和膨化机运行参数记录、各种设备的标准操作程序及运行参数控制标准。

（八）人员培训

培训文件中应说明谁需要培训，什么时候进行培训，培训内容，接受培训的人签字认可，同时监督培训效果（现场检查）。

（九）加工控制和文件管理

所有工作必须有标准操作程序，所有标准操作程序必须明确责任人；所有生产记录必须按照一定顺序存档，以便于根据记录调查问题；每批饲料必须留样；预先确定饲料生产和"冲洗"生产线的顺序，以防止交叉污染；每日保存并核对药品库存数量记录，必须找到任何差异的原因，否则饲料产品不能出库；利用生产记录文件和样品来区别不同饲料产品以及确保产品的可追查性；饲料标签必须及时、准确地反映饲料配方和政府法规；附有最新日期和签名的配方原件必须存档；所有文件包括化验分析结果必须有利于追查；有详细说明问题的客户抱怨登记表、采取的纠正行动和跟踪监督必须保留有关记录。

（十）GMP 检查

饲料厂应该有书面的工作程序，以便可以追踪和召回生产的任何饲料产品；追查活动必须记录在案，以证明追查程序的有效性；任何记录追查活动的文件应该存档，包括采取的纠正行动和跟踪检查结果。

四、危险分析与关键控制点（HACCP）

（一）概念

危险分析与关键控制点（Hazard Analysis Critical Control Point，HACCP），是一个以预防影响产品安全危为基础的产品安全生产、质量保证的控制体系。食品法典委员会（CAC）对HACCP的定义是：一个确定、评估和控制那些重要的食品安全危害的系统。HACCP 由危害分析（Hazard Analysis，HA）和关键控制点（Critical Control Points，CCP）两部分组成。首先运用工艺学、微生物学、质量管理和危险性评价等有关原理和方法，对原料、加工直至最终产品等过程实际存在和潜在性的危害进行分析判定，找出对最终产品质量有影响的关键控制环节，然后针对每一关键控制点采取相应预防、控制以及纠正措施，使产品的危害性减少到最低限度，达到最终产品有较高安全性的目的。

HACCP 体系是一种建立在良好操作规范（GMP）和卫生标准操作规程（SSOP）基础之上的控制危害的预防性体系，它比 GMP 前进了一步，可以包括从原材料生产到餐桌整个食品生产、加工、流通过程的危害控制，也可以是针对某一环节，如饲料生产的危害控制。另外，与其他的质量管理体系相比，HACCP 可以将主要精力放在影响食品安全的关键加工点上，而不是在每一个环节都放上很多精力，这样在实施中更为有效。目前，HACCP 被国际权威机构认可为控制食源性疾病、确保食品安全最有效的方法，被世界上越来越多的企业和国家实施行业监管时所采用。

(二) HACCP 的基本原理

HACCP 主要包括 HA（危害分析）和 CCP（关键控制点）。HACCP 体系经过实际应用与完善，已被 CAC 所确认，由以下 7 个基本原理组成。

1. 危害分析（HA） 危害是指引起饲料、食品不安全的各种因素。显著危害是指一旦发生对消费者产生不可接受的健康风险的因素。危害分析是确定与生产各阶段（从原料生产到消费）有关的潜在危害性及其程度，并制定具体有效的控制措施。危害分析是建立 HACCP 的基础。

2. 确定关键控制点（CCP） 关键控制点是指能对一个或多个危害因素实施控制措施的点、步骤或工序，它们可能是生产加工过程中的某一操作方法或流程，也可能是生产加工的某一场所或设备。例如，原料生产收获与选择、加工、产品配方、设备清洗、储运、雇员与环境卫生等都可能是 CCP。通过危害分析确定的每一个危害，必然有一个或多个关键控制点来控制，使潜在的食品危害被预防、消除或减少到可以接受的水平。

3. 建立关键限值

(1) 关键限值（critical limit，CL）：是与一个 CCP 相联系的每个预防措施所必须满足的标准，包括温度、时间、物理尺寸、湿度、水活度、pH、有效氯、细菌总数等。每个 CCP 必须有一个或多个 CL 值控制显著危害，一旦操作中偏离了 CL 值，可能导致产品的不安全，因此必须采取相应的纠正措施使之达到 CL 要求。

(2) 操作限值（operational limit，OL）：是操作人员用以降低偏离的风险的标准，是比 CL 更严格的限值。

4. 关键控制点的监控 监控是指实施一系列有计划的测量或观察措施，用以评估 CCP 是否处于控制之下，并为将来验证程序时的应用做好精确记录。监控计划包括监控对象、监控方法、监控频率、监控记录和负责人等内容。

5. 建立纠偏措施 当控制过程发现某一特定 CCP 正超出控制范围时应采取纠偏措施。在制定 HACCP 计划时，就要有预见性地制定纠偏措施，便于现场纠正偏离，以确保 CCP 处于控制之下。

6. 记录保持程序 建立有效的记录程序，对 HACCP 体系加以记录。

7. 验证程序 验证是除监控方法外用来确定 HACCP 体系是否按计划运作或计划是否需要修改所使用的方法、程序或检测。验证程序的正确制定和执行是 HACCP 计划成功实施的基础，验证的目的是提高置信水平。

(三) 饲料企业 HACCP 体系建立和实施

1. 建立 HACCP 工作小组 HACCP 工作小组应包括产品配方设计与研制、生产管理、卫生管理、检验、品管、原料采购、仓储和设备维修等各方面的专业人员，应具备相关专业知识和技能，必须经过 GMP、HACCP 原则、计划、工作步骤、危害分析及预防措施等内容的培训，并经考核合格。其主要职责是制定、修改、确认、监督实施及验证 HACCP 计划；对企业员工进行 HACCP 培训；编制 HACCP 管理体系的各种文件等。

2. 确定 HACCP 体系的目的与范围 在建立该体系之前应首先确定实施的目的和范围，例如，整个体系中要控制所有危害，还是某方面的危害；是针对企业的所有产品还是某一类产品；是针对生产过程还是包括原料生产、流通、消费环节等。只有明确 HACCP 的重点部分，在编制计划时才能正确识别危害，确定关键控制点。

3. 产品描述　HACCP 计划编制工作的首要任务是对实施 HACCP 系统管理的产品进行描述。描述的内容包括：产品名称，原料的商品名称、学名、特点，产品标准和饲料标签设定内容，卫生标准，加工工艺，包装要求，储运，销售方式和销售区域等。

4. 绘制和验证产品工艺流程图　产品工艺流程图可对加工过程进行全面和简明的说明，对危害分析和关键控制点的确定有很大帮助。产品工艺流程图应在全面了解加工全过程的基础上绘制，详细反映产品加工、运输、储存等环节中所有影响饲料安全的工序与安全有关的信息，工厂人流、物流图，流通，消费者意见等。

流程图的准确性对危害分析的影响很大，如果某一生产步骤被疏忽，就可能使显著的安全问题不被记录。因此应将绘制的工艺流程图与实际操作过程进行认真比对（现场验证），以确保与实际加工过程一致。

5. 危害分析　危害分析是 HACCP 系统最重要的一环，HACCP 小组对照工艺流程图以自由讨论的方式对加工过程的每一步骤进行危害识别，对每一种危害的危险性（危害可能发生的概率或可能性）进行分析评价，确定危害的种类和严重性，找出危害的来源，并提出预防和控制危害的措施。

影响饲料产品质量安全的主要因素与环节（危害）如下：水分、感官指标和混合均匀度、营养指标、卫生安全指标等。

6. 确定关键控制点和建立关键限值　确定关键控制点（CCP）应根据不同产品的特点、配方、加工工艺、设备、GMP 等条件进行。一个危害可由一个或多个关键控制点控制；同样，一个关键控制点可以控制一个或多个危害。在掌握了每一个 CCP 潜在危害的详细知识，搞清楚与 CCP 相关的所有因素，充分了解各项预防措施的影响因素后，就可以确定每一个因素中安全与不安全的标准，即设定 CCP 的关键限值（CL）。关键限值的确定应以科学为依据，可来源于科学刊物、法规性指南、专家建议、试验研究等。关键限值应能确实表明 CCP 是可控制的，并满足相应国家标准的要求。确定关键限值的依据和参考资料应作为 HACCP 方案支持文件的一部分，必须以文件的形式保存以便于确认。这些文件应包括相关的法律、法规要求，国家或国际标准、实验数据、专家意见、参考文献等。

7. 建立监控程序　对每一个关键控制点进行分析后建立监控程序，以确保达到关键限值的要求，这是 HACCP 的重点之一，是保证质量安全的关键措施。

8. 建立纠偏措施　生产过程中，HACCP 计划的每一个 CCP 都可能发生偏离其关键限值的情况，应采取纠正措施，迅速调整以维持控制。因此，对每一个关键控制点都应预先建立相应的纠偏措施，以便在出现偏离时实施。纠偏措施包括两方面：①制定使工艺重新处于控制之中的措施。②拟定 CCP 失控时期生产的产品的处理办法，包括将失控的产品进行隔离、扣留，评估其安全性，退回原料，辅材料及半成品等另作他用，重新加工和销毁产品等。纠偏措施要经有关权威部门认可。整个纠偏行动过程应做详细的记录，内容包括：产品描述、隔离或扣留产品数量，偏离描述，所采取的纠偏行动（包括失控产品的处理），纠偏行动的负责人姓名，必要时提供评估的结果。

9. 建立验证程序　验证的目的是通过一定的方法确认制定的 HACCP 计划是否有效、是否被正确执行。验证程序包括对 CCP 的验证和对 HACCP 体系的验证。

（1）CCP 的验证：包括对 CCP 的校准、监控和纠正记录的监督复查，以及针对性的取样和检测。对监控设备进行校准是保证监控测量准确度的基础。对监控设备的校准要有详细记录，并定期对校准记录进行复查，复查内容包括校准日期、校准方法和校准结果。确定专人对每一个 CCP 的记录（包括监控、记录和纠正记录）进行定期复查，以验证 HACCP 计划是否被有效实施。对原料、半成品和产品要进行针对性的抽样检测，例如，对原料的检测是对原料供应商提供的质量保证进行验证。

（2）HACCP 体系的验证：就是检查 HACCP 计划是否有效以及所规定的各种措施是否被有效实施。验证活动分为 2 类，一类是内部验证，由企业自己组织进行；另一类是外部验证，由被认可的认证机构进行，即认证。验证的频率就足以确认 HACCP 体系在有效运行，每年至少进行一次或在系统发生故障时、产品原材料或加工过程发生显著改变时或发现了新的危害时进行。体系的验证活动内容包括：检查产品说明和生产流程图的准确性；检查 CCP 是否按 HACCP 的要求被监控；监控活动是否在 HACCP 计划中规定的场所执行；监控活动是否按照 HACCP 计划中规定的频率执行；当监控表明发生了偏离关键限制的情况时，是否执行了纠偏行动；设备是否按照 HACCP 计划中规定的频率进行了校准；工艺过程是否在既定的关键限值内操作；检查记录是否准确和是否按照要求的时间来完成等。

10. 建立 HACCP 文件和记录管理系统　必须建立有效的文件和记录管理系统，以证明 HACCP 体系有效运行、产品安全及符合现行法律法规的要求。制定 HACCP 计划和执行过程应有文件记录。需保存的记录包括：①危害分析小结：包括书面的危害分析工作和用于进行危害分析和建立关键限值的任何信息的记录。除了数据以外，支持文件也可以包含向有关顾问和专家进行咨询的信件。②HACCP 计划：包括 HACCP 工作小组名单及相关的责任、产品描述、经确认的生产工艺流程和 HACCP 小结。HACCP 小结应包括产品名称、CCP 所处的步骤和危害的名称、关键限值、监控措施、纠偏措施、验证程序和保持记录的程序。③HACCP 计划实施过程中发生的所有记录：包括关键控制点监控记录、纠偏措施记录、验证记录等。④其他支持性文件：例如验证记录，HACCP 计划的修订等。⑤HACCP 计划和实施记录必须含有特定的信息，要求记录完整，必须包括监控过程中获得的实际数据和记录结果。在现场观察到的加工和其他信息必须及时记录，写明记录时间，有操作者和审核者的签名。记录应由专人保管，保存到规定的时间，随时可供审核。

五、ISO 9000 质量管理体系

（一）概念

ISO 9000 系列标准是国际标准化组织（ISO）所制定的关于质量管理和质量保证的一系列国际标准。企业活动一般由 3 方面组成：经营、管理和开发。在管理上又可分为行政管理、财务管理、质量管理、环境管理、职业健康管理、生产安全管理等。ISO 9000 族标准主要针对质量管理，同时涵盖了部分行政管理和财务管理的范畴。ISO 9000 族标准本身并不规定产品的技术

标准，而是针对企业的组织管理结构、人员和技术能力、各项规章制度和技术文件、内部监督机制等一系列体现企业保证产品及服务质量的管理措施的标准。因此 ISO 9000 族中规定的要求是通用的，适用于所有行业或经济领域，无论其提供何种产品。1987 年 3 月正式发布了 ISO 9000 系列标准，包括 ISO 9000、ISO 9001、ISO 9003 和 ISO 9004。

ISO 9000 是应用全面质量管理理论对具体组织制定的一系列质量管理标准。全面质量管理的理论基础是"以顾客为中心、领导的作用、全员参与、过程和方法、系统管理、持续改进、基于事实决策"。ISO 9000 体系建立和实施的过程就是把组织的质量管理进行标准化的过程，组织通过实施标准化管理，使质量管理原则在组织运行的各个方面得到全面体现，就能使组织生产的产品及其服务质量得到保证，消费者就能够充分依赖。

(二) 饲料企业 ISO 9000 质量管理体系的建立

1. **领导决策** 搞好质量管理关键在领导，领导层要做出推行 ISO 9000 的决定。一般要由公司董事长颁布命令，明确提出：①企业决定推行 ISO 900x 标准。②制定企业《质量手册》，包括手册引用的质量体系文件。③任命管理者代表，全面负责质量管理工作。④批准发布《质量手册》，全体员工应该认真遵照执行。

2. **建立机构** 企业除了任命管理者代表外，还需要成立一个 ISO 9000 专门机构从事文件编写、组织实施等工作。

3. **制定计划** 就是制定贯彻标准的计划，包括时间、内容、责任人、验证等，要求具体详细，一丝不苟。

4. **提供资源** 包括人力、财力、物力、时间等资源。

5. **建立体系**

①质量管理体系的国际标准有 2 个：一个是 ISO 9001，是质量管理体系的基本标准，一般用于认证目的；另一个是 ISO 9004，是质量管理体系较高的标准，一般不以认证为目的，而是以企业业绩改进为目标。企业如果仅仅希望获得质量管理体系论证，或希望快速地改变落后的管理现状，可选用 ISO 9001，它比较简单易行；如果企业以提供管理水平和业绩为目标，则应选用 ISO 9004。

②识别质量因素（又称体系诊断）：就是要找出影响产品质量或服务质量的决策、过程、环节、部门、人员、资源等因素。

6. **编写体系文件** 对照 ISO 9001 或 ISO 9004 国际标准中的各个要素逐一地制定管理制度和管理程序。一般来说，凡是标准要求文件化的要素，都要文件化；标准没有要求的，可根据实际情况决定是否需要文件化。ISO 9001 或 ISO 9004 国际标准要求必须编写如下文件：①质量方针和质量目标。②质量手册：是按企业规定的质量方针和适用的 ISO 9000 族标准描述质量体系的文件，其内容包括组织的质量方针和目标，组织结构、职责和权限的说明，质量体系要素和涉及的形成文件的质量体系程序的描述，质量手册使用指南（如需要）等。③质量体系程序文件：是为了控制每个过程质量，对如何进行各项质量活动规定有效的措施和方法，有关职能部门使用的纯技术性文件，一般包括文件控制程序、记录控制程序、内部审核程序、不合格品控制程序、纠正措施程序、预防措施程序等。④企业认为必要的其他质量文件，包括作业指导书、报告、表格等，是工作者使用的更加详细的作业文件。⑤运作过程中必要的记录（记录既是操作过程所必需的,也是满足审核要求所必需的)。

(三)饲料企业 ISO 9000 体系的运行

1. **发布文件** 这是实施质量管理体系的第一步。一般要召开一个"质量手册发布大会",把质量手册发到每一个员工的手中。

2. **全员培训** 由 ISO 9000 小组成员负责对全体员工进行培训,培训的内容是 ISO 9000 族标准和企业的质量方针、质量目标和质量手册,以及与各个部门有关的程序文件,与各个岗位有关的作业指导书,包括使用的记录,以便让全体员工都懂得 ISO 9000,提高质量意识,了解本企业的质量管理体系,理解质量方针和质量目标。尤其是让每个人都认识自己所从事的工作的相关性和重要性,确保为实现质量目标做出贡献。

3. **执行文件** 要求一切按照程序办事,一切按照文件执行,使质量管理体系符合有效性的要求。

(四)饲料企业 ISO 9000 体系检查和改进

质量管理体系究竟实施得怎么样,必须通过检查才知道。ISO 9001 和 ISO 9004 规定的检查方式有:对产品的检验和试验,对过程的监视和测量,向顾客调查,测量顾客满意度,进行数据分析,内部审核等。

1. **顾客反馈** 通过调查法、问卷法、投诉法了解顾客对企业的意见,从中发现不符合项。
2. **内部审核** 企业内部正规、系统、公正、定期地检查出不符合项。
3. **采取纠正措施** 通过顾客反馈和内部审核,若发现不符合项,必须立即采取纠正和预防措施。所谓纠正措施就是针对不符合的原因采取的措施,其目的就是为了防止此不符合的再发生。预防措施就是针对潜在的不符合的原因采取的措施,其目的是防止不符合的发生。一般来说,有在日常检查中发现的不符合,顾客反馈中发现的不符合,内部审核中发现的不符合。坚持对发现的不符合采取纠正和预防措施,长此以往,就可以达到不断改进质量管理的目的。
4. **管理评审** ISO 9001 和 ISO 9004 还规定了一个更重要的改进方式,就是定期的管理评审。管理评审通过由最高管理者定期召开专门评价质量管理体系会议来实施。管理评审时,要针对所有已经发现的不符合项进行认真的自我评价,并针对已经评价出的有关质量管理体系的适宜性、充分性和有效性方面的总结分别对质量管理体系的文件进行修改,从而产生一个新的质量管理体系。

(五)饲料企业 ISO 9000 体系保持和持续改进

保持就是继续运行新的质量管理体系,然后在运行中经常检查新的质量管理体系的不符合项,并进行改进,最后通过这一周期的管理,来评价新的质量管理体系的适宜性、充分性和有效性,经过改进,达到一个更新的质量管理体系。在实施新的质量管理体系过程中,继续进行检查和改进,得到更新的质量管理体系。如此循环运行,不断地进行改进。

第三节 饲料卫生与安全质量评定

一个企业生产的饲料产品是不是安全,是不是符合卫生与安全质量要求,除了要建立和完善质量控制体系、严格生产过程外,还必须进行卫生与安全质量评定,只有检验评定合格的方可销售与使用。此外，为了制定或修订饲料卫生标准，新开发的饲料或添加剂在推广应用之前，也必须进行饲料卫生与质量评定。因此，加强饲料产品卫生与安全质量评定是一项非常重要的工作。

一、饲料卫生与安全质量评定的概念及类型

饲料卫生与安全质量评定就是经常或根据特殊需要确定饲料中是否存在有害因素，并阐明其性质、含量、来源、作用和危害，做出饲料可否使用等结论。进行饲料卫生与安全质量评定的目的就是确保饲料安全，保证畜禽及人类健康，提高饲料资源的利用率，同时还能明确造成饲料卫生与安全质量事故的原因和责任。

在实际工作中，如下几种情况下需要进行饲料卫生与安全质量评定。

1. **经常性饲料卫生与安全质量评定** 主要是饲料监督管理部门按计划定期或以抽查方式随时对饲料企业或市场流通中的饲料工业产品进行的卫生与安全质量评定。这类卫生与安全质量评定的目的是了解各类饲料产品卫生与安全质量情况和变化，估计饲料卫生与安全法规遵守和执行情况，保障畜牧业生产安全有序进行和人们身体健康。

对于容易发生问题的饲料产品（如肥育猪饲料添加瘦肉精），容易发生问题的季节（如春季易发霉），条件较差的企业或来自新货源的饲料应重点安排这项评定。

2. **发生饲料中毒或其他与饲料相关的疾病时，对可疑饲料的卫生与安全质量评定** 这类评定主要是为查明原因、做出确诊、明确责任和正确处理而进行的评定。由于这种评定涉及对患病家畜的治疗抢救是否及时，有时还涉及某些法律责任，因而要求较高。

3. **新资源、新产品、新配方和新工艺过程的卫生与安全质量评定** 对于过去未曾生产供应的新品种，必须经过全面、系统的卫生与安全质量评定，才能投放市场。这种评定的重点主要是针对新开发的饲料添加剂。

4. **怀疑饲料可能受到污染时的卫生与安全质量评定** 这一类情况往往涉及大批量饲料的处理，有时也遇到意外污染的评定，因而较为复杂。通过饲料卫生与安全质量评定，可以做出饲料是否可用以及可用的附加条件或不能使用的原因等有关结论。

5. **为制定或修订饲料卫生标准的饲料卫生与安全质量评定** 通过对一定批次某种饲料进行抽样检验，检查其中有害物质的含量或其他污染指标的情况，可确定卫生与安全质量指标能否继续提高以及提高的程度。然后在此基础上，结合有害物质的毒性，为制定或修订卫生与安全质量标准提供参考依据。

除以上几种情况外，有时为了探索某种饲料与某种疾病的关系，也需要进行饲料卫生与安全质量评定。例如黄曲霉毒素污染的饲料可引起急性或亚急性中毒和致癌作用。在这些有害因素未查明之前，上述损害作用往往以原因不明的疾病形成出现，因而需要进行大量的饲料卫生与安全质量评定，以及毒性试验工作，最后才能找出有害因素，确定发病原因，并制定该有害物质在饲料中的最高允许含量等有关卫生与安全标准。

二、饲料卫生与安全质量评定的步骤

1. **待评定饲料基本情况的调查** 基本情况调查是饲料卫生与安全质量评定的极其重要的步骤，通过基本情况调查可以确定整个评定工作的目标并可提供线索，有时甚至可以依此直接做出

评定结论，不必再进行检查工作。

调查的内容可因评定的目的而不同。在饲料中毒调查中，确定致病饲料时，首先要查清中毒症状、潜伏期以及饲料加工等过程的详细情况；对饲料添加剂新产品、新配方和新工艺过程进行评定，则必须对有关该饲料的全部工艺过程和原料的详细情况进行周密的调查，包括新饲料添加剂的化学结构、理化性质、纯度、动物的可能摄入量、动物毒性试验、体外试验资料、代谢试验资料、对环境生态影响等资料；对意外污染则应尽可能通过书面资料查清污染的正式名称，并查清污染物与被污染饲料的实际接触程度。如涉及法律责任时，有时还需要查清有关人员与该项饲料关系的具体情况、以及有关人员掌握卫生与安全知识的程度。

调查中既要注意群众路线的工作方法，也要依据正式书面记录的资料，例如车间记录、运货单、传票、卡片等书面资料。此外要特别重视深入现场搜集第一手资料，尽量避免间接口述转告，要求掌握确实情况，不能笼统含混。

2. 评定方案和检验项目的确定　饲料卫生与安全质量评定工作繁简程度的差别很大。对一种新饲料进行卫生与安全质量评定，必须包括全套饲料毒理学评定的项目；但一般情况下，只是通过一部分有针对性的项目进行评定。如怀疑某一种饲料受到某种已知的致病菌的污染，则只要能确定饲料存在这种致病菌病找出其来源即可，而不必对该病再进行致病机理的研究。

实验室检查工作亦要求有较强针对性。饲料卫生与安全质量标准所规定的项目具有通用意义。由于每次具体评定工作性质、目的不同，所以并不一定按规定进行所有项目的检测，同时也不应受其限制，还可以按照需要进行其他项目的评定。以饲用油脂为例，如怀疑酸败，则仅测定醛反应和过氧化值等酸败指标即可；如怀疑为通过容器污染有机磷农药，则进行有机磷农药检查即可。

向检查室申请进行饲料检查时，也应根据一般情况调查结果，尽量提供有关线索，明确检验目标或要有针对性。例如应该提出"检验是否酸败"，"有无汞、砷等有害金属"，不能笼统提出"分析是否可作饲料"或"检查有无毒性"，否则检验工作不易进行，也难于得到明确结论。

3. 采样　从待评定的整批饲料中抽取一小部分用于检验称为采样。采样是否正确对评定结果有直接影响，是饲料卫生与安全质量评定工作中的一个重要组成部分。采样应在现场调查的基础上进行，只要条件允许，卫生与安全人员应亲自到现场采样，不能坐等样品送检。

样品应符合下列基本要求：

（1）对整批饲料有充分的代表性。样品有批量代表性，对于饲料卫生与安全质量评定极为重要。液态饲料应充分混匀，散堆饲料应分层定点，按上、中、下、中心与四角或周边各点采集样品，样品的件数应有规定。

（2）符合评定的目的和要求。

（3）采样后尽量避免在进行检验前发生变质或污染。微生物学检验所要的样品，应严格遵守无菌操作原则。

应根据具体评定目的来确定采样的范围。如评定的目的是查清饲料中毒原因，则除直接剩余饲料外，还应采集原料、工具、餐具的涂抹擦拭样品以及病畜血、尿和呕吐物。如评定目的是为了制定和修订卫生与安全质量标准提供依据，则应按不同季节、不同气候带、不同生产工艺、不同卫生与安全条件的企业进行采样。如评定目的是通过饲料卫生与安全质量了解企业的卫生与安全状况,则应按工艺过程分阶段顺序采样(原料、半成品、成品、机具容器涂抹擦洗样品等);对意外污染进行评定时,除采集污染饲料外,还应采集可疑污染物的样品(例如车皮污染时,应从车厢底板上扫集污染物),以便用来探索检验方法和供回收试验用。有时用这种污染物作为阳性对照物断定饲料是否受到污染,其可靠性超过实验室常备的阳性对照物。

为防止采样后检验前样品变质或受到污染以至失去代表性,必须严密包装,妥善保存和迅速运送。用于微生物检验的样品和易腐饲料采集后,应低温保存运送;对于有挥发性的样品应密封低温保存运送,要采取措施防止挥散逸失,例如对于磷化物、硫化物,可加碱固定后保存运送。

采样工作中,还应注意责任制度与法律手续的健全。情况复杂时,更应注意。例如采样时,应有2人以上在场,共同签封,付给货主正式采样收据,按一定手续运送和交接,以及必要的记录与编号。必要时,可将样品等分2份,一份供检,另一份保存备查。对于可能涉及法律问题的事件,应会同司法部共同采样,或全部交给司法部门处理。

4. 检验 一般情况下,饲料卫生与安全质量评定工作的主要检验步骤是感官检查、有害因素的快速检验和常规化检验、微生物学检验和简易动物的毒性试验;特别情况下,例如对于一种新饲料和新出现的饲料污染物,则应进行系统毒理学试验。

检验方法应以卫生与安全质量标准项目规定的统一检验方法为准。如果根据检验室的经验,限于条件必须做一定修改,根据具体污染的特点,统一方法中未包括所需的项目与方法时,可以参照比较公认的通用方法;必要时,还可自己建立方法,但必须经过周密的预试,并设严格的对照,甚至报请领导机构审核,而且在检验结果中加以注明。

5. 饲料卫生与安全质量评定的结论和饲料处理 一般情况下,经过上述工作步骤,应该能做出饲料卫生与安全质量评定的最后结论,可以明确解决下列问题:即饲料中是否存在有害因素,有害因素的来源、种类、性质、含量、作用和危害,该饲料可否饲用,或可以饲用的具体技术条件。结论应尽可能明确。

对饲料进行处理基本上可分3种情况:①属于正常饲料:即该饲料符合卫生与安全质量标准,可以饲用。②该批饲料需经一定的方法处理或在一定条件下方可饲用:在评定中,发现有一定的问题并对畜禽健康存在一定危害,但已有可靠措施,可以消除危害,此种措施即称为"无害化处理",此种饲料称为"条件可食饲料"。例如有些饲料中某些有害物质含量已达到最高容许含量限度或略有超过,如掺入大量正常饲料将有害物质稀释,使其浓度降到容许含量以下,亦可销售饲用。但此种有害物质必须无明显蓄积毒性,而且该项饲料可在短期内销售完毕,不存在慢性毒性问题。有些饲料的个别指标可能不合乎卫生与安全标准要求,但是如果这些指标只表明具有变质的条件,并非直接有害,例如饲料的水分过高,或酸度超过标准,则可采取限期售完的措施。条件可食饲料可根据具体情况采取限期出售、限定供应对象、混掺稀释、加工复制、高温处理和去毒除害等措施。由于固体异物混入而造成污染的饲料,主要可利用机械或物理的方法消除污染,如风选、筛选或静电分离等。条件可食饲料经无害化处理后,应再次检验,如证实已合乎正常饲料要求,即可不再限制出售。③可能对动物和人体有明显危害的饲料:此类饲料应确定为不能饲用的饲料。禁止饲喂,可销毁或供工业用,但不包括再用于饲料工业。

在饲料卫生与安全质量评定过程中,如发现某项污染饲料对畜禽或人体健康已造成明显危害,除认真处理剩余饲料外,饲料卫生与安全部门还应追究生产和销售部门及其有关人员的责任;必要时,请求有关部门依法处理,例如罚款、停业、赔偿损失等。

三、感官检查

感官检查即通过感觉器官对饲料的色、香、味、外观、质感等状态进行检查。感官检查常常能发现极为细微的卫生与安全质量的变化,但其缺点是不能用量的概念表示某些客观指标。

感官检查往往可在调查过程中现场进行。工作中,应注意感官检查的几项基本要求。例如检查饲料颜色时要有充足的自然光线,最好不在灯光下进行;检查饲料的气味时要由弱到强,逐次进行,如发现缺陷,应休息一段时间,待嗅觉器官消除疲劳后复查核实,如环境温度过低,可适当加温,或取少量样品在手掌上搓擦,以提高温度同时扩大挥散面;进行味觉检查时,亦应按味觉强烈顺序由弱到强顺次进行,每次检查后要漱口,对可能有剧毒或有感染可能的饲料,不应入口;为弥补感官的主观性,应数人同时进行,最好由一名不参与检查判定人员将样品编号,不记名累计综合检查结果。

四、有害因素的快速检验

有些情况下,往往需要在现场对饲料中的毒物或污染物做出初步判断。近年来,有害因素的快速检验方法有很大进展,特别是在化学检验方面。检毒纸片、检毒管、袖珍型检验仪器已取代了初期携带检毒箱。随着固相酶技术和有机试剂的发展,检毒纸片的应用日渐广泛,检毒管可检出的毒物已超过几十种,同时还出现了袖珍型表面接触pH计、袖珍型气相色谱仪等设备。过去一般微生物检验需要将近一周时间才能得出结果,目前免疫荧光技术、固相酶标记技术、同位素标记免疫学方法已使检验周期大为缩短。例如大肠菌快速检验纸片(colitap)等快速方法已经得到应用,通过气相色谱仪器检查微生物微量特异代谢物,进行微生物快速诊断的方法也在研究发展中。

五、意外污染物的常规理化检查方法

利用常规理化方法检验一般的污染物往往已有统一的方法。例如饲料中残留的有机氯农药、污染的黄曲霉毒素的检验等已有常规方法,并有相应的卫生与安全标准可供参考。为了叙述方便,这一类物质可以称为"常规污染"。但有些情况下,有些饲料会受到某些意外的污染,例如饲料在运输过程中,污染了某种化工原料,即可称为"意外污染"。此种污染偶然性很大,也无常规检验方法或卫生与安全标准可供参考。此种情况可按下列步骤处理。

通过现场调查或资料查询,初步确定污染物后,可先收集该污染物理化性质、工业分析方法以及工业毒理学和经口毒性的有关资料,然后采集污染物样品,并加以提纯,供检验工作中阳性对照之用。再将阳性对照物加入未污染的对照样品中,探索由有关饲料中检出污染物的方法,并进行回收试验。最后测定该污染物在被污染饲料中的实际含量,并根据这一实际含量和有关毒性资料初步推算出被污染饲料对动物的安全性,即在动物日食中占多大比重可以认为对动物安全无害。据此,即可确定该项饲料是否可用,或可供饲用的必要技术条件。此外,还要进行动物毒性试验,加以复核验证。在此应该指出,如果饲料受到已经明确有剧毒以及显著致癌作用化学物的污染，又无法排除时，则不必再考虑饲用问题。

六、动物毒理试验

对于新开发的饲料资源、饲料添加剂及新出现的饲料污染物等，应作安全性评定，确定其饲用安全后才能投入生产和使用。除进行前述理化检验，判定其污染强度外，还应进行动物毒性试验。此种动物毒性试验可在评定开始时进行，借此可以确定污染的危险程度，并可通过动物反应对污染物的类别和性质加以粗略估计，提供检验线索。亦可在评定过程的后一阶段进行，弥补理化或微生物检验中可能遗漏的某些有害因素。

目前，我国对饲料安全性毒理学评价程序和方法尚未做出规定，暂时可参考食品安全性毒理学评定程序进行评定。

食品安全性毒理学评定程序包括4个阶段：即急性毒性试验、蓄积性致突变和代谢试验、亚慢性毒性（包括繁殖、致畸）试验和慢性毒性（包括致癌）试验。

关于何种化学物质进行几个阶段试验，原则上规定：凡是属于我国创制的新化学物质，一般要进行4个阶段的试验。特别是对其中化学结构提示有慢性毒性和（或）可能具有致癌者，或产量大、使用面积大、摄入机会多者，必须进行全面的4个阶段的试验。

凡属与已知物质（指经过安全性评定并允许使用者）的化学结构基本相同的衍生物，则可根据第一、二、三阶段试验的结果，经有关专家进行评议，决定是否需要进行第四阶段的试验。

凡属我国仿制但又具有一定毒性的化学物质，若多数国家允许使用，并有安全性的证据，或世界卫生组织（WHO）已公布日允许量（ADI）者，我国的生产单位又能证明我国的产品的理化性质、纯度和杂质成分及含量均与国外产品一致，则可先进行第一、二阶段试验。如果试验结果与国外产品一致，一般不再进行试验即可进行评价，如评定结果允许使用，则制定日允许量。凡是在产品质量或试验结果方面与国外资料成品不一致，应进行第三阶段试验。

（一）第一阶段：急性毒性实验

目的：①了解受试物的毒性强度和性质。②为蓄积性和亚慢性毒性试验的剂量选择提供依据。

试验项目：①用霍恩氏（Horn）法、机率单位法或寇氏法，测定经口半数致死量（LD_{50}）。②7d喂养试验。这2项试验分别用2种性别的小鼠和/或大鼠。

结果判定：①如LD_{50}或7d喂养试验的最小有作用剂量大于人的可能摄入量的10倍者，则毒性不太大，而不必再继续试验。②如小于10倍，可进入下一阶段试验，为慎重起见，凡LD_{50}在10倍左右时，应进行重复试验，或用另一种方法进行验证。

（二）第二阶段：蓄积性毒性和致突变试验

1. 蓄积性毒性试验　凡急性毒性试验LD_{50}大于每千克体重10g者，则可不进行蓄积性试验。

目的：了解受试物在体内的蓄积情况。

试验项目：①蓄积系数法：用2种性别的大鼠或小鼠，每个剂量组雌雄各20只。②20d试验法：用2种性别的大鼠或小鼠，每个剂量组雌雄各10只。这2种方法任选一项。

结果判定：①蓄积系数（k）＜3，则不再继续试验；k≥3，可进入以下试验。②如

$1/20LD_{50}$ 组有死亡，且有剂量-效应关系，则认为有较强的蓄积作用，应停止试验；如 $1/20LD_{50}$ 组无死亡，则可进入以下试验。

2. 致突变试验

目的：对受试物是否具有致癌作用的可能性进行筛选。

试验项目：根据受试物的化学结构、理化性质以及对遗传物质作用终点的不同，并兼顾体外体内试验，以及兼顾体细胞和生殖细胞的原则，在以下 4 类中选择 3 项试验：①细菌诱变试验：Ames 试验、枯草杆菌试验或大肠杆菌试验。②微核试验和骨髓细胞染色体畸变分析试验中任选一项。③显性致死试验、睾丸生殖染色体畸变分析试验和精子畸形试验中任选一项。④DNA 修复合成试验。

结果判定：①如 3 项试验均为阳性，则无论蓄积毒性如何，均表示受试物可能具有致癌作用，除非受试物具有十分重要价值，一般应予以放弃。②如其中有 2 项试验为阳性，而又有强蓄积性，则不应再继续试验；如为弱蓄积性，则由有关专家进行评议，根据受试物的重要性和可能摄入量等因素，综合权衡利弊再做出决定。③如其中有一项试验为阳性，则再选择 2 项其他致突变试验（包括体外培养淋巴细胞染色体畸变分析，果蝇隐性致死试验，DNA 合成抑制试验和姐妹染色单体互换试验等）。如此 2 项均为阳性，则无论蓄积毒性如何，均应予以放弃；如有 1 项为阳性，且为强蓄积性，同样应予以放弃；如有 1 项为阳性，且为弱阳性，则可进入第三阶段试验。④如 3 项试验均为阴性，则无论蓄积性如何，均可进入第三阶段。

（三）第三阶段：亚慢性毒性试验和代谢试验

1. 亚慢性毒性试验

目的：①观察受试物以不同剂量水平较长时间喂养对动物的毒性性质和作用的靶器官，并确定最大无作用剂量。②了解受试物对动物繁殖功能的影响及对子代的致畸作用。③为慢性毒性和致癌试验的剂量选择提供根据。④为评定受试物能否应用提供依据。

试验项目：①90d 喂养试验。②喂养繁殖试验。③喂养致畸试验。④传统致畸试验。前 3 项试验可用同一批动物进行。用雌雄大鼠和（或）小鼠。关于喂养致畸和传统致畸试验的选择，可根据受试物的性质而定。任何一种致畸试验的结果已经做出明确评价时，不要求做另一种致畸试验。

结果判定：以上试验中任何一项的最敏感指标的最大无作用剂量（mg/kg）：①小于或等于人的可能接触量的 100 倍者，表示毒性较强，不必进一步试验。②大于 100 倍而小于 300 倍者，可进行慢性毒性试验。③大于或等于 300 倍者，不必进行慢性试验即可进行评价。

2. 代谢试验

目的：①了解受试物在体内的吸收、分布和排泄速度以及蓄积性。②寻找可能的靶器官。③为选择慢性毒性试验合适的动物种系提供依据。④了解有无毒性代谢产物的形成。

试验项目：对于我国创制的化学物质或与已知的某物质的化学结构基本相同的衍生物，在进行最终评定时，至少应进行以下几项试验：①胃肠道吸收。②血液浓度的测定，并计算生物半衰期和其他动力学指标。③主要器官和组织中的分布。④排泄（尿、粪、胆汁）。

有条件时可进一步进行代谢产物的分离、评定。对于国际上多数国家已批准使用和毒性评定资料比较齐全的化学物质，通常不要求进行代谢试验。对于属于人体正常成分的物质不必进行代谢试验。

（四）第四阶段：慢性毒性试验（包括致癌试验）

目的：①发现只有长期接触受试物后才出现的毒性作用，尤其是进行性或不可逆性毒性作用以及致癌作用。②确定最大无作用剂量，为最终评价受试物能否应用于食品（饲料）提供依据。

试验项目：可将2年慢性毒性试验和致癌试验结合在同一批动物试验中进行。均用雌雄大鼠和（或）小鼠。

结果判定：如慢性毒性试验所得的最大无作用剂量（mg/kg）：①小于或等于人的可能接触量的50倍者，表示毒性较强，不必进行研究。②大于50倍而小于100倍者，需由有关专家共同评议。③大于或等于100倍时，可考虑允许使用，并制定日允许摄入量。如在任何一个剂量发现有致癌作用，且有剂量-效应关系，则需由有关专家共同评议，做出评价。

第四节　饲料产品认证与绿色（无公害）饲料

饲料产品认证是企业加强管理、提高产品质量和企业竞争力的重要措施和途径，通过饲料产品认证，可以提高企业的知名度和竞争力，扩大产品的销售。饲料产品认证就是企业通过自愿申请，由认证机构按照有关标准或者技术规范要求对饲料和饲料添加剂产品及其生产过程进行合格评定的活动。

一、中国饲料产品认证

为提高饲料质量安全卫生水平，促进饲料工业和养殖业的发展，维护人体健康，保护动物生命安全，2003年12月国家认证认可监督委员会、农业部根据《中华人民共和国认证认可条例》、《饲料和饲料添加剂管理条例》，联合制定了《饲料产品认证管理办法》。2004年4月中国国家认证认可监督管理委员会发布了《饲料产品认证实施规则》。

（一）适用范围

中国饲料产品认证适用于单一饲料、添加剂预混合饲料、浓缩饲料、配合饲料、精料补充料等饲料产品，以及营养性饲料添加剂和一般饲料添加剂等饲料添加剂产品（简称饲料产品）的认证。

（二）认证程序

1. 认证的申请　国家鼓励饲料企业申请饲料产品认证。申请饲料产品认证的单位或者个人（申请人）向认证机构提交书面申请，认证机构对申请材料进行审核，并将材料审核结果书面通知申请人。申请文件资料包括：①认证申请表（书）。②法律地位证明文件（如申请人营业执照复印件）。③资质证明材料及许可证的复印件。④管理体系的有效文件及必需的文件清单。⑤生产和（或）服务主要过程的流程图。⑥企业简介。⑦产品描述（包括饲料和添加剂组分清单、饲料标签和商标）及工艺描述（如认证产品生产工艺图、厂区平面图等）。⑧原料供应商清单。⑨其他。

2. 产品抽样检验和企业现场检查　认证机构对材料审核符合要求的，委派认证人员对企业生产环境和生产过程等情况进行现场检查，抽取样品委托检测机构对样品进行检测。①从工厂成品仓库的合格品中随机抽取样品。②认证机构从国家认监委公布的《饲料产品认证检验机构名单》中选择检验机构承担检验工作,也可利用申请人就认证产品单元的产品提供满足规定的检验报告作为该产品抽样检验的结果。③按照《工厂质量保证能力要求》对企业进行工厂质量保证能力的检查,有相关法律、法规和技术规范要求的,认证机构必须遵照检查。

3. 认证结果评价与批准　认证机构对现场检查和样品检测结果符合要求的,按照认证基本规范、认证规则的要求进行综合评价,评价合格的向企业颁发饲料产品认证证书。每一个申请单元颁发一张证书。对不符合要求的,书面通知申请人。

4. 认证后的跟踪检查　认证机构对认证产品的持续符合性进行定期跟踪检查,也可根据情况进行不定期跟踪检查。①工厂质量保证能力监督检查每年至少进行一次,间隔不超过12个月,必要时,认证机构可以根据情况增加监督检查的频次;产品监督检验每年至少进行一次。②工厂质量保证能力监督检查和产品监督检验的结果由认证机构进行评价,评价合格者,可以继续保持认证资格、使用认证标志;若在跟踪检查时发现不符合要求的,则应在规定的时间内完成纠正措施;逾期将撤销认证证书、停止使用认证标志,并对外公告。

(三) 认证证书

1. 认证证书的保持和暂停、注销和撤销　①饲料产品认证证书的有效期为3年,认证机构每年通过跟踪检查来确保饲料产品生产质量的持续有效性,认证机构对拒绝跟踪检查者,有权撤销其认证证书。②当认证产品的企业组织机构、法人、认证产品的商标、名称、型号发生变更时,证书持有者应通知认证机构,认证机构对变更内容和提供的资料进行评审,对符合要求的,换发新的证书,新证书的编号、有效日期不变;认证条件发生变化时,认证机构应及时通知认证产品的企业,并要求其按照新的条件进行整改,在规定期限内,符合要求的,批准换发新的证书,新证书的编号、有效日期不变。③按照《饲料产品认证管理办法》,不符合要求的,可以对认证证书进行暂停、注销和撤销处理。

2. 认证的复评　认证证书有效期截止前3个月,证书持有者可申请复评,复评程序同初次认证。

(四) 饲料产品认证标志及其使用

1. 准许使用的标志样式　见图8-1。

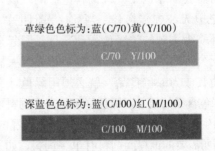

图8-1　饲料产品认证标志

2. 认证标志的使用　①在使用认证标志时,必须在认证标志下标注认证机构名称。②不允许使用任何形式的变形认证标志。③认证证书持有人在获得认证的产品最终包装物上标注认证标

二、安全饲料与绿色（无公害）饲料

1. 安全饲料　目前尚无统一的、明确的定义。于炎湖（2003）认为，安全饲料应当不含有对所饲养动物的健康与生产性能造成实际危害的有毒有害物质或因素，并且这类有毒有害物质或因素不会在畜产品中残留或经畜产品转移而危害人体健康，也不会通过畜禽粪尿而污染环境。在此值得强调的是"造成实际危害"。因为很多饲料本身含有一些天然的有毒有害成分，还有来自饲料生产过程中（生产、加工、储存和运输）的外源性污染，致使饲料并非绝对纯净。因此，评价某种饲料是否安全，应当看其是否会对所饲养的动物和食用畜产品的人类造成实际的危害，包括慢性或急性毒害、感染疾病以及致畸、致突变、致癌等远期危害。

在当今的社会经济与生产条件下，要保证饲料中绝对不污染、不残留任何有毒有害物质是不可能的。要将饲料中的所有有毒有害物质彻底消除也是不现实的。因为这会增加无谓的成本支出，甚至会有损饲料的营养成分和原有特性。而且动物机体对外来有毒有害物质具有一定的代谢转化功能，大多数情况下可使其毒性降低并易于从体内排出，因而也没有必要过高地要求动物食入的饲料绝对纯净无毒。通常只要饲料中的有毒有害物质含量控制在合理的允许限量范围内，就应当认为该饲料是安全的。因此，于炎湖（2003）认为，安全的饲料不宜提高要求为"无污染"饲料或"无残毒（或无残留）"饲料，比较合理的提法最好是绿色"无公害"饲料。至于人们业已习惯称呼的"无污染"、"无残毒"饲料，实际上只是其污染物或残留毒物尚未达到引起危害的水平，或者是当今的检测技术水平还无法检测出来，而非绝对的无污染、无残留。

目前在对安全饲料的理解方面也还存在一些不全面的认识问题。例如，有的人认为凡是天然饲料或天然物质提取物就一定是安全的、绿色的。其实，不少天然饲料或天然物质提取物本身含有一定量的有毒有害物质，大量地、不合理地使用天然饲料，或超剂量地添加或滥用天然物质及其提取物，对动物的健康和生产性能也不一定是安全的。也有的人认为凡是化学合成物质就一定是不安全的、非绿色的。其实很多必需的营养物质和几乎所有的维生素都是化学合成物质，它们恰恰是生产安全的优质饲料所不可缺少的。因此，不能一概否定化学合成物质在安全饲料生产中的作用，尤其是不要机械地套用国外某些国家关于在生产过程中不允许使用化学合成物质的规定，以免阻碍我国绿色无公害饲料生产的发展。

2. 绿色（无公害）饲料　当前，人们把"绿色"看作是生命的象征，以保护人类的自身安全和生态环境为主题的"绿色行动"日益引起全人类的极大关注。随着人们对食品质量的要求越来越高，无公害的"绿色食品"越来越受到人们的欢迎。畜产品作为人们食物结构中重要的组成部分，要使其成为绿色食品，就必须用绿色（无公害）饲料来加以保证。

根据绿色食品的概念，绿色（无公害）饲料可以定义为生产绿色畜产品所需要的相应饲料产品。鉴于目前的生产条件要达到 AA 级或有机畜产品的标准难度很大，绿色（无公害）饲料即指生产 A 级绿色畜产品所需要的饲料。饲料有单一饲料，如玉米、大豆等，有工业生产加工的饲料，如浓缩料、配合饲料、添加剂饲料。绿色（无公害）饲料如果是前者，则其生产产地、生产技术和产品标准应该与绿色食品相同，应该按绿色食品（农作物）的要求生产；如果是后者，应该根据中华人民共和国农业行业标准《绿色食品　饲料及饲料添加剂使用准则》（NY/T 471—2001）进行生产。

绿色畜产品的生产首先以改善饲养环境、善待动物、加强饲养管理为主，按照饲养标准配制配合饲料，做到营养全面，各营养素间相互平衡。所使用的饲料和饲料添加剂等生产资料必须符合《饲料卫生标准》、《饲料标签标准》及各种饲料原料标准、饲料产品标准和饲料添加剂标准的有关规定。所有饲料添加剂和添加剂预混合饲料必须来自有生产许可证的企业，并且具有企业、行业或国家标准，产品批准文号，进口饲料和饲料添加剂产品登记证及配套的质量检验手段。同时还应遵守以下准则：①优先使用绿色食品生产资料的饲料类产品和饲料添加剂类产品。②至少90%的饲料来源于已认定的绿色食品产品及其副产品，其他饲料原料可以是达到绿色食品标准的产品。③禁止使用转基因方法生产的饲料原料。④禁止使用以哺乳类动物为原料的动物性饲料产品（不包括乳及乳制品）饲喂反刍动物。⑤禁止使用工业合成的油脂。⑥禁止使用畜禽粪便。⑦所选饲料添加剂必须是《允许使用的饲料添加剂品种目录》中所列的饲料添加剂和允许进口的饲料添加剂品种，但该目录附录A中所列的饲料添加剂除外。⑧禁止使用任何药物性饲料添加剂。⑨禁止使用激素类、安眠类静类药品。⑩营养性饲料添加剂的使用量应符合 NY/T 14、NY/T 33、NY/T 34、NY/T 65 中所规定的营养需要量及营养安全幅度。

生产 A 级绿色产品禁止使用的饲料添加剂见表 8-1。

表 8-1　生产 A 级绿色食品禁止使用的饲料添加剂

种　类	品　种	备　注
调味剂、香料	各种人工合成的调味剂和香料	
着色剂	各种人工合成的着色剂	
抗氧化剂	乙氧基喹啉、二丁基羟基甲苯（BHT）、丁基羟基茴香醚（BHA）	
黏结剂、抗结剂和稳定剂	羟甲基纤维素钠、聚氧乙烯20、山梨醇酐单油酸酯、聚丙烯酸树脂	
防腐剂	苯甲酸、苯甲酸钠	
非蛋白氮类	尿素、硫酸铵、液氨、磷酸氢二铵、磷酸二氢铵、缩二脲、异丁叉二脲、磷酸脲、羟甲基脲	反刍动物除外
其他	禁止使用转基因方法生产的饲料原料；禁止使用以哺乳类动物为原料的动物性饲料产品（不包括乳及乳制品）饲喂反刍动物；禁止使用工业合成的油脂（含重金属）；禁止使用任何药物性饲料添加剂；禁止使用激素类、安眠镇静类药品；禁止使用畜禽粪便（含有害微生物）	

3. 绿色（无公害）饲料认证　目前尚无针对绿色（无公害）饲料的认证。但我国已有无公害农产品、绿色食品认证。通过认证的产品方可使用无公害农产品标志或绿色食品标志（图 8-2）。

图 8-2　无公害农产品和绿色食品标志

左边：无公害食品标志，整体为绿色，麦穗和对勾为金色

右边：绿色食品标志，整体为绿色，由太阳、叶片和蓓蕾组成

其认证办法和程序在此不赘述。

本章小结

　　饲料企业必须遵循一定的卫生与安全规范，包括原料、添加剂的采购、储存以及产品的生产过程、成品包装、运输、储存及检验必须遵循规定的卫生要求，同时在建厂时，厂址、厂区、道路、厂房、仓库、设施等也必须符合卫生与安全要求。我国颁布实施了配合饲料企业卫生规范（GB/T 16764），对饲料企业的整个硬件、软件、人员、各加工环节等制定控制要求和操作规范。

　　质量控制体系是企业组织落实有物质保障和具体工作内容的有机整体，是提高饲料质量、保证饲料安全的关键。一个完善的饲料质量控制体系包括监督管理体系、法规与标准体系、检测体系、企业生产质量管理体系和质量认证体系等5个方面。

　　饲料质量体系认证包括良好生产规范（GMP）、危害分析与关键控制点（HACCP）、国际标准化组织的质量体系（ISO 9000）等。良好生产规范（GMP）是通过对生产过程中的各个环节、各个方面提出一系列措施、方法、具体的技术要求和质量监控措施而形成的质量控制体系。GMP的特点是将保证产品质量的重点放在成品出厂前整个生产过程的各个环节上，而不仅仅是着眼于最终产品，其目的是从全过程入手，从根本上保证食品质量。它从硬件和软件两部分对饲料企业提出要求，硬件是指饲料企业的环境、厂房、设备、卫生设施等；软件是指饲料生产工艺、生产行为、人员要求以及管理制度等。

　　危险分析与关键控制点（HACCP）是一个以预防产品安全为基础的安全生产、质量保证的控制体系。由饲料的危害分析和关键控制点两部分组成。HACCP是一个逻辑性控制和评价系统，与其他质量体系相比，具有简便易行、合理高效的特点。HACCP由危害分析、确定关键控制点、建立关键限值、关键控制点的监控、建立纠偏措施、记录保持程序、验证程序7个基本原理组成，实施HACCP要求企业必须具备一定的条件，需成立HACCP工作小组，按照一定的程序和方法制定HACCP计划，并组织实施。

　　ISO 9000系列标准是国际标准化组织（ISO）制定的关于质量管理和质量保证的一系列国际标准。ISO 9000族标准主要针对质量管理，同时涵盖了部分行政管理和财务管理的范畴，是针对企业的组织管理结构、人员和技术能力、各项规章制度和技术文件、内部监督机制等一系列体现企业保证产品及服务质量的管理措施不力的标准。ISO 9000族标准主要从机构、程序、过程和总结4个方面对质量进行规范管理。

　　对饲料及饲料产品进行卫生与安全质量评定，就是经常或根据特殊需要确定饲料中是否存在有害因素，并阐明其性质、含量、来源、作用和危害，做出饲料可否使用等结论。在实际工作中，有5种情况是需要进行饲料卫生与安全质量评定的。在饲料及饲料产品进行卫生与安全质量评定时，应根据具体情况确定评定的方法和步骤。

　　饲料产品认证也是企业提高管理水平，确保产品质量安全，提升产品的核心竞争力的重要措施。饲料产品认证，是指企业自愿申请，由认证机构对饲料和饲料添加剂产品及其生产过程按照有关标准或者技术规范要求进行合格评定的活动。中国发布了《饲料产品认证实施规则》，规定了单一饲料、添加剂预混合饲料、浓缩饲料、配合饲料、精料补充料等饲料产品，以及营养性饲料添加剂和一般饲料添加剂等饲料添加剂产品（简称饲料产品）的认证规定。目前我国尚未进行安全饲料与绿色（无公害）饲料的认证工作，但是颁布了中华人民共和国农业行业标准《绿色食品 饲料及饲料添加剂使用准则》（NY/T 471—2001），可根据这一准则进行生产和管理。

思 考 题

1. 饲料企业的建立和运行要符合哪些卫生与安全规范？
2. 试述 GMP、HACCP 和 ISO 9000 质量体系的关系。
3. 如何对一种新开发的饲料添加剂进行安全性评定？
4. 中国饲料产品认证的模式是什么？
5. 生产绿色饲料允许使用的添加剂有哪些，禁止使用的饲料、添加剂有哪些？
6. 如何对一种新开发的饲料添加剂进行安全性评定？

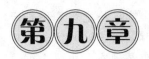

饲料卫生与安全的标准及法规

饲料卫生与安全的标准、法规是饲料卫生与安全的基石。为了保证饲料卫生与安全，各国都颁布了一系列的法律法规。我国已先后颁布了《饲料卫生标准》（GB 13078—2001）、《饲料标签》（GB 10648—1999）、《饲料和饲料添加剂管理条例》（2001年中华人民共和国国务院令第327号）、《动物源性饲料产品安全卫生管理办法》（2004年中华人民共和国农业部令第40号）、《配合饲料企业卫生规范》（GB/T 16764—1997）等5个标准与法规。本章主要介绍这方面的知识。

第一节 饲料卫生标准

饲料卫生标准（standard of feed hygiene）是对饲料中有毒有害物质及有害微生物以法律形式做出的统一规定，是饲料法规体系的组成部分。目前一些经济发达的国家，都先后制定了比较完备的饲料卫生标准。我国也制定了《饲料卫生标准》（GB 13078—2001），并规定是国家强制性标准，凡是在中华人民共和国境内从饲料生产、销售和使用的企业和个人都必须执行我国制定的饲料卫生标准。

一、制定饲料卫生标准的原则

饲料卫生标准既是企业组织生产和检验评审产品卫生与安全质量的依据和准则，又是国家、行业或地方有关部门进行饲料产品质量监测和仲裁检验的重要判定依据。因此，在制定饲料卫生标准时应遵循一定的原则。

1. **实践原则** 饲料卫生标准的制定是一项技术性和政策性很强的工作。在制、修订时，要进行大量的实际调查，掌握生产实际情况，根据实际情况掌握制、修订饲料卫生标准的适宜尺度。制、修订的饲料卫生标准要符合当时生产水平和实际情况，既不能太严也不能太宽，过严会在生产中无法执行，达不到监督的作用。过宽又会使家畜健康与生产性能受到损失，影响畜牧业的发展。

2. **科学原则** 饲料卫生标准关系到养殖业生产安全和人体健康，必须以最新的科学技术成果作为依据。在制、修订饲料卫生标准时，应注意2个方面：首先，应进行有关有毒有害物质的理化特性测定、毒理学实验，对各类家畜进行试验观察等。其次，应根据当代的科学技术和经济发展水平来制、修订饲料卫生标准，对已制定的饲料卫生标准还应不断地加以修订和补充。特别是随着科技的发展，新仪器、新方法不断涌现，应及时了解、研究、采纳检测领域的最新研究成果用于检测方法标准的制定。

3. **技术配套原则** 在饲料卫生标准制定过程中，每项卫生指标必须制定相对应的检测方法，而且其灵敏度、精确度和采样条件等也应统一规定。只有按统一的规定和统一的检验方法进行评定，其结果才具有一致性和权威性。

FAO/WHO近年提倡以危险性分析（risk analysis）作为制定标准的重要原则。我国在过去制标工作中虽也部分应用了危险性分析，但尚未全面采用危险性分析系统，这将是今后制标工作的方向。另外，我国是养殖生产大国，养殖动物种类众多，至今还有多种动物的饲料卫生标准尚是空白或不完善。例如，我国鸭的饲养量大，鸭饲料的卫生标准虽在近年修订的标准版本中有所补充，但仍很不齐全。这主要是由于相关技术资料缺乏，因而较难全面制定相应的卫生标准。近年，国内少数单位开展了部分有毒有害物质（如氟、镉、亚硝酸盐等）对鸭的毒理学研究，其试验资料对我国饲料卫生标准的制、修订有很好的参考价值。饲料卫生标准的制、修订难度大，国家有关部门要重视和大力支持有关饲料卫生标准的研究工作，并且在制标的经费预算上适当倾斜，增加制标工作的投入。

二、制定饲料卫生标准的程序与方法

在制定饲料卫生标准时必须从科学实验和调查研究两个方面进行。其制定程序如下：

基本情况调查
↓
动物毒性试验
↓
确定动物最大无作用量（MNL）
↓（根据实验动物的试验结果，考虑应用于家畜的安全系数）
确定家畜每日允许摄入量（ADI）
↓（根据来源及饲料中该物质在机体总摄入量中所占比例）
确定日粮中的总允许量
↓（根据含有该物质的饲料的种类和家畜每日摄入量）
确定该物质在每种饲料中的最高允许量
↓ 考虑各方面的实际情况
制定饲料中的允许量标准

现将上述各主要步骤的内容简要说明如下：

1. **基本情况调查** 基本情况调查是饲料卫生标准制定极其重要的步骤。在制定卫生标准时，调查的内容主要包括饲料的生产和使用情况，某项指标在饲料中的含量、毒性、作用机理资料，各国有没有借鉴的标准等。

2. **确定动物最大无作用量** 某种有毒物质对动物的最大无作用量是评定毒物毒性的重要依据，是制定允许量标准的基础。某种毒物对动物的最大无作用量（maximum no-effect level，MNL），有时也用无明显作用水平（NOEL）或无明显损害作用水平（NOAEL）表示。在制定允许量标准过程中确定最大无作用量时，一般应采用机体最敏感的观察指标，即该毒性指标MNL中数值最小或最具安全的，一般认为致癌、致畸、致突变等效应的物质，只有剂量为零时才是安全的。在实践中可以认为致癌、致畸、致突变作用有 MNL，但对此类物质必须更为慎重。此外，还应了解该物质在机体内的蓄积作用、代谢过程、与其他化学物质的联合作用及形成的有害降解产物等。

3. **确定家畜每日允许摄入量** 各种家畜每日允许摄入量（aceptable daily intake，ADI）是指在家畜的生活周期中每日摄取该毒物不会对机体产生已知的任何有害影响的剂量，以 mg/kg 表示。制定的家畜每日允许量一般不是来自家畜本身（尤其是牛、马等大动物）的实验毒理数据，而主要是根据大鼠或其他实验动物进行慢性毒性试验所得的实验结果换算而来的。

因家畜种类、年龄、性别、体重、反应性上的差别，在换算时必须考虑家畜和实验动物间的种间差异，它们对毒物的敏感性存在差异。因此，制定家畜日允许量标准时，需要考虑一定的安全系数，一般定为种间差异和个体差异各为 10 倍，即安全系数为 $10\times10=100$。100 倍的安全系数只是一个概略的估计，并非十分精确，可以适当调整。一些毒理学家和生物统计学家对此仍在讨论之中。如果毒性作用的资料直接得自该种家畜的试验结果，不必由别的动物的资料来推算，安全系数可以缩小（一般 2~5 倍即可），如果该毒物毒性作用极为严重，则安全系数可以加大。

ADI 的计算公式如下：ADI（mg/kg）=试验动物最大无作用量（mg/kg）×1/100（采用 100 倍的安全系数）。

例如，某毒物的动物最大无作用量为 6mg/kg，则此毒物的家畜 ADI 为：$6\text{mg/kg}\times1/100=0.06\text{mg/kg}$。如果一般成年乳牛体重以 550kg 计，则成年乳牛每头每日最高摄入此毒物不应超过 $0.06\times550=33$（mg）。

4. **日粮中的总最高允许含量** 日粮中的最高允许量一般以 mg/kg 表示。这一数值是根据家畜 ADI 推算而来的。家畜 ADI 是正常家畜每日由外环境允许进入体内的某物质的总量，其来源并不仅限于饲料，还可能来自来水和空气。因此，在按 ADI 考虑该物质在饲料中的最高允许量时，应先确定在家畜摄入该物质的总量中来源于饲料的该物质所占的比例。一般情况下，农药、金属毒物等环境污染物通过饲料进入家畜体内的比例，一般可达 80%~85%，而来自饮水、空气及其他途径者，总共不过 15%。如果某物质（如饲料中的天然有毒物质）除饲料外，并无其他进入家畜体内的途径，则 ADI 即每日摄取的各种饲料中该物质含量的总和。

以农药为例，已知该农药的家畜 ADI 为 33mg/（头·d），根据调查，此农药进入畜体总量的 80% 来自饲料，则每日摄取的日粮中含该农药的总量不应超过 $33\text{mg}\times80\%=26.4\text{mg}$。此即为该农药在日粮中的总最高允许含量。

5. **各种饲料中最高允许含量** 为了确定一种化学物质例如农药在家畜所摄取的各种饲料中最高允许量各为多少，首先要对畜群的日粮进行调查，了解日粮的组成，含有该物质的饲料种类，以及各种饲料的每日摄取量。如果日粮组分中只有精料混合料含有该农药，成年乳牛对此料的摄入量为 8kg/日，则该精料混合料中的该种农药的最高允许含量为 $26.4\text{mg}/8=3.3\text{mg/kg}$。但如果不仅精料混合料含有该种农药，而且干草中也含有，牛每日摄取精料混合料和干草的量分别为 8kg 和 15kg，则精料混合料与干草中该农药最高允许含量平均为 $26.4/(8+15)=1.2\text{mg/kg}$。如果还有第 3 种、第 4 种饲料也含有该农药，不论含有该种农药的饲料有多少种，均可以此推算。至于多种饲料的最高允许含量之间是否应相同或有差别，则可根据具体情况而定。

6. **各种饲料中的允许量标准** 按照上述方法计算得出的各种饲料中该农药的最高允许含量，

虽然可以作为卫生标准公布执行，但为了更符合实际情况，对家畜安全更有保证，还应根据实际情况作适当调整。如果该农药已经正式生产使用，而且含量低于上述计算出来的标准，则应将实际含量作为允许量标准；如果实际含量高于最高允许含量，则应找出原因，设法降低。原则上，允许量标准不能超过最高允许含量。必要时也可以允许以略高于最高允许含量的饲料中实际含量为暂定的允许量标准。但必须明确，是"略高"而不是超过很多，即在暂时执行过程中不至于对家畜机体造成明显损害。实际上，这种做法等于是适当降低安全系数。这种标准只是一种临时应急措施，必须在暂行期间内设法加以彻底解决。

在具体制定允许量标准的界限值时，应适当掌握严和宽的尺度，主要应根据该农药的毒性特点和家畜实际摄入情况而定。例如要了解该农药在家畜体内是易于排泄解毒，还是蓄积性甚强或在代谢过程中可能形成毒性更强的物质；该农药是仅具有一般的毒性，还是能严重地损害重要器官或具致癌、致畸、致突变等严重后果。凡属于各项的前种情况者，可略予放宽，属于后种情况者则应从严掌握。又如含有该农药的饲料是季节性供应的饲料，或仅偶尔饲用，或长年大量饲用；是供一般成年家畜饲用，还是专供幼畜、幼禽饲用；该农药在饲料加工调剂过程中易于挥发破坏，还是性质极为稳定。凡属各项的前种情况者，可略为放宽，属于后种情况者则严加掌握。

按上述方法制定的饲料中某种物质（如农药）的允许量标准，可能受很多因素的影响，故带有一定的相对性，因此，标准制定之后尚需进行验证，包括进行畜群健康调查和重复必要的动物毒性试验等。同时还应指出，饲料卫生标准制定后不是一成不变的，应根据科学技术与生产的发展，不断地进行相应的修订。

三、饲料卫生标准的内容与指标

饲料卫生标准是对饲料的卫生与安全质量的法律要求。饲料卫生指标（或称饲料卫生与安全质量指标）一般包括以下3类指标（具体的指标和允许量见附录《饲料卫生标准》）：

1. 感官指标　是指人们的感觉器官所辨认的饲料性质，主要是饲料的色、香、味、形等。饲料的某种污染和轻微变质常可在其感官指标上反映出来。如霉菌污染时可使饲料出现异常的颜色、异味和结块。因此，对感官指标要有所规定，通常要求是：色泽一致、无异味、无异臭、无结块和无霉变外观等。

2. 毒理学指标　是根据毒理学原理和检测结果规定的饲料中有毒有害物质的限量标准。主要包括饲料中的天然有毒物质或在某种情况下由饲料正常成分形成的有毒物质、霉菌毒素、各种残留农药、有毒金属元素及其他化学性污染等，对于这些有毒有害成分，应规定一定的允许含量。

3. 生物性指标　包括各种生物性污染物，其中主要是霉菌和细菌的数量。判定饲料是否霉变不能仅凭感官鉴定，还应对污染饲料的霉菌和细菌有明确的定量规定，如霉菌总数、细菌菌落总数、大肠菌群、金色葡萄球菌的数量等。这些指标可说明饲料的清洁程度、饲料变质可能性的大小、饲料被动物粪便污染的程度和肠道致病菌存在的可能性。

四、饲料卫生标准的执行

饲料卫生标准一般仅就影响饲料卫生与安全质量的主要因素做了规定，但是饲料卫生安全工作者在贯彻执行中所遇到的问题是非常具体。因此在执行过程中，应注意如下几方面工作。

1. **加强标准的宣传贯彻** 标准发布后，标准文本应及时发行、传递畅通，使各级饲料质检机构和基层单位及时获得标准文本。要利用各种途径和方式积极宣传严格执行饲料卫生标准的重要性，使饲料生产者、经营者自觉地按标准要求组织生产和控制购销产品的卫生与安全质量。特别是要及时在饲料质检部门和执法部门进行宣传贯彻，使这些部门的人员能及时准确地了解标准的内容，做好检测、监督执法工作。

2. **执行饲料卫生标准要与产品质量监督工作结合** 产品质量监督是贯彻标准的重要手段，标准是进行质量监督的主要依据，二者相互联系，相互促进。国家及各地开展饲料产品质量统检与抽检工作时，要将产品质量监督检验与饲料卫生标准的宣传贯彻结合起来，强调把卫生指标作为判定产品合格与否的重要指标。

3. **及时解决贯彻实施标准中的一些具体问题** 例如，在饲料卫生与安全监督检测中，标准试剂起着非常重要的作用，而目前在饲料卫生与安全监测中存在标准试剂缺乏或标准试剂质量差的问题，这在地方各级饲料质检机构中更为突出，不少卫生与安全指标项目因无标准试剂而无法检测。因此建议有关主管部门设立专门机构或指定某一机构（如国家级饲料质检机构）对标准品集中供给和管理，或者负责提供标准品来源信息。

第二节 饲料和饲料添加剂管理

饲料和饲料添加剂涉及肉、蛋、奶等动物产品的安全卫生，加强管理十分必要。各国对饲料及饲料添加剂的管理制定了一系列的管理办法和措施。我国也于1999年5月18日国务院第17次常务会议通过了《饲料和饲料添加剂管理条例（草案）》（以下称条例），就饲料的管理范围、对象、制度进行明确规定。本节仅就我国的饲料与饲料添加剂管理方面进行阐述，各种饲料和饲料添加剂的卫生与安全问题，见相关章节。

一、管理范围

凡在中华人民共和国境内从事饲料、饲料添加剂生产、经营、质量监督和行政处罚等行为应当遵守本《条例》。

二、管理对象

饲料的范围很广泛。从解决实际问题考虑，《条例》只管理工业化加工、制作的饲料，不包括玉米、高粱等饲料原粮，苜蓿等饲料作物和植物秸秆等农家自制自用饲料。据此，《条例》规定：本条例所称的饲料，是指经工业化加工、制作的供动物食用的饲料，包括单一饲料、添加剂预混合饲料、浓缩饲料、配合饲料和精料补充料。饲料添加剂是饲料管理的重点，《条例》规定：本条例所称的饲料添加剂，是指在饲料加工、制作、使用过程中添加的少量或者微量物质，包括营养性饲料添加剂和一般饲料添加剂。饲料添加剂的品种目录由国务院农业行政主管部门即农业部制定并公布。其目的就是通过规范饲料添加剂生产、经营、使用的种类和品种，保证饲料添加剂的安全、有效和不污染环境。

为加强饲料添加剂的管理，根据《饲料和饲料添加剂管理条例》的规定，农业部根据饲料工业的发展情况，先后公布了不同版本的《饲料添加剂品种目录》。2006年5月31日农业部发布了第658号公告，重新公布了《饲料添加剂品种目录（2006）》，具体见表9-1。

表9-1 饲料添加剂品种目录（2006）

类 别	通 用 名 称	适用范围
氨基酸	L-赖氨酸盐酸盐、L-赖氨酸硫酸盐*、DL-蛋氨酸、L-苏氨酸、L-色氨酸	养殖动物
	蛋氨酸羟基类似物、蛋氨酸羟基类似物钙盐	猪、鸡和牛
	N-羟甲基蛋氨酸钙	反刍动物
维生素	维生素A、维生素A乙酸酯、维生素A棕榈酸酯、硫胺素（维生素B_1）、核黄素（维生素B_2）、盐酸吡哆醇（维生素B_6）、维生素B_{12}（氰钴胺）、L-抗坏血酸（维生素C）、L-抗坏血酸钙、L-抗坏血酸-2-磷酸酯、维生素D_3、α-生育酚（维生素E）、α-生育酚乙酸酯、亚硫酸氢钠甲萘醌（维生素K_3）、二甲基嘧啶醇亚硫酸甲萘醌*、亚硫酸烟酰胺甲萘醌*、烟酸、烟酰胺、D-泛酸钙、DL-泛酸钙、叶酸、D-生物素、氯化胆碱、肌醇、L-肉碱盐酸盐	养殖动物
矿物元素及其络合物	氯化钠、硫酸钠、磷酸二氢钠、磷酸氢二钠、磷酸二氢钾、磷酸氢二钾、轻质碳酸钙、氯化钙、磷酸氢钙、磷酸二氢钙、磷酸三钙、乳酸钙、七水硫酸镁、一水硫酸镁、氧化镁、氯化镁、六水柠檬酸亚铁、富马酸亚铁、三水乳酸亚铁、七水硫酸亚铁、一水硫酸亚铁、一水硫酸铜、五水硫酸铜、氧化锌、七水硫酸锌、一水硫酸锌、无水硫酸锌、氯化锰、氧化锰、一水硫酸锰、碘化钾、碘酸钾、碘酸钙、六水氯化钴、一水氯化钴、硫酸钴、亚硒酸钠、蛋氨酸铜络合物、甘氨酸铁络合物、蛋氨酸铁络合物、蛋氨酸锌络合物、酵母铜*、酵母铁*、酵母锰*、酵母硒*	养殖动物
	烟酸铬#、酵母铬*、蛋氨酸铬*、吡啶甲酸铬（甲基吡啶铬）*#	生长肥育猪
	硫酸钾、三氧化二铁、碳酸钴、氧化铜	反刍动物
	碱式氯化铜*#	猪和鸡
酶制剂	淀粉酶（产自黑曲霉、解淀粉芽孢杆菌、地衣芽孢杆菌、枯草芽孢杆菌）、纤维素酶（产自长柄木霉、李氏木霉）、β-葡聚糖酶（产自黑曲霉、枯草芽孢杆菌、长柄木霉）、葡萄糖氧化酶（产自特异青霉）、脂肪酶（产自黑曲霉）、麦芽糖酶（产自枯草芽孢杆菌）、甘露聚糖酶（产自迟缓芽孢杆菌）、果胶酶（产自黑曲霉）、植酸酶（产自黑曲霉、米曲霉）、蛋白酶（产自黑曲霉、米曲霉、枯草芽孢杆菌）、支链淀粉酶（产自酸解支链淀粉芽孢杆菌）、木聚糖酶（产自米曲霉、孤独腐质霉、长柄木霉、枯草芽孢杆菌*、李氏木霉*）、半乳甘露聚糖酶（产自黑曲霉和米曲霉）*	指定的动物和饲料
微生物	地衣芽孢杆菌*、枯草芽孢杆菌、双歧杆菌*、粪肠球菌、屎肠球菌、乳酸肠球菌、嗜酸乳杆菌、干酪乳杆菌、乳酸乳杆菌*、植物乳杆菌、乳酸片球菌、戊糖片球菌*、产朊假丝酵母、酿酒酵母、沼泽红假单胞菌	指定的动物
	保加利亚乳杆菌#	猪和鸡
非蛋白氮	尿素、碳酸氢铵、硫酸铵、液氨、磷酸二氢铵、磷酸氢二铵、缩二脲、异丁叉二脲、磷酸脲	反刍动物
抗氧化剂	乙氧基喹啉、丁基羟基茴香醚（BHA）、二丁基羟基甲苯（BHT）、没食子酸丙酯	养殖动物
防腐剂、防霉剂和酸化剂	甲酸、甲酸铵、甲酸钙、乙酸、双乙酸钠、丙酸、丙酸铵、丙酸钠、丙酸钙、丁酸、丁酸钠、乳酸、苯甲酸、苯甲酸钠、山梨酸、山梨酸钠、山梨酸钾、富马酸、柠檬酸、酒石酸、苹果酸、磷酸、氢氧化钠、碳酸氢钠、氯化钾、碳酸钠	养殖动物
着色剂	β-胡萝卜素、辣椒红、β-阿朴-8'-胡萝卜素醛、β-阿朴-8'-胡萝卜素酸乙酯、β-胡萝卜素-4,4-二酮（斑蝥黄）、叶黄素*、天然叶黄素（源自万寿菊）	家禽
	虾青素	水产动物

(续)

类 别	通 用 名 称	适用范围
调味剂和香料	糖精钠、谷氨酸钠、5'-肌苷酸二钠、5'-鸟苷酸二钠、血根碱、食品用香料	养殖动物
黏结剂、抗结块剂和稳定剂	α-淀粉、三氧化二铝、可食脂肪酸钙盐*、硅酸钙、硬脂酸钙、甘油脂肪酸酯、聚丙烯酸树脂Ⅱ、聚氧乙烯20、山梨醇酐单油酸酯、丙二醇、二氧化硅、海藻酸钠、羧甲基纤维素钠、聚丙烯酸钠*、山梨醇酐脂肪酸酯、蔗糖脂肪酸酯、焦磷酸二钠*、单硬脂酸甘油酯*	养殖动物
	丙三醇*	猪、鸡和鱼
多糖和寡糖	低聚木糖（木寡糖）#	蛋鸡
	低聚壳聚糖#	猪和鸡
	半乳甘露寡糖#	猪、肉鸡和兔
	果寡糖、甘露寡糖	养殖动物
其他	甜菜碱、甜菜碱盐酸盐、天然甜菜碱、大蒜素、聚乙烯聚吡咯烷酮（PVP）、山梨糖醇、大豆磷脂、天然类固醇萨洒皂角苷（源自丝兰）、二十二碳六烯酸*、半胱胺盐酸盐#	养殖动物
	糖萜素（源自山茶子饼）、牛至香酚*	猪和家禽
	乙酰氧肟酸	反刍动物

注："*"为已经获得进口登记证的饲料添加剂，在中国境内生产带"*"的饲料添加剂需办理新饲料添加剂证书；
"#"为2000年10月后批准的新饲料添加剂。

三、管理制度

管理制度是管理的核心，本《条例》主要有以下几项具体管理制度。

1. 新饲料和新饲料添加剂的审定公布制度　《条例》规定：新研制的饲料、饲料添加剂，在投入生产前，研制者、生产者必须向国务院农业行政主管部门提出新产品审定申请，经国务院农业行政主管部门指定的检测机构检验和饲喂试验后，由全国饲料评审委员会根据检测结果和饲喂试验结果，对该新产品的安全性、有效性及其对环境的影响进行评审。评审合格的，由国务院农业行政主管部门发给新饲料、新饲料添加剂证书，并予以公布。

2. 首次进口饲料和饲料添加剂的登记制度　《条例》借鉴外国的成功经验，规定：首次进口饲料、饲料添加剂的，应当向国务院农业行政主管部门申请登记，并提供该饲料、饲料添加剂的样品和相应的资料。经审查确认安全、有效、不污染环境的，由国务院农业行政主管部门颁发产品登记许可证。

3. 饲料添加剂和添加剂预混合饲料的生产许可证制度　《条例》规定：生产饲料添加剂、添加剂预混合饲料的企业，经省、自治区、直辖市人民政府饲料管理部门审核后，由国务院农业行政主管部门颁发生产许可证。

4. 饲料添加剂和添加剂预混合饲料的批准文号制度　《条例》规定：生产饲料添加剂和添加剂预混合饲料的企业取得生产许可证后，由省、自治区、直辖市人民政府饲料管理部门核发饲料添加剂、添加剂预混合饲料产品批准文号。

5. 饲料和饲料添加剂生产记录和产品留样观察制度　由于饲料直接关系动物的安全生产和人身健康，为了调查取证的需要，《条例》规定：生产饲料、饲料添加剂的企业，应当按照产品标准组织生产，并实行生产记录和产品留样观察制度。

6. 标签制度　《条例》规定：饲料、饲料添加剂的包装物上应当附具标签。标签应当以中文或者适当符号标明产品的名称、原料组成、产品成分分析保证值、净重、生产日期、保质期、厂名、厂址和产品标准代号。

7. 禁止事项

（1）禁止经营无产品质量标准、无产品质量合格证、无生产许可证和无产品批准文号的饲料、饲料添加剂。

（2）禁止生产、经营停用、禁用或淘汰的饲料、饲料添加剂以及未经审定公布的饲料、饲料添加剂。

（3）禁止经营未经国务院农业行政主管部门登记的进口饲料、进口饲料添加剂。

（4）禁止对饲料、饲料添加剂作预防或者治疗动物疾病的说明或者宣传；但是，饲料中加入药物饲料添加剂的，可以对所加药物饲料添加剂的作用加以说明。

（5）禁止生产、经营假劣饲料和饲料添加剂。

8. 质量监督抽查制度　为了加强质量监督，《条例》规定：国务院农业行政主管部门根据国务院产品质量监督管理部门制定的全国产品质量监督抽查工作规划，可以进行饲料、饲料添加剂质量监督抽查，但是不得重复抽查。县级以上人民政府饲料管理部门根据饲料、饲料添加剂质量监督抽查计划，可以组织对饲料、饲料添加剂进行监督抽查，并会同同级质量监督管理部门公布抽查结果。

9. 法律责任　依据《刑法》和《行政处罚法》等法律规定，本《条例》规定的法律责任有：责令停止生产、经营，没收非法产品和违法所得，处以违法所得1~5倍罚款，收缴或吊销生产许可证、产品批准文号、进口登记许可证。构成犯罪的，依法追究刑事责任等。违反本条例规定，将由饲料行政主管部门依法处罚。

第三节　动物源性饲料安全卫生管理

动物源性饲料是畜、禽、水产等动物饲料的重要原料，具有蛋白质含量丰富及生物学价值高等特点，被饲料生产企业和广大养殖者广为利用。但是动物性饲料也存在许多卫生与安全问题。为此，我国制定了《动物源性饲料产品安全卫生管理办法》（以下称《办法》）。本节仅就我国颁布的《办法》的内容进行阐述。

一、管理对象

《办法》规定：动物源性饲料产品是指以动物或动物副产物为原料，经工业化加工、制作的单一饲料。直接作为饲料饲喂的肉类、鱼类、动物副产品不在我国制定的《办法》的管理范围之内。动物源性饲料产品目录由农业部发布，目前已随办法发布，并在执行过程中将根据实际情况进行不定期的修订。

农业部发布的动物源性饲料产品目录，主要包括以下品种：

（1）肉粉（畜和禽）、肉骨粉（畜和禽）。

（2）鱼粉、鱼油、鱼膏、虾粉、鱿鱼肝粉、鱿鱼粉、乌贼膏、乌贼粉、鱼精粉、干贝精粉。

（3）血粉、血浆粉、血球粉、血细胞粉、血清粉、发酵血粉。

（4）动物下脚料粉、羽毛粉、水解羽毛粉、水解毛发蛋白粉、皮革蛋白粉、蹄粉、角粉、鸡杂粉、肠黏膜蛋白粉、明胶。

（5）乳清粉、乳粉、巧克力乳粉、蛋粉。

（6）蚕蛹、蛆、卤虫卵。

（7）骨粉、骨灰、骨炭、骨制磷酸氢钙、虾壳粉、蛋壳粉、骨胶。

（8）动物油渣、动物脂肪、饲料级混合油。

二、动物源性饲料产品安全卫生合格证管理制度

我国制定的《办法》明确规定，在本办法施行之日起6个月内，生产企业必须办理《动物源性饲料产品生产安全卫生合格证》。把实行《动物源性饲料产品生产企业安全卫生合格证》制度，作为生产企业确立的前置条件，并从厂房的设备设施、生产环境、生产工艺条件、技术力量、质检机构、污染防治措施等6个方面设定了具体标准，从而使生产企业的设立"门槛"有所提高，目的就是规范动物源性饲料产品的生产企业和企业的生产行为，使真正有实力有条件的企业从事相关生产，避免出现普通饲料生产低水平运行的状况，可以从源头上保证动物源性饲料产品生产过程的绝对安全卫生。

三、动物源性饲料产品的使用对象

《办法》明确规定，除乳及乳制产品外，禁止在反刍动物饲料中使用动物源性饲料产品。

目前，我国动物源性饲料产品主要用于非反刍动物。在发达国家中，由于动物源性饲料产品来源较多，质优价廉，以及集约化饲养程度较高，大量肉骨粉等成为反刍动物的饲料来源。然而由此造成的疯牛病等重大动物疫病使各国政府不得不对其安全问题进行重新审视。虽然我国在反刍动物生产中基本不使用或者很少使用动物源性饲料产品，并且也没有出现一些发达国家已经出现的对反刍动物和人类本身造成致命危害的重大人畜疫病（因食物链传播），但是，随着反刍家畜生产方式的改变，用于牛、羊生产的饲料需求量必将大幅度增加，并最终走向工厂化生产。《办法》明令禁止在反刍动物饲料中使用动物源性饲料产品，从立法上做到了防患于未然，对于从源头上保证反刍动物安全生产、人类身体健康和社会安定具有现实意义和深远的历史意义。

四、监督管理

负责动物源性饲料产品卫生安全监督管理的职能部门是农业部和县级以上地方人民政府饲料管理部门。

农业部在动物源性饲料产品安全卫生管理的主要职责：一是制定管理办法和其他规范性文件，并指导监督省级饲料管理部门开展动物源性饲料产品安全卫生管理工作，对从事《动物源性饲料产品生产企业安全卫生合格证》审核的评审员进行培训；二是根据动物疫情，发布禁止（或解禁）某些动物源性饲料产品生产、经营和使用的公告，宣布禁止进口（或出口）可能传播动物疫病或存在质量安全问题的动物源性饲料产品或含有动物源性饲料产品的其他饲料产品；三是办理进口动物源性饲料产品登记手续，核发《登记许可证》；四是制定相关产品的质量标准、检测方法标准和安全卫生标准；五是对涉及动物源性饲料产品安全卫生管理的重大案件和跨省（市、

区）大要案进行督查，下达全国动物源性饲料产品质量安全检测计划并组织实施。

县级以上地方人民政府饲料管理部门负责本行政区域内动物源性饲料产品的管理工作。省级饲料管理部门主要负责《动物源性饲料产品生产企业安全卫生合格证》的审核发放工作，并对县、市饲料管理部门进行指导，查处重大案件和协调督查跨地区案件，制定并组织实施动物源性饲料产品质量监督检测计划。县市级饲料管理部门负责本辖区的动物源性饲料产品的生产、经营、使用等管理工作。

与其他饲料产品相比，动物源性饲料产品的安全卫生对环境和生产条件要求更高，加之原料来源的复杂性，很容易在生产环节出现安全质量问题，因此除了生产企业必须按生产工艺组织生产和严格质量管理外，还要求行政管理部门必须加大管理力度。因此，《办法》规定在实行法定备案制度的基础上，饲料管理部门要不定期地对生产企业进行现场检查。各级饲料管理部门就可以从实际出发，在不妨碍企业正常生产经营活动的前提下，通过现场检查，及时发现生产企业生产条件发生重大变化、存在严重安全隐患或产品质量安全等重大问题，按程序经过调查，及时处理和解决有关问题，可以尽可能地降低因产品安全卫生问题而产生的不利影响，保证产品安全卫生和人民身体健康，保障社会安定。

《办法》除了规定可以依照《饲料和饲料添加剂管理条例》对违反有关规定的行为进行处罚外，还增设了对违反《动物源性饲料产品生产企业安全卫生合格证》的处罚条款。对生产企业违反《动物源性饲料产品生产企业安全卫生合格证》违法行为的处罚力度加强。《办法》规定对通过欺骗、贿赂、买卖、转让、租借、未取得或冒领、伪造等违法行为取得、使用《动物源性饲料产品生产企业安全卫生合格证》的，处以罚款、撤销合格证，3年内不予办理合格证。

第四节 饲料标签的设计与标准

饲料标签是以文字、图形、符号等说明饲料和饲料添加剂等产品的质量、数量、特性、使用方法及其他内容的一种信息载体，是饲料生产者对产品质量信誉做出的一种承诺。我国颁布了《饲料标签》标准，并且规定与《饲料卫生标准》同列为强制性标准。实行饲料标签管理是《饲料和饲料添加剂管理条例》规定的一项重要管理制度。本节就我国颁布的《饲料标签》标准进行介绍。

一、饲料标签的重要意义和作用

（1）饲料标签是饲料生产和经营者对自己生产和经营的产品质量向社会和用户做出的承诺，也称明示担保。市场经济是以诚信为基础的，所有产品的生产者和经营者都应对自己提供给社会的产品和服务提供质量保证承诺，并实际兑付自己的承诺。

（2）饲料标签是生产者展示自己产品质量特性的重要手段。《饲料标签》标准只规定了标签中应标注条款的项目要求，而产品成分分析保证值的具体数值、产品形态、保质期和特殊标注说明、使用说明等都由生产企业根据自己产品的特点自行标注。企业可以在这些部分充分展示产品的技术指标特点。用户可以从产品的标签上了解饲料产品的质量性状，并能科学地使用，保证让产品发挥最大的功能，让用户获得最大的效益。

（3）饲料标签是饲料用户识别所购产品特性、正确使用产品及对产品争议请求仲裁的依据。

饲料标签上的描述是用户对其产品进行了解、检验、接收和使用的依据,如果发生产品使用上的问题,饲料标签就是进行仲裁检验和判定的重要依据之一。

(4) 饲料标签是国家执法检查机构对饲料产品质量进行检查的依据。

二、饲料标签设计的基本原则与要求

(一) 基本原则

1. 合法性　要求标签的内容必须符合《饲料标签》标准及国家有关法律、法规的规定,如标准化法及其配套法规、计量法、商标法等。

2. 科学性　指标签上的文字、图形符号要使用户容易理解,清晰、规范、直观易懂。

3. 真实性　指标签上所标注的内容必须真实,要客观、实事求是地描述,不允许有意或无意的与饲料内容不符的虚假宣传或夸大宣传;不得夸大饲料的实际作用;不得使用不具备参比对象的百分数等。

(二) 基本要求

1. 料签一起　要求标签不得与包装物分离。可以悬挂或缝制在包装袋口,瓶装产品可粘贴在瓶壁上,散装产品标签要随发货单传送。

2. 结实清晰　要求保证当产品到达用户手中时,其标签的内容仍清晰易辨。因而要求标签的材质耐用,印刷的文字、图形牢固,不脱落。

3. 文字规范　指标签上使用的文字、符号、术语、代号要规范。文字包括汉字、拼音和外文。汉字要符合1986年根据国务院批示由国家语言文字工作委员会重新发表的《简化字总表》所收录的简化字;1988年3月由国家语言文字工作委员会和新闻出版署发布的《现代汉语通用字表》中收录的汉字。标签上不可以使用繁体字,也不可以使用自撰的简化字。当需要使用有对应关系的汉语拼音及其他文字,必须与汉字同时使用,不能单独使用汉语拼音和其他文字。术语要规范,如"粗蛋白质"不要写"粗蛋白";计量单位的符号应小写时,不要大写。要符合《饲料工业通用术语》(GB/T 10647)和《饲料加工设备术语》(GB/T 18695)这两个标准。

4. 单位法定　即规定标签上使用的计量单位必须是法定计量单位。法定计量单位系指国家以法令形式规定允许使用的单位。质量的法定计量单位一般采用克(g)、千克(kg)、吨(t);体积单位用微升(μL)、毫升(mL)、升(L),不可以用已废除的市制、英制等单位如"市斤"、"磅"、"市升"作为质量和体积单位。过去常用的表示质量分数或体积分数的 ppm (10^{-6},表示百万分之一)、ppb (10^{-9},表示千百万分之一,英国和法国则为 10^{-12}) 不是单位而是英文缩写词头,也不再使用。表示某物质在饲料中的含量:常量,一般以质量百分数表示,如粗蛋白质含量为20%;微量,本标准规定以每千克饲料中含某物质的质量表示。如表示某预混料中某元素的含量,可写作:每千克产品中含某元素为××mg。如表示配合饲料中药物饲料添加剂含量,可写作:每千克饲料中含盐酸氨丙啉××mg(系指药物有效成分含量)。如表示饲料中有害物质的含量,可写作:每千克饲料中含霉菌总数为10亿个。我国饲料行业曾以"mg/kg"代替"ppm",表示某微量物质在饲料中的含量(质量分数)。但这种表示是有缺陷的,首先,"mg/kg"不是法定计量单位的组合单位,实则仍为质量分数,其次,会误以为是毫克每千克体重,尤其是表示药物含量,很容易让人理解为每千克动物体重的给药量。参考国外饲料标签计量单位的各种标注方法，经慎重研究决定：今后对饲料中微量物质的含量，不再用 ppm 和 mg/kg 表示，而采用每千克饲料中含多少毫克（或微克）某物质来表示。当然，更规范的表示方法应该是 $\times 10^{-6}$，但缺点是不直观。采用每千克饲料中含有某物质多少毫克，十分直观和易于理解，也避免了对单位含意产生误解的问题。

5. 专签专用　要求一个标签只标示一个饲料产品，一个饲料产品系指采用同一个标准生产的、其各项指标符合所执行标准要求的单一产品。如果数个产品为同一个标准编号，则每个产品都应有自己相应的标签。不允许各项指标不同的饲料产品使用同一个标签。即一个标签仅提供给用户该产品的信息，如一个标签标注数个产品会造成混淆，而导致用户弄不清手中的产品是标签上的哪一个。尤其是加入了药物饲料添加剂的产品，多个产品是无法按要求标注的。

三、饲料标签的主要内容

《饲料标签标准》是国家强制执行的标准，所有饲料产品都要有饲料标签。饲料标签标示的内容主要包括：

（1）应标有"本产品符合饲料卫生标准"字样。所有饲料标签上都应标有"本产品符合饲料卫生标准"字样，以明示该产品符合国家强制性《饲料卫生标准》的规定。

（2）原料组成：即表明加工饲料产品使用的主要原料名称以及添加剂、载体、稀释剂的名称。如玉米、植物油饼粕、麸皮、鱼粉、磷酸氢钙、赖氨酸、蛋氨酸、维生素、微量元素等。另外，在饲料中起重要作用的添加剂原料（如硒原料），用来替代某种营养成分的特殊替代品（如尿素）或用于诱发畜禽特殊生理功能的物品（如调味剂）均应作为添加剂，在原料组成中予以标明。各种原料的名称，一般应以具体名称标出，如玉米、豆粕。若配方中某些原料常有替代情况发生时，也可以原料种类标出，如谷物、植物油料饼粕等，但如果采用的原料含有毒有害物质时，则必须标示具体品名，如棉子饼粕、皮革蛋白粉等。

（3）产品名称：产品名称应当采用能表明饲料、饲料添加剂本身固有性质和特征的名称命名，应符合《饲料工业通用术语》（GB/T 10647）中的有关定义。如"配合饲料"不得称"全价配合饲料"、"浓缩饲料"不得称"超级浓缩饲料"、"料精"或"活性×××"等。有商品名的可同时标示商品名。

需要指明饲喂对象和饲喂阶段的必须在饲料名称中予以表明。如"产蛋鸡配合饲料"、"种鸡配合饲料"、"肉鸡配合饲料"不能笼统称为"配合饲料"。已有产品标准的饲料、饲料添加剂，其名称应与产品标准一致，不得使用独创名称或广告性名称，不得在名称中随意加修饰语。

（4）产品成分分析保证值：产品成分分析保证值体现产品的内在质量特征。生产者应根据规定的保证值项目，对其产品成分作出明示承诺和保证。保证在保质期内，采用规定的分析方法均能分析得到符合标准的产品成分值。标签上应按《饲料标签》中所列项目标示，其数值必须完全按产品标准中的数值标示。粗蛋白质、粗纤维、粗脂肪、粗灰分、总磷、钙、食盐、水分、各种氨基酸的含量，以百分数（%）表示；微量元素的含量以每千克饲料中含有某些元素的量来表示（如 mg 或 μg）；药物饲料添加剂和维生素的含量以药物或维生素的量，或以表示药物生物效价的国际单位表示（如 mg、μg 或 IU）；有毒有害物质的含量以每千克饲料中含有毒有害物质的量或个数表示（如 mg、μg 或细菌个数）。一般粗蛋白质、粗脂肪、氨基酸有效成分含量等，用"不低于"表示范围；粗纤维、粗灰分、水分、有毒有害物质用"不高于"表示范围；总磷、钙、食盐等用幅度范围表示，如0.6%~0.9%。需要指出的是，"产品成分分析保证值"是最低保证。因而生产者必须充分考虑某些成分在加工、运输储存过程中的损失（如脂肪、蛋白质、维生素），以及某些成分在特定的环境下可能增加（如水分），而采取必要的措施予以保证。

（5）产品标准编号：标签上应标明生产该产品所执行的标准编号。由标准的代号、发布顺序号和年代号3部分组成。可以是国家标准、行业标准或经质量监督管理部门审查备案的企业标准。

（6）加有药物饲料添加剂的饲料产品必须标注"含有药物饲料添加剂"，并标明准确含量、配伍禁忌和停药期。在饲料中添加药物饲料添加剂的，必须按农业部公布的饲料药物添加剂使用规范，严格执行规定的剂量、配伍禁忌和休药期等要求。标签上必须标明"含有药物饲料添加剂"字样，字体醒目，标示在产品名称下方。另外，还应标明添加药物的法定名称、在饲料中的准确含量、配伍禁忌、停药期及其他注意事项等。

（7）有详细的厂名、厂址、邮编、电话、生产日期和产品保质期。标签必须标明与生产企业的营业执照一致的生产者的名称和详细地址、邮政编码和联系电话。进口产品必须用中文标明原产国名、地区名等。

饲料、饲料添加剂为限期使用的产品，必须在标签上标明生产日期和保质期。生产日期采用国际通用表示方法，如2003—06—01，表示2003年6月1日生产。年号后留空格可加班次批号等，也可直接标注2003年6月1日。保质期是指在规定的储存条件下，保证饲料、饲料添加剂产品质量的期限。在此期限内，产品的成分、外观等应符合该产品生产所执行标准的各项质量指标要求，也符合饲料、饲料添加剂卫生标准的要求。保质期可根据国家标准规定确定，没有规定的，生产者可视产品的特性，经科学试验确定。在标签上要注明储存条件和储存方法。保质期用××个月或××天表示。

（8）饲料添加剂和添加剂预混料产品须标明生产许可证号、产品批准文号。进口饲料和饲料添加剂须标明进口产品登记许可证号。实施生产许可证和产品批准文号管理的产品，如饲料添加剂、添加剂预混合饲料的标签，应当注明有效的产品批准文号和生产许可证号。

（9）要标示每个包装物中的净含量（净重）。应在标签的显著位置标明每个包装物中的净重，散装运输的饲料、饲料添加剂应标明每个运输单位的净重。要以国家法定计量单位表示，如克（g）、千克（kg）或吨（t）。若内装物为液体的则应标注"净含量"。

（10）产品使用说明：添加剂预混合饲料、浓缩饲料和精料补充料，应给出相应配套的推荐配方或使用方法及其他注意事项。饲料添加剂产品，则必须注明使用方法和注意事项。

（11）在标签上应有出厂检验合格证。

四、饲料标签标准的执行

1. 加强对《饲料标签标准》的学习、宣传和培训　各级饲料主管部门、质量技术监督部门应采取举办培训班等多种措施认真组织饲料生产企业学习《饲料和饲料添加剂管理条理》、《产品质量法》、《饲料药物添加剂使用规范》等法律、法规，加大宣传《饲料标签》强制性标准的力度，让企业深刻理解《饲料标签》的重要性、必要性和强制性。

2. 企业要认真贯彻执行《饲料标签标准》 生产企业在设计制作标签时，应指派精通饲料、养殖专业技术、熟悉《饲料标签》标准（GB 10648—1999）内容和相关法律、法规的技术人员，严格按照《饲料标签》标准规定的基本原则、要求以及标签标示的基本内容和方法制作。经过专家评审，职能部门严格审查、认可后，再付诸实施。同时，企业还要关注相关新标准和法律、法规的出台，并根据内容及时进行修订。

3. 行政职能部门要加大监督、管理力度 国家行政职能部门在加大《饲料标签》标准宣传贯彻力度的同时，一方面建立健全饲料生产企业饲料标签备案制度，对企业所有产品标签进行审查备案，对长期不生产的饲料品种进行销号处理；另一方面，对不符合《饲料标签》标准的产品要加大查处、处罚力度，严禁不合格《饲料标签》标准的产品在市场上销售，对整改不到位或拒不整改的生产企业，予以从重从严处罚。

本 章 小 结

《饲料卫生标准》是从保证饲料和动物性食品的安全性出发，对饲料中有毒有害物质及有害微生物以法律形式做出的统一规定。在制定饲料卫生标准时必须遵循实践原则、科学原则和技术配套原则，要从科学实验和调查研究2个方面进行，先进行动物毒性试验，根据实验结果和生产实际情况，最后确定允许量标准。饲料卫生指标一般包括感官指标、毒理学指标、生物性指标等3类。

《饲料和饲料添加剂管理条例》重点管理饲料添加剂，实行新饲料和新饲料添加剂审定公布制度、首次进口饲料和饲料添加剂的登记制度、饲料添加剂和添加剂预混合饲料的生产许可证制度、饲料添加剂和添加剂预混合饲料的批准文号制度、饲料和饲料添加剂生产记录和产品留样观察制度、标签制度、禁止事项、质量监督抽查制度，并明确了法律责任等。

我国制定的《动物源性饲料安全卫生管理办法》规定动物源性饲料产品生产企业实行安全卫生合格证制度；对进口动物源性饲料产品实行登记制度。还明确规定，除乳及乳制产品外，禁止在反刍动物饲料中使用动物源性饲料产品。

饲料标签是以文字、图形、符号等说明饲料和饲料添加剂等产品的质量、数量、特性、使用方法及其他内容的一种信息载体，是饲料生产者对产品质量信誉做出的一种承诺。饲料标签必须标明《饲料标签》标准规定的内容。

《饲料标签》标准与《饲料卫生标准》被我国列为强制性标准，也是我国饲料工业标准中唯一的2个强制性标准。

思 考 题

1. 在制定或修订《饲料卫生标准》时应考虑哪些因素？
2. 我国颁布的《饲料和饲料添加剂管理条例》规定实行哪些管理制度，管理重点对象是什么？
3. 生产动物源性饲料产品的企业应具备哪些条件？我国颁布的《动物源性饲料安全卫生管理办法》规定实行哪些管理制度，对动物源性饲料产品的使用对象有何规定？
4. 如何根据我国颁布的《饲料标签标准》进行标签设计，饲料标签应标明的内容有哪些？

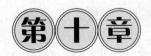

饲料卫生与安全检测方法

饲料卫生与安全质量检测是保证饲料原料和各种产品的卫生及安全质量的重要手段。饲料卫生与安全质量检测方法的选择，除了考虑检测结果的准确度和精密度外，还要考虑定量还是定性、分析速度及分析操作所需的技术含量等问题。最理想的检测方法应该是能定量、操作简单、快速。

第一节 饲料细菌学检测

细菌是影响饲料卫生与安全质量的重要因素，我国饲料卫生标准对饲料中细菌含量做出了规定，现将其检测方法介绍如下。

一、细菌总数检验

饲料中细菌总数实际上是指菌落总数。菌落总数是指 1g 或 1mL 检样，经过处理，在一定条件下培养后所得细菌菌落的总数。饲料中细菌总数的测定可参考 GB/T 13093—1991。

1. 检验程序　饲料中细菌总数的检验程序见图 10-1。

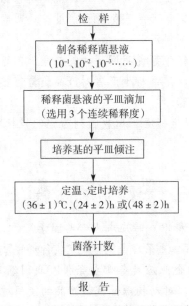

图 10-1　饲料中细菌总数的检验程序

2. 样品的采集

(1) 采集样品应及时送到微生物检验室，一般不应超过 3h；不需冷冻的样品保持在 1～5℃ 的环境中，勿使冻结，避免细菌遭受破坏；如需保持冷冻状态，则需保存在泡沫塑料隔热箱内（箱内有干冰可维持温度在 0℃ 以下，应防止反复冰冻和溶解）。

(2) 样品的处理：样品可采取如下方法进行处理。

①捣碎均质法：将 100g 或 100g 以上样品剪碎混匀，从中取 25g 放入带 225mL 稀释液的无菌均质杯中，8 000～10 000r/min 均质 1～2min，这是对大部分饲料样品都适用的方法。

②剪碎振摇法：将 100g 或 100g 以上样品剪碎混匀，从中取 25g 进一步剪碎，放入带有 225mL 稀释液和适量的（直径 5mm 左右）玻璃珠的稀释瓶中，盖紧瓶盖，用力快速振摇 50 次，振幅小于 40cm。

③研磨法：将 100g 或 100g 以上样品剪碎混匀，取 25g 放入无菌乳钵充分研磨后，再放入带有 225mL 无菌稀释液的稀释瓶中，盖紧瓶盖充分摇匀。

④整粒振摇法：有完整自然保护膜的颗粒状样品，可以直接称取 25g 样品置入带 225mL 无菌稀释液和适量玻璃珠的无菌稀释瓶中，盖紧瓶盖，用力快速振摇 50 次，振幅 40cm 以上。

⑤胃蠕动均质法：这是国外使用的一种新型均质样品的方法，将一定量的样品和稀释液放入无菌均质袋中，开机均质。均质器有一个长方形金属盒，其旁安有金属叶板，可打击塑料袋，金属叶板由一恒速马达带动，做前后移动而撞碎样品。

3. 样品的稀释及培养

(1) 在无菌操作条件下，称取 10.0g 样品（或 10mL 样品溶液），置于 100mL 灭菌的玻璃瓶（盛有小玻璃珠的生理盐水或其他稀释液）内，经振摇混匀成 1∶10 均匀稀释液。

(2) 用 1mL 灭菌吸管，吸取 1∶10 稀释液 1mL，置于 9mL 灭菌生理盐水或其他稀释液的试管内，振摇试管混匀成 1∶100 稀释液。

(3) 另取 1mL 灭菌吸管，按上项操作顺序作 10 倍递增稀释液，如此每递增稀释一次即换用 1 支 1mL 灭菌吸管。

(4) 根据对饲料样品污染情况的估计，选择 2～3 个适宜的稀释度（即 1∶100，1∶1 000……）分别再作 10 倍递增稀释，然后以吸取该稀释度的吸管，吸取 1mL 稀释液，置于灭菌平皿内，每个稀释度作 2 个平皿。

(5) 稀释液移入平皿后，应及时将约 15mL 冷却至 45℃ 的营养琼脂培养基，倾注入平皿中，并转动平皿使混合均匀。

(6) 待琼脂凝固后，翻转平皿，置于 37℃ 培养 24h 或 48h 后取出，计算平皿内菌落数目，将细菌菌落数乘以稀释倍数，即得每克样品（或每毫升溶液）所含菌落总数。

为了控制污染，在取样进行检验的同时，于工作台上打开一个琼脂平皿，其暴露时间与检样制备、稀释后和加入平皿时所暴露的最长时间相当，然后与加有检样的平皿一并置于 36℃ 恒温箱内培养，以了解检样在检验操作过程中有无受到来自空气的污染。

(7) 对照试验：加入平皿内的检样稀释液（特别是 10^{-1} 和稀释液），有时带有饲料颗粒。为了避免饲料颗粒与细菌菌落发生混淆，可作一检样稀释与琼脂混合的平皿，不经培养，而于 4℃ 环境中放置，以便在计数检样菌落时用作对照；也可在已溶化而保温于 44～46℃ 的琼脂中，按每 100mL 琼脂加 1mL 0.5％氯化三苯四氮唑（即 TTC）水溶液培养，如系饲料颗粒，不见变化；如为细菌，则生成红色菌落。配好的 TTC 应放在冷暗处保存以防受热与光照而发生分解。

4. 菌落计数方法　平皿内菌落计数时，可用肉眼观察，必要时用放大镜检查，以防遗漏。在记下各平皿内菌落数后，求出同稀释度的各平皿的平均菌落数。

从烘箱内取出平皿进行菌落计数时，先分别观察同一稀释度的两个平皿和不同稀释度的几个平板上菌落生长情况。平行试验的两个平板上菌落数应该接近，不同稀释度的几个平板上菌落数应与检样稀释液倍数成反比，即检样稀释倍数越大，菌落数越低，稀释倍数越小，菌落数越高。

5. 菌落计数

（1）平皿选择：选取菌落数在 30~300 之间的平皿作为菌落总数测定标准。一个稀释度使用两个平皿，应采用两个平皿内的菌落平均数。其中一个平皿有较大片状菌落生长时，则不宜采用，而应以无片状菌落生长的平皿作为该稀释度的菌落数。若片状菌落不到平皿的一半，而其余一半菌落分布又很均匀，则可以计算半个平皿后乘 2，以代表全平皿菌落数。

（2）根据稀释度计算菌落数：见表 10-1。

表 10-1　稀释度选择及菌落总数报告方式

例次	10^{-1}	10^{-2}	10^{-3}	两稀释倍数之比	菌落总数（个/g 或个/mL）	报告方式（个/g 或个/mL）
1	1 365	164	20	—	16 400	16 000 或 1.6×10^4
2	2 760	295	46	1.6	37 750	38 000 或 3.8×10^4
3	2 890	271	60	2.2	27 100	27 000 或 2.7×10^4
4	不可计数	4 650	513	—	513 000	510 000 或 5.1×10^5
5	27	11	5	—	270	270 或 2.7×10^2
6	不可计数	305	12	—	30 500	31 000 或 3.1×10^4

①应选择平均菌落数在 30~300 之间的稀释度，乘以稀释倍数报告之。

②若有两个稀释度，其生长之菌落数均在 30~300 之间，应视二者之比如何来决定，若其比例值小于 2，应报告其平均数；若大于 2，则报告其中较小的数字。

③若所有稀释度的平均菌落数均大于 300，则应按稀释度最高的平均菌落数乘以稀释倍数报告之。

④若所有稀释度的平均菌落数均小于 30，则应按稀释度最低的平均菌落数乘以稀释倍数报告之。

⑤若所有稀释度的平均菌落数均不在 30~300 之间，其中一大部分大于 300 或小于 30 时，则以最接近 30 或 300 的平均菌落数乘以稀释倍数报告之。

（3）菌落数的报告：菌落数在 100 以内时，按实有数报告；大于 100 时，采用 2 位有效数字，在 2 位有效数字后面的数值，以 4 舍 5 入方法计算，为了缩短数字后面的零数，也用 10 的指数来表示。

二、大肠菌群检验（发酵法）

大肠菌群系指一群在 37℃、24h 内能发酵乳糖产酸、产气的需氧或兼性厌氧革兰氏阴性无芽孢杆菌。饲料中大肠菌群数是以每 100mL（g）检样内大肠菌群最近似数（the most probable number，MPN）来表示。据此含义，所有饲料卫生标准中所规定的大肠菌群数均为 100mL（g）饲料内允许含有大肠菌群的实际数值，而不再以发现大肠菌群的最小样品限量（即大肠菌值）为报告标准，饲料中大肠菌群的测定可参考 GB/T 18869—2002。

大肠菌群检验方法如下。

1. 检验程序　大肠菌群检验程序见图 10-2。

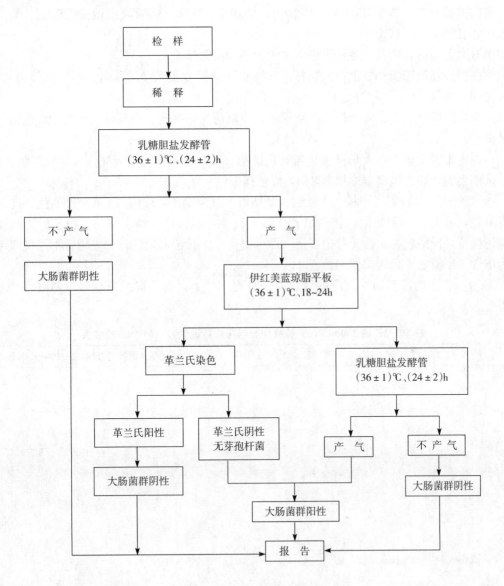

图 10-2　大肠菌群的检验程序

2. 样品的采集　在无菌操作条件下采集样品，并按要求及时送检。采样量及稀释倍数可以根据国家及当地卫生标准的要求和样品的污染情况而定。

3. 发酵试验 将被检样品接种于乳糖胆盐发酵管内，接种量在 1mL 以上，可以用双料乳糖胆盐发酵管；1mL 及 1mL 以下，可用单料乳糖胆盐发酵管。例如，将细菌总数检验中 1:10 稀释液 10mL 接种于双料乳糖胆盐发酵管内，将 1:100 稀释液 1mL 接种于单料乳糖胆盐发酵管内。每一稀释度接种 3 管，置于 35~37℃ 温箱内培养（24±2）h，如所有乳糖胆盐发酵都不产气，则可报告大肠菌群阴性，如有产气者，则应继续进行检验。

4. 分离培养 将产气的发酵管分别转种在麦康凯琼脂平板（也可采用伊红美蓝琼脂平板或远藤氏琼脂平板）上，置于 35~37℃ 温箱内，培养 18~24h，然后取出做菌落形态、革兰氏染色、镜检和乳糖复发酵试验。

如果有大肠菌群，则其在各种平板上呈现出不同菌落形态：

（1）在伊红美蓝琼脂平板上：大肠杆菌呈浅蓝黑具有金属光泽的菌落；产气杆菌为灰棕色、稍黏、无闪光菌落。

（2）在远藤氏平板上：大肠杆菌呈紫铜色，小菌落呈扁平状；产气杆菌为淡粉红色菌落，鼓起、稍黏。

（3）在麦康凯平板上：大肠杆菌呈粉红色菌落；1.5~2mm 的产气杆菌，呈粉红色大菌落，稍黏、菌落突起，如在室温继续培养 24h，红色褪去。

5. 复发酵试验 在上述平板上，挑起大肠菌群可疑菌落 1~2 个进行革兰氏染色，同时接种乳糖发酵管，置于 35~37℃ 恒温箱内培养（24±2）h，观察产气情况。凡乳糖发酵管产酸、产气，并镜检革兰氏染色为阴性无芽孢杆菌，即可报告为大肠菌群阳性；如乳糖管不产气或革兰氏染色为阳性，则报告为大肠菌群阴性。

6. 报告 以大肠菌群阳性反应的管数，查对表 10-2 大肠菌群最近似数（MPN）检索表，作出报告。

表 10-2 每 100mL（g）检样中大肠菌群最近似数（MPN）检索表

10mL (g) ×3	1mL (g) ×3	0.1mL (g) ×3	0.01mL (g) ×3	大肠菌群最近似数（个/100mL 或个/100g）
0	0			0
0	1			3
0	2			6
0	3			10
1	0			4
1	1			7
1	2			12
1	3			16
2	0			9
2	1			15
2	2			20
2	3			30
3	0			25
3	1			45
3	2			110

（续）

10mL (g) ×3	1mL (g) ×3	0.1mL (g) ×3	0.01mL (g) ×3	大肠菌群最近似数（个/100mL 或个/100g）
3	3			250
	0	0		0
	0	1		30
	0	2		60
	0	3		100
	1	0		40
	1	1		70
	1	2		120
	1	3		160
	2	0		90
	2	1		150
	2	2		200
	2	3		300
	3	0		250
	3	1		450
	3	2		1 100
	3	3		2 500
		0	0	0
		0	1	300
		0	2	600
		0	3	1 000
		1	0	400
		1	1	700
		1	2	1 200
		1	3	1 600
		2	0	900
		2	1	1 500
		2	2	2 000
		2	3	3 000
		3	0	2 500
		3	1	4 500
		3	2	11 000
		3	3	25 000

注：亦可参照大肠杆菌的 MPN。

如果样品出现 10mL（1∶10 稀释液）检样管 1 支或 1mL（1∶100 稀释液）检样管 1 支为阳性管，则均属符合标准。若发现有 2 管以上同时为阳性管者，均为超过标准。

三、沙门菌检验

沙门菌属在普通显微镜下或普通营养培养基中不能与大肠杆菌区分，需要专门程序进行检验。包括增菌培养，分离培养、三糖铁琼脂斜面鉴别，生化试验和血清试验。饲料中沙门菌的测定可参考 GB/T 13091—2001。

(一) 增菌培养

以无菌操作取样品 10.0g，接种于 90mL 亚硒酸胱氨酸增菌液中（瓶内盛有适当数量的玻璃珠），于 37℃ 培养箱中培养 20~24h。

(二) 分离培养

将经培养的增菌液划线接种于远藤氏琼脂（或 HE 琼脂）及 SS 平板，经 37℃ 培养 24h（SS 平板需培养 48h），观察有无可疑沙门菌菌落。如有可疑特征者，分别挑取 2~3 个菌落转种于三糖铁琼脂斜面，经 37℃ 培养箱培养观察 20~24h（沙门菌菌落相似，无色半透明，边缘整齐）。对三糖铁琼脂斜面反应鉴别见表 10-3。

表 10-3 三糖铁琼脂斜面反应鉴别表

反应			鉴别结果	反应			鉴别结果
底层	斜面	硫化氢		底层	斜面	硫化氢	
+	−	+	可疑沙门菌属	⊕	+	+	非沙门菌属及志贺菌属
⊕	−	+	同上	⊕	+	−	同上
⊕	−	−	同上	+	+	−	同上
+°	−	−	可疑沙门菌属及志贺菌属	−	−	+	同上
				−	−	−	同上

注："⊕" 产酸、产气；"+°" 微量产酸、产气；"+" 产酸或产硫化氢；"−" 不产酸、产气、产硫化氢。

(1) 底层葡萄糖产酸或产酸、产气，其色变黄，多数产硫化氢，变为棕黑色，有动力，上层斜面对乳糖、蔗糖不分解，仍保持红色的为可疑沙门菌。

(2) 底层葡萄糖产酸不产气，其色变黄，无动力，不产生硫化氢，上层斜面因对乳糖、蔗糖不发酵仍保持红色的为可疑志贺菌。若 37℃ 培养检查无动力者，必要时置于室温下观察 4~5d。

(三) 生化反应

用于沙门菌的主要培养基如下：

1. 蛋白胨水　不产生靛基质。
2. 乳糖　不发酵。
3. 甘露醇　产酸或产酸、产气。
4. 水杨酸　不发酵。
5. 硝酸盐　能还原为亚硝酸盐。
6. 尿素　不分解。
7. 蔗糖　不发酵。

上述各生化培养基应同时进行接种，于 37℃ 培养 24~48h。根据不同反应的需要加入试剂，观察和测定上述各培养基的生物化学反应的特性。

(四) 血清鉴定

如果上述生化反应符合沙门菌特性者，可以进行血清学鉴定，即用沙门菌属血清做玻片凝集试验。

选用 A-E 或 A-F 多价血清进行玻片凝集试验。以接种环挑取血清滴加于洁净玻片上，然后挑取菌落与血清混合均匀，轻轻将玻片摇动，如有颗粒状凝集现象，即为阳性反应。并以同样操作，用生理盐水做对照，再进一步用 O 单因子血清 2、4、7、8、9、3、10 及 11 做分群凝集试验（如系 A-F 群外的菌珠，应考虑采用 26 种或 142 种血清试验），必要时可作 Vi 血清凝集试验。O 抗原凝集试验只能鉴定其群别，不能确定其菌型（除个别菌珠外）。要鉴定一个完整的抗原，还必须用 H 抗原凝集试验分型。

（五）判断结果

（1）血清学鉴定及生化试验结果符合沙门菌属特性者，可报告为"发现沙门菌属"。

（2）血清学鉴定为阴性，而生化试验结果符合沙门菌属的生化特性时，再进行氰化钾试验；如仍符合时，则报告为"发现沙门菌属，但未鉴定"。如不符合，则报告为"未发现沙门菌属"。

（3）凡血清学鉴定及生化试验结果均不符合者，则报告为"未发现沙门菌属"。

（4）生化试验不符合者，根据不同情况报告。

①尿素或硝酸盐还原试验不符合者，即报告为"未发现沙门菌属"。

②乳糖、蔗糖、水杨酸、甘露醇及靛基质反应有 2 种或 2 种以上不符合者，即报告为"未发现沙门菌属"。

③靛基质试验阳性者，或乳糖、蔗糖、水杨酸任何 1 种在 2d 或 2d 以上发酵或甘露醇反应不符合者，则以 O 单因子血清试验及其他生化试验做进一步鉴定。如仍不能决定，则暂时报告为"可疑沙门菌属"。

四、志贺菌属检验

接种于三糖铁斜面，经过 37℃ 培养 20~24h 后，取出观察，如果底层葡萄糖产酸不产气，其色变黄，无动力，不产生硫化氢，上层斜面因对乳糖、蔗糖不发酵，仍保持红色者，为可疑志贺菌。若于 37℃ 培养基检查无动力者，必要时置于室温下观察 4~5d。三糖铁斜面鉴别为可疑志贺菌者，应作玻片凝集试验。挑取斜面菌落与志贺菌属做多价血清凝集试验，若被凝集，再进行分群（型）试验。然后进行生化试验，并根据生化试验鉴别是否为志贺菌属，见表 10-4。饲料中志贺菌的检测方法可参考 GB/T 8381.2—2005。

表 10-4 志贺菌属生化反应鉴别表

菌型反应	甘露醇	鼠李糖	乳糖	靛基质	木胶糖
志贺痢疾杆菌	−	−	−	−	−
史氏痢疾杆菌	−	+	−	+	−
福氏痢疾杆菌	−/+				−/+
宋氏痢疾杆菌	+/−		+		

注：①"+"产酸或阳性；"−"阴性反应；"+/−"多数阳性，少数阴性。"−/+"多数阴性，少数阳性。

②糖类发酵阴性反应者，应观察 10d 始报告阴性，生化试验管应同时进行接种。

结果与报告：符合生化反应和血清鉴定者报告为"发现志贺菌属"；血清学鉴定为阴性者，即报告为"未发现志贺菌属"。

第二节 饲料霉菌检测

饲料被霉菌污染程度，一般用霉菌菌落数来表示，是指饲料检样经过处理，在一定条件下培养后，1g 或 1mL 检样中所含的霉菌菌落数（饲料粮食样品是指 1g 粮食表面的霉菌总数）。饲料中霉菌总数测定方法可参考 GB/T 13092—2006。

一、饲料霉菌肉眼观测

当出现以下迹象时应考虑饲料可能霉变：畜禽拒食；饲料和谷物发热，有轻度异味，色泽变暗。饲料结块是诊断饲料霉变的最简易实用的方法之一，饲料结块的原因是菌丝体可与饲料纵横交织，形成菌丝网状物。在肉眼所能够观察到这些菌丝网状物以前，菌丝体已经在大范围内生长繁殖。

二、霉菌直接镜检计数法

1. 郝氏霉菌计测法　此法最为常用。其检测步骤为：取定量检样，加蒸馏水稀释至折光率为 1.244 7～1.346 0（即浓度为 7.9%～8.8%）备用。显微镜标准视野的校正：将显微镜按放大 90～125 倍调节标准视野，其直径为 1.382mm。

2. 涂片　洗净郝氏计测玻片，将制好的标准样液用玻璃棒均匀地摊布于计测室，以备观察。

3. 观察　将制好的载片放于显微镜标准视野下进行霉菌观测，一般每一检样应观察 50 个视野，最好同一检样二人进行观察。

4. 结果与计算　在标准视野下，发现有霉菌菌丝，其长度超过标准视野（1.382mm）的 1/6 或 3 根菌丝总长度超过标准视野的 1/6（即测微器的一格）时即为阳性（＋），否则为阴性（－），按 100 个视野计其中发现有霉菌菌丝体存在的视野数，即为霉菌的视野百分数。

三、饲料霉菌培养检测

（1）采样：取样时须特别注意样品的代表性及避免采样时污染。首先准备好灭菌容器和采样工具，如灭菌牛皮纸袋或广口瓶、金属刀或勺等。取有代表性的样品，尽快送检，否则应放在低温干燥处。不同样品取不同量，一般取 250～500g，装入灭菌容器内送检。

（2）以无菌操作称取样品 25g（或 25mL），放入含有 250mL 灭菌水的玻塞三角瓶中，振摇 30min，即为 1：10 稀释液。

（3）用灭菌吸管吸取 1：10 稀释液 10mL，注入试管中，另用带橡皮乳头的 1mL 灭菌吸管反复吹吸达 50 次，使霉菌孢子充分散开。

（4）取 1mL 1：10 稀释液注入盛有 9mL 灭菌水的试管中，另换一支 1mL 灭菌吸管吹吸 5 次，此液为 1：100 稀释液。

（5）按上述操作顺序作 10 倍递增稀释液，每稀释一次，换用一支 1mL 灭菌吸管。根据对样品污染情况的估计，选择 3 个合适的稀释度，分别在作 10 倍稀释的同时，吸取 1mL 稀释液于灭菌平皿中，每个稀释度作 2 个平皿，然后将凉至 45℃左右的高盐察氏培养基注入平皿中，待琼脂凝固后，倒置于 25～28℃温箱中，3d 后开始观察，共培养观察一周。

（6）计数方法：通常选择菌落数在 20～100 之间的平皿进行计数，同稀释度的 2 个平皿的菌落平均数乘以稀释倍数，即为每克（或每毫升）样品中所含霉菌孢子数。

（7）报告：每克（或每毫升）饲料所含霉菌孢子数以个/g 表示。

四、常见产毒霉菌鉴定

目前已发现的霉菌毒素有 100 多种，产生这些毒素的霉菌主要有曲霉菌、青霉菌和镰刀菌及少数不完全菌类的某些种，这些菌都是饲料中常见的寄生性或腐生性霉菌。分离鉴定饲料中的霉菌对饲料卫生与安全评定具有一定意义，其具体检测步骤如下：

1. 菌落的观察　为了培养完整的巨大菌落以供观察记录，可将纯培养物点植于平板上，方法是：将平板倒转，向上接种 1 点或 3 点，每菌接种 2 个平板，倒置于 25~28℃温箱中培养。当刚长出小菌落时，取出一个平皿，以无菌操作，用小刀将菌落连同培养基切下 1cm×2cm 的小块，置于菌落一侧继续培养，4~5d 后进行观察。此法代替小培养法，可以直接观察子实体的着生状态。

2. 斜面观察　将霉菌纯培养物划线接种（曲霉、青霉）或点种（镰刀菌或其他菌）于斜面，培养 5~14d，观察菌落形态。同时还可将菌种管置于显微镜下，用低倍镜直接观察孢子的形态和排列。

3. 制片　取载物片和乳酸-苯酚液 1 滴，用接种针钩取一小块霉菌培养物置于乳酸-苯酚液中，用 2 支分离针将培养物撕开成小块（切忌涂抹，以免破坏霉菌结构），然后加盖玻片。如有气泡，可在酒精灯上加热排除。制片时最好是在接种罩内操作，以免孢子飞扬。

4. 镜检　根据霉菌的菌丝和孢子的形态描述及检索表，确定菌种名称。不同的霉菌菌落各有其特征，通过显微镜观察可以进一步检测确认。

（1）曲霉属：此菌属的菌落颜色多样，而且比较稳定，是分类的主要特征之一。曲霉菌落表面一般呈绒毛状，起初为白色或灰白色，长出孢子后则显现出不同的颜色，随菌种而异。如黄曲霉毒素产毒菌株长出黄绿色分生孢子，此时将培养皿置于波长 365nm 紫外灯下，菌丝体出现亮紫色荧光。寄生曲霉由致密的基层菌丝组成，具有较宽的、白色的、几乎不形成孢子的边缘，前期呈明显的淡黄色，之后呈草绿色，最后呈暗浊黄绿色，其小梗是纯单层。杂色曲霉小梗严格双层，分生孢子头呈典型的放射状，明显的绿色，分生孢子梗无色或浅褐色。

（2）青霉属：青霉的菌落大多呈灰绿色。菌落有绒状、絮状、绳状和束状 4 种类型。有的青霉菌菌落具有放射性皱褶，有的形成同心轮纹，有的在基质表面有渗出液。显微镜下观察时可见到独特的帚状体结构。

（3）镰刀菌属：镰刀菌菌落一般呈白色绒毛状，常产生可溶性色素。分生孢子有大小 2 种类型，显微镜下大型分生孢子大多呈镰刀形，多隔；小型分生孢子有卵形、梨形、圆形和柱形等。

第三节　饲料中黄曲霉毒素的检测

黄曲霉毒素种类很多，已经明确化学结构的就有 10 多种，如 B_1、B_2、G_1、G_2、M_1、M_2，其中 B_1 的毒性最大，并且含量最多，故饲料中黄曲霉毒素含量常以 AFB_1 为代表指标。AFB_1 检测方法主要包括薄层分析法（TLC）、生物鉴定法、仪器分析法（主要是高效液相色谱法，HPLC）和以酶联免疫法（ELISA）为主体的免疫分析法等。饲料中 AFB_1 的测定可参考 GB/T 17480—1998 和 GB/T 8381—1987。

一、酶联免疫吸附法（ELISA，GB/T 17480—1998）

（一）原理

利用固相酶联免疫吸附原理，将 AFB_1 特异性抗体包被于聚苯乙烯微量反应板的孔穴中，再加入样品提取液（未知抗原）及酶标 AFB_1 抗原（已知抗原），使二者与抗体之间进行免疫竞争反应，然后加酶底物显色，颜色的深浅取决于抗体和酶标 AFB_1 抗原结合的量，即样品中 AFB_1 含量多，则被抗体结合的酶标 AFB_1 抗原少，颜色浅，反之则深。采用目测法或仪器法与 AFB_1 标样进行比较来判断样品中 AFB_1 的含量。

（二）仪器与试剂

1. 仪器设备

（1）小型粉碎机。

（2）分样筛：内孔径 0.995mm。

（3）分析天平：感量 0.01g。

（4）滤纸：快速定性滤纸，直径 9～10cm。

（5）微量连续可调取液器及配套吸头：10～100μL。

（6）培养箱：（0～50℃）±1℃，可调。

（7）冰箱：4～8℃。

（8）AFB_1 测定仪或酶标测定仪，含有波长 450nm 的滤光片。

2. 试剂与溶液

（1）AFB_1 酶联免疫测试盒组成：

①试剂 A：稀释液，甲醇∶蒸馏水＝7∶93（V/V）。

②试剂 B：AFB_1 标准物质（sigma 公司，纯度 100%）溶液，1.00μg/L。

③试剂 C：酶标 AFB_1 抗原（AFB_1-辣根过氧化物酶交联物，AFB_1-HRP），AFB_1∶HRP（物质的量比）＜2∶1。

④试剂 D：酶标 AFB_1 抗原稀释液，含 0.1% 牛血清白蛋白（BSA）、pH 为 7.5 的磷酸盐缓冲液（PBS）。磷酸盐缓冲液（pH 7.5）的配制：称取 3.01g 磷酸氢二钠（$Na_2HPO_4 \cdot 12H_2O$）、0.25g 磷酸二氢钠（$NaH_2PO_4 \cdot 2H_2O$）、8.76g 氯化钠（NaCl），加水溶解并定容至 1L。

⑤试剂 E：洗涤母液，含 0.05% 吐温 20 的 PBS 溶液。

⑥试剂 F：底物液 a，四甲基联苯胺（TMB），用 pH5.0 乙酸钠-柠檬酸缓冲液配至浓度为 0.2g/L。pH5.0 乙酸钠-柠檬酸缓冲液的配制：称取 15.09g 乙酸钠（$CH_3COONa \cdot 3H_2O$）、1.56g 柠檬酸（$C_6H_8O_7 \cdot H_2O$）加水溶解并定容至 1L。

⑦试剂 G：底物液 b，1mL pH5.0 乙酸钠-柠檬酸缓冲液中加入 0.3% 过氧化氢溶液 28μL。

⑧试剂 H：终止液 c，2mol/L 硫酸溶液。

⑨试剂 I：AFB_1 标准物质（Sigma 公司，纯度 100%）溶液，50.00μg/L。

⑩包被抗体的聚苯乙烯微量反应板：24孔或48孔。

（2）测试盒中试剂的配制：

①在试剂 C 中加入 1.5mL D 试剂，溶解混匀，配成试验用酶标 AFB_1 抗原溶液，放置于冰

箱中保存。

②在试剂 E 中加 300mL 蒸馏水配成试验用洗涤液。

(3) 甲醇水溶液：甲醇：水＝1∶1 (V/V)。

(三) 分析测定步骤

1. 采样　饲料中的黄曲霉毒素分布不均匀，有毒部分的比例小。为了避免取样造成的误差，采样量应适当增大。采样要有代表性，对局部发霉变质的试样应单独采样检验，试样全部粉碎并通过内孔径 0.995mm 筛。如果样品脂肪含量超过 10%，粉碎前应用乙醚脱脂，再制成分析用试样，但分析结果以未脱脂计算。

2. 试样提取　称取 5g 试样（精确至 0.01g）于 50mL 磨口试管中，加入甲醇水溶液 25mL，加塞振荡 10min，过滤，弃去 1/4 初滤液，再收集适量试样滤液。

根据各种饲料的限量规定和 B 试剂浓度，按照表 10-5 用 A 试剂稀释试样滤液，制成待测试样稀释液。

表 10-5　稀释对照表

每千克饲料中 AFB_1 限量（μg）	试样滤液量（mL）	A 试剂量（mL）	稀释倍数
≤10	0.10	0.10	2
≤20	0.05	0.15	4
≤30	0.05	0.25	6
≤40	0.05	0.35	8
≤50	0.05	0.45	10

3. 限量测定

(1) 洗涤包被抗体的聚苯乙烯微量反应板：每次测定需要标准对照孔 3 个，其余按测定试样数截取相应的板孔数。用 E 洗涤液洗板 2 次，洗液不得溢出，每次间隔 1min，并放在吸水纸上拍干。

(2) 加试剂：按表 10-6 所列，依次加入试剂和待测试样的稀释液。

表 10-6　加样对照表

次序	加入量	孔号											
		1	2	3	4	5	6	7	8	9	10	11	12
1	50μL	A	A	B	·············· 待测试样稀释液 ··············								
2	—	摇匀											
3	50μL	D	C	C	C	C	C	C	C	C	C	C	C
4		摇匀											

注：表中 1 号孔为空白孔，2 号孔为阴性孔，3 号孔为限量孔，4~12 号孔为试样孔。

(3) 反应：在 37℃恒温培养箱中反应 30min。

(4) 洗涤：将反应板从培养箱中取出，用洗涤液洗板 5 次，洗液不得溢出，每次间隔 2min，在吸水纸上拍干。

(5) 显色：每孔各加入底物液 a 和底物液 b 各 50μL，摇匀，在 37℃恒温培养箱中反应 15min。目测法判定。

(6) 中止：每孔加终止液 c 50μL。仪器法判定。

(7) 结果判定:

①目测法: 先比较 1~3 号孔颜色, 若 1 号孔接近无色 (空白), 2 号孔最深, 3 号孔次之 (限量孔, 即标准对照孔), 则说明测定无误。这时比较试样孔与 3 号孔颜色, 浅者为超标; 颜色相当或深者为合格。

②仪器法: 用 AFB_1 测定仪或酶标测定仪, 在 450nm 处用 1 号孔调零点后测定标准孔及试样孔吸光度 A 值, 若 $A_{试样孔} < A_{3号孔}$ 为超标; 若 $A_{试样孔} \geq A_{3号孔}$ 为合格。

试样若超标, 则根据试样提取液的稀释倍数, 推算 AFB_1 的含量 (表 10-7)。

表 10-7 稀释倍数与 AFB_1 含量

稀释倍数	每千克试样中 AFB_1 含量 (μL)	稀释倍数	每千克试样中 AFB_1 含量 (μL)
2	>10	8	>40
4	>20	10	>50
6	>30		

4. 定量测定 若试样超标, 则用 AFB_1 测定仪或酶标测定仪在 450nm 波长处进行定量测定, 通过绘制 AFB_1 的标准曲线来确定试样中 AFB_1 的含量。将 50.00μg/L 的 AFB_1 标准溶液用 A 试剂稀释成 0.00、0.01、0.10、1.00、5.00、10.00、20.00、50.00μg/L 的标准工作溶液, 分别作为 B 试剂系列, 按限量法测定步骤测定出相应的吸光度值 A; 以 0μg/L AFB_1 的 A_0 值为分母, 其他标准浓度的 A 值为分子, 此比值再乘以 100 为纵坐标, 对应的 AFB_1 标准浓度为横坐标, 在半对数坐标纸上绘制标准曲线。根据试样的 A/A_0 值再乘以 100 在标准曲线上查得对应的 AFB_1 量, 并按下列公式计算出试样中 AFB_1 的含量。

$$x = \frac{\rho V n}{m}$$

式中 x——每千克试样中 AFB_1 的含量 (μg);

ρ——从标准曲线上查得的试样提取液中 AFB_1 含量 (μg/L);

V——试样提取液体积 (mL);

n——试样稀释倍数;

m——试样的质量 (g)。

(四) 注意事项

(1) 精确度重复测定结果相对偏差不得超过 10%。

(2) 测试盒应放在 4~8℃ 冰箱内保存, 不得放在 0℃ 以下的冷冻室内保存。

(3) 测试盒有效期为 6 个月。

(4) 凡接触 AFB_1 的容器, 需浸入 1% 次氯酸钠 ($NaClO_2$) 溶液半天, 清洗备用。

(5) 为了分析人员的安全, 操作时要带上医用乳胶手套。

二、薄层色谱法 (TLC, GB/T 5009.22—2003)

(一) 原理

试样中 AFB_1 经溶剂提取、净化、洗脱、浓缩、薄层分离后, 在波长 365nm 紫外光照射下产生蓝色荧光, 根据其在薄层板上出现荧光的最低检出量来测定 AFB_1 含量。

(二) 仪器设备与试剂

1. 仪器

(1) 具塞刻度试管：10mL、20mL。

(2) 碘量瓶：200mL。

(3) 容量瓶：50mL、100mL、1 000mL。

(4) 玻璃板：5cm×20cm。

(5) 层析柱：L30cm、ϕ22mm。

(6) 微量注射器。

(7) 机械振荡机。

(8) 真空旋转蒸发器。

(9) 薄层涂布器。

(10) 层析缸：25cm×6cm×4cm。

(11) 紫外光灯：波长365nm。

2. 试剂与溶液

(1) 三氯甲烷：分析纯。

(2) 正己烷：分析纯。

(3) 乙腈：分析纯。

(4) 甲醇：分析纯。

(5) 无水乙醚：分析纯。

(6) 无水硫酸钠：分析纯。

(7) 三氯甲烷-丙酮混合液：二者的比例为三氯甲烷∶丙酮＝92∶8 (V/V)。

(8) 苯-乙腈混合液：苯∶乙腈＝98∶2 (V/V)。

(9) 三氟乙酸：分析纯。

(10) 硅胶：柱层析用，80～200mm。

(11) 硅胶G：薄层色谱用。

(12) 硅藻土。

(13) 0.009mol/L 硫酸溶液：移取 0.50mL 分析纯浓硫酸，用水稀释至 1 000mL，混匀。

(14) 5%次氯酸钠溶液（消毒用）：称取 100g 漂白粉，加入 500mL 水，搅匀；另取 80g 碳酸钠（$Na_2CO_3 \cdot H_2O$）溶于 500mL 温水中。将 2 种溶液混匀，澄清，过滤，作为黄曲霉毒素消毒剂用。

(15) 10μg/mL AFB_1 标准储备液：准确称取 1mg AFB_1 标准品，用苯-乙腈混合液溶解并稀释至 100mL。混匀，避光并在冰箱中保存。

(16) 1μg/mL AFB_1 标准工作液：准确移取 1mL AFB_1 标准储备液，置于 10mL 容量瓶中，用苯-乙腈混合液稀释至刻度，混匀。

(17) 0.2μg/mL AFB_1 标准工作液：准确移取浓度为 1μg/mL 的 AFB_1 标准工作液 1.0mL，置于 5mL 容量瓶中，用苯-乙腈混合液稀释至刻度，混匀。

(18) 0.04μg/mL AFB_1 标准工作液：准确移取浓度为 1μg/mL 的 AFB_1 标准工作液 1.0mL，

置于 25mL 容量瓶中，用苯-乙腈混合液稀释至刻度，混匀。

（三）测定方法与步骤

1. 仪器校正 测定重铬酸钾溶液的摩尔消光系数，以求出使用仪器的校正因素。准确称取 25mg 经干燥的重铬酸钾（基准试剂），用 0.009mol/L 硫酸溶液溶解并准确稀释至 200mL（相当于 0.000 4mol/L 的溶液）。移取 25mL 该稀释液置于 50mL 容量瓶中，用 0.009mol/L 硫酸溶液稀释至刻度（相当于 0.000 2mol/L 溶液）。再移取 25mL 该稀释液置于 50mL 容量瓶中，用 0.009mol/L 硫酸溶液稀释至刻度（相当于 0.000 1mol/L 溶液）。用 1cm 石英比色杯，在最大吸收峰的波长处（约 350nm），用 0.009mol/L 硫酸溶液作空白，测定上述 3 种不同浓度溶液的吸光度，按下式计算 3 种浓度的摩尔消光系数的平均值。

$$E = \frac{A}{m}$$

式中 E——重铬酸钾溶液的摩尔消光系数；

A——重铬酸钾溶液的吸光度；

m——重铬酸钾溶液的摩尔浓度（mol/L）。

再以此平均值与重铬酸钾的摩尔消光系数 3 160 比较，即求出使用仪器的校正因素。

$$f = \frac{3\ 160}{M}$$

式中 f——使用仪器的校正因素；

M——重铬酸钾摩尔消光系数的平均值。

若 $0.95 < f < 1.05$，则使用仪器的校正因素可忽略不计。

用紫外分光光度计测定 10μg/mL AFB_1 标准溶液的最大吸收峰的波长和该波长下的吸光度值。

$$X = \frac{A \times 312 \times f \times 1\ 000}{19\ 800}$$

式中 X——AFB_1 标准溶液的浓度（μg/mL）；

A——AFB_1 标准溶液的吸光度值；

312——AFB_1 的相对分子质量；

19 800——AFB_1 在苯-乙腈混合液中的摩尔消光系数。

根据计算，用苯-乙腈混合液调标准溶液浓度恰为 10μg/mL，用紫外分光光度计校对其浓度。

2. 采样 饲料样中的黄曲霉毒素分布不均匀，有毒部分的比例小。为了避免取样造成的误差，采样量应适当增大。采样要有代表性，对局部发霉变质的试样应单独取样检验，试样全部粉碎并通过 20 目筛（筛孔尺寸为 0.90mm）。

3. 试样制备 试样中脂肪含量超过 5% 时，粉碎前应先脱脂，其分析结果仍以未脱脂试样计算。

4. 提取 称取试样 20g（准确至 0.01g），置于 200mL 碘量瓶中，加入 10g 硅藻土、10mL 水、100mL 三氯甲烷，盖紧瓶塞，在机械振荡机上振荡 30min。经滤纸过滤，收集三氯甲烷提取液。

5. 柱层析纯化

(1) 层析柱的制备：在层析柱中加入 2/3 三氯甲烷，加入 5g 无水硫酸钠，待无水硫酸钠全部沉降平稳后，加入 10g 硅胶，待硅胶沉降平稳后，加入 10g 无水硫酸钠覆盖，打开活塞，控制流速为 8～12mL/min，三氯甲烷液面应覆盖上层无水硫酸钠。

(2) 纯化：准确移取 50mL 提取液置于烧杯中，加入 100mL 正己烷，混匀，倒入层析柱中，打开活塞，弃去流出液。再用 80～100mL 乙醚淋洗试样中的脂类物质，弃去流出液。加入 150mL 三氯甲烷-甲醇混合液，用烧瓶收集洗出液。在 50℃ 真空旋转蒸发器中浓缩至 1mL，用苯-乙腈混合液把溶液转入 2～5mL 容量瓶中，并用苯-乙腈混合液稀释至刻度。

6. 薄层色谱测定法

(1) 薄层板的制备：称取约 30g 硅胶 G，加入 2～3 倍于硅胶的水，研磨 2min 至糊状后，立即倒入涂布器内，制成 3 块 5cm×20cm、厚度为 0.25mm 的薄层板，在空气中自然干燥，100℃ 下活化 2h。取出在干燥器中保存，保存期 2～3d。

(2) 点样：在距薄层板下端 3cm 基线处，用微量注射器将样液和标准溶液各点样 20μL，一块薄层板可点 4 个点，点距分别为 1cm，点直径约 3mm，要求点样均匀一致，点样时可用吹风机吹冷风。第 1 点点 20μL 浓度为 0.04μg/mL 的 AFB_1 标准工作液；第 2 点点 20μL 试样溶液；第 3 点点 20μL 试样溶液和 10μL 浓度为 0.04μg/mL 的 AFB_1 标准工作液；第 4 点点 20μL 试样溶液和 10μL 浓度为 0.2μg/mL 的 AFB_1 标准工作液。

(3) 展开：在层析缸内加入 10mL 无水乙醚，先预展开一次。再于另一层析缸内加入 10mL 三氯甲烷-丙酮混合液，展开至溶剂前沿为 10～12cm，取出，在紫外灯照射下观察。

(4) 确认：在试样溶液点加 AFB_1 标准工作液点上，AFB_1 标准工作液点与试样点中的 AFB_1 荧光点应重叠。如样液为阴性，第 3 点可用作检查试样溶液中的 AFB_1 最低检出量是否正常出现。如为阳性，则第 3 点为定位点。若第 2 点在与 AFB_1 标准点的相应位置上无蓝紫色荧光点，表示试样中 AFB_1 含量在 5μg/kg 以下；如在相应位置上出现蓝紫色荧光点，则需进行确认实验。

(5) 确认实验：为证实薄层板上试样溶液的荧光系由 AFB_1 产生的，可滴加三氟乙酸，生成 AFB_1 衍生物的比移值 (R_f) 约为 0.1。在薄层板左边依次滴 2 个点：第 1 点为 2μL 试样溶液；第 2 点为 10μL 浓度为 0.04μg/mL 的 AFB_1 标准工作液。以上 2 点各滴 1 滴三氟乙酸覆盖在点上，反应 5min，用吹风机吹热风（低于 40℃）2min。再于薄层板上滴以下 2 个点：第 3 点为 20μL 试样溶液，第 4 点为 10μL 浓度为 1μg/mL 的 AFB_1 标准工作液。按上述方法展开，在紫外灯照射下观察试样溶液是否产生与 AFB_1 标准点相同的衍生物。未加三氟乙酸的第 3、4 点，可依次作为试样溶液与标准衍生物的空白对照。

7. 定量方法　试样溶液中的 AFB_1 荧光点的荧光强度若与标准点的最低检出量（0.0004μg）的荧光强度一致，则试样中 AFB_1 含量为 5μg/kg。如试样溶液中荧光强度高于最低检出量，则根据其强度，减少滴加体积或将试样溶液稀释后再滴加不同的体积，如 10、15、20、25μL，直至试样溶液的荧光强度与最低检出量荧光强度一致。

(四) 计算

试样中 AFB_1 含量计算公式如下：

$$\text{AFB}_1 \text{ 含量 } (\mu g/kg) = 0.0004 \times \frac{V_1 \times D}{V} \times \frac{1000}{m}$$

式中　0.0004——AFB_1 的最低检出量（μg）；
　　　V_1——加入苯-乙腈混合液的体积（mL）；
　　　V——最低荧光强度的试样溶液的体积（mL）；
　　　D——浓缩样液的总稀释倍数；
　　　m——试样的质量（g）。

(五) 说明

(1) 要进行 AFB_1 标准品的纯度鉴定。移取 $5\mu L$ 浓度为 $10\mu g/mL$ 的 AFB_1 标准储备液,在薄层板上点样,用三氯甲烷-甲醇混合液与三氯甲烷-丙酮混合液展开剂展开,在紫外灯照射下,必须具有单一的荧光点,原点上无任何残留的荧光物质。

(2) 操作要在通风橱内进行,所用的器皿要用 5% 次氯酸钠溶液浸泡 5min 消毒,并用水冲洗干净。

(3) 操作方法见图 10-3。

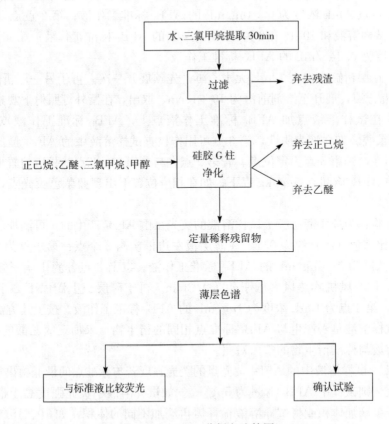

图 10-3　AFB_1 分析方法简图

(4) 若取 20g 试样,用 40mL 提取液,取 20mL 浓缩至 2mL,用 $20\mu L$ 点样,则其含量计算如下:

$$0.000\ 4 \times \frac{2}{0.02} \times \frac{40}{20} \times \frac{1\ 000}{20} = 4\ (\mu g/kg)$$

第四节 饲料中镰刀菌毒素的检测

镰刀菌毒素主要有玉米赤霉烯酮（ZEN，又称 F‐2 毒素）、脱氧雪腐镰刀菌烯醇（DON，又称呕吐毒素）、伏马菌素、T‐2 毒素（又称单端孢霉烯）等。本节主要介绍最常见的污染饲料及原料的脱氧雪腐镰刀菌烯醇和玉米赤霉烯酮的检测方法。

一、玉米赤霉烯酮的检测

饲料中玉米赤霉烯酮的测定可参考 GB/T 19540—2004。

（一）薄层色谱法（TLC）（AOAC 官方方法 976.22）

1. **原理** 样品中的 ZEN 经提取、净化、浓缩和硅胶 G 薄层展开后，在短波紫外光下显蓝绿色荧光，在薄层色谱板上与标准比较测定含量。

2. **试剂** 除特殊规定外均为分析纯试剂。乙酸乙酯；三氯甲烷；甲苯；甲酸；甲醇；无水乙醇；1mol/L 氢氧化钠溶液；2mol/L 磷酸溶液；4mol/L 磷酸溶液；丙酮；无水硫酸钠；20% 三氯化铝-乙醇溶液：称取 20g 三氯化铝（$AlCl_3 \cdot 6H_2O$），溶于 100mL 乙醇中，过滤，室温保存；硅胶 G：薄层色谱用；ZEN 标准溶液：精密称取 3mg ZEN，加无水乙醇溶解，转入 100mL 容量瓶中，加无水乙醇至刻度，此标准溶液含 ZEN 0.03mg/mL，吸取此标准溶液 1mL，用无水乙醇稀释至 10mL，此溶液含 ZEN 3μg/mL，将此标准溶液置 4℃备用。

3. **仪器** 小型粉碎机；电动振荡器；75mL 蒸发皿；底部具有 0.2mL 刻度尾管的 10mL 具塞浓缩瓶；玻璃板：5cm×20cm；薄层涂布器：0.3mm；展开槽：内长 25cm、宽 6cm、高 4cm；微量注射器：10μL、50μL；紫外光灯：波长 254nm。

4. **操作步骤**

（1）样品溶液的制备：称取 20g 粉碎样品，置于 250mL 具塞锥形瓶中，加 6mL 水和 100mL 乙酸乙酯，振荡 1h。用折叠快速定性滤纸过滤，量取 25mL 滤液于 75mL 蒸发皿中，置于水浴上将溶液浓缩至干。用 25mL 三氯甲烷分 3 次溶解残渣，并转移至 100mL 分液漏斗中。在原蒸发皿中加入 10mL 1mol/L 氢氧化钠溶液，然后用滴管沿管壁离三氯甲烷 1~2cm 处慢慢将此 1mol/L 氢氧化钠溶液加入分液漏斗中，并轻轻转动分液漏斗 5 次，以防止乳化。静置分层后，将三氯甲烷层转移至第 2 个 100mL 分液漏斗中，再慢慢加入 10mL 1mol/L 氢氧化钠溶液。轻轻旋转 5 次，弃去三氯甲烷层，将第 2 个分液漏斗中的氢氧化钠溶液合并入第 1 个分液漏斗中，并用少许蒸馏水淋洗第 2 个分液漏斗，然后放入第 1 个分液漏斗中。加 5mL 三氯甲烷，轻轻振摇，弃去三氯甲烷层，再用 5mL 三氯甲烷重复振摇提取 1 次，弃去三氯甲烷层。在氢氧化钠溶液中加入 6mL 4mol/L 磷酸后，再用 2mol/L 磷酸调节 pH 为 9.5 左右。于分液漏斗中加入 15mL 三氯甲烷，振摇 20~30 次，将三氯甲烷层经盛有约 5g 无水硫酸钠的定量慢速滤纸，滤于 75mL 蒸发皿中，再用 15mL 三氯甲烷重复提取 2 次，三氯甲烷层一并滤于蒸发皿中，最后用少量三氯甲烷淋洗滤器，合并于蒸发皿。将蒸发皿置水浴上通风蒸干。待冷却后在水浴上向蒸发皿中准确加入 1mL 丙酮，充分混合后转移至具塞小瓶中，供薄层点样用。

(2) 薄层层析：

①薄层板的制备：3g 硅胶 G，加 7~8mL 蒸馏水，研磨至糊状后，立即倒入涂布器中，堆成 5cm×20cm 的薄层板 3 块，置室温干燥后，在 105℃活化 1h，取出放干燥器中备用。

②展开剂：三氯甲烷-甲醇（95∶5）15mL 或甲苯-乙酸乙酯-甲酸（6∶3∶1）15mL，任选 1 种。

③点样：用 10μL 微量注射器在薄层板上离下端 2.5cm 的基线上点 3 个点：标准溶液 10μL、样品提取液 30μL、样品提取液 30μL 加标准溶液 10μL，边点样边用吹风机吹干，点上 1 滴吹干后再继续滴加。

④展开：在展开槽中倒入展开剂，将薄层板浸入溶剂中，展至 10cm，取出，挥干。

(3) 观察与评定：将薄层板置于短波紫外光下观察，如样液点处与标准点相近位置上未出现蓝绿色荧光点，则样品中 ZEN 的含量在该方法灵敏度（50μg/kg）以下；若出现荧光点的强度与标准点的最低检出量的荧光强度相等，而且此荧光点与加入内标的荧光点重叠，则样品中 ZEN 的含量为 50μg/kg；如荧光点的强度比标准点的最低检出量强，则根据其荧光强度估计减少点样量，或将样液稀释后再点样，直至样液点的荧光强度与最低检出量的荧光强度一致为止。

5. 计算

$$x = 0.03 \times \frac{V_1}{V_2} \times \frac{D}{m} \times 1\,000$$

式中　x——样品中 ZEN 的含量（μg/kg）；

　　　0.03——ZEN 的最低检出量（μg）；

　　　V_1——加入丙酮溶解残渣的体积（mL）；

　　　V_2——出现最低荧光强度时滴加样液的体积（mL）；

　　　D——样液的总稀释倍数；

　　　m——加入丙酮溶解残渣的质量（g）。

6. 确证　在薄层板上喷 20% 三氯化铝-乙醇溶液，置 130℃ 加热 5min，在长波紫外光（365nm）下观察，ZEN 呈蓝色荧光。

7. 注意事项　在进行三氯甲烷-氢氧化钠液-液分配时，必须尽量避免乳化，否则会影响净化效果。

(二) 酶联免疫吸附法

1. 工作原理　即抗原-抗体反应。玉米 ZEN HRP 偶联物包被在酶标板的小孔中，将含有 ZEN 的样品或者是标准溶液和酶标记的玉米 ZEN（酶联）加入到小孔中，则此时固相包被的玉米 ZEN 和样品、标准品中游离的玉米 ZEN 竞争性地与抗体进行键合反应。未反应的物质用洗涤溶液洗去。在小孔中再加入酶底物（尿过氧化物酶）和发色剂（四甲联苯胺）并且保温。键合的酶联物使无色的发色剂变为蓝色。加入停止液终止颜色反应，使蓝色变成黄色。用酶标仪在 450nm（另一可选择的参考波长≥600nm）处测定吸光度，样品中的玉米 ZEN 的浓度与吸光度成反比。

2. 试剂

(1) 酶标板：每个小孔中均包被有玉米 ZEN 偶联物。

(2) 玉米 ZEN 标准储备液：浓度依次为 0pg/mL、50pg/mL、150pg/mL、450pg/mL、1 350pg/mL、4 050pg/mL。

(3) 过氧化物酶标记玉米 ZEN（浓缩液）。

(4) 发色剂：7mL，含有四甲联苯胺。

(5) 底物溶液：7mL，含有尿过氧化物酶。

(6) 停止溶液：14mL，含有 1.0mol/L H_2SO_4。

(7) 样品稀释缓冲液：50mL。

(8) 标记稀释缓冲液：7mL。

3. 仪器和材料　酶标仪：450nm；离心机；旋转蒸发器或者其他用于溶剂蒸发的设备；摇床；刻度滴管；巴氏滴管；50μL、100μL 和 400μL 微量移液器；二氯甲烷、甲醇、正己烷、用于 α-淀粉酶消化的试剂（α-淀粉酶溶液；α-淀粉酶的 PBS 溶液：0.5g/mL；PBS 缓冲液：pH 7.2，0.55g NaH_2PO_4·H_2O＋2.85g Na_2HPO_4·H_2O＋9g NaCl，用蒸馏水稀释至1L)、用于血清和尿样品制备的试剂与材料（葡萄糖苷酸酶/芳基硫酸酯酶；C_{18} 柱；0.1mol/L 乙酸钠缓冲液，pH 4.8；0.02mol/L tris 缓冲液，pH 8.5）。

4. 样品的制备

(1) 将有代表性的样品粉碎并在均质器上搅拌混匀，称取 2g 磨细的样品于具有螺旋盖的玻璃离心管中。加入 10mL 甲醇-水溶液（7∶3）并在摇床上振荡 10min（为了使试样更具有代表性，如果试样量充足且实验室设备能够满足需要，建议将样品量放大，即 10g 试样中加入 50mL 甲醇-水溶液）。将全部试样提取液经折叠滤纸过滤。移取 2mL 滤液于具有螺旋盖的玻璃离心管中，加入 2mL 蒸馏水稀释并混匀，加入 3mL 二氯甲烷并剧烈振摇 5min，于 15℃、3 500g 离心 10min。将上部水层弃去，收集全部二氯甲烷并在漩涡混合器上混匀。将二氯甲烷在 50～60℃ 下蒸发至干，如有可能可同时使用温和的氮气流吹干。将残余物用 1mL 甲醇（100％）重新溶解并充分混匀。加入 1mL 蒸馏水稀释并混匀，加入 1.5mL 正己烷并振荡 5min。于 15℃、3 500g 离心 10min。将上层正己烷层弃去，收集下层甲醇层。移取 100μL 甲醇提取液，加入 400μL 样品稀释缓冲液，在酶标板上的每个小孔内加入 50μL。

(2) 提取前 α-淀粉酶的消化：便于高淀粉含量样品的提取。称取 2g 磨细的试样于具有螺旋盖的玻璃离心管中。加入 3mL 蒸馏水、0.2mL α-淀粉酶溶液，并在室温下小心振荡 20min。加入 7mL 甲醇（100％）并振摇 10min。然后按（1）自"将全部试样提取液经折叠滤纸过滤"起进行操作。

5. 分析操作步骤

(1) 玉米 ZEN 酶标记物：由于酶标记物的稀释液稳定性差，因此应在试验临使用时根据实际用量现配。在进行移液操作前，先将酶标记物小心摇匀。在稀释时，应将酶标记物浓缩液按 1∶11 比例配制成酶标记物稀释溶液（即 200μL 浓缩液＋2.0mL 缓冲液，足够 4 小条酶标板使用）。

(2) 抗体包被酶标板小条：将锡纸包横向剪开，将所需的小孔与支架一同取出。不使用的小孔与干燥剂一起妥善放置在锡纸包内并置于 2～8℃ 储存。

(3) 标准溶液：提供的玉米 ZEN 标准溶液浓度如下：0pg/mL、50pg/mL、150pg/mL、450pg/mL、1 350pg/mL、4 050pg/mL。

(4) 试验步骤：

①将足够数量的酶标板小孔插入夹持装置内，并对所有标准品和试样都做平行试验。记录标准品和试样的位置。

②将每一种标准溶液和制备好的试样溶液都在每队平行试验的小孔内加入 50μL。

③在每个酶标板小孔中都加入 50μL 酶标记物稀释溶液，充分混匀并在室温下保温 2h。

④将小孔内的液体倒出，并将酶标板夹持装置翻转在吸湿纸上用力拍打以确保小孔内的液体完全被清除（每一条酶标板均需要重复 3 次）。在每个小孔内加入 250μL 蒸馏水并将其再次倒出。再重复 2 次。

⑤在每个小孔中加入 50μL 底物和 50μL 发色剂，充分混匀并在室温下于暗处保温 30min。

⑥在每个小孔中加入 100μL 停止液，充分混匀并在 450nm 下以空气为空白测量吸光度（也可选用 ≥600nm 滤光片，不同厂商生产试剂盒的试验条件可能有所不同）。在加入停止液后 60min 内读数。

6. 测定结果　即系列标准溶液和试样溶液的吸光度平均值除以空白标准溶液（零标准）的吸光度值并乘以 100%。因此，空白标准即为 100% 吸收率，其他吸光度数值均折算为百分比（%）：

$$吸收率 = \frac{标准溶液（或试验溶液）吸光度}{空白标准吸光度} \times 100\%$$

计算得到的系列标准溶液的数值在半对数坐标纸上对玉米 ZEN 浓度（ng/kg）作图。在 75~675ng/kg 范围内校正曲线应基本上呈线性。根据试样溶液的吸光率在校正曲线上读数得到玉米 ZEN 浓度（ng/kg）。

(三) **高效液相色谱法**（HPLC）（AOAC 官方方法 985.18）

1. 原理　试样粉碎后用三氯甲烷提取，通过液-液分配进行净化。用液相色谱荧光检测器定量测定。

2. 设备　液相色谱仪（配有进样阀和 20μL 进样环）、液相色谱分析柱（反相 C_{18} 柱，250mm×4.6mm 或相当的色谱柱）、检测器、玻璃纤维滤纸、粉碎机、薄膜过滤器。

3. 试剂

标准溶液：制备每毫升含有 25μg α-玉米 ZEN 和玉米 ZEN 的乙腈储备液。分别移取 0.1mL、0.2mL、0.5mL、1.0mL 和 2.0mL 储备溶液于每个试管中，并在氮气流下将溶剂蒸发至干。在每个试管中加入 10.0mL 流动相并盖紧。每毫升标准工作溶液含 0.25μg、0.5μg、1.25μg、2.5μg、5.0μg α-玉米 ZEN 和玉米 ZEN。

流动相：甲醇-乙腈-水（1.0:1.6:2.0），超声波或真空脱气，用前混匀。

柠檬酸溶液（将 106g 一水合柠檬酸溶于 1L 水中）、硅藻土 Hyflo super-Cel、饱和氯化钠溶液、2% 氢氧化钠溶液。

4. 试验制备和提取　试样用锤击磨粉碎并通过美国标准 20 号筛，混合均匀。

准确称取 50g 试样于 500mL 具有玻璃塞或螺旋盖的提取用锥形瓶中。加入 25g 硅藻土和

20mL水，晃动锥形瓶并初步混匀。加入250mL三氯甲烷，盖紧，在回转式振荡器上振荡15min。用折叠滤纸过滤并收集50mL提取溶液（相当于10g试样）于100mL刻度量筒中。转移入250mL分液漏斗中，加入10mL氯化钠溶液并混匀。再加入50mL 2%氢氧化钠溶液，猛烈振摇约1min，静置分层，尽可能多地弃去下层沉积物。再加入50mL三氯甲烷，并振摇约1min，静置分层，弃去下层三氯甲烷层。加入50mL柠檬酸溶液，混匀，并用50mL二氯甲烷提取α-玉米ZEN和玉米ZEN，振摇约1min，静置分层，将下层溶液通过玻璃漏斗中上方塞有玻璃棉球的约40g无水硫酸钠净化柱（界面上的乳化部分也全部使其通过无水硫酸钠）。再用50mL二氯甲烷提取水相，静置分层后使有机相如前次一样通过无水硫酸钠柱。用10~15mL二氯甲烷洗涤无水硫酸钠柱。合并二氯甲烷提取液并在旋转蒸发器上蒸发近干。用二氯甲烷经3~4次洗涤，将残余物转移入4mL具有Teflon螺旋盖的试管内，在氮气流下蒸发至干。用0.500mL流动相溶解并在漩涡混合器上混匀，并通过0.45μm滤膜过滤入1mL注射器。

5. 测定　设置流动相流速为2.0mL/min。用相当于若干个柱体积的流动相预处理色谱柱。如果基线不正常，以乙腈冲洗并重新以流动相进行平衡。设置荧光检测器为236nm（激发波长）和418nm（发射波长），范围1.0μA，增益"高"，时间恒定4~6s（平均峰宽0.1）。设置记录仪为2min/cm。

每种标准溶液各进样20μL，以峰高对浓度值描点绘制标准曲线（在C_8色柱上，α-玉米ZEN的保留时间约为4.5min、玉米ZEN的保留时间约为5.5min）。每天至少进样2种标准液来检查标准曲线的重现性。

按照标准曲线制作的相同条件对20μL试样液进行测定。根据保留时间对α-玉米ZEN和玉米ZEN进行定性。按照下式对试样中毒素的含量进行计算：

$$\alpha\text{-玉米 ZEN}/\text{玉米 ZEN (ng/g)} = \frac{PH_1}{PH_2} \times \frac{\text{标准品进样量}}{\text{试样进样量}}$$

式中　PH_1/PH_2——为试样溶液和标准溶液的峰高之比（计算时应使用与试样相当的标准品峰高）。

6. 确证　连续将20μL玉米ZEN和α-玉米ZEN标准溶液和试样溶液注入液相色谱仪，并确定在236nm和274nm（激发波长）处的峰高。分别计算标准品和试样236nm/274nm处色谱峰的峰高比。试样的峰高比应在标准品峰高比的5%范围内。

二、脱氧雪腐镰刀菌烯醇的检测

配合饲料中脱氧雪腐镰刀菌烯醇的测定主要采用GB/T 8381.6—2005薄层色谱法。

1. 原理　样品中DON经提取、净化、浓缩和硅胶G薄层展开后，加热薄层板用光密度计测定荧光强度。由于在制备薄层板时加入了三氯化铝，使DON在365nm紫外光灯下显蓝色荧光，与标准比较定量。

2. 试剂　DON标准溶液：精密称取5mg DON，加乙酸乙酯溶液后转入10mL容量瓶中，加乙酸乙酯至刻度。此标准溶液含0.5mg/mL DON。吸取此标准液0.5mL，用乙酸乙酯稀释至10mL，此溶液含DON 25μg/mL。

3. 测定

(1) 提取：称取 20g 粉碎的样品，置于 200mL 具塞锥瓶中，加 8mL 水和 100mL 三氯甲烷-无水乙醇（8∶2，V/V），密塞，在瓶塞上涂上一层水盖严防漏，振荡 1h，通过折叠快速定性滤纸过滤，取 25mL 滤液于 75mL 玻璃蒸发皿中，置于 80～90℃ 水浴上通风挥干。用 40mL 正己烷分次溶解蒸发皿中的残渣，洗入 100mL 分液漏斗中，再用 20mL 甲醇-水（4∶1，V/V）分次洗涤蒸发皿，转入同一分液漏斗中，振荡 1.5min，静置约 15min，分层后，将下层甲醇-水提取液过柱净化，不要将两相交界处的白色絮状物放入柱内。

(2) 净化：在层析柱下端与小管相连接处塞约 0.1g 脱脂棉，尽量塞紧。先装入 0.5g 中性氧化铝，敲平表面，再加入 0.4g 活性炭，敲紧。将层析柱下端插入一橡胶塞，塞在抽滤瓶上，抽滤瓶中放一平底管接收过柱液。将抽滤瓶接上水泵或真空泵，稍稍开启泵使活性炭压紧。将分液漏斗中的甲醇-水提取液小心沿管壁加入柱内，控制流速为 18～20 滴/15s。甲醇-水提取液过柱快完毕时，加入 10mL 甲醇-水（4∶1，V/V）淋洗柱抽滤，直至柱内不再有液体流出，使 30mL 液体在 10～11min 内过柱完毕。过柱速度要均匀，不要时快时慢。

(3) 制备薄层层析用样液：将过柱后的洗脱液倒入 75mL 玻璃蒸发皿中，用少量甲醇-水（4∶1，V/V）洗涤平底管。将蒸发皿置沸水浴上浓缩（约 40min），趁热加入 3mL 乙酸乙酯，加热至沸，在水浴锅上轻轻地反复转动蒸发皿数次，使充分沸腾，将残渣中的 DON 溶出（如乙酸乙酯溶液太少或被挥干，可再加入适量）。放冷至室温后转入浓缩瓶中，再用 3 份 1.5mL 乙酸乙酯洗涤蒸发皿，洗涤液并入浓缩瓶中。将浓缩瓶置于约 95℃ 水浴上用蒸汽加热、吹 N_2 浓缩至干，放冷至室温后加入 0.2mL 三氯甲烷-乙腈（4∶1，V/V）溶解残渣，留作薄层层析用。

(4) 薄层层析：

①薄层板的制备：取 4g 硅胶 G，加 10mL 15% $AlCl_3 \cdot 6H_2O$ 水溶液，研磨约 2.5min 至黏稠状，铺成 5cm×20cm 薄层板 3 块，置室温干燥后，于 105℃ 活化 1h，储于干燥器中备用。

②展开剂：横展剂为乙醚、乙醚-丙酮（95∶5，V/V）、无水乙醚其中任意 1 种，使样品 DON 点偏离原点 0.7～1.0cm，刚好与杂质荧光分开。纵展剂为三氯甲烷-丙酮-异丙醇（8∶1∶1，V∶V）。

③点样：在每块薄层板上距下端 2.5cm 的基线上点样。

第 1 块板：对每一个样品，先点第 1 块薄层板。在距板左边缘 0.8～1cm 处点样液 25μL，在距左边缘约 2cm 处点标准液 1μL（25ng），在右边缘 1.2cm 处点标准液 20μL（500ng），再在薄层板上距上端 3cm 处的横线上，与下端基线上 3 点相对应的位置点 3 个 DON 标准点，各 2μL（50ng）。DON 的最低检出量达 25ng，目视比较用 50ng、75ng、100ng。薄层板经展开显荧光后，如阳性样品的 DON 点荧光强度小于 500ng DON 标准点，则不需要稀释，只要估计减少滴加量；如样品 DON 点荧光强度大于 500ng 标准点，则需要稀释后估计滴加量。

第 2 块板：在第 1 块板上未显荧光的样品，则需在第 2 块薄层板上距左边缘 0.8～1cm 处滴加样液 25μL，加标准液 1μL（25ng），在距左边缘约 2cm 处滴加标准液 2μL（50ng）。对阳性样品进行概略定量：在薄层板上距左边缘 0.8～1cm 处滴加样液点（根据情况估计滴加量），在距左边缘约 2cm 处和在距右边缘 1.2cm 处分别滴加 2 个标准点，DON 的量可为 50ng、75ng、100ng，根据情况估计滴加量。

④展开：展开槽均不先加入溶剂饱和。

横展：在展开槽内倒入 10mL 横展剂。将点好样的薄层板靠样液点的长边斜浸入溶剂，展至板端，经过 1min 取出，通风挥干 5min。

纵展：在展开槽内倒入 10mL 纵展剂。将横展挥干后的薄层板置于展开槽内纵展 13cm（约35min）取出，通风挥干 10min。

⑤显荧光：先观察未加热的薄层板，可见到显蓝紫色荧光的干扰点（这时 DON 点不显荧光），加热后它也显荧光，在 DON 点附近，但不干扰 DON 点。然后将此薄层板置 130℃烘箱中加热 7～10min，取出放在冷的工作台表面上，1min 后于 365nm 紫外光灯下观察。

⑥观察与评定：薄层板经横展后，板上的 DON 点都有移动，样品的 DON 点移动 0.7～1.0cm，正是根据这一点在纵展后使样品 DON 点摆脱了杂质荧光的干扰。薄层板上端未经纵展的 3 个 DON 标准点可分别作为纵展后样品 DON 点和 2 个 DON 标准点的横向定位点。样品 DON 点又可与纵展后的 DON 标准点比较 R_f 值而定性。这样从横向和纵向 2 个方向确定样品 DON 的位置，达到定性的目的。在第 1 块薄层板上，如样品 DON 点上有很浅的、斜的荧光通过，这是过柱时没有掌握好速度，净化不够，也可能是空气湿度的变化，影响分离效果，但两个标准 DON 点的位置上均无杂质荧光干扰。

如在第 1 块薄层板上样液未显荧光点，而在第 2 块薄层板上样液 25μL 加标准 25ng 所显荧光强度与标准 25ng 相等，则样品中 DON 含量为阴性或 50μg/kg 以下。

阳性样品概略定量时，虽然薄层板上 3 个 DON 点在横展中都稍有移动，但对各点荧光强度无影响，2 个标准点均可用于和样品 DON 点比较荧光强度。

薄层光密度计测定：在薄层板上标准 DON 荧光点至少在 100ng、200ng、400ng 时测得的光密度值与 DON 的量才相应呈线性关系。

对 DON 含量在 300μg/kg 以上的样品才用光密度计测定。当 DON 含量在 300μg/kg 时，点样液 20μL 使测得的 DON 的量落在 100～200ng。用薄层扫描仪测定时，每块薄层板上滴加 2 个标准 DON 点，DON 的量为 100ng、200ng 或 200ng、400ng。在激发波长 340nm、发射波长 400nm 条件下进行测定，以测定的峰面积值为纵坐标，DON 量为横坐标，绘制标准曲线。

4. 计算

$$\text{DON 含量}(mg/kg) = A \times \frac{V_1}{V_2} \times \frac{n}{m}$$

式中　A——薄层板上测得样品点上 DON 的量（μg）；
　　　V_1——加入三氯甲烷-乙腈混合液溶解残渣的体积（mL）；
　　　V_2——滴加样液的体积（mL）；
　　　n——样液的总稀释倍数；
　　　m——三氯甲烷-乙腈混合液溶解残渣相当样品的质量（g）。

第五节　饲料中砷、汞、铅、镉的检测

饲料中砷、汞、铅、镉的测定方法主要有分光光度法、原子吸收光谱法、示波极谱法。

砷、汞、铅、镉一般是以金属有机化合物的形式存在于饲料中，要测定这些元素首先要进行

样品制备和前处理。在样品处理中以不丢失要测的成分为原则，采用灰化法和湿法消化法先将有机物质破坏掉，释放出被测元素。破坏掉有机物的样液中，多数情况下待测元素浓度很低，另外还有其他元素的干扰，所以要浓缩和除去干扰。样液浓缩与分离处理方法与所用的测定方法有关。如果是用比色法测定，则用合适的金属螯合剂在一定条件下与被测金属离子生成金属螯合物，然后用有机溶剂进行液-液萃取，使金属螯合物进入有机相从而达到分离与浓缩的目的。原子吸收分光光度法测痕量元素则需用离子交换法分离、提纯金属离子或除去干扰离子。

一、原子吸收光谱法测定饲料中砷、汞、铅、镉的含量

（一）溶剂提取-原子吸收光谱法测定饲料中砷含量

1. 适用范围　这是按砷的化学形态分离定量的方法，适用于饲料干物质中总砷含量在 1mg/kg 以上的样品。

2. 测定原理　无机态和甲基化态的 3 价砷在高浓度（8mol/L 以上）盐酸溶液中，有选择地被苯、甲苯等有机溶剂作为卤化物提取，用碘化钾将 5 价砷还原成 3 价后提取，与不能提取而残存的甲基化态以外的有机态砷分离；经过分离的各种化学形态的砷，以湿法分解后，用砷化氢发生-原子吸收法定量。

3. 测定方法

（1）装置与仪器：

①原子吸收分光光度仪：测定条件按使用仪器工作规定进行。

②砷化氢发生装置。

③砷用空心阴极灯。

④无砷硼硅玻璃器具：容量 100mL 的锥形烧杯和表面皿。

（2）试剂：

①浓硝酸。

②浓硫酸。

③60％高氯酸。

④砷标准储备溶液：称取七水合砷酸二钠 0.208g 溶于水，移入 500mL 容量瓶定容至刻度（砷含量为 100mg/L），保存于聚乙烯瓶中。

⑤砷标准工作液：准确吸取砷标准储备溶液 10mL，用 3mol/L 盐酸定容至 100mL，取 10mL 此液用 3mol/L 盐酸定容至 100mL。取 1.0mL、2.0mL、3.0mL、4.0mL、5.0mL 上述溶液分别用 3mol/L 盐酸定容至 10mL。取这 5 种溶液各 2mL 就制成含砷 $0.2\mu g/mL$、$0.4\mu g/mL$、$0.6\mu g/mL$、$0.8\mu g/mL$、$1.0\mu g/mL$ 的测定用砷标准溶液，保存于聚乙烯瓶中。

⑥锌粉：无砷，原子吸收分析用。

⑦20％碘化钾溶液：称取碘化钾 20g 稀释至 100mL，储于棕色试剂瓶中。

⑧20％氯化亚锡盐酸溶液：称取二水合氯化亚锡 20g，溶于浓盐酸至 100mL。

⑨10％醋酸铅溶液：称取三合醋酸铅 10g，溶于水移入 100mL 容量瓶定容至刻度。

（3）样品处理：

①水分含量高的饲料样品称取 5.00g，干样称取 1.00g 置于容量为 100mL 有内盖的聚乙烯

瓶中，加入50mL 6mol/L盐酸，在不断摇动中放置1h后，过滤或离心分离取上清液，残渣再加6mol/L盐酸50mL，同样取第2次的上清液，将2次上清液合并，对其中的砷定量。

②用移液管取上述上清液10mL置于100mL容量瓶中，加入10mL 2mol/L盐酸，将盐酸浓度调整为9mol/L后，用10mL甲苯提取3次，然后用10mL 9mol/L盐酸反洗净后，用10mL水反复提取2次，得到含无机态砷及甲基化态3价砷的水溶液20mL。

在原先的20.0mL 9mol/L盐酸溶液和反复洗净的10.0mL 9mol/L盐酸溶液合并的溶液中，加入1.5mL 50%碘化钾溶液。充分摇混后放置15min以上，然后用10mL甲苯提取2次。此20mL甲苯溶液用9mol/L盐酸10mL和含50%碘化钾溶液0.5mL的溶液反复洗净后，用10mL水反复提取2次，得到含有无机态和由5价砷转化成甲基化态的3价砷水溶液20mL。

将9mol/L盐酸和反复洗净的9mol/L盐酸溶液合并，有机态砷就残存于这样的盐酸溶液中。

(4) 测定：

①取各种化学形态砷的水溶液或盐酸溶液各10mL，分别置于100mL锥形烧杯中，加入10mL浓硝酸、1mL浓硫酸及2mL 60%高氯酸混合液，在加热板上按湿法分解法操作分解后，吸取上述样液1mL注入砷化氢发生装置，待检流计指针稳定在零点时，再注入1mL 20%氯化亚锡盐酸溶液，充分混合，15min后，加入0.8g锌粒，此时样液中的三价砷立即被还原为砷化氢气体，转换管路，用氮气或氩气将砷化氢导入石英管炉中，然后停止通氮气或氩气进行原子化过程，于波长193.7nm处测吸光度。同时做空白试验，以空白试验液校正样液吸光度，从用测定用砷标准溶液绘制的砷标准曲线查出样液中砷含量。

(5) 计算：

$$样品中砷含量(mg/kg) = \frac{(A_1 - A_2) \times V_1 \times 1\,000}{m \times V_2 \times 1\,000}$$

式中　A_1——由样品吸光度查标准曲线中砷的含量（μg）；

　　　A_2——试剂空白液中砷的含量（μg）；

　　　m——样品质量（g）；

　　　V_1——样品消化液总体积（mL）；

　　　V_2——测定用样液体积（mL）。

(二) 冷原子吸收光谱法饲测定料中总汞含量

主要内容参照 GB 13081—91。

1. 适用范围　一般饲料都能适用。样品的检测限：0.001～0.01μg/kg。

2. 测定原理　饲料样品经硝酸-硫酸消化分解后，用氯化亚锡将溶液中的 Hg^{2+} 还原为汞原子，在原子吸收分光光度仪点燃汞用空心阴极灯，或测汞仪上点燃汞灯，用氮气将汞原子蒸汽导入石英池，以波长253.7nm作为吸收波长，测定其吸光度，与标准系列比较定量。

3. 测定方法

(1) 装置与仪器：

①测汞仪：带有还原瓶（50mL）。

②消化装置：250mL或500mL磨口锥形瓶，附磨口蛇形冷凝管。

③分析天平：感量0.000 1g。

(2) 试剂：

①浓硫酸。

②浓硝酸。

③60%高氯酸。

④30%氯化亚锡溶液：称取 30g 氯化亚锡，加入少量水，再加 2mL 硫酸溶解后，加水稀释至 100mL，放置冰箱备用。

⑤5mol/L 混合酸液：量取 10mL 硫酸，加入 10mL 硝酸，慢慢倒入 50mL 水中，冷却后加水稀释至 100mL。

⑥汞标准储备液：准确称取 0.135 4g 已干燥的二氯化汞，用混合酸液溶解后移入 100mL 容量瓶中，稀释至刻度，混匀；此溶液每毫升相当于 1mg 汞，冷藏备用。

⑦汞标准工作液：吸取 1.00mL 汞标准储备液，置于 100mL 容量瓶中，加混合酸液稀释至刻度，每毫升此溶液相当于 10μg 汞。再吸取 1.00mL 此液置于 100mL 容量瓶中，加混合酸液稀释至刻度，每毫升此溶液相当于 0.1μg 汞，临用时现配。

(3) 样品处理：

准确称取已制备好的样品 1.00～5.00g 置于分解烧瓶，加玻璃珠数粒，附着在内壁上的试样用浓硫酸 5～10mL 冲洗流下，再加 25mL 硝酸，转动分解烧瓶防止局部炭化，装上冷凝管，小心加热，待开始发泡停止加热，发泡停止后，再加热回流 2h。放冷后从冷凝管上端小心加 20mL 水，继续加热回流 10min，放冷，用适量水冲洗冷凝管，洗液并入消化液。过滤消化液于 100mL 容量瓶中，用少量水洗分解烧瓶和滤器，洗液并入容量瓶内，加水至刻度，混匀。取与样品相同量的硝酸、硫酸，同法做试剂空白试验。

(4) 测定：

①标准曲线绘制：吸取 0.00mL、0.10mL、0.20mL、0.30mL、0.40mL、0.50mL 汞标准工作液置于还原瓶内，(此溶液相当于含汞 0.01μg/mL、0.02μg/mL、0.03μg/mL、0.04μg/mL、0.05μg/mL)，各加 10mL 混合酸液和 2mL 的 30%氯化亚锡溶液，立即盖紧还原瓶 2min，记录测汞仪读数指示器最大吸光度。以吸光度为纵坐标，汞浓度为横坐标，绘制标准曲线。

②样液测定：加 10mL 样品消化液于还原瓶内，加 2mL 30%氯化亚锡溶液后立即盖紧还原瓶 2min，记录测汞仪读数指示器最大吸光度。

(5) 测定结果计算：

$$X = \frac{(A_1 - A_0) \times 1\,000}{m \times V_2/V_1 \times 1\,000} = \frac{V_1 \times (A_1 - A_0)}{m \times V_2}$$

式中　X——试样中汞的含量（mg/kg）；

A_0——试剂空白液中汞的质量（μg）；

A_1——测定用试样消化液中汞的质量（μg）；

V_1——试样消化液总体积（mL）；

V_2——测定用试样消化液体积（mL）；

m——试样质量（g）。

4. 说明

（1）在此法中，常见的干扰是水汽。要严防还原瓶中的水雾进入测汞仪的进气管路，一旦发生应立即停止测定，并清除管道中水汽。通常可用过氯酸镁或无水氯化钙的干燥管除去；同时应注意干燥管吸湿后对汞的吸附，使用时要常检查和更换。

（2）汞除挥发外，还可因器壁吸附而从溶液中消失。如汞吸附在玻璃器具上，要加热至500～550℃才能除去，在配制标准溶液时加 5mol/L 混合酸可消除这种吸附。

（3）消化过程中残存在消化液中的氮氧化物对紫外光有吸收，严重干扰测定，使测定结果偏高。所以消化完后应加水继续加热回流 10min，可将残存的氮氧化物驱赶除去。

（4）样品中的蜡质、脂肪等不易消化的物质可在冷却后滤去。

（5）测定用的玻璃器皿，用 1∶1 硝酸或 1∶1 盐酸浸泡后，用去离子水洗净，临用时再以140℃加热 2h。

（三）火焰原子吸收光谱法测定饲料中铅含量

主要内容参照 GB 13080—91。

1. 适用范围　用于各类饲料中铅含量的测定。

2. 测定原理　由于饲料中铅含量微量，直接用原子吸收分光光度计测定，灵敏度不好，所以可采用碘化钾-甲基异丁酮（MIBK）法或吡咯烷二硫代氨基甲酸铵（APDC - MIBK）法等溶剂提取加以浓缩，以提高其灵敏度进行测定。

（1）碘化钾-甲基异丁酮（MIBK）法：使用 1mol/L 或 1%盐酸灰化试样溶液，加磷酸使之成为强酸性；加碘化钾溶液，用 MIBK 提取成碘化物的铅离子，分取 MIBK 层。在原子吸收分光光度仪上点燃铅用空心阴极灯，以 283.3nm 作为测定波长。在乙炔-空气火焰中将 MIBK 溶液吸入喷雾，使铅离子原子化，测其吸光度，与标准系列比较定量。

（2）吡咯烷二硫代氨基甲酸铵（APDC - MIBK）法：在样品溶液中加入硫酸铵，用氨水调整 pH 为 4.0～4.5，然后加入吡咯烷二硫代氨基甲酸铵溶液，生成铅的螯合物以 MIBK 提取，分取 MIBK 层，在原子吸收分光光度仪上点燃铅用空心阴极灯，以 283.3nm 作为测定波长。在乙炔-空气火焰中将 MIBK 溶液吸入喷雾，使铅离子原子化，测其吸光度，与标准系列比较定量。

3. 测定方法

（1）装置和仪器：原子吸收分光光度仪。

仪器工作参考条件：①铅用空心阴极灯电流：8mA。②狭缝：0.4nm。③燃烧器使用乙炔-空气火焰；空气流量每分钟 8L，乙炔流量每分钟 1L；燃烧气高度：6mm。④背景扣除方式：氘灯背景校正。

（2）试剂：

①浓硝酸；6mol/L 硝酸；0.5%、10%硝酸；

②0.5%硫酸钠溶液：称取 5.0g 硫酸钠，用 1.0mol/L 硝酸溶液溶解，并稀释至 1 000mL。

③铅标准储备液：准确称取 1.000g 金属铅，分次加入 6mol/L 硝酸溶解，总量不超过 37mL，然后移入 1 000mL 容量瓶中，加水稀释至刻度，混匀；每毫升此溶液相当于含铅 100μg，冷藏备用。

④铅标准工作液：准确吸取 1mL 铅标准储备液置于 100mL 容量瓶中，加 0.5%硝酸稀释至刻度；每毫升此液含 1μg 铅。

⑤1mol/L 碘化钾溶液：称取 166g 碘化钾，溶于 1 000mL 水中，储存于棕色试剂瓶中。
⑥混合酸：硝酸-高氯酸，4∶1。
⑦5%抗坏血酸溶液：称取 5.0g 抗坏血酸溶于水中，稀释至 100mL，储于棕色试剂瓶中。
⑧甲基异丁酮（MIBK，又名 4-甲基-2-戊酮）。

(3) 样品处理：

①配合饲料和鱼粉类饲料：准确称取已粉碎均匀的饲料样 4.000～8.000g 于坩埚中，经炭化后在 500℃ 高温下灰化 16h 后冷却，加少量混合酸使灰分湿润，再加 5mL 混合酸，加盖表面皿，小火蒸近干涸，用 0.5%硝酸溶液溶解残渣并移入 50mL 容量瓶中，再反复洗涤坩埚，洗液并入容量瓶中，并稀释至刻度，混匀备用。

②磷酸盐、石粉类样品处理：硝酸-硫酸-高氯酸湿法消化。

(4) 测定：

①标准曲线绘制：精确吸取 0.00mL、4.00mL、8.00mL、12.00mL、16.00mL、20.00mL 1.00μg/mL 的铅标准工作液置于分液漏斗中，加水至 20mL。准确加入 2mL 1mol/L 碘化钾溶液，振摇，再加 1mL 5%抗坏血酸溶液，准确加入甲基异丁酮溶液，激烈振摇 3min，静置分层约 3min 后，将有机层移入具塞试管。将有机相导入原子吸收分光光度仪，在波长 283.3nm 处测定其吸光度，以吸光度为纵坐标，浓度为横坐标，绘制标准曲线。

②样品测定：精确吸取 5～10mL 样液和试剂空白液，按标准曲线绘制的测定步骤进行测定，以样品铅吸光度对应标准曲线铅浓度比较定量。

(5) 计算：

$$X = \frac{(A_1 - A_0) \times 1\,000}{m \times V_2/V_1 \times 1\,000} = \frac{V_1 \times (A_1 - A_0)}{m \times V_2}$$

式中　X——试样中铅的含量（mg/kg）；
　　　A_0——试剂空白液中铅的质量（μg）；
　　　A_1——测定用试样消化液中铅的质量（μg）；
　　　V_1——试样消化液总体积（mL）；
　　　V_2——测定用试样消化液体积（mL）；
　　　m——试样质量（g）。

4. 说明

(1) 本法可同时提取测定铅、镉、铜 3 种元素。

(2) 所用玻璃器皿均以 10%硝酸浸泡 24h 以上，用水反复冲洗，最后用去离子水冲洗、晾干备用。

(3) 样品中的铅在用 KI-MIBK 提取时会受饲料中食盐的干扰，如果食盐含量超过 10%，铅的提取率会降低 13%，所以在提取含食盐 10%以上的饲料样品时，每次用 10mL MIBK，提取 3 次以后，收集总量，加硝酸 2～3mL，蒸发干涸后，用 10mL 1mol/L 盐酸溶解并移入分液漏斗，再按上述步骤操作。

(4) 吡咯烷二硫代氨基甲酸铵（APDC-MIBK）法的提取测定步骤同碘化钾-甲基异丁酮（MIBK）法；在有铁 500μg、锰 400μg、铜 200μg、锌 300μg、镉 300μg 共存时，铅的提取率降低约5%，共存元素量超过上述数值，铅的提取率会随共存量的增加成比例地降低。

（四）火焰原子吸收光谱法测定饲料中镉含量

主要内容参照 GB 13082—91。

1. 适用范围　用于各类饲料中镉含量的测定。

2. 测定原理

（1）碘化钾-MIBK 法原理：样品经处理后，在酸性溶液中镉离子与碘离子形成络合物，并经碘化钾-4-甲基-2-戊酮离子络合萃取分离，样液导入原子吸收仪中，原子化后，镉原子吸收波长 228.8nm 共振线，其吸收量与镉含量成正比，与标准系列比较定量。

（2）双硫腙-乙酸丁酯法原理：样品经消化处理后，在 pH 为 6 左右的溶液中，镉离子与双硫腙形成络合物，经乙酸乙酯萃取分离，导入原子吸收仪中，原子化后，镉原子吸收波长 228.8nm 共振线，其吸收量与镉含量成正比，与标准系列比较定量。

3. 测定方法

（1）装置和仪器：原子吸收分光光度仪。

仪器工作参考条件：①镉用空心阴极灯电流：6～7mA。②狭缝：0.15～0.2nm。③燃烧器使用乙炔-空气火焰；空气流量每分钟 5L，乙炔流量为每分钟 0.4L；燃烧气高度：1mm。④背景扣除方式：氘灯背景校正。

（2）试剂：

①镉标准储备液：同镉试剂分光光度法。

②镉标准中间液：吸取 10mL 镉标准储备液于 100mL 容量瓶中，加 1mol/L 盐酸稀释至刻度，摇匀。此溶液每毫升相当于 10μg 镉。

③镉标准工作液：吸取 10mL 镉标准中间液于 100mL 容量瓶中，加 1mol/L 盐酸稀释至刻度，摇匀。此溶液每毫升相当于 1μg 镉。

④其他试剂同火焰原子吸收光谱法测定饲料中铅含量的试剂。

（3）样品处理：准确称取粉碎均匀的样品 5.000～10.000g 于硬质烧杯中，先在电炉上小火炭化至无烟，置于高温炉 600℃灼烧 16h 后，取出冷却，用少量水湿润灰分，加 10mL 硝酸，在电热板上加热分解至近干涸，冷却后加 10mL 1mol/L 盐酸加热溶解，内容物全部无损移入 50mL 容量瓶中，再用 1mol/L 盐酸稀释至刻度，混匀备用。

（4）测定：同火焰原子吸收光谱法测定饲料中铅含量的测定操作。使用测镉用空心阴极灯和测定用镉标准工作溶液进行测定。

（5）计算：同火焰原子吸收光谱法测定饲料中铅含量的测定计算，铅换成镉。

二、分光光度法测定饲料中砷、汞、铅、镉的含量

（一）二乙氨基二硫代甲酸银分光光度法（银盐法）测定饲料中总砷含量

主要内容参照 GB/T 13079—1999。

1. 适用范围　适用于各种配（混）合饲料、浓缩饲料、预混合饲料及饲料原料中总砷含量的测定。

2. 测定原理　样品消化后，样液中的砷全部转变为砷酸（As^{5+}），砷酸在碘化钾和酸性氯化

亚锡的存在下,将样液中的5价砷还原成3价砷（As^{3+}）,利用锌与酸作用生成原子态氢,与3价砷作用后生成砷化氢气体,通过乙酸铅棉花去除硫化氢的干扰,再与二乙氨基二硫代甲酸银作用,在有机碱（三乙醇胺）存在下,生成棕红色胶态物,溶液颜色呈橙色至红色,其颜色深浅与样液中砷的含量成正比,与标准比较定量。

3. 测定方法

(1) 装置与仪器:

①分光光度仪:波长范围 360～800nm。

②砷化氢发生器及吸收装置:

a. 砷化氢发生器:100mL 带 30mL、40mL、50mL 刻度线和侧管的锥形瓶。

b. 导气管:管径为 8.00～8.50mm;尖端孔径为 8.00～8.50mm。

c. 吸收瓶:下端带 5mL 刻度线。

③分析天平:感量 0.000 1g。

④常用玻璃器皿。

⑤瓷坩埚:30mL。

⑥高温炉:0～950℃。

(2) 试剂:

①浓硫酸、浓硝酸、高氯酸、盐酸。

②抗坏血酸。

③混合酸液（A）:硝酸:硫酸:高氯酸=23:3:4。

④无砷锌粒:每克 15～20 粒。

⑤乙酸铅棉花:用 10% 乙酸铅溶液浸泡脱脂棉约 1h,压除多余溶液,并使其疏松,自然晾干或在 100℃下干燥后,储于玻璃瓶中,塞紧瓶口。

⑥二乙氨基二硫代甲酸银-三乙胺-三氯甲烷吸收溶液:准确称取 2.5g（精确到 0.000 2g）二乙氨基二硫代甲酸银于干燥的烧杯中,加适量三氯甲烷,待完全溶解后,转入 1 000mL 容量瓶中,加入 20.0mL 三乙胺,用三氯甲烷定容,放置过夜,滤于棕色试剂瓶中,储于冰箱保存。

⑦砷标准储备液:准确称取 0.660 0g 已干燥的三氧化二砷,加 5.0mL 氢氧化钠溶液（200g/L）溶解后,然后再加入 25mL 硫酸溶液（60mL/L）中和,移入 500mL 容量瓶中,稀释至刻度,混匀。此溶液每毫升相当于 1.00mg 砷,储于塑料瓶冷藏备用。

⑧砷标准工作液:吸取 5.00mL 砷标准储备液,置于 100mL 容量瓶中,加水稀释至刻度,此溶液每毫升相当于 50μg 砷。再吸取 2.0mL 此液置于 100mL 容量瓶中,加 1.0mL 盐酸溶液,加水稀释至刻度,此溶液每毫升相当于 1.0μg 砷。

⑨硫酸溶液（60mL/L）:吸取 6.0mL 硫酸,缓慢加入约 80mL 水中,冷却后用水稀释至 100mL。

⑩盐酸溶液（1mol/L）:吸取 84.0mL 盐酸倒入适量水中,用水稀释至 1 000mL。

⑪盐酸溶液（3mol/L）:将 1 份盐酸与 3 份水混合。

⑫硝酸镁溶液（150g/L）:称取 30.0g 硝酸镁溶于水中,稀释至 20mL。

⑬碘化钾溶液（150g/L）:称取 75.0g 碘化钾溶于水中,定容至 500mL,储存于棕色试剂

瓶中。

⑭酸性氯化亚锡溶液（400g/L）：称取20.0g氯化亚锡溶于50mL盐酸中，加入数颗金属锡粒，可用一周。

⑮氢氧化钠溶液：200g/L。

⑯乙酸铅溶液：200g/L。

(3) 样品处理：

①湿法分解法：取经过均质干燥的饲料样品0.200～2.000g置于100mL的锥形烧杯中，加10mL浓硝酸充分混合后，用表面皿覆盖，在加热板上以170～220℃缓慢加热，待产生褐色气体的激烈反应完成后，从加热板上取下冷却，加入3mL浓硝酸、2mL浓硫酸、5mL60%高氯酸，然后再在加热板上以300～380℃灼烧，待分解液开始炭化，立即从加热板上取下，注入少量(0.5～1mL)的浓硝酸。待分解液呈透明或淡黄色，将表面皿取下，放出硫酸因加热产生的白烟，将分解液浓缩至1mL左右。冷却后，用3mol/L盐酸溶液洗入容量瓶中，定容至25mL或50mL，制成盐酸试样溶液。

②干法灰化法：预混料、浓缩饲料用此法进行前处理效果较好。称取2～3g试样（精确至0.000 2g）于30mL瓷坩埚中，低湿炭化至无烟后，加入5.0mL硝酸镁溶液，混匀，浸泡3h，于低温或沸水浴中蒸干，然后转入高温炉中，550℃条件下灼烧3～4h，冷却后取出。加水5mL湿润灰分后，慢慢加入10.0mL 3mol/L盐酸溶液，用细玻璃棒搅拌，再用少量水洗玻璃棒上附着的灰分至坩埚，将溶液移入50mL容量瓶中。坩埚先用3mol/L盐酸溶液洗涤3次，后用少量水洗涤3次，洗液并入该容量瓶内，加水至刻度，混匀。

(4) 测定：

①标准曲线绘制：精确吸取砷标准工作液0mL、1.00mL、2.00mL、4.00mL、6.00mL、8.00mL、10.00mL分别置于砷化氢发生瓶中，加10.0mL 1:1硫酸、2.0mL15%碘化钾溶液，摇匀，加入1mL 40%酸性氯化亚锡溶液，摇匀，静置15min，加入3g无砷锌粒，立即塞紧带有玻璃弯管的橡皮塞，并将出口的管尖端浸插在预先加有5mL吸收液的比色管中，在室温中反应45min后，取下吸收管，用氯仿补足各管的吸收液体积至5mL，用1cm比色杯以零管调节零点，于波长520nm处测定其吸光度，绘制标准曲线。

②样品测定：精确吸取一定量的消化液及同量的试剂空白液，分别加入250mL三角烧瓶中，加水至40mL。按标准溶液的测定步骤，测出相应的吸光度，与标准比较定量。

(5) 计算：

$$\text{样品中砷含量}(mg/kg) = \frac{(A_1 - A_2) \times V_1 \times 1\,000}{m \times V_2 \times 1\,000}$$

式中　A_1——由样品吸光度查标准曲线中砷的含量（μg）；

　　　A_2——试剂空白液中砷的含量（μg）；

　　　m——样品质量（g）；

　　　V_1——样品消化液总体积（mL）；

　　　V_2——测定用样液体积（mL）。

(二) 有机溶剂萃取-银盐分光光度法测定饲料中无机砷含量

1. 适用范围　适用于各类饲料中无机砷含量的测定。

2. 测定原理　样品中5价砷经碘化钾还原为3价砷，在8mol/L以上酸性介质中被乙酸丁酯、苯等有机溶剂萃取，然后再将有机溶剂中3价砷反萃取于水中，用银盐法测定其砷含量。

3. 测定方法

(1) 装置和仪器：

(2) 试剂：

①9mol/L盐酸：量取375mL盐酸，加水稀释至500mL。

②乙酸丁酯或苯。

(3) 样品处理：

①取制备好饲料样品4.000g置于250mL短颈球形瓶中，加入1.0mL 50%碘化钾溶液，轻轻摇匀浸泡，室温下放置4h。

②将上述样液移入250mL分液漏斗中，加30.0mL乙酸丁酯，反复轻轻振摇至分出盐酸层，静置分层，分出的盐酸层置于另一漏斗中，加入30.0mL乙酸丁酯第二次萃取，合并乙酸丁酯萃取液，加入15.0mL 9mol/L盐酸，振摇洗涤乙酸丁酯，静置分层，分出盐酸层。

在乙酸丁酯提取液中加入10mL水，反复振摇至分出水层，静置，分出水层置于100mL锥形瓶中，再用10mL、5mL水反复萃取2次，合并3次水溶液，备用。同时做试剂空白。

(4) 测定：于25mL提取水溶液和试剂空白水溶液中，分别加入6.5mL 7mol/L盐酸、2.0mL 5%碘化钾、2.5mL酸性氯化亚锡溶液，混匀；静置15min后，各加锌粒3g，立即分别塞上装有乙酸铅棉花的玻璃弯管，并使管尖端插入盛有4mL二乙氨基二硫代甲酸银溶液的离心管中的液面下，在常温下反应45min后取下离心管，加氯仿补足至4mL，移入1cm比色杯中，以试剂空白管调节零点，于波长520nm处测吸光度，与标准比较定量。

(5) 计算：

$$\text{饲料样中无机砷含量(mg/kg)} = \frac{(A_1 - A_2) \times 1\,000}{m \times V_2/V_1 \times 1\,000}$$

式中　A_1——由样品吸光度查标准曲线中砷的含量（μg）；

　　　A_2——试剂空白液中砷的含量（μg）；

　　　V_1——样品消化液总体积（mL）；

　　　V_2——测定用样液体积（mL）；

　　　m——样品质量（g）。

4. 说明

(1) 硝酸在溶液中的浓度达0.01mol/L时，在测定时会产生干扰。因此在消化时，需用浓硫酸蒸至冒大量白烟除去。

(2) 乙酸铅棉花可除去反应中生成的少量硫化氢气体，以除去干扰。

(3) 为避免吸收液挥发，砷反应要尽量控制在25℃左右，室温过高时，可把吸收管放在冰水中进行。

(4) 硝酸镁在灼烧时分解产生氧化镁并可释放出氧，能保温传热，促进炭化作用，同时在灼烧时升华的三氧化二砷能被氧化镁固定下来。因此在用干法灰化处理样品时可加入一定浓度的硝酸镁，在灰化前，可加入氧化镁并将其仔细覆盖在全部样品残渣的表面。

(5) 对于在湿法分解中因加酸而反应剧烈的样品应该冷处理较长时间,以防止产生大量泡沫而造成损失;由于碳会把砷还原为单质砷而造成大量损失,因此必须避免消化液炭化。

(三) 镉试剂分光光度法测定饲料中的镉含量

1. 适用范围 适用于各种配(混)合饲料、浓缩饲料、预混合饲料及饲料原料中镉含量测定。

2. 测定原理 样品经消化后,在碱性溶液中,镉离子(Cd^{2+})与6-溴苯并噻唑偶氮萘酚形成红色络合物,溶于氯仿中,于波长585nm处进行比色测定,与标准系列比较定量。

3. 测定方法

(1) 装置与仪器:

①分光光度仪:波长范围360~800nm。

②分析天平:感量0.000 1g。

③瓷坩埚:30mL。

④高温炉:0~950℃。

(2) 试剂:

①40%酒石酸钾钠溶液。

②25%柠檬酸钠溶液。

③20%氢氧化钠溶液。

④混合酸:浓硝酸与高氯酸按3∶1混合。

⑤氯仿。

⑥镉试剂:称取38.4mg 6-溴苯并噻唑偶氮萘酚溶于50.0mL二甲基酰胺中,储于棕色瓶中保存。

⑦镉标准储备液:准确称取1.000 0g金属镉(99.99%),加20.0mL 5mol/L盐酸溶液溶解后,加入2滴硝酸,移入1 000mL容量瓶中,稀释至刻度,混匀。此溶液每毫升相当于1.00mg镉,储于聚乙烯瓶备用。

⑧镉标准工作液:吸取10.00mL镉标准储备液,置于100mL容量瓶中,加适量1mol/L盐酸稀释至刻度,混匀,如此多次稀释至每毫升此溶液相当于1.0μg镉。

(3) 样品处理:

精确称取已制备好的样品5.0~10.0g,置于150mL锥形瓶中,加入15~20mL混合酸,小火加热,待泡沫消失后,再慢慢加大火力,必要时再加少量硝酸,直至溶液澄清或微带黄色,冷至室温。同时做试剂空白试验。

(4) 测定:

①将消化好的样液和试剂空白液用20mL水分次洗入125mL分液漏斗中,以20%氢氧化钠溶液调节pH至7左右。

②精确吸取镉标准工作液0.00mL、0.50mL、1.00mL、3.00mL、5.00mL、7.00mL、10.00mL分别置于125mL分液漏斗,各加水至20mL,以20%氢氧化钠溶液调节pH至7左右。

③于样品消化液、试剂空白液及镉标准溶液中各依次加入3.0mL 25%柠檬酸钠溶液、4.0mL 40%酒石酸钾钠溶液及1.0mL 20%氢氧化钠溶液,混匀,再各加5.0mL氯仿及0.2mL

镉试剂，立即振摇2min，静置分层后，将氯仿层经脱脂棉滤于1cm比色杯中，以零管调节零点，于波长585nm处测定吸光度，绘制标准曲线并比较。

（5）计算：

$$样品中镉含量(mg/kg) = \frac{(A_1 - A_2) \times 1\,000}{m \times V_2/V_1 \times 1\,000}$$

式中　A_1——由样品吸光度查标准曲线中镉的含量（μg）；

　　　A_2——试剂空白液中镉的含量（μg）；

　　　V_1——样品消化液总体积（mL）；

　　　V_2——测定用样液用量（mL）；

　　　m——样品质量（g）。

4. 说明

（1）酒石酸钾钠和柠檬酸钠的作用主要是除去钙、镁等离子的干扰，防止在碱性条件下生成沉淀，故要求此两种溶液用量大、纯度高，使用前要先做试剂空白试验。

（2）镉试剂固体状态稳定，其氯仿溶液使用效果不佳，因此常配制于二甲基酰胺中，使络合物在水相中易形成。

（3）氯仿用硫酸洗涤，直至硫酸无色，再用水洗至中性，用无水硫酸钠脱水干燥后蒸馏，截取60～62℃馏分。

（4）由于锌也能与镉试剂络合，生成稳定的络合物，使结果显著偏高，故试验时应加入足量的氢氧化钠溶液，使锌离子生成ZnO_2^{2-}。此外，饲料样溶液中铜、汞离子含量过高也有干扰作用，需加掩蔽剂去除干扰作用。

第六节　饲料中氟的检测

氟的测定一般采用氟离子选择电极法，这是国家标准方法（GB/13083—2002）。

（一）适用范围

本方法适用于饲料原料、饲料产品中氟的测定，最低检出限为0.80μg/kg。

（二）测定原理

氟离子选择电极的氟化镧单晶膜对氟离子产生选择性的对数响应，氟电极和饱和甘汞电极在被测试液中产生的电位差可随溶液中氟离子的活度变化而改变，电位变化规律符合能斯特方程式：

$$E = E^- - \frac{2.303RT}{F} \cdot \lg c_{F^-}$$

E与$\lg c_{F^-}$成线性关系；$2.303RT/F$为该直线的斜率，于25℃时斜率为59.16。

（三）测定方法

1. 装置和仪器

（1）氟电极：测量范围$10^{-1} \sim 5 \times 10^{-7}$ mol/L。

（2）酸度计或离子计：测量范围0～1 400mV。

(3) 磁力搅拌器。

(4) 甘汞电极。

2. 试剂

(1) 3mol/L 乙酸钠溶液：称取 204g 乙酸钠溶于 300mL 水中，加 1mol/L 乙酸调节 pH 至 7.0，加水稀释至 500mL。

(2) 0.75mol/L 柠檬酸钠溶液：称取 110g 柠檬酸钠溶于 300mL 水中，加 14mL 高氯酸，再加水稀释至 500mL。

(3) 总离子强度缓冲溶液：3mol/L 乙酸钠溶液和 0.75mol/L 柠檬酸钠溶液等量混合，临用时现配制。

(4) 1 mol/L 盐酸溶液。

(5) 氟标准储备液和氟标准工作液：氟化钠以 550℃ 加热干燥 50min 后，精确称取 2.210 1g 溶于水后移入 1 000mL 容量瓶，定容至刻度。

(6) 氟标准工作液：临用时把氟标准储备液用水稀释 100 倍，此溶液含氟 0.01mg/mL。

3. 样品处理 称取 1.00g 粉碎过 40 目筛的样品，置于 50mL 容量瓶中，加 1 mol/L 盐酸溶液，密闭浸泡提取 1h，不时轻轻摇动同时尽量避免样品沾在瓶壁上。提取后加 25mL 总离子强度缓冲溶液，加水至刻度，混匀，备用。

4. 测定

(1) 吸取 0.00mL、1.00mL、2.00mL、5.00mL、10.00mL 氟标准工作液（相当于 0.00μg、1.00μg、2.00μg、5.00μg、10.00μg 氟），分别置于 50mL 容量瓶中，于各瓶中加入 25mL 总离子强度缓冲溶液和 1 mol/L 盐酸溶液，加水至刻度，混匀，备用。

(2) 将氟电极和甘汞电极与测量仪器的正端和负端相连接。电极插入盛有水的 25mL 塑料杯中，在磁力搅拌器上以恒速搅拌，读取平衡电位值。更换 2~3 次水以后，待电位平衡后，将样液定容液和各标准溶液分别全部移入烧杯中，磁力恒速搅拌 10min，读取电位值。

(3) 以电极电位为纵坐标，氟离子浓度为横坐标，在半对数坐标纸上绘制标准曲线，根据样品电位值在标准曲线上求得其含量。

5. 计算

$$样品中氟含量(mg/kg) = \frac{A \times V \times 1\,000}{m \times 1\,000}$$

式中　A——测定用样液氟浓度（μg/mL）；

　　　V——样液总体积；

　　　m——样品质量（g）。

(四) 说明

(1) 氟离子选择电极不宜在水中长期保存。如长期不用，应冲洗干净晾干防置。在使用前用水浸泡数小时，待电位值平衡后即可使用。

(2) 氟离子选择电极应避免在高浓度溶液中长时间浸泡，以免损坏电极。

(3) 初次使用新电极时，由于每支电极都有一定的响应极限，应先测试其响应极限，可准确估计样品的最低检出量。若小于响应极限的浓度不呈对数响应，则测定微量氟时会产生误差。

（4）总离子强度调节缓冲溶液因含有乙酸钠及柠檬酸钠，可防止氢氧根离子对测定的干扰，又能与Fe^{3+}、Al^{3+}、$S_iO_3^{2+}$络合，排除其干扰。

第七节　饲料中六六六、滴滴涕的检测

目前，农药残留测定方法分为半定量和定性方法（筛选法）、单一残留分析方法、多残留分析方法3大类。半定量和定性方法（筛选法）主要是在相对较短的时间内分析大量饲料样品中是否存在农药残留，估计被检测物残留浓度值的范围。单一残留分析方法主要用于测定单一农药残留物，而且测定的残留物的主要代谢物和转化产物一般具有毒理学上的重要性，其测定的每个步骤都对具体待测残留物的分析进行了优化。多残留分析方法主要是针对不同类型农药，在一次分析中同时测定一种以上农药残留的方法。饲料中六六六、滴滴涕的测定方法主要有比色法、气相色谱法、高效液相色谱法、气相/红外光谱联用、气相/质谱联用、酶抑制分析测定法和免疫检测技术。本节介绍气相色谱法测定饲料中六六六、滴滴涕的含量，该法检测限：六六六为5～500μg/kg，滴滴涕为5～1 000μg/kg。

配合饲料、植物性原料及鱼粉中六六六、滴滴涕异构体及衍生物的残留量的测定可参考GB/T 13090—2006。本方法不适用于检测含有机氯农药七氯的产品。

（一）测定原理

样品中的六六六、滴滴涕采用含有少量丙酮的正己烷混合溶剂提取，过滤后定容，从中吸出一定量的提取液，用硫酸化的硅藻土微柱净化后，正己烷洗脱液浓缩定容后直接注入气相色谱仪，用电子捕获检测器检测，以外标法定性和定量。

本方法对各化合物的最小检出量见表10-8。

表10-8　化合物名称和最小检出量

通用名	ISO1750通用名	化学名称（IUPAC）	方法最小检出量（μg/kg）
六六六	HCH	六氯环己烷（有下列四个异构体）	
甲体六六六	α-HCH	1,3,5/2,4,6-六氯环己烷	0.8
乙体六六六	β-HCH	1,2,4,5/3,6-六氯环己烷	2.4
丙体六六六（林丹）	γ-HCH	1,2,3,4,5,6-六氯环己烷	1.6
丁体六六六	δ-HCH	1,2,3/4,5,6-六氯环己烷	1.6
滴滴涕（DDT）	DDT	二氯二苯基三氯乙烷（有下列四种衍生物）	
对,对'-滴滴依	p,p'-DDE	1,1-二氯-2,2-双（4-氯苯基）乙烯	2
邻,对'-滴滴涕	o,p'-DDE	1,1,1-三氯-2-（2-氯苯基）乙烷	2
对,对'-滴滴滴	p,p'-DDD（TDE）	1,1-二氯-2,2-双（4-氯苯基）乙烷	5
对,对'-滴滴涕	p,p'-DDT（DDT）	1,1,1-三氯-2,2-双（4-氯苯基）乙烷	8

（二）试剂

除特殊规定外，本标准所用试剂均为色谱纯，水应符合GB/T 6682一级水要求。

（1）异辛烷。

（2）正己烷：沸程67.5～69.5℃。

（3）丙酮。

（4）提取液：正己烷-丙酮混合溶剂（22∶3）。

(5) 发烟硫酸：含 SO_3 20%～25%，优级纯。

(6) 浓硫酸：优级纯。

(7) 磷酸：分析纯。

(8) 无水硫酸钠：在高温烘箱中 500℃烘 4 h，冷至 200℃左右取出，放入干燥器中冷却，密封备用。

(9) 吸附剂：柱层析用硅藻土（30～80 目），Celite545（20～45μm）。

在高温烘箱中 500℃烘 4h，冷至 200℃左右取出，放入干燥器中冷却后，密封备用。

(10) 脱脂棉：用丙酮浸泡 30min 后，倾去丙酮，再用正己烷浸泡 30min，弃去正己烷备用。

(11) 六六六标准储备液：（C_{HCH}＝1.00 mg/mL）；滴滴涕标准储备液：（C_{DDT}＝0.100 mg/mL）。

在国家标准物质管理部门认可的单位购买，储于安瓿中，低温及避光下保存，有效期 1 年。

(12) 六六六中等浓度储备液：（C_{HCH}＝1.00 μg/mL）：将 4 支六六六的标准储备液，分别在棕色容量瓶中用异辛烷稀释 1 000 倍，密封储放于暗处，4℃左右保存可稳定半年。

(13) 滴滴涕中等浓度储备液：（C_{HCH}＝10.0μg/mL）：将 4 支滴滴涕的标准储备液，分别在棕色容量瓶中用异辛烷稀释 10 倍，密封储放于暗处，4℃左右保存可稳定半年。

(14) 系列混合标准工作液：分别用移液管吸六六六中等储备液 α - HCH 10.0mL、β - HCH 30.0mL、γ - HCH 8.00mL、δ - HCH 20.0mL，滴滴涕中等浓度储备液 p,p' - DDE 2.00mL、o,p' - DDE 4.00mL、p,p' - DDD 2.00mL 和 p,p' - DDT 4.00mL 置于 1 只 100mL 棕色容量瓶中加异辛烷定容。此液则为 6 号混合标准工作液，并由此液逐步稀释后制得至少 5 种不同浓度的系列混合标准工作液，储于暗处，4℃左右保存不超过 2 个月。

系列混合标准工作液的质量浓度见表 10 - 9。

表 10 - 9　六六六、滴滴涕系列混合标准工作液的质量浓度（pg/μL）

标准工作液	α - HCH	β - HCH	γ - HCH	δ - HCH	p,p' - DDE	o,p' - DDE	p,p' - DDD	p,p' - DDT
1 号	1.00	3.00	0.80	2.00	2.00	4.00	2.00	4.00
2 号	5.00	15.0	4.00	10.0	10.0	20.0	10.0	20.0
3 号	10.0	30.0	8.00	20.0	20.0	40.0	20.0	100
4 号	25.0	75.0	20.0	50.0	50.0	100	50.0	100
5 号	50.0	150	40.0	100	100	200	100	200
6 号	100	300	80.0	200	200	400	200	200

注：六六六、滴滴涕标准溶液有毒性，需经浓氢氧化钾或六价铬酸洗液浸泡后，才能洗涤。

（三）仪器设备

实验室常用仪器设备及以下仪器设备。

(1) 分析天平：感量 0.000 1g 和感量 0.000 01g。

(2) 电动振荡器和超声波提取器。

(3) 筒形漏斗：内径 2cm，高 5cm。

(4) 层析柱：内径 8～10 mm，长 15～20cm。上端带一筒形漏斗储液槽，容量为 30mL 左右。

(5) 载气：高纯氮 99.99%。

(6) 气相色谱仪：配备有电子捕获检测器。

(7) 色谱柱：

玻璃填充柱：2m×φ3mm，内装 1.5% OV-17＋2.0QF-1/GCQ（80～100 目）或 1.6%OV-17＋6.4%OV-210/Chromosorb W-HP（80～100 目）。

毛细管色谱柱：DB-5 柱长：25 m 或 50 m；内径：0.32 mm；膜厚：0.25 μm。也可采用中等极性固定相的毛细管柱，如 SE-30、SE-54、OV-17。

(四) 试样的制备

采样参照 GB/T 14699.1，样品制备参照 GB/T 20195。

(五) 分析步骤

1. 气相色谱仪调试

(1) 色谱条件：

柱　　型：	填充柱	毛细管色谱柱
检测器温度：	250℃	300℃
进样口温度：	230℃	270℃
柱 箱 温 度：	210℃	80℃ 保持 1min，以 25℃/min 速度升至 180℃，于 180℃ 保持 2min，再以 10℃/min 的速度升至 250℃ 并保持 6min
载气流速（N_2）：	60mL/min	1.0mL/min
补充气（N_2）：		50mL/min
进样方式：		不分流进样，1min 后打开分流阀

(2) 仪器灵敏度检查：进 1 号混合标准溶液（14）1.0 μL 或 5.0 μL，应能分别读出 8 个峰的峰面积或峰高，并记下相应的保留时间（RT），见图 10-4。

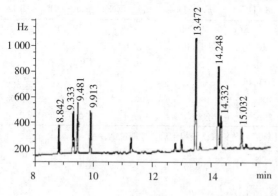

出峰顺序	化合物	保留时间（min）
1	α-HCH	8.842
2	β-HCH	9.333
3	γ-HCH	9.481
4	δ-HCH	9.913
5	p,p'-DDE	13.472
6	o,p'-DDT	14.248
7	p,p'-DDD	14.332
8	p,p'-DDT	15.032

图 10-4　六六六、滴滴涕的色谱图

注：不同色谱柱的出峰顺序略有不同，应以单个标样校对。

(3) 仪器性能考察：注入 p,p'-DDT 单个标准溶液（13）约 0.20 μL，在 p,p'-DDE 的出峰位置上不应有分解峰。

(4) 仪器线性响应范围：进 6 种系列混合标准溶液各 1.00 μL 以及 6 号 5.00 μL，确定其线性响应范围，如采用镍源电子捕获检测器（ECD），其线性响应范围应该为 $10^2 \sim 10^4$。

2. 提取　称试样 5.000g 左右置于 100mL 具塞三角烧瓶中，加入提取液 25mL，并滴加磷酸 4~5 滴，摇匀后加盖。在电动振荡器中振摇 30min（60~80 次/min）或用超声波提取器提取 15min，在筒形漏斗里塞少许棉花及 1cm 厚无水硫酸钠，将提取液转移至 25mL 棕色容量瓶中，并洗涤残渣定容，此提取液摇匀备用。

3. 净化

方法一：取 5mL 提取液过层析柱。柱中塞入少许棉花，加约 0.5cm 厚的无水硫酸钠，再将酸化硅藻土（1.5g 硅藻土或 Celite545 置于玻璃研钵中，滴加 0.6mL 硫酸拌匀）立即装进柱里，敲实后在上面加约 1cm 厚无水硫酸钠。将 5.00mL 提取液放在装好的层析柱上，用正己烷连续不断地以 60~90 滴/min 进行淋洗，并收集 10mL 淋洗液，用氮气吹至近干，用正己烷定容至 2mL，即为待测样品净化液。

方法二：取 5mL 提取液于离心试管中，加入 0.5mL 浓硫酸，振摇 0.5min，以 3 000 r/min 离心 10min，取上清液重复净化 1~2 次至无色，再以 3 000 r/min 离心 10min，上清液用 2% 硫酸钠水溶液洗涤 2 次，弃去水层，用氮气吹至近干，用正己烷定容至 2mL，即为待测样品净化液。

4. 气相色谱测定　将样品净化液 1~5μL，注进调试好的气相色谱仪中，根据保留时间定性为何种化合物，最后记下其峰面积（A_s）。

5. 空白试验　在不加饲料样品的情况下，按以上各步骤进行，各种化合物的空白测定值应低于方法最小检测限（表 10-8）。如高于方法最小检测限，则应扣除本底值。

（六）结果的计算和表述

1. 结果的计算

（1）单点校正法：试样中农药残留量 ω，以质量分数（μg/kg）表示，按式（1）计算：

$$\omega = \frac{A_s \times m_\mu \times V}{A_\mu \times m \times V_1} \tag{1}$$

式中　A_s——试样净化液中该组分的峰面积或峰高（μV·s 或 mm）；

A_μ——与 A_s 峰面积相近的标准溶液中该组分的平均峰面积或峰高（μV·s 或 mm）；

m_μ——与 A_μ 相对应的标准溶液中该组分的质量（pg）；

m——试样质量（g）；

V——试样净化液总体积（mL）；

V_1——试样净化液进样体积（μL）。

注：当空白试验中该组分本底值高于方法最小检出限时，A_s 应扣除本底值。

（2）多点校正法：进 1~6 号系列混合标准溶液后，求组分峰面积或峰高与组分质量回归方程式：

$$A_\mu = a \times m_\mu + b \tag{2}$$

式中　A_μ——标准溶液中该组分峰面积或峰高（μV·s 或 mm）；

m_μ——标准溶液中该组分的质量（pg）；

a——该组分校正曲线的斜率（μV·s/pg 或 mm/pg）；

b ——该组分校正曲线的截距（$\mu V \cdot s$ 或 mm）。

故
$$m_s = \frac{A_s - b}{a} \qquad (3)$$

式中　m_s——试样净化液中该组分的质量（pg）；

　　　A_s——试样净化液中该组分的峰面积或峰高（$\mu V \cdot s$ 或 mm）；

　　　a、b——见式（2）中 a、b 含义。

故
$$\omega = \frac{m_s \times V}{m \times V_1} = \frac{(A_s - b) \times V}{a \times m \times V_1} \qquad (4)$$

式中　ω、A_s、V、V_1、m——见式（1）中 ω、A_s、V、V_1、m 含义

　　　a、b——见式（2）中 a、b 含义。

2. 结果的表述

试样中六六六、滴滴涕各化合物的含量最后应以 $\mu g/kg$ 表述。组分含量 $<10\ \mu g/kg$，以 1 位有效数字表述；组分含量在 $10 \sim 100\mu g/kg$ 范围内，以 2 位有效数字表述；组分含量 $\geq 100\mu g/kg$，以 3 位有效数字表述。

组分含量低于方法最小检出限、高于仪器检测限（二倍噪声）时，以"T"代表痕量；组分含量低于或等于仪器二倍噪声，以"ND"表示未检出。

六六六总量：$\omega_{HCH} = \omega_{\alpha\text{-}HCH} + \omega_{\beta\text{-}HCH} + \omega_{\gamma\text{-}HCH} + \omega_{\delta\text{-}HCH}$

滴滴涕总量：$\omega_{DDT} = \omega_{p,p'\text{-}DDE} + \omega_{o,p'\text{-}DDE} + \omega_{p,p'\text{-}DDD} + \omega_{p,p'\text{-}DDT}$

（七）重复性

再次平行测定结果允许相对偏差值见表 10 - 10：

表 10 - 10　测定结果允许的相对偏差值

项 目		允许相对偏差（%）
含量（$\mu g/kg$）	含量（mg/kg）	
<10	<10	25
$10 \sim 100$	$10 \sim 100$	20
>100	>100	10

第八节　饲料中异硫氰酸酯和噁唑烷硫酮的检测

饲料中异硫氰酸酯和噁唑烷硫酮的测定方法主要有银量法、气相色谱法、气相色谱法-紫外吸收光谱联用法、紫外光谱法。以下就紫外光谱法、气相色谱法作一阐述。

一、紫外光谱法（GB/T 13089—1991）

（一）适用范围

本方法适用于菜子粕和配合饲料中异硫氰酸酯和噁唑烷硫酮的测定。

(二) 测定原理

菜子粕中的硫葡萄糖苷在中性条件下，可被芥子酶水解生成异硫氰酸酯，带有羟基的异硫氰酸酯在极性溶液中可自动环化成噁唑烷硫酮，异硫氰酸酯与氨作用生成的硫脲和噁唑烷硫酮在紫外区波长 245nm 和 235nm 处有最大吸收，用紫外分光光度仪测其吸光度定量。

(三) 测定方法

1. 装置与仪器

(1) 紫外分光光度仪。

(2) 振荡器：振荡频率为 120～130 次/min。

(3) 电热恒温水浴锅。

(4) 微量注射器。

2. 试剂

(1) pH7 磷酸-柠檬酸缓冲液。

(2) 二氯甲烷。

(3) 95% 乙醇。

(4) 20% 氨性乙醇。

(5) 粗芥子酶：取自然风干的白芥种子碾碎装入滤纸包中，置于索氏脂肪抽提器中，用无水乙醚浸泡 12h，50～60℃水浴回流抽提 6～8h 后，在 40℃的干燥箱中干燥后碾碎成粉末过 60 目筛，装入具塞锥形瓶中，储存于干燥器备用。

3. 样品的制备

将菜子粕或配合饲料样品粉碎、碾细、过 60 目筛，在 100～105℃干燥 2h，再自然干燥，放干燥器中储存备用。

4. 测定

(1) 取上述样品 0.100 0g 放入 10mL 比色管中，加入 4～8mg 粗芥子酶粉，再加入 1.00mL 缓冲液和 2.50mL 二氯甲烷，再放入 3～5 粒玻璃珠，在振荡器上振荡 2h，然后转入离心管，以 1 000r/min 离心 20min，反应液分成 3 层，上层为水，中间为样品渣，下层为吸收酶解产物的二氯甲烷。储于冰箱冷藏过夜，取上清液过滤备用。

(2) 用微量注射器取下层 52.0μL 二氯甲烷 2 份，一份加 3.0mL 95% 乙醇，用于测定噁唑烷硫酮；另一份加入 3.0mL 20% 氨性乙醇，用于测定异硫氰酸酯。用 50μL 二氯甲烷加 20% 氨性乙醇作空白参比溶液。在紫外分光光度仪中，于波长 245nm、235nm 处测定异硫氰酸酯和噁唑烷硫酮的吸光度。

5. 计算

$$异硫氰酸酯含量 (mg/g) = OD_{245校} \times 28.55$$

$$噁唑烷硫酮含量 (mg/g) = OD_{245校} \times 22.1$$

$$OD_{245校} = (OD_{255} + OD_{235}) \div 2$$

式中 OD_{255}——在波长 255nm 处测得的吸光度；

OD_{235}——在波长 235nm 处测得的吸光度；

$OD_{245校}$——校正吸光度；

28.55 和 22.1——转换系数。

（四）说明

（1）在使用微量注射器时要双手握住注射器垂直插入样品提取液的底层清液中，注意抽取时速度不能太快，应使针管内最上面的空气气泡一直跟上针头处，才能保证足量抽取的量为 $50\mu L$。若抽取速度太快，会使针管内的"抽取液段"中含有大量的"空气柱段"而使硫糖苷的检测结果偏低。

（2）为保证检测结果有较高的重现性及准确性，在实验中，应注意严格混合均匀样品和样液，使反应充分完全。

（3）在用紫外光度仪测定时要防止反应液的挥发；空白溶液的配制最好在检测前半小时进行，并使空白液中二氯甲烷与20%氨水乙醇混合均匀。

（4）每次在检测新的样品前，应将上次用过的比色皿或探头冲洗干净并擦干。

二、气相色谱法（GB/T 13087—1991）

（一）适用范围

本方法适用于菜子粕和配合饲料中异硫氰酸酯的测定。

（二）测定原理

配合饲料中存在的硫葡萄糖苷，在芥子酶作用下生成相应的异硫氰酸酯，用二氯甲烷提取后用气相色谱法测定。

（三）测定方法

1. 装置与仪器

（1）气相色谱仪：

参考色谱条件：

①检测器：氢焰检测器。②进样口及检测器温度：100℃。③色谱柱：玻璃，内径3mm，长2m。④固定液：20%二硝基苯二甲酸聚乙二醇酯或其他有相同效果的固定液。⑤载体：Chromosorb W，HP，80～100目或其他有相同效果的载体。⑥柱温：100℃。⑦载气：氮气，纯度为99.99%；流速为65mL/min。

（2）振荡器：振荡频率200次/min。

（3）电热恒温水浴锅。

（4）离心机；10mL离心管。

2. 试剂

（1）磷酸-柠檬酸缓冲液：pH为7，用7.0mL 0.2mol/L磷酸氢二钠和4.0mL 0.1mol/L柠檬酸溶液混合。

（2）二氯甲烷或氯仿。

（3）无水硫酸钠。

（4）粗芥子酶：同紫外光谱法。

（5）丁基异硫氰酸酯内标溶液：配制0.100mg/mL丁基异硫氰酸酯二氯甲烷或氯仿溶液，储于4℃。如样品中异硫氰酸酯含量较低，可将上述溶液稀释，使内标丁基异硫氰酸酯峰面积和样品中异硫氰酸酯相接近。

3. 样品制备 同紫外光谱法。

4. 测定

(1) 取上述样品 0.100 0g 放入 10mL 比色管中，加入 4～8mg 粗芥子酶粉，再加入 1.0mL 缓冲液和 2.5mL 二氯甲烷，再放入 3～5 粒玻璃珠，在振荡器上振荡 2h，然后转入离心管，以 1 000r/min 离心 20min，反应液分成 3 层，上层为水，中间为样品渣，下层为吸收酶解产物的二氯甲烷。储于冰箱冷藏过夜，取上清液过滤备用。

(2) 测定：用微量注射器吸取 1～2μL 上述澄清滤液，注入气相色谱仪，测量样液中各异硫氰酸酯的峰面积。

5. 计算

$$X = \frac{m_e}{115.19 \times S_e \times m} [(4/3 \times 99.15 \times S_a) + (4/4 \times 113.18 \times S_b) + (4/5 \times 127.21 \times S_p)] \times 1\,000$$

$$= \frac{1\,000 m_e}{S_e \times m} (1.15 S_a + 0.98 S_b + 0.88 S_p)$$

式中 X——试样中异硫氰酸酯的含量（mg/kg）；

m——试样质量（g）；

m_e——10mL 丁基异硫氰酸酯内标溶液中丁基异硫氰酸酯的质量（mg）；

S_e——丁基异硫氰酸酯的峰面积；

S_a——丙烯基异硫氰酸酯的峰面积；

S_b——丁烯基异硫氰酸酯的峰面积；

S_p——戊烯基异硫氰酸酯的峰面积。

第九节 饲料中游离棉酚的检测

目前，检测棉酚的方法很多，饲料中游离棉酚的定量检测方法主要有分光光度法、紫外分光光度法、高效液相色谱法、薄层层析法、原子吸收分光光度法、红外光谱法等，国家标准检测方法采用苯胺法。定性鉴定饲料中游离棉酚的方法主要是利用棉酚分子结构所具有的羟基和醛基，可与某些化合物如三氯化锑、三氯化铁、醋酸铅等产生显色反应。本节介绍分光光度法中的苯胺法，该方法既是检测游离棉酚的国家标准方法 GB/T 13086—1991，也是美国油脂化学协会（AOCS）认可的分析方法。

一、分光光度法（苯胺法）

1. 适用范围 本方法适用于棉子饼、棉子粉和配合饲料中游离棉酚含量的测定。

2. 测定原理 在 3-氨基-1-丙醇存在下，用正己烷的混合溶剂提取饲料中的游离棉酚，棉酚与苯胺分子作用生成不溶于石油醚等非极性的棉酚二苯胺衍生物，以波长 440nm 作为最大吸收波长，测定其吸光度，与标准系列比较定量。

3. 测定方法

(1) 装置与仪器：

①721型或75型分光光度仪。
②振荡器：振荡频率120～130次/min。
③恒温水浴锅。

(2) 试剂：

①异丙醇；正己烷。
②3-氨基-1-丙醇；冰乙酸。
③异丙醇-正己烷混合剂：6∶4 (V/V)。
④溶剂A：量取约500mL异丙醇-正己烷混合剂、2mL 3-氨基-1-丙醇、8mL冰乙酸和50mL水于1 000mL的容量瓶中，再用异丙醇-正己烷混合剂定容至刻度。
⑤苯胺。
⑥棉酚标准储备溶液：精确称取5.00g棉酚，加少量异丙醇-正己烷混合剂使其溶解，移入50mL容量瓶中，再加异丙醇-正己烷混合剂稀释至刻度。此溶液每毫升相当于100μg棉酚。

(3) 样品的制备和前处理：

①采集具有代表性的棉子饼样品2kg以上，用四分法缩分至250g，磨碎，过1mm孔筛，混匀，装入密闭容器；为防止样品变质，低温保存备用。
②称取1～2g上述样品（精确到0.001g），置于250mL具塞三角烧瓶中，加入20粒玻璃珠，用移液管准确加入50.00mL溶剂A，塞紧瓶塞，放入振荡器内振荡1h（约120次/min）。用干燥的定量滤纸过滤，过滤时在漏斗上加盖一表面皿以减少溶剂挥发，弃去最初几滴滤液，收集滤液于100mL具塞三角烧瓶中。

(4) 测定：

①用吸量管吸取5.00～10.00mL等量双份上述滤液（每份含50～100μg棉酚）分别置于2个25mL棕色容量瓶a和b中，如果需要，用溶剂A补充至10mL。用异丙醇-正己烷混合溶剂稀释瓶a内容物至刻度，摇匀；该溶液用作样品测定液的参比溶液。
②用吸量管吸取2份10.0mL的溶剂A分别置于两个25mL棕色容量瓶A_0和B_0中，用异丙醇-正己烷混合溶剂补充瓶A_0内容物至刻度，摇匀；该溶液用作空白测定液的参比溶液。加2.00mL苯胺于容量瓶b和B_0中，在沸水浴上加热30min至显色。冷却至室温，用异丙醇-正己烷混合溶剂定容，摇匀并静置1h。
③用10mm比色皿，在波长440nm处，用分光光度仪以A_0为参比溶液测定空白测定液B_0的吸光度，以a为参比溶液测定样品测定液b的吸光度。从样品测定液的吸光度值中减去空白测定液的吸光度值，得到校正吸光度A，根据A值从标准曲线上查出游离棉酚含量C。
④准确吸取棉酚标准储备液溶液0.00mL、0.20mL、0.40mL、0.60mL、0.80mL、1.00mL各2份，分别置于2个25mL棕色容量瓶a和b中，按样品测定操作，测得两组吸光度，以两组吸光度之差，以相应的标准溶液浓度绘制标准曲线。

(5) 计算：

$$X = \frac{A \times 1\,250 \times 1\,000}{\alpha \times m \times V_1} = \frac{1.25 \times 10^6 A}{\alpha m V}$$

式中 X——游离棉酚含量（mg/kg）；

A——校正吸光度；
m——样品质量（g）；
V_1——测定用滤液体积（mL）；
α——质量吸收系数，游离棉酚为 62.5L/（g·cm）。

4. 说明

(1) 实验所用的试剂都是分析纯试剂，水为重蒸馏水或同纯度水。

(2) 苯胺在空气中尤其是在光照下，易氧化而颜色逐渐加深，市售的苯胺必须经过重蒸馏纯化，可将苯胺加少许锌粉在全玻璃蒸馏器中重蒸，必要时使用长 300mm 的分馏柱。收集沸程为 183~185℃ 的分馏液，弃去开始和最后的 10% 分馏液，接入棕色的玻璃瓶中，储于冰箱中（0~4℃）备用。该试剂可以稳定几个月。

测定样品前必须对苯胺进行空白试验，吸光度值不得超过 0.02。若苯胺的空白试验吸光度值超过 0.02，必须重蒸馏再用。

由于苯胺是有毒、易燃品，蒸馏时，必须于通风橱内操作。

(3) 测定时所用溶剂 A 配制后一般不宜放置超过 1~2 个月，否则影响测定结果。

(4) 用于分析的样品质量和提取液的体积取决于棉子饼或配合饲料中棉酚的含量。根据样液最后比色的吸收值在 0.20~0.60 之间误差最小的原则，棉子粕（饼）一般称样 0.50~1.00g；浓缩饲料一般称样 2.00~3.00g；配合饲料一般称样 4.00~5.00g。

(5) 样品棉酚如得不到充分提取，将样品用溶剂 A 浸泡 4h 以上，可提取完全。

(6) 本方法最低检出限是 20.00mg/kg，若经计算，游离棉酚含量低于 20.00mg/kg，则样品中游离棉酚含量以零计。

(7) 同一分析者对同一试样同时或快速连续进行 2 次测定，所得结果之差在游离棉酚含量小于 500mg/kg 时，不得超过平均值的 15%；在游离棉酚含量大于 500mg/kg 而小于 750mg/kg 时，不得超过 75mg/kg；在游离棉酚含量超过 750mg/kg 时，不得超过平均值的 10%。

二、定性试验

1. 原理　棉酚分子结构中具有酚、萘、醛等基团，可与某些化合物产生显色反应。

2. 测定方法

(1) 取被检样品的磨碎样末 2g 于一试管中，加入 95% 乙醇溶液 10mL，充分摇匀后取上清液 1mL 于另一试管，加入氯化锡粉末少许，摇匀。阳性反应呈现暗红色。

(2) 取被检样品的磨碎样末少许于一试管中，加浓硫酸数滴。阳性反应呈现樱红色。

(3) 取被检样品的磨碎样末少许于一试管中，加入三氯化锑氯仿溶液，阳性反应呈现绿色；加入三氯化铁乙醇溶液，阳性反应呈现暗绿色；加入醋酸铅溶液，阳性反应呈现棕黄色沉淀；加入醋酸镍溶液，阳性反应呈现紫色。

第十节　饲料中氰化物的测定

饲料原料（木薯、胡麻饼和豆类）、配合饲料（包括混合饲料）中氰化物的测定可参考 GB/

T 13084—91。

（一）测定原理

以氰糖苷形式存在于植物体内的氰化物经水浸泡水解后，进行水蒸气蒸馏，蒸出的氢氰酸被碱液吸收。在碱性条件下，以碘化钾为指示剂，用硝酸银标准溶液滴定定量。

（二）试剂和溶液

除特殊规定外，所用试剂均为分析纯，水为蒸馏水或相应纯度的水。

(1) 5%氢氧化钠溶液：称取 5g 氢氧化钠（GB 625），溶于水，加水稀释至 100mL。

(2) 6mol/L 氨水：量取 400mL 浓氨水（GB 631），加水稀释至 1 000mL。

(3) 0.5%硝酸铅溶液：称取 0.5g 硝酸铅（HG 3-1070），溶于水，加水稀释至 100mL。

(4) 0.1mol/L 硝酸银标准储备液：

制备：称取 17.5g 硝酸银（GB 670），溶于 1 000mL 水中，混匀，置暗处，密闭保存于玻塞棕色瓶中。

标定：称取经 500～600℃灼烧至恒重的基准氯化钠（GB 1253）1.5g，准确至 0.000 2g。用水溶解，移入 250mL 容量瓶中，加水稀释至刻度，摇匀。准确移取此溶液 25mL 于 250mL 锥形瓶中，加入 25mL 水及 1mL 5%铬酸钾溶液，再用 0.1mol/L 硝酸银标准储备液滴定至溶液呈微红色为终点。

硝酸银标准储备液的物质的量浓度按式（1）计算：

$$C_0 = \frac{m_0 \times 25}{V_1 \times 0.058\,45 \times 250} = \frac{m_0}{V_1} \times 1.710\,9 \tag{1}$$

式中　C_0——硝酸银标准储备液的物质的量浓度（mol/L）；

　　　m_0——基准氯化钠质量（g）；

　　　V_1——硝酸银标准储备液的用量（mL）；

　　　0.058 45——1mmol 氯化钠的质量（g）。

(5) 0.01mol/L 硝酸银标准工作液：于临用前将 0.1mol/L 硝酸银标准储备液用煮沸并冷却的水稀释 10 倍，必要时应重新标定。

(6) 5%碘化钾溶液：称取 5g 碘化钾（GB 1272），溶于水，加水稀释至 100mL。

(7) 5%铬酸钾溶液：称取 5g 铬酸钾（GB 3-918），溶于水，加水稀释至 100mL。

（三）仪器、设备

(1) 水蒸气蒸馏装置：蒸馏烧瓶 2 500～3 000mL。

(2) 微量滴定管：2mL。

(3) 分析天平：感量 0.000 1g。

(4) 凯氏烧瓶：500mL。

(5) 容量瓶：250mL（棕色）。

(6) 锥形瓶：250mL。

(7) 吸量管：2mL、10mL。

(8) 移液管：100mL。

（四）试样制备

采集具有代表性的饲料样品至少 2kg，采用四分法缩分至约 250g，磨碎，过 1mm 孔筛，混匀，装入密闭容器，防止试样变质，低温保存备用。

（五）测定步骤

1. 试样水解　称取 10~20g 试样（精确到 0.001g）于凯氏烧瓶中，加水约 200mL，塞严瓶口，在室温下放置 2~4h，使其水解。

2. 试样蒸馏　将盛有水解试样的凯氏烧瓶迅速连接于水蒸气蒸馏装置，使冷凝管下端浸入盛有 20mL 5％氢氧化钠溶液的锥形瓶的液面下，通水蒸气进行蒸馏，收集蒸馏液 150~160mL，取下锥形瓶，加入 10mL 0.5％硝酸铅溶液，混匀，静置 15min，经滤纸过滤于 250mL 容量瓶中，用水洗涤沉淀物和锥形瓶 3 次，每次 10mL，并入滤液中，加水稀释至刻度，混匀。

3. 测定　准确移取 100mL 滤液置于另一锥形瓶中，加入 8mL 6mol/L 氨水和 2mL 5％碘化钾溶液，混匀，在黑色背景衬托下，用微量滴定管以硝酸银标准工作液滴定至出现混浊时为终点，记录硝酸银标准工作液消耗体积。

在和试样测定相同的条件下，做试剂空白试验，即以蒸馏水代替蒸馏液，用硝酸银标准工作液滴定，记录其消耗体积。

（六）测定结果

1. 计算公式

$$X = c \times (V - V_0) \times 54 \times \frac{250}{100} \times \frac{1\,000}{m} = \frac{c(V - V_0)}{m} \times 135\,000 \tag{2}$$

式中　X——试样中氰化物（以氢氰酸计）的含量（mg/kg）；

　　　m——试样质量（g）；

　　　c——硝酸银标准工作液物质的量浓度（mol/L）；

　　　V——试样测定硝酸银标准工作液消耗体积（mL）；

　　　V_0——空白试验硝酸银标准工作液消耗体积（mL）；

　　　54——1mL 1mol/L 硝酸银相当于氢氰酸的质量（mg）。

2. 结果表示　每个试样取 2 个平行样进行测定，以其算术平均值为结果。结果表示到 1mg/kg。

3. 重复性　同一分析者对同一试样同时或快速连续地进行 2 次测定，所得结果之间的差值：氰化物含量≤50mg/kg 时，不得超过平均值的 20％；氰化物含量＞50mg/kg 时，不得超过平均值的 10％。

第十一节　饲料中亚硝酸盐的测定

饲料中亚硝酸盐的测定可以采用重氮偶合比色法（GB/T 13085—2005），该方法的检出限为 0.64mg/kg。

（一）原理

样品在弱碱性条件下除去蛋白质，在弱酸性条件下试样中的亚硝酸盐与对氨基苯磺酸反应，生成重氮化合物，再与 N-1-萘基乙二胺偶合形成紫红色化合物，进行比色测定。

(二) 试剂

试剂不加说明者，均为分析纯试剂，水应符合 GB/T 6682 三级用水。

(1) 氯化铵缓冲液：1 000mL 容量瓶中加入 500mL 水，加入 20mL 盐酸，混匀，加入 50mL 氢氧化铵，用水稀释至刻度。用稀盐酸和稀氢氧化铵调节 pH 至 9.6~9.7。

(2) 硫酸锌溶液（0.42mol/L）：称取 120g 硫酸锌（$ZnSO_4 \cdot 7H_2O$），用水溶解并稀释至 1 000mL。

(3) 氢氧化钠溶液（20g/L）：称取 20g 氢氧化钠，用水溶解并稀释至 1 000mL。

(4) 60% 乙酸溶液：量取 600mL 乙酸于 1 000mL 容量瓶中，用水稀释至刻度。

(5) 对氨基苯磺酸溶液：称取 5g 对氨基苯磺酸，溶于 700mL 水和 300mL 冰乙酸中，置棕色瓶保存，1 周内有效。

(6) N-1-萘基乙二胺溶液（1g/L）：称取 0.1g N-1-萘基乙二胺，加乙酸溶解并稀释至 100mL，混匀后置棕色瓶中，在冰箱内保存，1 周内有效。

(7) 显色剂：临用前将 N-1-萘基乙二胺溶液和对氨基苯磺酸溶液等体积混合。

(8) 亚硝酸钠标准溶液：称取 250.0mg 经（115±5）℃烘至恒重的亚硝酸钠，加水溶解，移入 500mL 容量瓶中，加 100mL 氯化铵缓冲液，加水稀释至刻度，混匀，在 4℃ 避光保存。此溶液每毫升相当于 500μg 亚硝酸钠。

(9) 亚硝酸钠标准工作液：临用前，吸取亚硝酸钠标准溶液 1.00mL，置于 100mL 容量瓶中，加水稀释至刻度，此溶液每毫升相当于 5.0μg 亚硝酸钠。

(三) 仪器与设备

(1) 分光光度计：1cm 比色杯，可在 550nm 处测量。
(2) 小型粉碎机。
(3) 分析天平：感量 0.000 1g。
(4) 恒温水浴锅。
(5) 容量瓶：100mL、200mL、500mL、1 000mL。
(6) 烧杯：100mL、200mL、500mL。
(7) 吸量管：1mL、2mL、5mL、10mL。
(8) 移液管：10mL。
(9) 容量瓶：25mL。
(10) 长颈漏斗：直径 75~90mm。

(四) 试样的制备

按 GB/T 14699.1 采集有代表性的样品，四分法缩分至约 250g，粉碎，过 1mm 孔筛，混匀，装入密闭容器中，低温保存备用。

(五) 测定步骤

1. 试液制备 称取约 5g 试样，精确到 0.001g，置于 200mL 烧杯中，加 70mL 水和 1.2mL 氢氧化钠溶液，混匀，用氢氧化钠溶液调至 pH 为 8~9，全部转移至 200mL 容量瓶中，加 10mL 硫酸锌溶液，混匀，如不产生白色沉淀，再补滴氢氧化钠溶液，直至产生沉淀为止，混匀，置 60℃ 水浴中加热 10min，取出后冷却至室温，加水至刻度，混匀。放置 0.5h，用滤纸过滤，弃去初滤液 20mL，收集滤液备用。

2. 亚硝酸盐标准曲线的制备　吸取 0mL、0.5mL、1.0mL、2.0mL、3.0mL、4.0mL、5.0mL 亚硝酸钠标准工作液（相当于 0μg、2.5μg、5μg、10μg、15μg、20μg、25μg 亚硝酸钠），分别置于 25mL 容量瓶中。于各瓶中分别加入 4.5mL 氯化铵缓冲液，加 2.5mL 乙酸后立即加入 5.0mL 显色剂，加水至刻度，混匀，在避光处静置 25min，用 1cm 比色杯（灵敏度低时可换 2cm 比色杯）以零管调节零点，于波长 538nm 处测吸光度值，以吸光度值为纵坐标，各溶液中亚硝酸钠含量为横坐标，绘制标准曲线或计算回归方程。

亚硝酸盐含量低的试样以制备低含量标准曲线计算，标准系列为：吸取 0mL、0.4mL、0.8mL、1.2mL、1.6mL、2.0mL 亚硝酸钠标准工作液（相当于 0μg、2μg、4μg、6μg、8μg、10μg 亚硝酸钠）。

3. 测定　吸取 10.0mL 上述试液于 25mL 容量瓶中，按制作标准曲线的步骤操作，进行显色及测量试液的吸光度（A_1）。

另取 10.0mL 试液于 25mL 容量瓶中，用水定容至刻度，以水调节零点，测定其吸光度值 A_0。从试液吸光度值 A_1 中扣除吸光度值 A_0 后得吸光度值 A，即 $A=A_1-A_0$，再将 A 代入回归方程进行计算。

（六）测定结果

1. 计算公式

$$X = \frac{m_2 \times V_1 \times 1\,000}{m_1 \times V_2 \times 1\,000} \tag{1}$$

式中　X——试样中亚硝酸盐（以亚硝酸钠计）的含量（mg/kg）；
　　　m_1——试样质量（g）；
　　　m_2——测定用样液中亚硝酸盐（以亚硝酸钠计）的质量（μg）；
　　　V_1——试样处理液总体积（mL）；
　　　V_2——测定用样液体积（mL）；
　　　1 000——单位换算系数。

2. 结果表示　每个试样取 2 个平行样进行测定，以其算术平均值为结果。结果表示到 0.1mg/kg。

3. 重复性　同一分析者对同一试样同时或快速连续地进行 2 次测定，所得结果之间的相对偏差；亚硝酸盐（以亚硝酸钠计）含量≤20mg/kg 时，不得大于 10%；亚硝酸盐（以亚硝酸钠计）含量＞20mg/kg 时，不得大于 5%。

本 章 小 结

饲料卫生与安全质量检测方法直接影响检测结果的准确度和精密度。本章主要讲述饲料中细菌总数、大肠菌群、沙门菌、志贺菌属、霉菌、产毒霉菌、黄曲霉毒素、玉米赤霉烯酮、脱氧雪腐镰刀菌烯醇、砷、汞、铅、镉、氟、BHC、DDD、脂肪酸败、异硫氰酸酯、噁唑烷硫酮、游离棉酚、氰化物、亚硝酸盐的测定方法。

思 考 题

1. 试述饲料细菌和霉菌的主要检测种类及检测方法有哪些?
2. 试述饲料霉菌毒素和黄曲霉毒素的主要检测方法。
3. 在分光光度法中,哪些方法能用于饲料中游离棉酚含量的测定?
4. 试阐述用原子吸收光谱法测定饲料中砷、汞、镉、铅的步骤。
5. 试述测定异硫氰酸酯的紫外分光光度法和银量法的异同点。
6. 用离子选择电极分析饲料中氟含量时,忘了向待测样品和标样中加入适当的离子强度缓冲液,继续做还是重新配制?为什么?
7. 试述饲用油脂新鲜度的测定指标及检测方法。

一、饲料卫生标准

饲料、饲料添加剂产品中有害物质及微生物的允许量及其试验方法见附表-1。

附表-1 饲料、饲料添加剂卫生指标

序号	卫生指标项目	产品名称	指标	试验方法	备注
1	砷（以总砷计）的允许量（mg/kg）	石粉	≤2.0	GB/T 13079	不包括国家主管部门批准使用的有机砷制剂中的砷含量
		硫酸亚铁、硫酸镁			
		磷酸盐	≤20		
		沸石粉、膨润土、麦饭石	≤10		
		硫酸铜、硫酸锰、硫酸锌、碘化钾、碘酸钙、氯化钴	≤5.0		
		氧化锌	≤10.0		
		鱼粉、肉粉、肉骨粉	≤10.0		
		家禽、猪配合饲料	≤2.0		
		牛、羊精料补充料			
		猪、家禽浓缩饲料	≤10.0		以在配合饲料中20%的添加量计
		猪、家禽添加剂预混合饲料			以在配合饲料中1%的添加量计
2	铅（以Pb计）的允许量（mg/kg）	生长鸭、产蛋鸭、肉鸭配合饲料	≤5	GB/T 13080	
		鸡配合饲料、猪配合饲料			
		奶牛、肉牛精料补充料	≤8		
		产蛋鸡、肉用仔鸡浓缩饲料；仔猪、生长肥育猪浓缩饲料	≤13		以在配合饲料中20%的添加量计
		骨粉、肉骨粉、鱼粉、石粉	≤10		
		磷酸盐	≤30		
		产蛋鸡、肉用仔鸡复合预混合饲料；仔猪、生长肥育猪复合预混合饲料；	≤40		以在配合饲料中1%的添加量计
3	氟（以F计）的允许量（mg/kg）	鱼粉	≤500	GB/T 13083	
		石粉	≤2 000		
		磷酸盐	≤1 800	HG 2636	
		肉用仔鸡、生长鸡配合饲料	≤250		高氟饲料用 HG 2636—1994 中4.4条
		产蛋鸡配合饲料	≤350		
		猪配合饲料	≤100		
		骨粉、肉骨粉	≤1 800		
		生长鸭、肉鸭配合饲料	≤200	GB/T 13083	
		产蛋鸭配合饲料	≤250		
		牛（奶牛、肉牛）精料补充料	≤50		
		猪、禽添加剂预混合饲料			以在配合饲料中1%的添加量计
		猪、禽浓缩饲料	≤1 000		按添加比例折算后，与相应猪、禽配合饲料规定值相同

(续)

序号	卫生指标项目	产品名称	指标	试验方法	备注
4	霉菌的允许量（×10³ 个/g）	玉米	<40	GB/T 13092	限量饲用：40~100；禁用：>100
		小麦麸、米糠			限量饲用：40~80；禁用：>80
		豆饼（粕）、棉子饼（粕）、菜子饼（粕）	<50		限量饲用：50~100；禁用：>100
		鱼粉、肉骨粉	<20		限量饲用：20~50；禁用：>50
		鸭配合饲料	<35		
		猪、鸡配合饲料 猪、鸡浓缩饲料 奶、肉牛精料补充料	<45		
5	黄曲霉毒素 B_1 允许量（μg/kg）	玉米 花生饼（粕）、棉子饼（粕）、菜子饼（粕）	≤50	GB/T 17480 或 GB/T 8381	
		豆粕	≤30		
		仔猪配合饲料及浓缩饲料	≤10		
		生长肥育猪、种猪配合饲料及浓缩饲料	≤20		
		肉用仔鸡前期、雏鸡配合饲料及浓缩饲料	≤10		
		肉用仔鸡后期、生长鸡、产蛋鸡配合饲料及浓缩饲料	≤20		
		肉用仔鸭前期、雏鸭配合饲料及浓缩饲料	≤10		
		肉用仔鸭后期、生长鸭、产蛋鸭配合饲料及浓缩饲料	≤15		
		鹌鹑配合饲料及浓缩饲料	≤20		
		奶牛精料补充料	≤10		
		肉牛精料补充料	≤50		
6	铬（以 Cr 计）的允许量（mg/kg）	皮革蛋白粉	≤200	GB/T 13088	
		鸡、猪配合饲料	≤10		
7	汞（以 Hg 计）的允许量（mg/kg）	鱼粉	≤0.5	GB/T 13081	
		石粉			
		鸡配合饲料、猪配合饲料	≤0.1		
8	镉（以 Cd 计）的允许量（mg/kg）	米糠	≤1.0	GB/T 13082	
		鱼粉	≤2.0		
		石粉	≤0.75		
		鸡配合饲料、猪配合饲料	≤0.5		
9	氰化物（以 HCN 计）的允许量（mg/kg）	木薯干	≤100	GB/T 13084	
		胡麻饼、粕	≤350		
		鸡配合饲料、猪配合饲料	≤50		
10	亚硝酸盐（以 $NaNO_2$ 计）的允许量（mg/kg）	鸭配合饲料	≤15	GB/T 13085	
		鸡、鸭、猪浓缩饲料	≤20		
		牛（奶牛、肉牛）精料补充料	≤20		
		玉米	≤10		
		饼粕类、麦麸、次粉、米糠	≤20		
		草粉	≤25		
		鱼粉、肉粉、肉骨粉	≤30		

(续)

序号	卫生指标项目	产品名称	指标	试验方法	备注
11	游离棉酚的允许量 (mg/kg)	棉子饼、粕	≤1 200	GB/T 13086	
		肉用仔鸡、生长鸡配合饲料	≤100		
		产蛋鸡配合饲料	≤20		
		生长肥育猪配合饲料	≤60		
12	异硫氰酸酯（以丙烯基异硫氰酸酯计）的允许量（mg/kg）	菜子饼、粕	≤4 000	GB/T 13087	
		鸡配合饲料	≤500		
		生长肥育猪配合饲料			
13	噁唑烷硫酮的允许量（mg/kg）	肉用仔鸡、生长鸡配合饲料	≤1 000	GB/T 13089	
		产蛋鸡配合饲料	≤500		
14	六六六的允许量 (mg/kg)	米糠	≤0.05	GB/T 13090	
		小麦麸			
		大豆饼、粕			
		鱼粉			
		肉用仔鸡、生长鸡配合饲料	≤0.3		
		产蛋鸡配合饲料			
		生长肥育猪配合饲料	≤0.4		
15	滴滴涕的允许量 (mg/kg)	米糠	≤0.02	GB/T 13090	
		小麦麸			
		大豆饼、粕			
		鱼粉			
		鸡配合饲料、猪配合饲料	≤0.2		
16	沙门菌	饲料	不得检出	GB/T 13091	
17	细菌总数的允许量（$\times 10^6$ 个/g）	鱼粉	<2	GB/T 13093	限量饲用：2～5；禁用：>5
18	赭曲霉毒素 A 的允许量（μg/kg）	配合饲料、玉米	≤100	GB/T 19539	
19	玉米赤霉烯酮的允许量（μg/kg）	配合饲料、玉米	≤500	GB/T 19540	
20	脱氧雪腐镰刀菌烯醇的允许量（mg/kg）	猪配合饲料、犊牛配合饲料、泌乳期动物配合饲料	≤1	GB/T 8381.6	
		牛配合饲料、家禽配合饲料	≤5		

注：①所列允许量均为以干物质含量为88%的饲料为基础计算；
②浓缩饲料、添加剂预混合饲料添加比例与本标准备注不同时，其卫生指标允许量可进行折算。
③上表中亚硝酸盐允许量引自 GB 13078.1—2006，赭曲霉毒素 A 和玉米赤霉烯酮允许量引自 GB 13078.2—2006，脱氧雪腐镰刀菌烯醇允许量引自 GB 13078.3—2007，其余指标引自 GB 13078—2001。

二、主要术语中英文对照

(按汉语拼音排序)

A

α-伴大豆球蛋白　α-conglycinin
α-伴花生球蛋白　α-conarachin
氨基甲酸酯类杀虫剂　N-methylcarbamate insecticide
氨基酸　amino acid, AA
氨态氮　ammonia nitrogen

B

Bowman-Birk 型蛋白酶抑制因子　Bowman-Birk proteinase inhibitor, BBI
β-阿朴-8′-胡萝卜素酸乙酯　Ethyl ester of beta-apo-8-carotenoic acid
β-伴大豆球蛋白　β-conglycinin
β-胡萝卜素-4,4-二酮（斑蝥黄）　canthaxanthin
β-葡萄糖苷酶　β-glucosidase
白细胞介素　interleukin, IL
百脉根苷　lotaustralin
半胱氨酸　cysteine, Cys
半乳糖　galactose
半乳糖苷酶　galactosidae, galactosidase, Gal
半乳糖醛酸　galactose-uronic acid, galacturonic acid
半纤维素　hemicellulose
半知菌门　Deuteromycota
伴大豆球蛋白　conglycinin
伴刀豆凝集素 A　concanavalin A, ConA
伴豌豆球蛋白　convicilin
杯状细胞　beaker cell, aliciform cell
吡啶　pyridina, pyridine, Pyr
吡咯　pyrrole
必需氨基酸　essential amino acid, EAA
必需脂肪酸　essential fatty acid, EFA
蓖麻　Ricinus Communis L.
蓖麻子饼粕　castor bean meal
蓖麻毒蛋白　ricin
蓖麻毒素　ricin
蓖麻碱　ricinine
蓖麻凝集素　riciuns communis agglutinin, CA
变应原/变应素　allergen
表甲氧基烷宁　epimethoxylupanine
病原菌　pathogenic bacteria
卟啉　porphyrin
不可溶性非淀粉多糖　water insoluble non-starch polysaccharide, INSP
布氏姜片吸虫　*Fasciolopisis buski*

C

C 型肉毒梭菌毒素　botulin type C
菜豆　common bean, kidney bean
菜豆凝集素　phaseolus vulgaris agglutinin, PHA
菜子饼　rape seed cake
菜子粕　rape seed meal
蚕豆凝集素　broad bean agglutinin
蚕蛹　silkworm pupa
仓库害虫　store pests
草木樨属　*Melilotus* Adams
草酸　oxalic acid
长角扁谷盗　*Cryptolestes pusillus*
肠促胰酶肽　Cholecy stokinin-pancreozymin, CCK-PZ
肠毒素　intestinotoxin
肠杆菌　*Enteric bacilli*
肠激酶　enterokinase, enteropeptidase, EK
超声波　supersonic, supersonic wave, UW
超氧化物歧化酶　superoxide dismutase, SOD
成虫　adult
赤拟谷盗　*Tribolium ferrugineum*
臭豆碱　anagyring

初生代谢物质　primary metabolites
串珠镰刀菌　*Fusarium maniliform*
串珠镰刀菌素　moniliformin，MON
磁选　magnetic separator
次生代谢产物　secondary metabolites
粗足粉螨　*Acaridae siro* Linnaeus
促甲状腺肿素　goitrin

D

大肠杆菌　colibacillus
大肠杆菌　*Escherichia coli*
大刀镰刀菌　*Fusarium cumorum*
大肠菌群最近似数　the most probable number，MPN
大豆　soybean
大豆凝集素　soybean agglutinin，SBA
大豆球蛋白　glycinin
大豆皂苷　soyasaponin
大谷盗　*Tenebroides mauritanicus*
代谢试验　metabolism test
蛋白酶抑制因子　protease inhibitors，PIs
单纯疱疹病毒　herpes simplex virus，HSV
单端孢霉烯类化合物，单端孢霉烯毒素　trichothecene
单宁　tannin
单性生殖　parthenogenesis
担子菌门　Basidiomycota
胆固醇　cholesterin，cholesterol，CH
胆囊收缩素　cholecystokinin，CCK
胆色素　bile pigments
蛋氨酸　methionine，Met
蛋白酶抑制因子　protease inhibitor，PI
氮校正代谢能　nitrogen correct metabolic energy，TMEn
刀豆凝集素　sword bean agglutinin
岛青霉　*Penicillium isandicum*
岛青霉毒素　islanditoxin
等电点　isoelectric point，pI
低密度脂蛋白　low density lipoprotein，LDL
滴滴涕　dichloro diphenyl trichloroethane，DDT
淀粉　starch
丁烯酸内酯　butenolide

动物毒性试验　Animal Toxication Tests
动物源性饲料　feed from animal source
动物最大无作用量　maximum no-effect level，MNL
豆腐渣　bean residue
豆球蛋白　legumin
豆象　*Bruchidae*
毒素　toxin
毒素型　toxin type
钝化　inactivating，inactivation

E

鹅膏菌属　*Amanita*
噁唑烷硫酮　oxazolidine thione，OZT
儿茶素　catechin
二氨基棉酚　diaminogossypol
二噁英　dioxin
二硫基苏糖醇　dithio threitol，DTT
二糖酶　disaccharidase

F

发酵　fermentation
发酵饲料　formentaed feed
发芽　germination
防腐　antisepsis
防腐剂　preservative
防霉剂　antimold agent
飞燕草色素　delphinidin
非淀粉多糖　non-starch polysaccharide，NSP
非还原性糖　nonreducing sugar
非生物性污染　non-biological pollution
非血红素铁蛋白　nonheme-iron protein
非致病性细菌　non-pathogenicity bacteria
菲丁　phytin
疯牛病　mad cow disease
呋喃香豆素　furocoumarin，furocoumarine
伏马菌素　fumonisin，FB
氟　fluorine，F
辐射处理　irradiation treatment
脯氨酸　proline，Pro
腐食酪螨　*Tyrophagus putrescentiae*

G

γ-伴大豆球蛋白　γ-conglycinin
γ射线　gamma rays
干热　dry heat
甘露糖　mannose, MAN
甘薯　sweet potato
甘油三酯　triglyceride, triglyeride, TG, TGL
肝片吸虫　Fasciola hepatica
苷类　glycosides
感官检验　sensory tests
感光过敏　photosensitivity
感染　infection
感染型　infection type
刚第弓形虫　Toxoplasma gondii
刚棘颚口线虫　Gnathostoma hispidum
高铁血红蛋白　methemoglobin, MHb
高铁血红蛋白血症　methemoglobinemia
镉　cadmium, Cd
根霉　Rhizopus
汞　mercury, Hg
钩虫　Ancylostoma
构巢曲霉　Aspergillus nidulans
谷氨酸　glutamic acid, Glu
谷氨酰胺　glutamine, Gln
谷蠹　Rhizopertha aominica
谷蛾　Tinea granella
谷象　Sitophilus granarius Linnaeus
骨粉　bone meal
光敏物质　photosensitive agents
国际标准化组织　International Organization for Standardization　ISO
果胶　pectin

H

海帕刺桐碱　hypaphorine
含羞草素　mimosine
禾谷镰刀菌　Fusarium graninearum
黑斑病甘薯毒素　mouldy sweet potato toxin
黑曲霉　Aspergillus niger V. Tiegh
烘烤　caking, to toast, to bake

红豆碱　precatorine
红色青霉　Penicillium rubrum
红色青霉毒素　rubratoxin
红细胞凝集素　hemagglutinin
壶菌门　Chytridiomycota
花葵素　pelargonidin
花青素　anthocyanidin
花生　peanut
花生球蛋白　arachin
华枝睾吸虫　Clonorchis sinensis
环丙烯类脂肪酸　cyclopropene fatty acid, CPFA
环氯素　cyclochorotin
黄豆黄素　glycitein
黄粉虫　Tenebrio molitor
黄花苜蓿　Medicago falcata L.
黄绿青霉　Penicillium citreaviride
黄绿青霉素　citreoviridin
黄曲霉　Aspergillus flavus
黄曲霉菌　A. flavus
黄曲霉毒素　aflatoxin, AFT
黄天精　luteoskyrin
黄酮糖苷　flavone glycoside
黄烷醇　flavanol
挥发性脂肪酸　volatile fatty acid, VFA
蛔虫　Ascaris

J

肌胃糜烂　gizzard erosion, GE
基因工程　genetic engineering
急性毒性实验　acute toxicity test
蒺藜　Tribulus terrestris L.
几丁质　chitin
己糖醛酸　hexuronic acid
挤压膨化　extrusion
脊髓灰质炎病毒　polio virus, PV
寄生　parasitism
寄生虫　parasite
寄生曲霉菌　Aspergillus parasiticus
甲酚　cresol, cresylic acid
甲基汞（CH_3Hg）　methylmercury
假单胞杆菌属　Pseudomonas

假地蓝 C. ferruginea
酒糟 wine lees
碱性蛋白酶 alkaline proteinase
碱性磷酸酶 alkaline phosphatase, AKP, ALK
剑水蚤 Cgclops
姜片吸虫 Fasciolopisis buski
酱油渣 soy pomace
接合菌门 Zygomycota
结合棉酚 bound gossypol, BG
芥酸 erucic acid
芥子碱 sinapin
芥子酶 myrosinase
金黄色葡萄球菌 Staphylococcus aureus
金来花 Medicago hispida Gaertn
锦葵酸 malvalic acid
荆豆凝集素 ulex europaeus agglutinin, UEA
荆素 Vitexin
腈 nitrile
精氨酸 arginine, Arg
酒糟 wine lees
橘青霉 Penicillium citrinum
橘青霉素 citrinin
锯谷盗 Oryzaephilus surinamensis
聚乙二醇 carbowax, liquid macro gol

K

Kunitz 型胰蛋白酶抑制因子 Kunitz trypsin inhibitor, KTI
卡布特罗 carbuterol
抗硫胺素 ichthiamin
抗生物素蛋白 avidin
抗维生素 B_6 因子 antipyidoxin factor
抗维生素因子 antivitamin factor
抗氧化剂 antioxidant
抗营养因子 antinutntional factors, ANFs
柯萨基 B3 病毒 CoxB3
可溶性非淀粉多糖 water soluble non-starch polysaccharide, SNSP
可水解单宁 hydrolysable tannin, HT
枯草杆菌蛋白酶 subtilisin
苦杏仁酶 emulsin

喹诺里西定 Quinolicidine
昆虫 insect
扩展青霉 Penicillium expansum

L

辣椒红 capsanthin
赖氨酸 lysine, Lys
梨孢镰刀菌 Fusarium poae
理化学检验 Physical Testing and Chemical Analysis
镰刀菌属 Fusarium
链格孢菌属 Alternaria
良好生产规范 Good Manufacturing Practice, GMP
亮氨酸 leucine, Leu
亮氨酸氨基肽酶 leucine aminopeptidase, Lap
磷酸吡哆醛 phosphopyridoxal, pyridoxal phosphate, Py
磷酸氢钙 calcium hydrogen phosphate
磷酸盐 phosphate
硫胺素酶 thiaminase
硫葡萄糖苷 glucosinolate, GS
硫葡萄糖苷酶 glucosinolase
硫氰酸酯 thiocyanate
硫辛酸-氢化硫氧还蛋白 lipoic acid - hydrogenate thioredoxin, LA - Trxh
六六六 benzenehexachloride BHC
龙胆二糖丙酮氰醇 linustatin, LN
龙胆二糖甲乙酮氰醇 neolinustatin, NN
绿色食品 green food
卵清蛋白 egg albumen, egg albumin, egg - white protein, OVA
卵生 oviparous
螺旋甾烷 spirostane

M

马铃薯 potato, Solanum tuberosum L.
马蹄蟹凝集素 horseshoe crab agglutinin, HCA
马缨丹 lantana camara L.
马缨丹烯 A、B Lantadene A.B
麦蛾 Sitotroga cerealella
麦角毒素 ergotoxine
麦角菌 Claviceps purpurea

麦角菌属　*Claviceps*
麦角考宁　erogcornine
麦角克碱　ergocristine
麦角生物碱　ergot alkaloids
麦角酸　lysergic acid
麦角新碱　ergonovine
麦角隐亭　ergocryptine
麦胚凝集素　wheat germ agglutinin，WGA
慢性毒性试验　Chronic Toxicity Test
毛霉菌属　*Mucor*
没食子酸　galic acid
酶解　enzymolysis
酶制剂　enzyme preparation
霉变　mildew
霉菌　mold fungus
霉菌毒素　mycotoxins
霉菌污染　mould contamination
每日允许摄入量　acceptable daily intake
美拉德反应　maillard reaction
糜蛋白酶　chymotrypsin
米象　*Sitophilus oryzae* Linnaeus
蜜二糖　melibiose
蜜三糖　melitriose，raffinose
棉酚　gossypol
棉黄素　gossyfulvin
棉蓝酚　gossycaerulin
棉绿酚　gossyverdurin
棉子粕　cotton seed meal
棉子糖　raffinose
棉紫酚　gossypurpurin
灭菌　sterilization
木瓜蛋白酶　papain，caroid，benase
木霉属　*Trichoderma*
木薯　cassava
木贼镰刀菌　*Fusarium equiseti*
苜蓿　alfalfa
苜蓿内酯　medicagol
苜蓿酸　medicagenic acid

N

NADP-氢化硫氧还蛋白体系　NADP - hydrogenate thioredoxin system，NET
NA 合成试验　Unscheduled DNA Synth esi Test，UDS
内毒素　endotoxin，esotoxin，ETX
内切蛋白酶　endoprotease
内源氮　endogenous nitrogen
萘骈二蒽酮　naphthodian throne
囊尾蚴　cysticercus
拟雌内酯　coumestrol
拟杆菌　bacteroid
拟枝孢镰刀菌　*Fusarium sporotrichioides*
逆没食子酸　benzoaric acid
黏蛋白　mucin，mucoprotein
鸟氨酸脱羧酶　orinithine decarboxylase；ornithine decarboxylase，ODC
脲酶　urase，urea enzyme
凝集素　lectin
凝血酶　thrombin
牛海绵状脑病　bovine spongiform encephalopathy BSE
牛磺胆酸　taurocholic acid
农药　pesticide
农药残毒　toxicity of pesticide residue
农药残留　pesticide residues

P

配基　aglycone
膨化　puffing
偏重亚硫酸钠　sodium metabisulfite，sodium pyrosulfite
苹婆酸　sterculic acid
葡萄球菌　*Staphylococcus*
葡萄糖胺　glucosamine
葡萄糖醛酸酶　glucuronidase，glycuronidase

Q

齐墩果酸　oleanolic acid
铅　lead，Pb
前花色素　proanthocyanidins，PAC
前列环素　prostacyclin
羟脯氨酸　hydroxyproline，Hyp

羟氰裂解酶　oxynitrilase
荞麦　buckwheat
荞麦素　fagopyrin
茄病镰刀菌　*Fusarium solani*
茄碱　solanine
芹菜素　apigenin
青霉毒素　pecicillin-toxin
青霉菌属　*Penicillium*
青霉震颤素　penitrem
曲霉菌属　*Aspergillus*

R

染料木黄酮　genistein
溶酶体酶　lysomal enzyme, lysosomal enzyme
肉毒梭菌　*Clostridium botulinum*
肉粉　meat meal
肉骨粉　meat and bone meal
乳酸杆菌　*Lactobacilli*
若虫　nymph

S

3-硝基丙醇　BNPOH
3-硝基丙酸　BNPA
塞曼特　Ci-materol
噻唑　thiazole
三甲胺　trimethylamine
三萜皂苷　triterpenoid saponin
三线镰刀菌　*Fusarium tricinctum*
三叶草　clover
色原酮　chromone
色原烷　chroman, chromane
沙打旺　*Astragalus absurgens* Pall.
沙丁胺醇　albutamol
沙门菌　*Salmonella*
筛选　screening
砷　arsenic, As
肾膨结线虫　*Dioctophyma renale*
生氰糖苷　cyanogenic glycoside
生氰作用　cyanogenesis
生物碱　alkaloid
生物性污染　biological pollution

湿热　humid heat, MH
十二烷基硫酸钠-聚丙烯酰胺凝胶电泳　sodium dodecyl sulfate polyacrylamide gel electrophoresis, SDS-PAGE
十二指肠钩虫　*Ancylostoma duodenale*
石油醚　ligroin
食品法典委员会　Codex Alimentarius Commission, CAC
食物中毒　food poisoning
食盐　salt
食源性感染　foodbome infection
嗜酸性腺瘤　eosinophilic adenoma
噬菌体　bacteriophage
瘦肉精，又称克伦特罗　Klenbuterol, CL
舒喘灵　ractopamine
鼠李半乳糖醛酸　rhamno-galacturonic acid
鼠李糖　rhamnose
双歧杆菌　*Bacillus bifidus*
双香豆素　dicoumarin, dicoumarol
水苏糖　stachyose
丝氨酸　serine, Ser
似蚓蛔虫　*Ascaris lumbiricoides*
饲料　feed
饲料安全　feed safety
饲料标签　feed label
饲料标签标准　standard of feed label
饲料生物性污染　biological pollution
饲料添加剂　feed additives
饲料卫生　feed hygiene
饲料卫生标准　standard of feed hygiene
饲料卫生与安全学　feed hygiene and safety
饲料污染物　feed contaminants
饲料质量　feed quality
酸化剂　acidifier
酸性蛋白酶　acid protease, acid proteinase
缩合单宁　condensed tannin, CT

T

苔黑酚　orcinol
碳酸钙　calcium carbonate
糖蛋白　glycoprotein

天冬氨酸　aspartate，Asp
天冬酰胺　asparagine，Asn
田间霉菌　field fungi
萜类　terpene
萜类化合物　terpenoid
酮体　ketone body，acetone body
脱氧雪腐镰孢菌烯醇，又称呕吐毒素　deoxynivalenol，DON

W

5，6-脱氢羽扇豆烷宁　5，6-dehydrol upanine
豌豆　garden pea
豌豆球蛋白　vicilin
危害分析与关键控制点　Hazard Analysis and Critical Control Point，HACCP
危险性分析　risk analysis
微波　flucticuli，microray，microwave，Mic
微量元素　microelement
微球菌属　*Micrococcus*
维生素　vitamin
伪胎生　pseudoplacental viviparity
苇状羊茅　*Festuca arundinacea* Schreb
苇状羊茅蹄病　fescue foot
胃蛋白酶　pepsin，pepsinum，PPS
无刺含羞草　*Mimosa inuisa* Var. inermis
戊二醛　glutaral，GA

X

细胞微核试验　Cell Micronucleus Test
细菌　bacterium
虾青素　astaxanthin
纤维蛋白　fibrin
纤维素　cellulose
腺病毒　adenovirus，ADV
相思豆　*Abrus precatorius* L.
相思豆碱　Abrine
相思子毒蛋白　abrulin
香豆素　coumarin
响铃豆　*C. albida* Heyne
硝酸还原酶　nitrite reductase，NR
硝酸盐　nitrate

小花棘豆　*Oxytropis glabra* D.C.
蓄积系数　cummulative index
蓄积性毒性实验　accumulation toxicity test
旋毛虫　*Trichinella*
雪腐镰刀菌　*Fusarium nivale*
雪花碱凝集素　galanthine agglutinin
血粉　blood meal
血浆蛋白粉　blood plasmatic protein powder
血纤维蛋白酶　fibrin-ferment
新型克雅氏病　Variant of Creutzfeldt-Jakob diseasty，VCJD

Y

芽孢　spore
芽孢杆菌　*Bacillus*
芽孢杆菌属　*Bacillus*
亚硫酸钠　sodium sulfite
亚麻　flax；*Linum usitatissimum* L.
亚麻饼粕　flaxseed meal；linseed meal
亚麻苦苷　linamarin
亚麻素　linatine
亚麻酸　linolenic acid
亚麻子胶　flaxseed mucilage
亚慢性毒性试验　subchronic toxicity test
亚硝酸还原酶　nitrite reductase
亚硝酸盐　nitrite
亚油酸　linoleic acid，LA
烟曲霉　*Aspergillus funigatus* Fres.
药物添加剂　medicated additive
野百合属　*Crotalaria* L.
叶黄素　lutein
叶绿胆紫质　phylloerythrin
胰蛋白酶　trypsin，TPS
胰蛋白酶原　protrypsin，trypsinogen，trypsogen
胰岛素　iletin，insulin，insuline，insulinum，PGI
胰岛素样生长因子　insulin-like growth factor，IGF
胰高血糖素　glucagons，glycagon，GN
乙醛糖酸　aldobionic acid
乙酸乙酯　acetidin
异黄酮　isoflavone
异硫氰酸酯　isothiocyanate，ITC

二、主要术语中英文对照

异麦芽糖酶　isomaltase
银合欢　*Leucaena leucocephala*（Lam.）de Wit
吲哚　indole
隐窝细胞　pit cell
印度谷螟　*Plodia interpunctella*
鹰嘴豆　chickpea
油菜　rape，*Brassica compestris* L.
游离棉酚　free gossypol，FG
有机磷杀虫剂　organophosphorus pesticides，OPPs
有机氯杀虫剂　organicchlorine insecticide
有氧呼吸　aerobic respiration
幼虫　larva
鱼粉　fish meal
羽毛粉　feather meal
羽扇豆　lupine
羽扇豆球蛋白　conglutin
羽扇豆生物碱类　*Lupin alkaloids*
羽扇豆属　*Lupinus* L.
玉米赤霉烯酮　zearalenone
玉米象　*Sitophilus zeamais* Linnaeus
圆弧青霉　*Penicillium. cyclopium*

Z

杂醇油　fusel oil
杂色曲霉　*Aspergillus versicolor*
杂色曲霉毒素　sterigmatocystin，ST
杂质　impurities
甾体皂苷　steroid saponin
糟渣类饲料　distiller's dried grain soluble，DDGS
皂苷　saponin
展青霉　*Penicillium patulum*
展青霉素　patulin
胀气因子　gaseous distention factor
赭曲霉毒素　ochratoxin
蔗糖酶　invertase，invertin，saccharase，sucrase

蔗糖酶　saccharase，sucrase
真菌　fungi
真细菌　eubacteria，true bacteria
蒸汽加热　steam heating
蒸煮　kettle boil，steaming
枝孢镰刀菌　*Fusarium sporotric hiella*
支链淀粉　amylopectin
脂肪酶　lypase，lipase，LPS
脂肪酸败　fat rancidity
脂肪氧化酶（脂氧合酶）　lipoxygenase，Lox
植酸　phytic acid
植酸盐　phytate
植物凝集素　leetin
质量管理　quality control
致病性菌　pathogenicity
致敏因子　sensitizing factor
致突变试验　reverse mutation test
中国饲料产品认证　China Feed Certification
中华猪屎豆　*Crotalaria mucronata* Desv *chinensis*
中间宿主　intermediate host
中性蛋白酶　dispase
终寄主　final host
猪蛔虫　*ascaris suum*
猪囊尾蚴　*Cgsticercus*
猪屎豆　*Crotalaria mucronata* Desv
贮藏霉菌　store fungus
蛀空性仓虫　boring store insects
转换酶　convertase
转基因饲料　transgenic feed
着色剂　colorant
子囊菌门　Ascomycota
紫花苜蓿　*Medicago sativa* L.
棕曲霉　*Aspergillus ochraceus*
组胺　histamine

主要参考文献

包大跃.2007.食品企业 HACCP 实施指南.北京:化学工业出版社
蔡辉益.2005.饲料安全及其检测技术.北京:化学工业出版社
陈必芳.1997.我国饲料霉菌及霉菌毒素污染现状.中国药理学与毒理学杂志 11 (2):91～92
陈炳卿.2001.现代食品卫生学.北京:人民卫生出版社
冯定远,汪儆.2000.抗营养因子及其处理研究进展[M]//卢德勋主编.动物营养研究进展.北京:中国农业出版社:93～110
冯建蕾.2005.黄曲霉毒素的危害和防治.中国畜牧兽医 32 (12):5～7
广东省食品药品监督管理局.2007.保健食品 GMP 实施指南.北京:北京轻工业出版社
郭云昌,刘秀梅.1998.伏马菌素的毒性作用及作用机理.卫生研究 27:66～70
韩俊.2007.中国食品安全报告(2007).北京:社会科学出版社
黄伟坤.1997.食品检验与分析.北京:中国轻工业出版社
黄灼章.1983.中国仓库害虫区系调查.成都:四川人民出版社
李爱科.2004.我国主要饼粕类饲料资源开发及利用技术进展[M]//李德发.动物营养研究进展.北京:中国农业科技出版社:285～289
李德发.2003.大豆抗营养因子.北京:中国科学技术出版社
李洪,李爱军,董红芬等.2004.黄曲霉毒素的发生危害与防控方法.玉米科学 12:88～90、94
李松涛.2005.食品微生物学检验.北京:中国计量出版社
刘和平,杨进生.1999.T-2毒素急性中毒对动物小肠的损伤.卫生毒理学杂志 13 (3):201
刘继业,苏晓鸥.2001.饲料安全手册(上).北京:中国农业科技出版社
刘小华,陈汉生.2001.饲料中脂类氧化酸败的原因与控制对策.畜禽业 (8):22～23
刘秀兰,杨士钰,张克功.2004.动物中毒病防治实用新技术.郑州:河南科学技术出版社
鲁长豪.2005.食品理化检验学.北京:人民卫生出版社
罗方妮,蒋志伟.2003.饲料卫生学.北京:化学工业出版社
彭双清,吴敏,刘洪英等.2003.镰刀菌素丁烯酸内酯对大鼠的急性毒性效应.中国预防医学杂志 4 (3):161～163
庞炜,王治伦,吕社民.1996.真菌毒素 DON 研究进展.中国地方病防治杂志 11 (6):349～351
齐德生,刘凡,于言湖等.2004.蒙脱石对黄曲霉毒素 B_1 的脱毒研究.中国粮油学报 19 (6):71～75
钱辉,倪语星.2003.饲料细菌污染与人类食源性感染的关系.国外医学:微生物学分册 5:35～37
史志诚主编.2001.动物毒物学.北京:中国农业出版社
舒晓燕,阮期平,侯大斌.2006.植物凝集素的研究进展.现代中药研究与实践 20 (6):53～56
唐执文,周永红.2003.镰刀菌及玉米赤霉烯酮毒素对饲料的污染与控制.中国饲料 6:30～32
王储炎,艾启俊,阚建全等.2005.大豆皂苷的研究进展.粮食与饲料工业 12 (6):31～34
王建华,冯定远.2000.饲料卫生学.西安:西安地图出版社
王若军,苗朝华,张振雄等.2003.中国饲料及饲料原料受霉菌毒素污染的调查报告.饲料工业 24 (7):53～54

[主要参考文献]

王卫国.2006.饲料卫生标准与产品安全.新观察 3：17~19
王宗元主编.1997.动物营养代谢和中毒病学.北京：中国农业出版社
魏金涛,齐德生.2005.饲料水分活度及其对霉菌生长和产毒的影响.饲料工业 26（19）：53~55
吴肖,刘通讯,林勉.2003.花生粕酶水解液中黄曲霉毒素脱毒定性研究.粮油食品科技 11（1）：32~33
吴永宁.2003.现代食品安全科学.北京：化学工业出版社
徐廷生,雷雪芹.2000.饲料细菌污染及其防治对策.中国饲料（19）：27
徐艺,王治伦等.1998.串珠镰刀菌素（MON）研究进展.地方病通报 13（3）：109~113
杨建伯,孙殿军,金澜.1994.镰刀菌 T-2 毒素致鸡雏关节软骨病变观察.中国地方病学杂志 13（1）：1~2
姚云艳,王静,曹维强.2007.理化处理对菜豆凝集素的影响.食品工业（2）：8~10
于炎湖主编.1990.饲料毒物学附毒物分析.北京：农业出版社
张丞译.2006.霉菌毒素脱毒的生物学方法.当代畜牧养殖业 05：12
张国辉,何瑞国,齐德生.2004.饲料中黄曲霉毒素脱毒研究进展.中国饲料（16）：36~38、40
张宏福,张根军.2003.饲养企业质量管理手册.北京：中国农业出版社
张丽英.2003.饲料分析及饲料质量检测技术.北京：中国农业大学出版社
张生芳,刘永平,武增强.1998.中国储藏物甲虫.北京：中国农业科技出版社
张晓燕.2006.食品卫生与质量管理.北京：化学工业出版社
张艺兵,鲍蕾,褚庆华.2006.农产品中真菌毒素的检测分析.北京：化学工业出版社
张英.2004.食品理化与微生物检测实验.北京：中国轻工业出版社
张勇,朱宝根.2001.二氧化氯对霉变玉米黄曲霉毒素脱毒效果的研究.食品科学 22（10）：68~70
张子仪.2000.中国饲料学.北京：中国农业出版社
章红,李季伦.1994.串珠镰刀菌素的结构与毒性的关系.微生物学报 34（2）：119~123
赵文.2006.食品安全性评价.北京：化学工业出版所
钟耀广.2005.食品安全学.北京：化学工业出版社
周小洁,车向荣,于霏.2005.亚麻子及其饼粕的营养学和毒理学研究进展.饲料工业 26（19）：46~50
S. Suzanne Nielsen 著.2002.食品分析.北京：中国轻工业出版社
Coppock RW, et al. 1985. Preliminary study of the pharma-cokinetica and toxicopathy of deoxynivalenol in swine, Am Vet. Rec., 46：169
Fomenko V N, et al. 1991. Changes in the hemostatic system after adminstration of the mycotoxin deoxynivalenol to rhesus monkeys, Gematol Transauziol, 36：17
Lecloux DR., Bermudez AJ. Rottinghaus GE. et al. 1995. Effects of feeding Fusarium fujikuroi culture material, containing know levels of moniliformin in young broiler chicks. Poult Sci, 74（2）：297~305
Muller G, Kielstein P, Rosner H, et al. 1999. Studies on the influence of ochratoxin A on immune and defense reations in weaners. Mycosis, 42（7~8）：495~505
Munkvold G P, Helimich R L, Rice L G. 1999. Comparison of fumonisin concentrations in kemels of transgenic B tmaize hybrid and nontransgenic hybrids J. Plant Dis., 83（2）：130~138
NB Reddy, Devegowda G and Girish CK. 2003. Modified Glucomannan：a promising solution to bind T-2 toxin in broilers. Feed Tech, 7（8）：23~24
Ragu M V L N, Devegowda G. 2000. Influence of esterified glucomannan on performance and organ morphology, serum biochemistry hematology in broilers exposed to individual and combined mycotoxicosis (aflatoxin, ochratoxin and T-2 toxin). Br Poul Sci, 41：640~650
Rainey M R, Tubbs R C, Bennett L W, et al. 1990. Prepubertal exposure to dietary zearalenone alters hypothak-

mo-hypophysial function but does not impair post-pubertal reproductive function of gilts. Journal of Animal Science, 68 (7): 2015~2022

Stresser D M, Bailey G S. 1994. Indole-3-carbinol and beta-naphthoflavone induction of aflatoxin B_1 matabolism and cytochromes P-450 associated with bioactivation and detoxification of aflatoxin B_1 in the rat. Drug Metab Dispos, 22: 383~391

Swamy H V L N. 2002. Effects of feeding a blend of grains naturally contaminated with Fusatium mycotoxins on swine performance, brain regional neurochemistry, and serum chemistry and the efficacy of a polymeric glucomannan mycotoxin adsorbent. J Anim Sei. 80: 3257~3267

Visconti A. and Mirocha CJ. 1985. Identification of Various T-2 Toxin Metabolites in Chicken Excreta and Tissues, Appl. Environ Microbiol, 49 (5): 1246~1250

图书在版编目（CIP）数据

饲料卫生与安全学/瞿明仁主编.—北京：中国农业出版社，2008.7（2022.5重印）
全国高等农林院校"十一五"规划教材
ISBN 978-7-109-12766-1

Ⅰ.饲… Ⅱ.瞿… Ⅲ.①饲料－卫生学－高等学校－教材②饲料－安全性－高等学校－教材 Ⅳ.S816

中国版本图书馆 CIP 数据核字（2008）第 094041 号

中国农业出版社出版
（北京市朝阳区麦子店街 18 号楼）
（邮政编码 100125）
责任编辑 何 微 武旭峰 王 丽
北京中兴印刷有限公司印刷 新华书店北京发行所发行
2008 年 8 月第 1 版 2022 年 5 月北京第 4 次印刷

开本：820mm×1080mm 1/16 印张：19.5
字数：460 千字
定价：46.50 元

（凡本版图书出现印刷、装订错误，请向出版社发行部调换）